国家出版基金资助项目
"十三五"国家重点图书出版规划项目
湖北省学术著作出版专项资金资助项目
智能制造与机器人理论及技术研究丛书

总主编 丁汉 孙容磊

智能切削工艺与刀具

陈明 王呈栋 安庆龙◎著

ZHINENG QIEXIAO GONGYI YU DAOJU

中国·武汉

内容简介

本书依托上海交通大学切削磨削与刀具研究基地近年来在智能切削工艺和刀具方面所取得的理论研究和应用技术研究成果，从系统的角度，以典型零件切削加工问题为导向，从工件材料力学性能表征、工件材料和结构的可加工性、切削过程物理建模、切削仿真与实验验证、切削加工参数优化、刀具设计与优化、刀具走刀路径优化、刀具寿命预测与管理、夹具设计与优化、冷却润滑液应用与优化、切削加工精度检测与分析、切削加工缺陷检测与分析等方面，以航天火箭薄壁结构件、铝蜂窝结构件、发动机整体叶轮、核电汽轮机缸体中分面、汽轮机叶片和重型燃气轮机涡轮盘榫槽为加工对象，系统地阐述了实现具有“四高”特征的智能制造过程对切削工艺和刀具的特殊需求。

本书给出了大量基础性工艺数据和刀具技术规范，为传统机械制造产业转型升级，实现智能制造，提供了智能切削工艺与刀具技术。

本书可为航空、航天、汽车、能源装备等高端制造领域从事难加工材料和难加工结构零件设计、产品研制、智能制造、工艺和刀具研发等的科技工作者提供指导与借鉴，也可供机械制造及其自动化专业的高年级本科生和研究生学习参考。

图书在版编目(CIP)数据

智能切削工艺与刀具/陈明，王呈栋，安庆龙著．—武汉：华中科技大学出版社，2020.1
(智能制造与机器人理论及技术研究丛书)
ISBN 978-7-5680-5860-5

Ⅰ.①智… Ⅱ.①陈… ②王… ③安… Ⅲ.①数控刀具 Ⅳ.①TG729

中国版本图书馆 CIP 数据核字(2019)第 239491 号

智能切削工艺与刀具 陈 明 王呈栋 安庆龙 著
Zhineng Qiexiao Gongyi yu Daoju

策划编辑：万亚军
责任编辑：刘 飞
封面设计：原色设计
责任监印：周治超
出版发行：华中科技大学出版社(中国·武汉) 电话：(027)81321913
武汉市东湖新技术开发区华工科技园 邮编：430223
录 排：武汉三月禾文化传播有限公司
印 刷：湖北新华印务有限公司
开 本：710mm×1000mm 1/16
印 张：25
字 数：418 千字
版 次：2020 年 1 月第 1 版第 1 次印刷
定 价：148.00 元

智能制造与机器人理论及技术研究丛书

作者简介

陈　明　上海交通大学特聘教授，二级教授，博士生导师，制造技术与装备自动化研究所所长。现任国际磨料技术委员会（International Committee for Abrasive Technology，ICAT）委员，中国机械工业金属切削刀具技术协会副理事长，中国刀协切削先进技术研究会副理事长兼秘书长、常务委员，中国机械工程学会生产工程分会切削专业委员会副主任委员，中国机械工程学会生产工程分会磨料加工技术专业委员会委员，全国刀具标准化技术委员会委员，上海市金属切削技术协会副理事长，*International Journal of Precision Engineering and Manufacturing*编委，《金刚石与磨料磨具工程》编委。主要从事高速切削、高速磨削、先进刀具、超硬砂轮、制造系统、金刚石涂层、微纳米加工、多轴联动数控加工等方面的研究与教学工作，研究成果应用于航空、航天、汽车、汽轮机和发动机等重大装备制造领域。主持完成国家科技重大专项、国家自然科学基金项目和企业合作项目等共100余项。研究成果先后获国家科学技术进步奖二等奖、中国机械工业科学技术奖一等奖等省部级以上科技奖励6项；出版著作8 部；授权国家发明专利30余项。

王呈栋　工学博士，苏州大学副教授，硕士生导师。主要从事激光-切削增减材复合制造、功能梯度材料制备等方面的研究。先后主持2019智能机器人国家重点研发计划课题、国家自然科学青年基金项目、中国博士后面上基金项目、江苏省高等学校自然科学研究面上项目，参与973计划项目、国家科技重大专项和西门子中国研究院产学研项目等各类科研课题，担任机械信号处理国际顶级期刊*Mechanical Systems and Signal Processing*及摩擦学国际顶级期刊*Tribology International*的审稿人，作为第一作者发表SCI论文8篇，授权国家发明专利7项。

安庆龙　工学博士，上海交通大学副研究员，博士生导师。主要从事高效精密加工技术、切削加工过程仿真等方面的研究。先后主持/参与国家自然科学基金项目、国家重点研发计划项目、973计划项目、863计划项目、国家科技重大专项和产学研合作项目等各类科研课题10余项，发表论文80余篇，其中SCI收录40余篇，出版著作5部，授权国家发明专利20余项。研究成果获国家科学技术进步奖二等奖、中国机械工业科学技术奖一等奖和教育部科学技术进步奖二等奖各1项。

总序

近年来,“智能制造+共融机器人”特别引人瞩目,呈现出“万物感知、万物互联、万物智能”的时代特征。智能制造与共融机器人产业将成为优先发展的战略性新兴产业,也是中国制造2049创新驱动发展的巨大引擎。值得注意的是,智能汽车与无人机、水下机器人等一起所形成的规模宏大的共融机器人产业,将是今后30年各国争夺的战略高地,并将对世界经济发展、社会进步、战争形态产生重大影响。与之相关的制造科学和机器人学属于综合性学科,是联系和涵盖物质科学、信息科学、生命科学的大科学。与其他工程科学、技术科学一样,制造科学、机器人学也是将认识世界和改造世界融合为一体的大科学。20世纪中叶,*Cybernetics* 与 *Engineering Cybernetics* 等专著的发表开创了工程科学的新纪元。21世纪以来,制造科学、机器人学和人工智能等异常活跃,影响深远,是“智能制造+共融机器人”原始创新的源泉。

华中科技大学出版社紧跟时代潮流,瞄准智能制造和机器人的科技前沿,组织策划了本套“智能制造与机器人理论及技术研究丛书”。丛书涉及的内容十分广泛。热烈欢迎各位专家从不同的视野、不同的角度、不同的领域著书立说。选题要点包括但不限于:智能制造的各个环节,如研究、开发、设计、加工、成型和装配等;智能制造的各个学科领域,如智能控制、智能感知、智能装备、智能系统、智能物流和智能自动化等;各类机器人,如工业机器人、服务机器人、极端机器人、海陆空机器人、仿生/类生/拟人机器人、软体机器人和微纳机器人等的发展和应用;与机器人学有关的机构学与力学、机动性与操作性、运动规划与运动控制、智能驾驶与智能网联、人机交互与人机共融等;人工智能、认知科学、大数据、云制造、物联网和互联网等。

本套丛书将成为有关领域专家、学者学术交流与合作的平台,青年科学家茁壮成长的园地,科学家展示研究成果的国际舞台。华中科技大学出版社将与施普林格(Springer)出版集团等国际学术出版机构一起，针对本套丛书进行全球联合出版发行，同时该社也与有关国际学术会议、国际学术期刊建立了密切联系，为提升本套丛书的学术水平和实用价值，扩大丛书的国际影响营造了良好的学术生态环境。

近年来，高校师生、各领域专家和科技工作者等各界人士对智能制造和机器人的热情与日俱增。这套丛书将成为有关领域专家、学者、高校师生与工程技术人员之间的纽带，增强作者与读者之间的联系，加快发现知识、传授知识、增长知识和更新知识的进程，为经济建设、社会进步、科技发展做出贡献。

最后，衷心感谢为本套丛书做出贡献的作者和读者，感谢他们为创新驱动发展增添正能量、聚集正能量、发挥正能量。感谢华中科技大学出版社相关人员在组织、策划过程中的辛勤劳动。

华中科技大学教授

中国科学院院士

熊有伦

2017 年 9 月

前言

“工业 4.0”的核心是构建信息物理系统，通过物联网和互联网实现物与物、机器与机器、机器与人的数据信息交流、交互，建立智能工厂，实现智能生产，这也是业界称为以智能制造为主导的未来工业的第四次革命。数字化、网络化、智能化是新工业革命的核心技术，是信息化和工业化融合的主要方面，是对传统产业进行转型升级的主要技术手段，也是中国由制造大国走向制造强国的关键。因此，要不断强化制造业的基础，包括基础材料、基础零部件、基础制造工艺和基础技术。切削加工作为基础制造工艺，承担着 90%以上基础零部件的加工制造任务，切削加工的发展方向是高速、高效、高精度、高可靠性(简称“四高”)。我国装备制造领域有大量数控加工机床，但大部分机床能效没有得到充分发挥，缺少配套的高速切削工艺和高性能刀具是主要原因。实现“四高”加工是一项系统工程，该系统由以工艺为中心的各个环节构成，包括机床、刀具、夹具、工件、过程监控、测量与质量管理等环节，在各个环节间需要有实时有效的切削基础数据作为信息流传递，信息传递依赖数字化技术、传感技术、智能技术和网络化技术，进而使得切削过程体现出智能化。因此智能切削工艺与刀具是实现“四高”加工技术的基础保障。

如今，在航空、航天、汽车、能源装备等高端制造领域大量应用高温合金、钛合金、高强度钢、复合材料等难加工材料，并大量采用整体薄壁结构和复杂曲面结构，以满足零件极端服役性能的要求。但是，难加工材料在高速切削过程中切削力大、切削温度高、刀具磨损严重，大型薄壁结构和复杂曲面结构零件在制造中的加工变形和切削振动现象严重，加工精度和表面完整性难以保证，严重阻碍了切削加工向高速、高效、高精度和高可靠性方向发展。虽然已有相关高速切削工艺和高性能刀具技术研究的论文发表和著作出版，但仍然难以满足以数字化、网络化、智能化为核心技术的智能制造对切削工艺和刀具的体系化知识需求。

本书依托上海交通大学切削磨削与刀具研究基地近年来在智能切削工艺和刀具方面所取得的理论研究和应用技术研究成果，从系统的角度，以典型零件切削加工问题为导向，从工件材料力学性能表征、工件材料和结构的可加工性、切削过程物理建模、切削仿真与实验验证、切削加工参数优化、刀具设计与优化、刀具走刀路径优化、刀具寿命预测与管理、夹具设计与优化、冷却润滑液应用与优化、切削加工精度检测与分析、切削加工缺陷检测与分析等方面，以航天火箭薄壁结构件、铝蜂窝结构件、发动机整体叶轮、核电汽轮机缸体中分面、汽轮机叶片和重型燃气轮机涡轮盘榫槽为加工对象，系统地阐述了实现具有“四高”特征的智能制造过程对切削工艺和刀具的特殊需求。

本书给出了大量基础性工艺数据和刀具技术规范，为传统机械制造产业转型升级，实现智能制造，提供了智能切削工艺与刀具技术。

本书可为航空、航天、汽车、能源装备等高端制造领域从事难加工材料和难加工结构零件设计、产品研制、智能制造、工艺和刀具研发等的科技工作者提供指导与借鉴，也可供机械制造及其自动化专业的高年级本科生和研究生学习参考。

本书由陈明、王呈栋、安庆龙撰写。上海交通大学切削磨削与刀具研究基地博士明伟伟、博士研究生刘志强和邱坤贤、硕士研究生文亮和贺旭东参与了本书的部分科研工作。

本书内容得到了国家自然科学基金项目(U1937208、51805344、51105253、51475298、51675204、51705319、51875355、51875356)、国家科技重大专项课题(2009ZX04014041、2012ZX04003051、2012ZX04003031、2015ZX04002102、2016ZX04002005、2017ZX04005001、2017ZX04016001、2019ZX04007001)、国家863计划项目(2009AA044304、2013AA040104)、闵行区产学研合作项目和其他项目(17PJ1403800、SAST2017-060、COMAC-SFGS-2016-33277、USCAST2015-15、USCAST2016-14、15DZ0504500、Z1127949、MSVZD201801、17DZ1101200)的资助支持，在此表示衷心的感谢。

由于作者水平有限，书中不妥之处在所难免，恳请广大读者和专家批评指正。

作　者

2019年5月

目录

切削工艺篇

切削刀具技术基础篇

综 合 篇

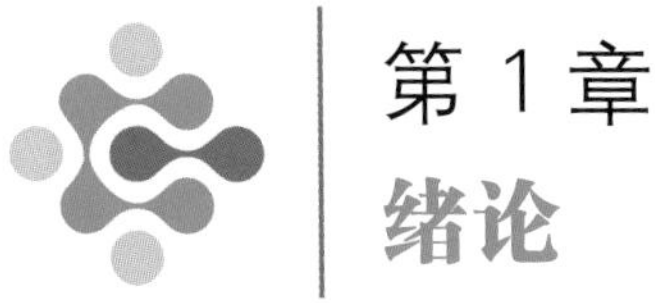

第 1 章 绪论

智能切削(切削过程智能化),是随着云制造、大数据、虚拟现实技术、人工智能技术的快速发展而提出的智能制造基础技术,通过基于工件材料特性的大数据刀具智能匹配、切削机理仿真、走刀路径虚拟优化、切削过程智能监测与诊断等手段,使切削加工从传统的数字化迈向智能化[1]。

1.1 切削工艺与刀具在智能制造中的作用

机械制造是指将原材料通过机械设备和工艺变成产品的全部生产活动过程。制造工艺涵盖铸造、塑性成形、连接成形、表面工程、传统加工(切削和磨削)、非传统加工等。其中,切削加工是指在机床上通过刀具在工艺指导下完成材料去除的方法,在机械制造所有工艺中占据的比重最大。切削加工作为基础制造工艺,承担着 90%以上基础零部件的最终加工制造任务,切削加工的发展方向是高速、高效、高精度和高可靠性(简称“四高”)。

刀具是机械制造中完成切削加工的工具,直接接触工件并从工件上切去材料,使工件的形状、尺寸精度和表面质量符合技术要求。刀具在切削过程中承受繁重的负荷,包括机械应力、热应力、冲击和振动等,如此恶劣的工作条件对刀具性能提出了高要求。在现代切削加工中,对高效率的追求以及大量难加工材料的出现,对刀具性能提出了进一步的挑战。因此,通过刀具材料、刀具设计与成形、刀具涂层,发展高性能刀具技术成为提高切削加工水平的关键环节。刀具技术的内涵包括刀具材料技术、刀具结构设计和成形技术、刀具表面涂层技术等专业领域,也包含上述单项技术综合交叉形成的高速刀具技术、刀具可靠性技术、绿色刀具技术、智能刀具技术等。刀具作为机械制造工艺装备中重要的一类基础部件，其技术发展又形成智能制造、精密与微纳制造、仿生制造等基础机械制造技术，以及液压、密封、齿轮、轴承、模具等基础零部件制造技术的支撑技术。

智能制造是传感技术、智能技术、机器人技术及数字制造技术相融合的产物，其核心特征是信息感知、优化决策、控制执行功能。智能制造涵盖产品全生命周期，包括设计、制造、服务等过程，以实现高效、优质、柔性、清洁、安全生产，提高企业快速响应市场的能力和国际竞争力。智能制造对工艺和刀具的要求主要体现在工艺适配性和刀具可靠性方面。我国装备制造领域有大量数控加工机床，但大部分机床能效没有得到充分发挥，缺少配套的高速切削工艺和高性能刀具是主要原因。实现“四高”加工是一项系统工程，该系统是由以切削工艺为中心的各个环节构成的，包括机床、刀具、夹具、工件、过程监控、测量与质量管理等环节，在各个环节间需要有实时有效的切削基础数据作为信息流传递，信息传递依赖数字化技术、传感技术、智能技术和网络化技术，进而使得切削过程体现出智能化。因此，智能切削工艺与高性能刀具是智能制造实现“四高”加工的技术基础保障。

1.2 智能切削工艺

基于材料-结构-服役性能一体化的加工技术是切削加工的发展趋势。抗疲劳切削、清洁切削和低缺陷切削等热点技术的兴起，反映了零件使用性能对切削过程控制的特定要求，即切削加工不是纯粹的几何制造过程，而是典型的力-热强耦合物理制造过程。切削刀具与被加工材料之间存在复杂的界面摩擦学行为，切削加工系统是一个典型的多体动力学作用系统，材料变形过程呈现高应变、高应变率和局域化特征，切削区域温度梯度大，切削过程物理变量(切削力、切削温度、切削振动、刀具磨损)的非线性和时变特征非常明显。如何有效地控制切削过程物理量成为材料-结构-服役性能一体化的加工技术研究热点问题，也是体现切削工艺智能化的主要方面。在航空、航天、汽车、能源装备等高端制造领域大量应用高温合金、钛合金、高强度钢、复合材料等难加工材料，并大量采用整体薄壁结构和复杂曲面结构，以满足零件极端服役性能的要求。然而，难加工材料在高速切削过程中切削力大、切削温度高、刀具磨损严重，大型薄壁结构和复杂曲面结构零件在制造中加工变形和切削振动现象严重，加工精度和表面完整性难以保证，严重阻碍了切削加工向高速、高效、高精度和高可靠性方向发展。切削加工是机械制造基础工艺，刀具是加工系统的关键，直接影响加工效率和质量。本书中智能切削工艺的内涵是以数字化和智能化为核心技术，基于全工艺流程环境下切削过程物理建模（切削力学、切削传热学、切削摩擦学和切削动力学），制定基于模型的优化切削工艺（切削加工参数优化、走刀路径优化、夹具设计与优化、冷却润滑液应用与优化、切削加工精度检测与分析、切削加工缺陷检测与分析等）和切削刀具寿命预测与管理规范，在满足高效率加工的前提下实现高端装备制造中难加工材料和难加工结构零件的加工品质的显著提升。

1.2.1 全工艺流程环境下的物理建模

切削过程涉及材料学、弹塑性力学、断裂力学、传热学、运动学、动力学和摩擦学等多学科交叉，切削过程中的各种物理现象如切削力、切削热、切削振动和刀具磨损等与工件、刀具、机床和夹具所构成的工艺系统具有密切联系。加工精度包括尺寸精度和形状位置精度，其影响因素包括工艺系统的制造误差和磨损、工艺系统受力变形和受热变形以及定位误差和测量误差等；加工表面质量包括加工表面层的几何形状特征和物理力学性能。只有充分考虑切削过程的非线性、时变、大应变、高应变率、高温、高压和多场耦合等特点，才能解释切削过程中的各种物理现象。

当前，有限元数值模拟仿真已成为研究切削机理的主要方法，该技术非常适用于分析非线性动态特性问题、大应变问题、局部高温高压问题和刀屑接触复杂边界问题，尤其可以分析与温度有关的材料特性参数和分析高应变率情形[2,3]。不同于解析法，有限元数值模拟仿真可以根据加工条件，再现加工过程中的各种物理现象，对切屑形态、刀屑接触状态、切削力、切削温度和工件表面残余应力等进行预测，为切削机理研究提供有效的技术手段，同时还可以有效地减少试验次数，降低研究成本。国际生产工程科学院（CIRP）成立了“Modeling of Machining Operation”工作组，以推动有限元法在切削过程机理方面的研究和在工业界的应用[4]。

1. 材料本构建模

材料本构关系反映不同温度下材料流动应力与应变、应变率之间的关系，衡量模型精准度的标准是该模型能否体现出高速切削过程固有的非线性、时变、大应变、超高应变率、高温、高压、多场耦合(力-热)等特点。流动应力是关于应变、应变率和温度的函数，工件材料流动应力数据是有限元仿真的输入量，直接影响仿真结果。建立能够充分体现难加工材料高速切削过程特点的具有普适性的材料本构模型，是进行切削过程物理建模仿真的前提条件。

切削过程建模中应用的材料本构模型主要有两种：Oxley 提出的幂形式本构方程[5]和 Johnson，Cook 提出的 J-C 本构方程[6]。这两种模型是建立在实验基础上的经验公式，模型中的材料常数需由材料实验确定，即通过分离式霍普金森压杆实验(split Hopkinson pressure bar test，SHPB)和高速压缩实验获得不同温度下不同应变率的应力-应变关系。目前在国际上被广为引用的材料本构模型是 J-C 本构方程，模型中材料常数需由材料实验确定。有关研究表明[7]，当应变率小于 $10^4\ s^{-1}$ 时，应用该模型预测的材料流动应力与应变率之间的关系曲线同实际材料实验所得关系曲线基本吻合。而当应变率大于 $10^4\ s^{-1}$ 时，理论预测曲线与实验结果误差变大，而且随着温度的升高，误差迅速增加。山东大学、北京理工大学、南京航空航天大学、西北工业大学、北京航空航天大学、浙江大学、哈尔滨理工大学、上海交通大学等单位均在修正 J-C 本构方程研究方面投入力量[8-11]。受限于试验条件，到目前为止，采用分离式霍普金森压杆实验和高速压缩实验所构建的本构模型对实际生产指导意义非常有限。研究出新的材料本构模型建模方法或对已有的模型进行改进，使之适用于高速切削的变形特点(大应变、超高应变率)，是目前学术界和工业界的焦点问题。

获取材料本构模型的基础是材料动态力学实验。按照应变率的大小，动态变形过程包括了低应变率阶段($0\sim1\ s^{-1}$)、中应变率阶段($1\sim100\ s^{-1}$)、高应变率阶段($10^2\sim10^4\ s^{-1}$)和超高应变率阶段($10^4\sim10^6\ s^{-1}$)。高速切削是一个包含大应变(大于 1)、超高应变率($10^4\ s^{-1}\sim10^6\ s^{-1}$)、高温(200 ℃～1000 ℃)的材料剧烈塑性变形的过程，因此，要获取能够适用于高速切削过程的本构关系模型，必须进行超高应变率阶段的动态力学实验。

分离式霍普金森压杆(SHPB)实验是研究材料高应变率下动态力学特性的方法。超高应变率条件下的材料动态力学特性，主要采用微型分离式霍普金森压杆实验(其应变率可以达到 $10^4\ s^{-1}$)。采用弹道试验和轻气炮试验进行高速冲击载荷加载可以获得 $10^6\ s^{-1}$ 及以上更高应变率条件下的材料动态力学性能。中国工程物理研究院、中科院力学研究所、中国空间技术研究院、哈尔滨工业大学、四川大学等单位均致力于这方面的研究工作。

2. 切削力和切削温度建模

准确地预测切削力和切削温度,是进行全流程建模的又一必要前提。切削力和切削温度建模仿真研究非常多,但多数只给出定性结论,对切削过程有关刀具几何参数、切削用量、刀屑接触长度以及切削热量分配比例进行简化,导致仿真结果受刀具、工件材料影响较大。Oxley 等[12]针对斜角切削,开发了一系列算法和模型实现对切削力和切削温度的预报。Armarego 等[13]将切削力分解成两部分,即与切屑厚度有关的切削力和与切削刃长度有关的切削力,通过大量试验建立切削数据库对不同切削过程进行预报。Yun 等[14-16]通过建立三维铣削力模型,实现对薄壁件切削加工中受力状态的预测。Sabberwal[17]通过切削力系数 K_t 建立了与切屑厚度有关的切向切削力经验公式,其中切削力系数 K_t 由实验数据确定。Lee 等[18]用响应曲面法构造二阶切削力模型,考虑了偏心和偏向误差以及其他潜在的误差因素的影响。Altintas 等[18,19]提出刀具前刀面的摩擦力对切削力的影响的数学分析模型。Kim 等[20]提出建立在微分几何基础上的切削力模型。

切削温度建模方面具有代表性的研究有:Shaw 等[21]提供了求解剪切面、刀屑摩擦面、刀具、工件摩擦面平均切削温度模型;Elwardany 等[22]利用有限元法对难加工材料高速切削时的前刀面温度场进行了研究,用热电偶检测实际切削温度对仿真结果进行验证,定性地描述了切削温度与切削用量、刀具及工件材料之间的内在联系;Lin[23]应用导热反求法分别计算了车削和铣削时,刀屑接触区的温度分布和刀具前刀面的温度分布;上海交通大学陈明等[24]应用导热反求法对高速铣削铝合金大型整体薄壁构件的切削温度分布进行建模预测,采用红外热像仪和夹丝半人工热电偶对仿真结果进行验证,获得了修正的三维切削温度模型,取得了较好的效果;俄亥俄州立大学净成形制造工程研究中心对高速切削中的切削热分配比例和温度分布仿真进行了系统研究,Potdar[25]运用计算机仿真和试验相结合的方法,确定了高速切削碳钢时通过切屑、工件、刀具和环境带走的切削热比例,完成了切削温度预测。

3. 加工表面残余应力建模

加工表面残余应力产生是一个复杂的现象，除受力、热因素影响外，还受材料内部组织结构等多种因素的影响。难加工材料高速切削过程中显著的热效应使加工表面层易发生组织变化，不同金相组织在转化中因比容不同，体积会发生变化，由此引入的组织应力不容忽视，因此切削加工中残余应力的产生是机械应力、热应力和材料组织应力综合作用的结果。加工表面层内残余应力大小、性质及其分布规律对零件的加工精度控制和抗疲劳力学性能有重要影响，其产生是具有典型力-热耦合作用特点的物理现象。

有限元方法一直是国内外学者采用的主要建模方法。Iwata 等[26]将材料假定为刚塑性材料，利用刚塑性有限元方法分析了在低切削速度、低应变率情形时的稳态正交切削，但由于没有考虑弹性变形，因此没有计算出残余应力。Strenkowski 等[27]将工件材料假定为弹塑性材料，在工件和切屑之间采用绝热模型，模拟了从切削开始到切屑稳定成形的过程，他们采用等效塑性应变作为切屑分离的准则，在模拟中，等效塑性应变值的选择会影响加工表面的应力分布。清华大学曾攀等[28]考虑到切削加工过程中的力热耦合作用，对工件表面的残余应力、残余应变进行了模拟仿真研究，得到了切削深度与工件表面残余应力分布的变化规律。宋国华等[29]研究了切削油添加剂对残余应力的影响规律。胡华南等[30,31]对预应力切削加工时所形成的表面残余应力进行了定量分析，利用热弹塑性力学理论和有限元分析方法，从理论上计算已加工表面残余应力，获得了预应力加工条件对加工表面残余应力的影响规律。El-Axir[32]提出了车削不同材料过程中表面残余应力分布模型的建立方法。该方法能够对表面残余应力的剖面进行预测，其最大优点是能够准确判断切削参数对最大残余应力的影响以及出现最大残余应力的位置。Zhang[33]基于反馈神经网络建立了智能模型，对难加工材料切削过程中的周向和纵向残余应力剖面进行了预测，预测结果与试验结果相吻合。Sasahara[34]采用热-黏弹塑性有限元模型对加工表面的残余应力进行了评估，研究了热-力耦合对已加工表面变形和残余应力的影响，得出了有价值的结论。Ee 等[35]采用有限元方法建立了过程模型并讨论了不同刀具圆弧半径和进给速度的机械作用对被加工表面残余应力的影响，该过程模型包括正交切削仿真和类似压入工件表面的刀具圆弧半径的压痕仿真。

1.2.2 切削参数优化

在切削加工中，切削参数是金属切削时各运动参数的总称，包括切削速度、进给量和背吃刀量(切削深度)。切削参数优化是实现智能制造的一个关键环节，优化切削参数不仅可以提高加工表面质量，还可以提高加工效率。合理选择和优化切削参数直接关系到切削材料和机床的合理使用，并且对提高生产效率、提高加工精度和表面质量、降低生产成本具有重要意义。

常用的切削参数优化方法主要有四种：第一种是数值计算法，即建立切削参数优化数学模型，采用多目标优化方法，通过数值计算获得最优解。但影响切削参数的非线性因素众多，并且计算繁杂，不易求解。第二种是经验法，即利用熟练操作工人积累的经验和工艺手册数据。此方法实际应用较多，但工人一般采取保守的切削参数，生产效率低下，且受工人经验所限。第三种是试验法，即通过切削加工试验，采用正交试验法或其他分析方法研究获得合理的切削参数，虽然此方法获得的切削参数较为可靠，但由于不同的工艺条件所需的切削参数不同，因此其通用性不强，无法大规模推广使用。第四种是推理优化法，即数学建模方法与经验方法相结合，充分发挥各自优点，采用模糊推理法则，如遗传算法、粒子群优化法等[36-38]，设计出合理的切削参数优化评价机制，建立智能切削参数优化系统，此方法可为实现智能切削加工提供关键技术支撑[39]。此外，还有面向低碳高效的切削参数优化法[40]、面向能量效率的切削参数优化法[41]、基于主轴系统动态行为的切削参数优化法[42]。

1.2.3 刀具路径优化

刀具路径优化是指在加工过程中对刀具轨迹进行合理规划。刀具轨迹规划算法作为复杂曲面五轴数控编程的核心，轨迹的算法直接决定了零部件表面加工质量和加工效率[43]。在复杂曲面加工过程中，采用优化的刀具轨迹能够有效地避免刀具干涉和碰撞，使刀具路径更短，有效地提高复杂曲面的加工效率[44]。

当前刀具路径优化方法主要有等参数线法、等截面路径法、等残留高度法。

1. 等参数线法

等参数线法是以被加工曲面的曲面网格线作为刀具接触点路径来生成刀

具路径的。该方法计算比较简单，一般适用于参数线分布均匀的曲面加工。

2. 等截面路径法

等截面路径法是用约束曲面与被加工曲面的截面交线作为刀具接触点来生成刀具轨迹路径的。此方法对走刀路线的控制较为灵活，对曲面网格分布不太均匀及由多个曲面形成的组合曲面的加工非常有效，使加工路径分布和残留高度分布较均匀，加工效率也较高。与等参数线法相似，该方法也存在加工轨迹过密的缺点，而且需要进行求交、迭代运算，计算量较大。

3. 等残留高度法

等残留高度法通过控制相邻路径间的距离，使得刀具路径间的残留高度不变，在已知一条刀具路径、刀具半径和允许残留高度的前提下，计算出下一条刀具路径。该方法的显著特点是严格按照曲面的局部特征计算行距，使行距最大化，从而大幅缩短了刀具轨迹总长度，提高了加工效率，而且残留高度比较均匀，加工质量好。

可见，无论是等参数线法、等截面路径法还是等残留高度法，都有其局限性[45]，如何针对特殊的复杂曲面结构零件制定出最优的切削加工刀具路径仍是当前制造业亟待解决的技术难点之一。

1.3 智能切削刀具技术基础

刀具在切削加工中扮演着重要角色，国际生产工程科学院 CIRP 指出：全世界范围内的切削制造企业，刀具选择正确的只有 50%，刀具使用正确的仅为 58%，刀具寿命使用充分的不到 38%。因此，合理设计、制备、应用刀具是实现智能切削的前提条件。

智能切削刀具不仅要求刀具具有切削功能，还要求刀具具有自我感知、自我适应的功能。刀具的智能感知主要体现在对切削力、切削热、切削振动、切削噪声的感知上，通过在刀具基体上安装传感器，实现刀具状态的自我识别与检测[46]。刀具自适应主要体现为刀具能根据切削力、切削热和振动状态，自我调节与适应，从而有效降低切削力、切削温度，抑制再生颤振等。

智能切削刀具对切削力、切削热的感知与控制，最终体现为切削加工过程中的刀具磨损抑制。因此，建立切削力、切削热与刀具磨损的内在映射关系，据此抑制刀具磨损、减少刀具破损，是智能切削刀具技术发展的关键所在。

1.3.1 刀具磨损的时变性与复合性

刀具磨损是指切削过程中刀具材料被切屑或工件带走，刀具逐渐磨损的现象；而刀具破损是指由于冲击、振动、热效应等引起的刀具崩刃或脆断的现象。

刀具磨损形式主要可分为后刀面磨损、前刀面磨损、沟槽磨损、积屑瘤、塑性变形和热裂纹，刀具破损的主要形式为崩刃。常见刀具磨损、破损及各类损伤如表1-1所示。

刀具磨损机理主要可分为由切削力主导的磨料磨损和黏结磨损，以及由切削温度主导的扩散磨损和氧化磨损[47]。

表1-1 常见的刀具磨损、破损及各类损伤形式[48]

磨损、破损及各类损伤	描　　述
后刀面磨损	后刀面磨损是切削刀具后刀面与工件已加工表面剪切划擦而产生的刀具磨损。后刀面磨损相对均匀，通常采用磨损棱带中部的平均宽度VB来表示，VB是刀具磨损最常用的评价参数
前刀面磨损	前刀面磨损是切削刀具前刀面和切屑剪切划擦而产生的刀具磨损。在高温高压条件下，切屑从前刀面流出时与前刀面产生剧烈的摩擦，形成月牙状洼地，故前刀面磨损也叫月牙洼磨损，通常用月牙洼深度KT来表示
沟槽磨损	当加工高温合金、钛合金和高强度钢等材料时，工件材料中的硬质点在切削时对刀具产生剧烈划擦，若刀具材料耐磨性差，则会在刀具表面形成深浅不同的沟槽，故称该磨损为沟槽磨损
积屑瘤	当加工低碳钢、铝合金和不锈钢等塑性材料时，若切削速度过低，部分工件材料或切屑在高温高压条件下黏结在刀具前刀面，形成块状积屑瘤。继续切削时，积屑瘤极易从刀具表面剥落，造成刀具严重崩刃

续表

磨损、破损及各类损伤	描　　述
塑性变形	当采用高速钢刀具时，过高的切削温度和压力会使得刀具切削刃强度急剧降低，切削刃区域发生严重的塑性变形，并使切削刃周围产生塑性塌陷的现象叫作刀具的塑性变形
热裂纹	热裂纹是指在垂直刀具切削刃处由冷-热循环引起的细微裂纹。通常，切削液喷射不均匀和间断切削导致的温度骤变是引起热裂纹的主要原因
微崩刃或崩刃	微崩刃或崩刃是指刀具切削刃缺失的现象。引起崩刃的主要原因是切削负载过大、刀具刃口强度低或存在切削振动

1. 磨料磨损

磨料磨损是指刀具材料和工件材料中的氮化物和碳化物等硬质颗粒在切削过程中相互划擦形成沟纹所引起的磨损。

2. 黏结磨损

黏结磨损是指在特定的温度和压力下刀具与工件或切屑产生剧烈摩擦而造成工件或切屑黏结在刀具表面，使得切削刃钝化所引起的磨损。

3. 扩散磨损

扩散磨损是指高温高压条件下，刀具材料中的 W、C 和 Co 等元素与工件材料中的 Ti、Si、Fe 和 Cr 等元素相互扩散渗透所引起的磨损。

4. 氧化磨损

氧化磨损是指在特定的温度下切削刀具材料中的 Al、S、Cl 等活性元素与空气中的 O 元素形成一层硬度低的氧化膜，覆盖在刀具表面所引起的磨损。

切削过程中刀刃和刀面承受高压和高温，应力梯度和温度梯度大，刀刃各点承载差异大，导致刀具磨损不均匀。不同磨损机制并存，并随时间的变化而改变，从而影响刀具磨损的形态，使刀具磨损呈现时变性和复合性。

1.3.2 刀具磨损预测与寿命管理

刀具磨损直接影响加工精度和表面质量。因此，建立准确的刀具磨损模型，进行刀具磨损预测和在线预报，是实现智能切削加工的关键。刀具磨损预测模型通常可分为经验模型、有限元模型和解析模型。

1. 经验模型预测

刀具寿命预测基础经验模型[49]：

$$C = v_c T_{\text{tool}}^n \tag{1-1}$$

该经验模型可应用于金属、非金属、复合材料切削加工。其中常数 C 和指数 n 仅适用于特定刀具和工件材料，即当工件材料或刀具发生变化，或者切削进给量和切削深度发生改变时，此经验模型便不再适用。为此，Taylor 基于大量切削试验提出了刀具寿命广义预测模型：

$$T_{\text{tool}} = \frac{C}{v_c^p f^q a_p^r} \tag{1-2}$$

该模型综合考虑了切削速度、进给量和切削深度对刀具寿命的影响，但仍然仅限于特定刀具和工件材料匹配。该模型的建立为车削刀具磨损和铣削刀具磨损国际标准的制定提供了参考依据。

可见，Taylor 所建立的刀具寿命经验模型需要大量切削试验，且仅限于特定刀具和特定工件材料匹配，当刀具或工件材料发生改变时，该模型便不再适用，通用性差，且无法表达刀具磨损随时间变化的关系[50]。

2. 有限元模型预测

有限元数值模拟是解决切削加工过程中复杂的力-热耦合、弹塑性变形和刀具磨损等问题的一种低成本且高效率的研究方法，不需要大量的切削试验，得到了国内外学者的广泛关注。

Attanasio 等人采用 Deform 3D 有限元仿真软件对无涂层硬质合金车削刀具前刀面月牙洼磨损进行仿真，建立了车削刀具前刀面月牙洼磨损的有限元模型，给出了切削温度与磨料磨损和扩散磨损率系数，并通过试验验证其有效性。结果表明，有限元模型能有效模拟不同前角和表面应力的刀具月牙洼磨损[51]。Haddag 利用有限元仿真软件 Deform 3D 并以 Usui 磨损模型为准则对 18MND5 钢加工时的刀具前刀面月牙洼磨损进行仿真[52]。此外，Haddag 还建立了 AISI 1045 钢车削加工刀具磨损及其热传导有限元模型，并进行试验验证，结果表明该模型能描述刀具前刀面磨损。虽然此模型给出了后刀面磨损云图，但精度低，计算复杂[53]。南京航空航天大学杨树宝利用 ABAQUS 有限元仿真软件建立了置氢钛合金高效切削刀具的磨损模型，模拟出刀具在切削加工过程中的切削力、应力场和切削温度场，成功预测了置氢钛合金刀具前刀面月牙洼及后刀面磨损量[54]。

可见，有限元法能够显著降低试验成本，但其具有局限性：

(1) 刀具磨损过程中只能调用软件自带磨损模型（一般是 Archard 磨料磨损模型和 Usui 扩散磨损模型），且无法新建磨损准则；

(2) 有限元法主要针对车削刀具前刀面月牙洼磨损，无法表征刀具后刀面的三维形貌，故该方法不适用于刀具后刀面磨损研究；

(3) 有限元三维模型无法模拟铣削刀具的磨损。

3. 解析模型预测

刀具磨损预测的解析模型是有限元模型的基础，表 1-2 所示为国外刀具磨损经典解析模型。目前，使用最广泛的两个刀具磨损解析模型是 Archard 磨料磨损模型和 Usui 扩散磨损模型，也是有限元仿真软件 Deform 3D 的内置磨损准则。Archard 于 1953 年基于表面接触和磨损特性建立了刀具磨料磨损解析模型，他通过试验得出刀具磨损体积与法向载荷、滑动距离成正比，与材料布氏硬度成反比，该模型能够很好地反映以磨料磨损为主要形式的刀具磨损[55]。Usui 于 1978 年通过三维解析模型建立了硬质合金切削加工刀具扩散磨损模型，他认为硬质合金刀具发生扩散磨损的程度与刀具所受法向应力、剪切滑移速度成正比，与切削温度成反比。该模型充分考虑了刀具磨损热特性，但忽略了磨料磨损和黏结磨损，因此，其适用于以扩散磨损为主要磨损形式的金属切削过程[56,57]。Cook 总结出刀具后刀面扩散磨损的激活能约是刀具前刀面的一半[58]。Koren 利用线性控制理论建立了切削刀具后刀面磨损综合理论模型，认为后刀面总磨损量是在切削力和切削温度的共同作用下产生的，切削力与剪切滑移长度密切相关，而切削热与刀具寿命密切相关[59]。Takeyama 于 1963 年建立了一种描述刀具磨损的解析公式，他忽略了刀具脆性断裂等破损形式，认为刀具总磨损量是切削力和切削热引起的磨损量之和，同时认为切削力引起的磨料磨损和黏结磨损主要取决于切削距离，而切削热引起的扩散磨损和氧化磨损主要取决于切削温度[60]。

表 1-2　刀具磨损经典解析模型

作者	刀具磨损模型	备　　注
Archard[55]	$V=k\dfrac{PL}{3\sigma_s}=k\dfrac{PL}{H}$	磨料磨损模型
Usui[56,57]	$\dfrac{\mathrm{d}w}{\mathrm{d}t}=A_1\sigma_n V_s\exp\left(-\dfrac{B_1}{T}\right)$	扩散磨损模型
Takeyama[60]	$\dfrac{\mathrm{d}w}{\mathrm{d}t}=G(v,f)+D\exp\left(-\dfrac{Q}{RT}\right)$	磨料磨损、黏结磨损模型
Childs[61]	$\dfrac{\mathrm{d}w}{\mathrm{d}t}=\dfrac{A}{H}\sigma_n V_s$	磨料磨损、黏结磨损模型
Schmidt[62]	$\dfrac{\mathrm{d}w}{\mathrm{d}t}=B\exp\left(-\dfrac{Q}{RT}\right)$	扩散磨损模型
Luo[63]	$\dfrac{\mathrm{d}w}{\mathrm{d}t}=\dfrac{A}{H}\dfrac{F_n}{v_c f}V_s+B\exp\left(-\dfrac{Q}{RT}\right)$	综合考虑磨料磨损、黏结磨损和扩散磨损模型
Astakhov[64]	$h_s=\dfrac{\mathrm{d}h_r}{\mathrm{d}S}=\dfrac{100(h_r-h_{r-i})}{(1-l_i)f}$	表面磨损率模型
Attanasio[66]	$\begin{cases}\dfrac{\mathrm{d}w}{\mathrm{d}t}=D(T)\exp(-\dfrac{Q}{RT})\\ D(T)=D_1T^3+D_2T^2+D_3T+D_4\end{cases}$	扩散磨损模型，通过试验确定扩散系数与切削温度关系
Pálmai[67]	$\dfrac{\mathrm{d}W}{\mathrm{d}t}=\dfrac{v_c}{W}\left[A_a+A_{th}\exp\left(-\dfrac{B}{v_c^x+KW}\right)\right]$	充分考虑刀具磨损造成的切削力增大和切削温度上升的刀具磨损模型
Halila[68]	$W=N\sum\limits_{i\geqslant i_{\min},j=1}^{I}P_r^R(R_i)P_r^{\varphi}(\varphi_j)\dfrac{R_i^2P}{2H_t\tan\varphi_j}v_c$	基于单位时间内金属去除率的刀具磨料磨损模型

Luo 于 2005 年在 Childs 磨料磨损、黏结磨损模型[61]和 Schmidt 扩散磨损模型[62]的基础上扩大了 Takeyama 刀具磨损模型的使用范围，使其适用于描述磨料磨损、黏结磨损和扩散磨损。该模型考虑了切削加工参数中的切削速度和进给量，使之更为精准，是最接近现实中刀具磨损状态的解析模型[63]。Astakhov 于 2006 年建立刀具表面磨损率模型，认为刀具前刀面磨损量 KT 和后刀面磨损量 VB 并不能有效地表征刀具磨损，通过计算径向磨损量得到的表面磨损率能够更准确地描述刀具磨损[64]，同时他认为刀具材料的确会影响刀具磨损，但必须考虑刀具几何参数与切削参数的影响[65]。Attanasio 于 2008 年通过试验确定刀具发生扩散磨损的扩散系数随切削温度的变化公式，可用于确定前刀面月牙洼形状[66]。Pálmai 于 2013 年建立了非线性刀具后刀面磨损解析

模型，该解析模型充分考虑了切削力和切削温度造成的加速磨损特性，同时他认为切削距离不仅会引起磨料磨损和黏结磨损，而且会造成扩散磨损和氧化磨损，因此该模型计算的刀具寿命能够适用于任何失效准则[67]。Halila 于 2014 年以单位时间内金属去除率为主要参数建立了刀具磨料磨损解析模型，他认为磨料磨损是由材料金相组织结构中的硬质点划擦工件和刀具接触面引起的，因此，该模型能够有效地预测刀具磨料磨损[68]。

国内学者对刀具磨损模型也展开了广泛研究，推导出了表 1-3 所示的刀具磨损实用解析模型。山东大学王晓琴于 2009 年基于刀具材料和工件材料匹配的摩擦磨损特性研究，推导了 Ti6Al4V 钛合金前、后刀面磨损方程，通过研究直角切削试验，获得直角切削刀具前、后刀面磨损模型，成功开展了 Ti6Al4V 钛合金车削刀具磨损预测[69]。山东大学邵芳基于热力学最小熵产生的原理，利用吉布斯自由能推导了镍基高温合金和钛合金车削刀具的黏结磨损、扩散磨损和氧化磨损模型，并通过车削试验验证了模型是有效的、准确的[70]。同年，南京航空航天大学肖茂华通过切削试验建立了基于冲击动力学的陶瓷刀具高速切削镍基高温合金的沟槽磨损模型，并成功地预测了刀具沟槽磨损[71]。

表 1-3　刀具磨损实用解析模型

作者	刀具磨损模型
王晓琴[69]	$\frac{\mathrm{dVB}_{钛合金}}{\mathrm{d}t}=(\cot\alpha_0-\tan\gamma_0)\left[K_{\mathrm{abr}}V\left(\frac{\sigma}{\sigma_s\theta_{\mathrm{int\_}f}}\right)^{3/2}+\frac{K_1\sigma V}{3\sigma_s\theta_{\mathrm{int\_}f}}+\frac{2C_0}{\rho_{\mathrm{tool}}}\sqrt{\frac{\mathrm{VD}\theta_{\mathrm{int\_}f}}{\pi\mathrm{VB}}}\right]$
邵芳[70]	$C_{镍基合金}=\exp\left(\frac{-65900}{2RT}\right)$；$C_{钛合金}=\exp\left(\frac{\Delta G_{\mathrm{WCJ}}-56046.7}{2RT}\right)$
常艳丽[72]	$w_{镍基合金}=0.7557\left(27+\frac{1067}{1+\mathrm{e}^{\frac{209.56v_c^{0.36}f^{0.07}-804}{51}}}\right)^{-0.505}v_c^{0.461}f^{0.141}t^{0.505}$
郝兆朋[73]	$w_{镍基合金}=0.0099\left(\frac{576.9v_c^{0.96}f^{0.26}t}{371+\frac{1766}{1+\mathrm{e}^{\frac{209.5v_c^{0.36}f^{0.07}-788}{54}}}}\right)^{-0.98}$
宋新玉[74]	$\mathrm{d}Q_{镍基合金}=E_1\ \frac{1}{3}\ \frac{W}{\sigma_s(\theta_{\mathrm{int\_}f})}V\mathrm{d}t+E_2\ \frac{2f\cdot C_0\cdot\sqrt{\frac{\mathrm{VD}(\theta_{\mathrm{int\_}f})}{\pi}}}{\rho_{\mathrm{tool}}}\mathrm{d}t+\frac{1}{3}E_3K_c\frac{W}{\sigma_s(\theta_{\mathrm{int\_}f})}V\mathrm{d}t$
孙玉晶[75]	$\begin{cases}\frac{\mathrm{d}w_{钛合金}}{\mathrm{d}t}=\frac{\mathrm{d}w_{磨料}}{\mathrm{d}t}+\frac{\mathrm{d}w_{黏结}}{\mathrm{d}t}=2.37\times10^{-11}v_c+0.0004\sigma_n v_c\mathrm{e}^{\frac{-7000}{273+T}},T<600\ ℃\\\frac{\mathrm{d}w_{钛合金}}{\mathrm{d}t}=\frac{\mathrm{d}w_{黏结}}{\mathrm{d}t}+\frac{\mathrm{d}w_{扩散}}{\mathrm{d}t}=0.0004\sigma_n v_c\mathrm{e}^{\frac{-7000}{273+T}}+2.64\left(\frac{v_c}{x}\right)^{1/2}\mathrm{e}^{\frac{-6879}{273+T}},T>600\ ℃\end{cases}$

哈尔滨工业大学常艳丽基于 Archard 磨料磨损模型，建立了镍基合金 GH4169 刀具后刀面的磨损模型，对其磨损公式求导，得到钛合金后刀面最佳切削温度为 650 ℃[72]。在此基础上，郝兆朋通过磨损的剥层理论对镍基合金 GH4169 车削时的 TiAlN 涂层硬质合金刀具后刀面磨损进行建模，该模型是在 Taylor 经验模型的基础上充分考虑了不同切削速度、进给量条件下的切削力和切削温度得出的[73]。山东大学宋新玉等人综合考虑了黏结磨损、扩散磨损和氧化磨损，推导了镍基合金刀具后刀面磨损体积与后刀面磨损带宽度的几何模型[74]。山东大学孙玉晶基于菲克(Fick)热力学第二定律推导了切削刀具二维扩散磨损模型，认为当切削温度超过 600 ℃时，钛合金会发生扩散磨损，当切削温度超过 800 ℃时刀具的磨料磨损是可以忽略不计的，结合磨料磨损模型和扩散磨损模型，并以 600 ℃为钛合金发生扩散磨损的边界条件，最终确定钛合金加工的直角切削刀具磨损模型[75]。

上述研究仅针对刀具在某一工艺条件下的磨损机理和寿命建模预测，对零件在全流程切削中的刀具磨损情况研究较少，对刀具全寿命周期信息的在线采集与分析缺乏相关研究。刀具寿命预测对全流程切削工艺优化是实用的关键技术，准确地预测刀具寿命不仅可以提高刀具的使用效率、降低使用成本，还可以避免切削加工过程由于刀具损坏而造成的工件报废。

4. 刀具寿命管理

目前，刀具的应用管理主要侧重于加工段最佳方式的适配，对刀具生命周期内的其他重要信息(如刀具需求计划、加工策略、实时状态、修磨报废、优化升级等)缺乏有效的全程管理。当前研究以刀具寿命优化模型为主，对刀具寿命预测和诊断、刀具监测和调整控制、刀具智能适应等功能以及刀具系统与智能加工分布式数字控制系统的集成也未形成支撑。

随着互联网大数据云计算技术的飞速发展，基于互联网技术的刀具全生命周期智能化管理系统成为研究热点，该系统可实时准确地掌握刀具全生命周期的相关数据，并能从已有的实验数据和经验数据中获得学习样本，形成刀具全生命周期智能化管理系统，实现用刀智能化。重庆大学王时龙、熊昕结合生产线现场的实际需求，对国内外成熟的刀具管理系统进行了研究与分析，在此基础上提出了一套数控刀具智能化识别与信息管理方案，实现了数控刀具的智能化全生命周期管理[76]。沈阳机床厂付柄智提出了基于 FANUC 系统的刀具寿命管理方法[77]。基于刀具寿命预测和刀具调度两大关键技术，结合刀具自身参数和加工参数的刀具寿命预测模型，宋豫川、李隆昌提出了一套适用于数字化车间刀具管理系统，实现了刀具基础信息管理、刀具库存管理、刀具计划调度管理、刀具成本管理、刀具寿命管理与刀具统计[78]。

如何建立面向智能制造的刀具实时信息采集和跟踪系统，预测刀具寿命、优化切削参数，建立刀具信息跟踪系统，实现数控刀具全寿命管理仍然是当前面临的重大挑战。

1.4 本书的总体思路

本书依托上海交通大学切削磨削与刀具研究基地近年来在智能切削领域所开展的理论研究和应用技术研究成果，以我国航空航天、能源装备、汽车、手机零部件制造企业实际生产中遇到的难题为实例，系统阐述了智能切削工艺与刀具。

首先，围绕智能切削工艺展开，以大型航天火箭薄壁件切削变形控制、拓扑结构薄壁铝蜂窝切削加工缺陷控制、整体叶轮切削加工工艺全流程优化为案例，阐述了面向典型功能结构件的智能切削工艺。

其次，围绕智能切削刀具展开，以汽轮机缸体镍基堆焊合金铣削加工刀具为案例，阐述了基于微量润滑切削刀具磨损模型的刀具智能设计；以汽轮机叶片型面粗加工球头铣刀寿命预测与管理为案例，阐述了基于磨损曲线的刀具寿命管理。

最后，以燃机涡轮盘榫槽智能拉削为案例，系统性地介绍了智能拉削工艺及智能拉刀的设计、制备与应用方法。

本书为我国制造企业转型升级，从传统制造走向智能制造提供了理论指导和技术支撑。

切削工艺篇

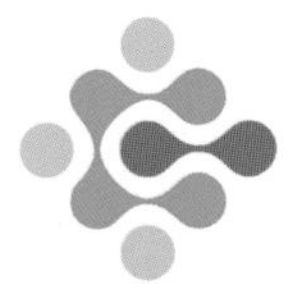

第 2 章 大型薄壁结构件控形切削工艺

2.1 背景介绍

运载火箭是航天领域的引擎,对航天事业有着举足轻重的影响。为降低自身载荷,增大运载能力,目前运载火箭大多采用图 2-1 所示的整体铝合金薄壁件。然而,铝合金大型薄壁件是典型的难加工结构,结构刚性弱,加工变形严重,要生产出合格的铝合金大型薄壁件是一个亟须解决的难题。

本章以某运载火箭铝合金大型薄壁结构件为研究对象,从超硬铝合金材料的动态力学行为入手,建立本构模型,通过铣削加工参数优化、数控铣削加工装夹方案优化仿真,以及数控铣削加工走刀路径优化仿真与试验的技术路线,解决了大型薄壁件切削加工变形难题,提出了一种面向大型薄壁结构件的控形智能切削工艺。

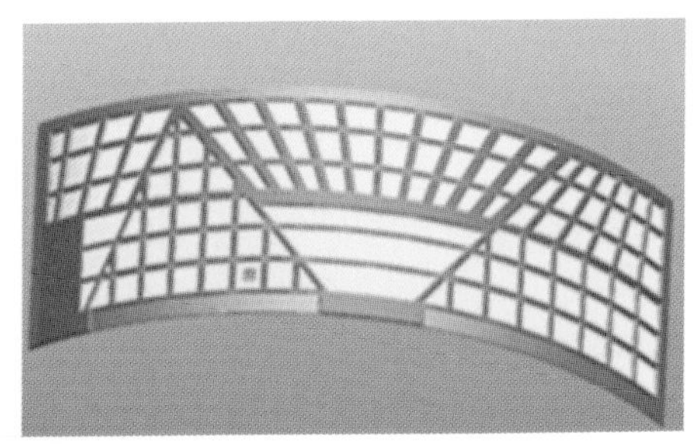

图 2-1　典型整体铝合金薄壁结构件

2.2 超硬铝合金材料力学性能试验分析与本构模型

本节以某型号火箭整体薄壁件材料 2219 超硬铝合金(老牌号为 LY19 C10S)块状毛坯为试样。

2.2.1 化学成分

2219 超硬铝合金属于 Al-Cu 系列铝合金,在基体材料中添加了大量的 Cu 元素,综合性能好,强度高,有一定的耐热性。另外,它也是变形铝合金的一类,经过固溶时效处理,最终锻压成形。2219 超硬铝合金材料的化学组成成分如表 2-1 所示,物理力学性能如表 2-2 所示,微观金相组织如图 2-2 所示。

表 2-1 2219 超硬铝合金的化学组成成分

Al	Cu	Fe	Mg	Mn	Si	Ti	V	Zn	Zr	其他
基体	6.3	≤0.30	≤0.02	0.30	≤0.20	0.05	0.10	≤0.10	0.18	≤0.15

表 2-2 2219 超硬铝合金的物理力学性能(室温)

密度 (g/cm³)	熔点 /℃	热导率 λ /[W/m・℃]	比热容 /[J/(kg・℃)]	弹性模量 /GPa	剪切模量 /GPa	泊松比	屈服强度 $\sigma_{0.2}$/MPa	抗拉强度 σ_b/MPa
2.84	543	121(100 ℃)	864	73.1	27.0	0.33	370	400

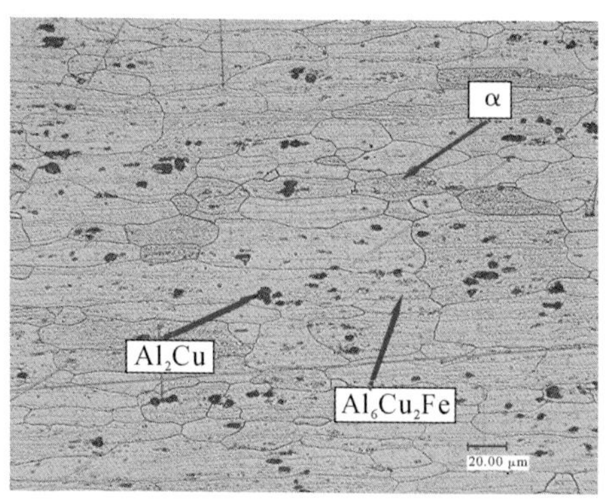

图 2-2 2219 超硬铝合金微观金相组织

2.2.2 准静态力学性能

准静态拉伸试验通常是在室温条件下,缓慢地对试件施加轴向的拉伸载荷，使应变率维持在非常小的范围内。准静态拉伸试验一般在材料试验机上进行，通过施加拉伸载荷使得工件断裂，从而计算出材料的屈服强度 $\sigma_{0.2}$、抗拉强度 σ_b、伸长率 δ 和断面收缩率 ψ 等参数。

试验试件是严格按照金属室温拉伸试验国家标准 GB/T 228.1—2010 制备的，尺寸如图 2-3 所示，试件原始横截面直径为 d，短试件和长试件的标距分别为 $5d$ 和 $10d$。本试验采用圆截面的长试件，其中试件的尺寸为：$d=6$ mm，$l_0=120$ mm，$r=4$ mm。

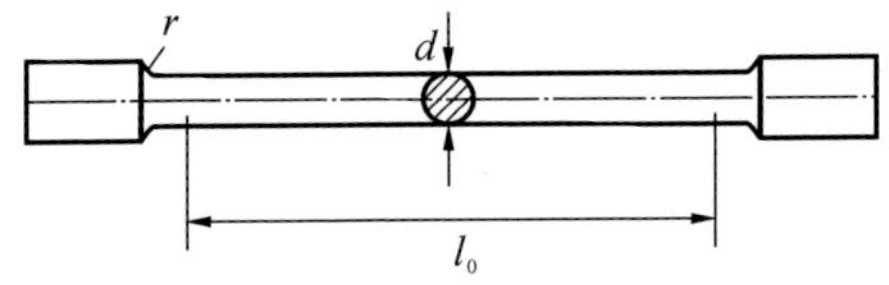

图 2-3　力学试件

本次准静态拉伸试验应变率为 0.001 s^{-1}，室温条件下进行，是在德国 Zwick/Roell 公司生产的 Zwick Z100 万能材料试验机上完成的，最大拉伸载荷为 100 kN。

2219 铝合金应力-应变曲线如图 2-4 所示，两次准静态拉伸试验结果非常相近，流动应力-应变曲线基本重合，屈服强度为 375 MPa，抗拉强度为 473 MPa。

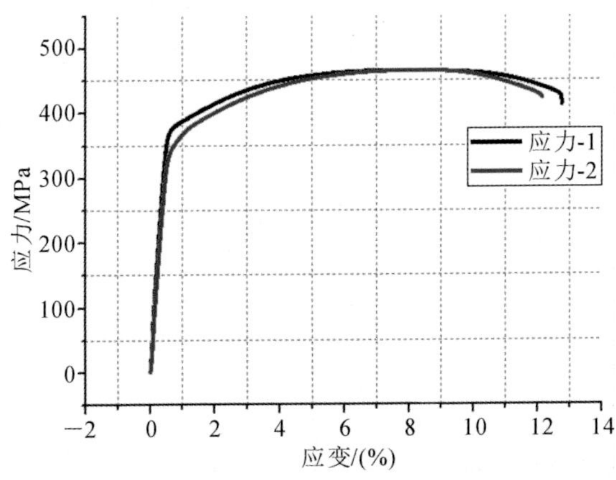

图 2-4　2219 铝合金准静态试验应力-应变曲线

在初期，随着拉伸试件应变逐渐增加，应力也成正比例增长，此时拉伸试件处于弹性变形阶段，撤销外力试件可以恢复原状。当应变超过 0.6%时，应力达到材料的屈服强度，材料开始屈服，产生弹性变形的同时伴随有一定的塑性变形，故而应力增长趋势逐渐放缓，此时，撤销外力试件不能恢复原状。当拉伸试件应变达到 7.3%时，应力取得最大值，此时应力达到了材料的抗拉强度。当应变继续增大时，拉伸试件的塑性变形进一步增大，材料内部破坏比较严重，断口收缩变得明显，直至应变达到 12%左右，拉伸试件被拉断，应力突变为 0。

在室温 30 ℃条件下，设置应变率为 0.001 s^{-1}，完成了两组准静态拉伸试验，试验结果如表 2-3 所示。

表 2-3　准静态拉伸试验结果

序号	弹性模量 E/GPa	屈服强度 $\sigma_{0.2}$/MPa	抗拉强度 σ_b/MPa	伸长率 δ/(%)	断面收缩率 ψ/(%)
1	75.4	373	472	11.4	18.4
2	73.4	377	474	12.8	19.8
平均值	74.4	375	473	12.1	19.1

2.2.3　动态力学性能

采用如图 2-5 所示的分离式霍普金森压杆装置来获取超硬铝合金动态力学性能。入射杆和透射杆均为高强度合金钢材质，长度为 400 mm，直径为 5 mm，试验试件为 2 mm×ϕ2 mm 的圆柱，如图 2-6 所示。

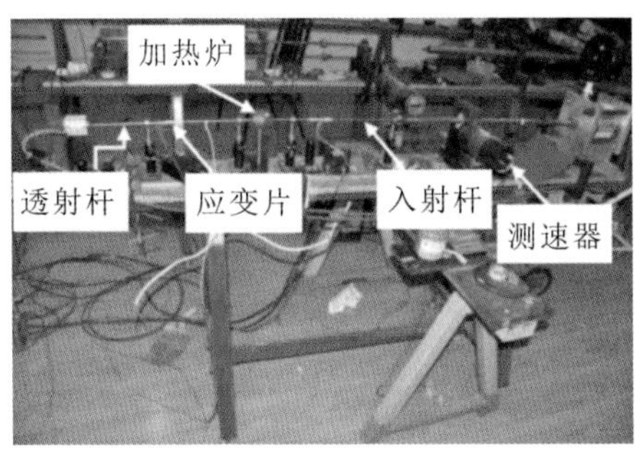

图 2-5　分离式霍普金森压杆装置

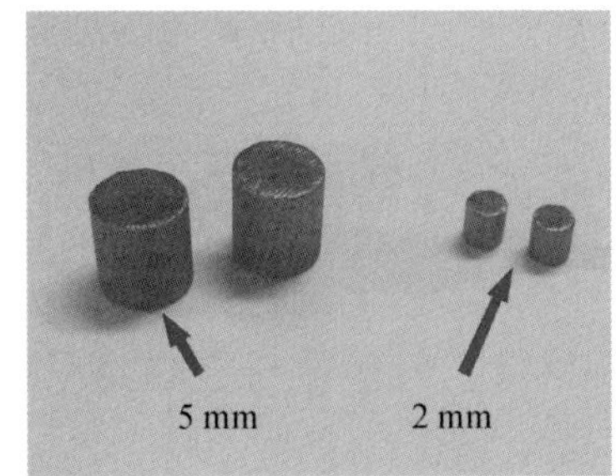

图 2-6　环形电炉与试件

为确保试件的平面度和同轴度，采用线切割技术制作试件，并且对试件的端面进行打磨抛光，使试件端面更加平整光滑。

1. 霍普金森压杆试验结果及分析

图 2-7 所示为相同应变率、不同温度下 2219 铝合金材料的真实应力-应变曲线，可知在 3000 s^{-1}、5000 s^{-1}应变率下 2219 铝合金材料的真实应力均随着温度的升高而降低；8000 s^{-1}应变率下 2219 铝合金材料的真实应力均随着温度的升高而降低，但当温度升到 300 ℃时，应力有增大的趋势；当应变率提高到 10000 s^{-1}时，材料又表现出一定的温升软化效应。纵观全局可知，2219 铝合金材料对温度的敏感性比较明显，温度升高时真实应力下降较大，故而在加工此类材料时应采用一定的降温措施，例如微量润滑（MQL），有助于提高切削过程的平稳性。

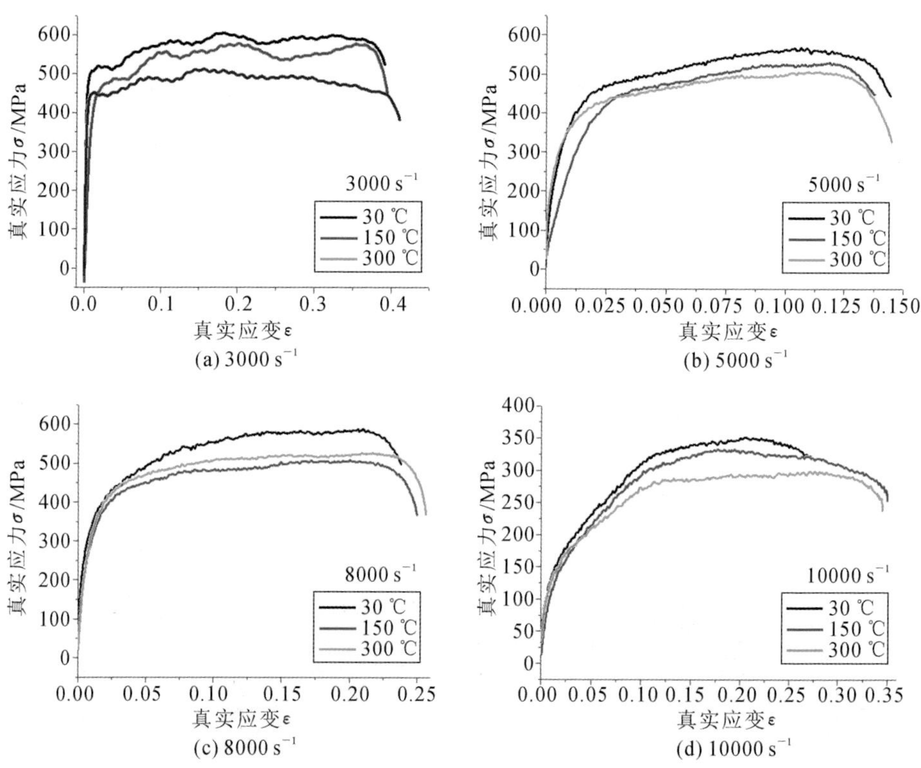

图 2-7　相同应变率、不同温度下的真实应力-应变曲线

表 2-4 给出了不同温度条件下 2219 铝合金材料的真实应力随应变率的变化趋势。从图 2-8 中可以看出，当温度为 30 ℃时，真实应力随着应变率的升高一直减小，呈现温升软化效应；当温度为 150 ℃时，真实应力随着应变率的升高先减小后增大，表现为先温升软化后应变硬化；当温度为 300 ℃时，真实应力随着应变速率的升高一直增大，呈现为应变硬化效应。

表 2-4　真实应力-应变率(ε=0.1)

应变率	真实应力/MPa		
	30 ℃	150 ℃	300 ℃
3000 s^{-1}	577.9	562.7	484.6
5000 s^{-1}	563.8	526.3	496
8000 s^{-1}	554.5	485.9	509
10000 s^{-1}	539.5	535.6	508.1

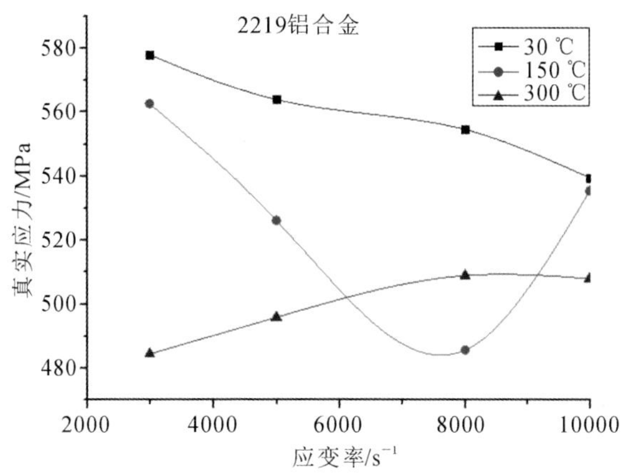

图 2-8　真实应力-应变率曲线(ε=0.1)

2. 温度对 2219 铝合金动态压缩力学性能的影响

为了定量描述真实应力与温度之间的关系，Morrone 提出了温度敏感因子的概念：

$$S_T = -\frac{\ln(\sigma/\sigma_0)}{\ln(T/T_0)} \tag{2-1}$$

式中：T_0 和 T 为参考温度和实际温度；σ_0 和 σ 分别为 T_0 和 T 所对应的真实

应力。

如表 2-5 所示，取室温 30 ℃为参考温度，取真实应变 ε 为 0.1 时的应力为真实应力，图 2-9 即温度敏感因子随应变率变化的曲线图。由此可知，在150 ℃下，温度敏感因子随着应变率的增大先增大后减小，且在应变率7500 s^{-1}处可取最大值，为 0.421；在 300 ℃下，温度敏感因子随应变率的增大而减小，且在应变率 3000 s^{-1}处可取最大值，为 0.276。故而可知，在较低温度下的温度敏感性比较明显；但在高温条件下，温度敏感性不明显。

表 2-5　温度敏感因子-应变率(ε=0.1)

应变率	温度敏感因子	
	150 ℃	300 ℃
3000 s^{-1}	0.07989	0.27635
5000 s^{-1}	0.2063	0.20109
8000 s^{-1}	0.39583	0.13438
10000 s^{-1}	0.02175	0.09411

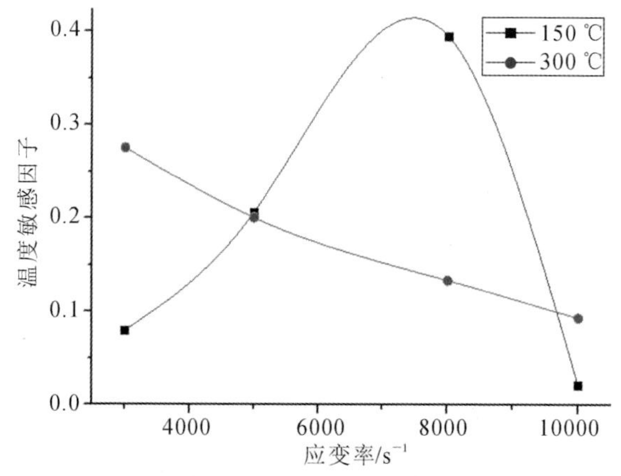

图 2-9　温度敏感因子-应变速率曲线(ε=0.1)

不同应变率条件下 2219 铝合金材料的真实应力与绝热温度的变化关系如图 2-10 所示，随着材料应变量的增加其绝热温度不断升高，材料塑性变形时热能的产生是一个不断积累的过程。当应变增大时，绝热温度升高，真实应力也会相应增大，但应力增长速率逐渐减小，且超过一定值后有减小的趋势。在切削过程中，材料内部会同时存在应变硬化和绝热温升引起的温升软化两种效应，当绝热温升较小时主要体现为应变硬化效应，而当绝热温升超过一定值后主要体现为温升软化效应。

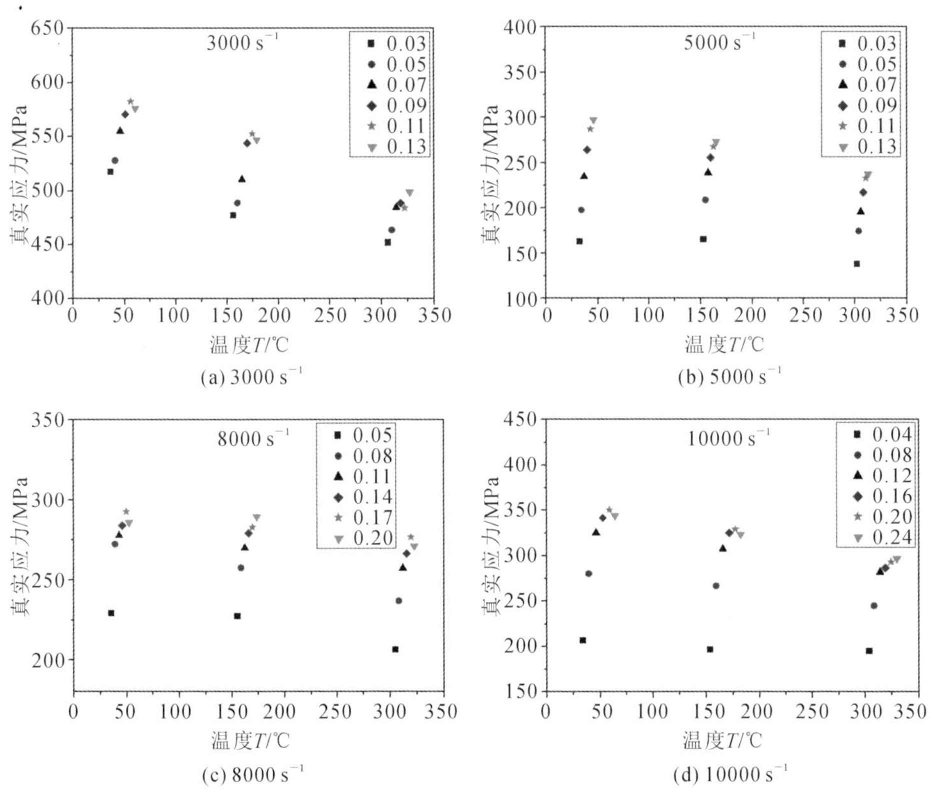

(a) 3000 s^{-1}　(b) 5000 s^{-1}　(c) 8000 s^{-1}　(d) 10000 s^{-1}

图 2-10　不同应变率下的真实应力-温度曲线

图 2-11 所示为不同应变率的绝热温升-温度曲线，在应变增加时，真实应力也会相应增大，且增长速率逐渐减小；当绝热温升超过一定值后，真实应力不再增长或者呈现下降的趋势。另一方面，在如图所示的四种应变率下，绝热温升整体均随着温度的升高呈现下降的趋势，这是因为温度升高后温升软化效应比较明显，故而切削过程中切削阻力减小，随之产生的切削热也会减少，绝热温升降低。当应变率由 3000 s^{-1} 增加到 10000 s^{-1} 时，同等应变下的绝热温升先大幅减小，随后略微增大。这是因为在低应变率下，温度效应比较明显，当应变率大于一定值后，应变硬化效应比较明显。

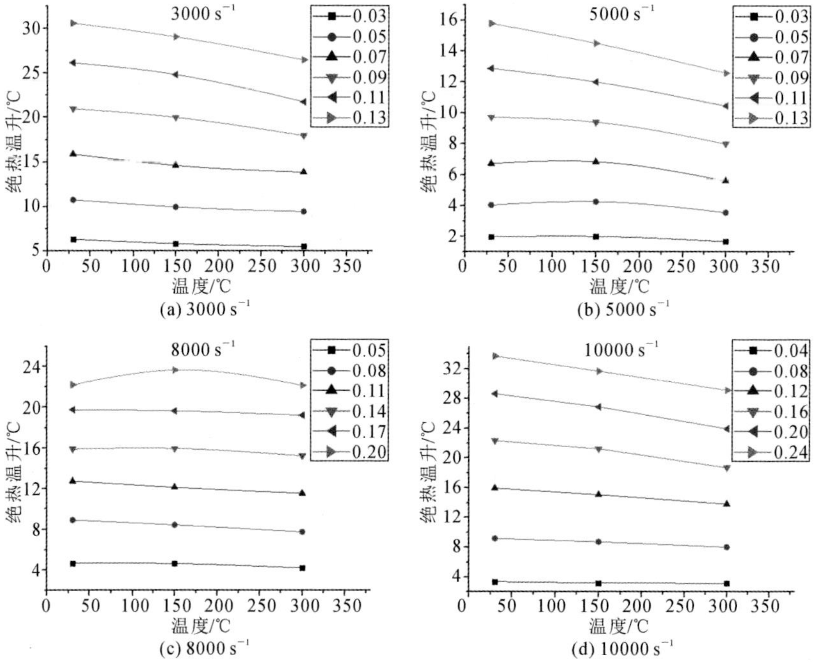

(a) 3000 s^{-1} (b) 5000 s^{-1}

(c) 8000 s^{-1} (d) 10000 s^{-1}

图 2-11　不同应变率下的绝热温升-温度曲线

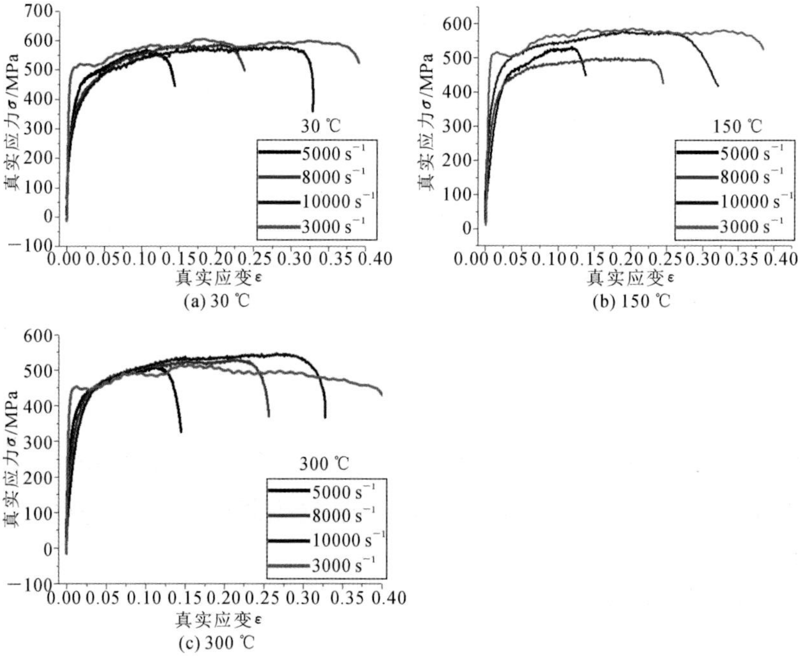

(a) 30 ℃ (b) 150 ℃

(c) 300 ℃

图 2-12　相同温度不同应变率下的真实应力-应变曲线

3. 应变率对 2219 铝合金动态压缩力学性能的影响

图 2-12 是 2219 铝合金材料在相同温度、不同应变率下的真实应力-应变曲线，可知在 30 ℃、300 ℃下，2219 铝合金材料的屈服应力均随着应变率的升高基本没有变化。在 150 ℃下，2219 铝合金材料的屈服应力随着温度的升高呈现无规律变化特性，在 8000 s^{-1} 应变率时材料的屈服应力最小，可知在此温度下 8000 s^{-1} 应变率所对应的切削速度比较适合此类材料的切削加工。另一方面，在不同温度下，各屈服应变都是随着应变率的升高而增大的，应变率强化效应不明显。纵观全部实验数据可知，2219 铝合金材料对应变率的敏感性不明显，应变率升高时的真实应力增量不大，故而在加工此类材料时应采用较大的切削速度，有助于提高加工效率。

同样，为了定量描述真实应力与应变率之间的关系，可以采用应变率敏感因子 S_ε 来表示。

$$S_\varepsilon = -\frac{\ln(\sigma/\sigma_0)}{\ln(\dot{\varepsilon}/\varepsilon_0)} \tag{2-2}$$

式中：$\dot{\varepsilon}$ 和 ε_0 分别为实际应变率和参考应变率；σ_0 和 σ 分别为 ε_0 和 $\dot{\varepsilon}$ 所对应的真实应力。

此处，取室温 30 ℃为参考温度，3000 s^{-1} 为参考应变率，真实应力取真实应变为 0.1 时的应力，如表 2-6 所示。图 2-13 为应变率敏感因子随温度变化的曲线，从图中可以看出，同样的温度下，随着应变率的增大应变率敏感因子先增大后减小，且在 30 ℃和 300 ℃时不同应变率下的应变率敏感因子基本相同；在同样的应变率下，随着温度升高应变率敏感因子先增大后减小，且在 300 ℃时取得最小值，即在较高温度下材料表现为应变硬化效应。故而可知在较高温度和应变率下，材料应变硬化效应较为明显；反之则材料的温升软化效应明显。

较高应变率下的敏感因子变化平缓，例如 10000 s^{-1} 下的敏感因子很小，上下波动在 0.1 之内。和温度效应相比，2219 铝合金材料对应变率不敏感；在 150 ℃下，8000 s^{-1} 和 10000 s^{-1} 时的应变率敏感因子相差接近 0.1，而同等应变率下，不同温度曲线之间的最大差值为 0.2。

表 2-6　不同条件下的应变率敏感因子($\varepsilon=0.1$)

温度	应变率敏感因子		
	5000 s^{-1}	8000 s^{-1}	10000 s^{-1}
30 ℃	+0.04836	+0.04214	+0.05711
150 ℃	+0.13092	+0.14961	+0.041
300 ℃	−0.04552	−0.05008	−0.03933

注:"−"表示应变硬化,"+"表示温升软化

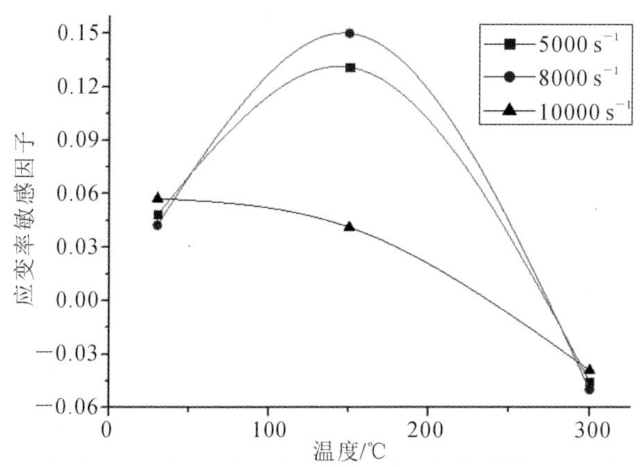

图 2-13　应变率敏感因子-温度曲线

综上可知,2219 铝合金材料在 300 ℃附近时,温升软化效应比较明显,应变率强化效应不明显,即高温下的材料会软化,真实应力下降明显;在 150 ℃附近时,高应变率下的材料应变率强化效应比较明显,尤其是在应变率为 10000 s^{-1} 时的真实应力增量较大,即材料真实应力会有一定的增加,但在 8000 s^{-1} 下的应变率强化效应不明显。故而在薄壁件实际加工中,可以采用 8000 s^{-1} 左右的应变率,选择合适的参数维持切削温度在 150 ℃附近,可确保较好的加工效果。

2.2.4　材料 J-C 本构模型建立

Johnson-Cook(J-C)本构模型引入了能表征材料切削过程中的应变硬化、应变率强化和热软化的参数,适用于分析金属大变形、高应变率、高切削温度等情况下材料的动态响应。J-C 模型形式简单,适用范围广,得到了广泛的应用。J-C 模型可表示为[79]

$$\sigma=[A+B\varepsilon^{n}][1+C\ln\dot{\varepsilon}^{*}][1-T^{*m}] \tag{2-3}$$

其中:

$$\dot{\varepsilon}^{*} = \frac{\dot{\varepsilon}}{\dot{\varepsilon}_0} \tag{2-4}$$

$$T^{*} = \frac{T - T_0}{T_m - T_0} \tag{2-5}$$

式中：σ 为流动应力；ε 为应变；$\dot{\varepsilon}$ 为等效应变率；T 为试验温度；T_0 为参考温度(取为室温)；T_m 为试验材料的熔点；A、B、C、m 和 n 分别为试验材料的五个常数，即屈服应力、应变硬化系数、应变率敏感因子、温度敏感因子和应变硬化指数。

准静态试验在室温下进行，故取 $T_0 = 30$ ℃，试验过程中应变率大小为 0.001 s^{-1}，故取 $\dot{\varepsilon} = 0.001$ s^{-1}，查表可知 $T_m = 543$ ℃，由式(2-3)可知，J-C 本构模型方程还需要求解 A、B、C、m 和 n 五个参数的数值。

(1) 求解 A、B 和 n 参数值。

首先，获取准静态力学试验的流动应力数据，并且将式(2-3)转换为式(2-6)，然后对其两边求对数，获得拟合方程(2-7)。A 为材料的屈服应力，由表 2-3 可知屈服应力大小是 375 MPa。这时，$\ln(\sigma - A)$是 $\ln\varepsilon$ 的线性函数，对 2219 铝合金材料的准静态拉伸试验数据进行线性拟合，即可获得 B 和 n 的参数值，其中 $B = 296$，$n = 0.15$。

$$\sigma = A + B\varepsilon^{n} \tag{2-6}$$

$$\ln(\sigma - A) = \ln B + n\ln\varepsilon \tag{2-7}$$

(2) 求解 C 参数值。

在室温下进行霍普金森压杆试验时，$T = T_0$，故而式(2-3)可转换为式(2-8)。

$$\frac{\sigma}{A + B\varepsilon^{n}} = 1 + C\ln\dot{\varepsilon}^{*} \tag{2-8}$$

代入室温四个应变率 3000 s^{-1}、5000 s^{-1}、8000 s^{-1} 和 10000 s^{-1} 下的流动应力、应变数据，加上应变率为 0.001 s^{-1} 时塑性阶段的流动应力、应变数据，对应变 ε 为 0.1 时的流动应力数据进行线性拟合，可得 C 的值为 0.0011。

(3) 求解 m 参数值。

最后，对式(2-3)进行对数转换，使其变为 m 的线性方程，得

$$\ln\left(1 - \frac{\sigma}{[A + B\varepsilon^{n}][1 + C\ln\dot{\varepsilon}^{*}]}\right) = m\ln T^{*} \tag{2-9}$$

代入 150 ℃和 300 ℃下的霍普金森压杆试验数据进行线性拟合，可得 m 的值为 2.68。

通过上述分析可以得到2219铝合金材料的J-C本构模型参数，具体数值大小如表2-7所示。

表2-7　2219铝合金J-C模型参数

A/MPa	B/MPa	C	m	n
375	296	0.0011	2.68	0.15

将表2-7中的本构模型参数代入式(2-3)，运用MATLAB软件拟合不同温度和不同应变率下的应力-应变曲线，并和试验数据进行对比，结果如图2-14所示。由图可知，基于回归分析法计算得到的本构方程的拟合值和试验值基本吻合，误差基本控制在5%以内，能够较好地描述2219铝合金材料的塑性变形，故而本构方程参数拟合值较为准确。此本构方程可以用于后续切削加工物理仿真模型和加工变形有限元仿真，对分析材料的加工力学性能具有一定的指导意义。

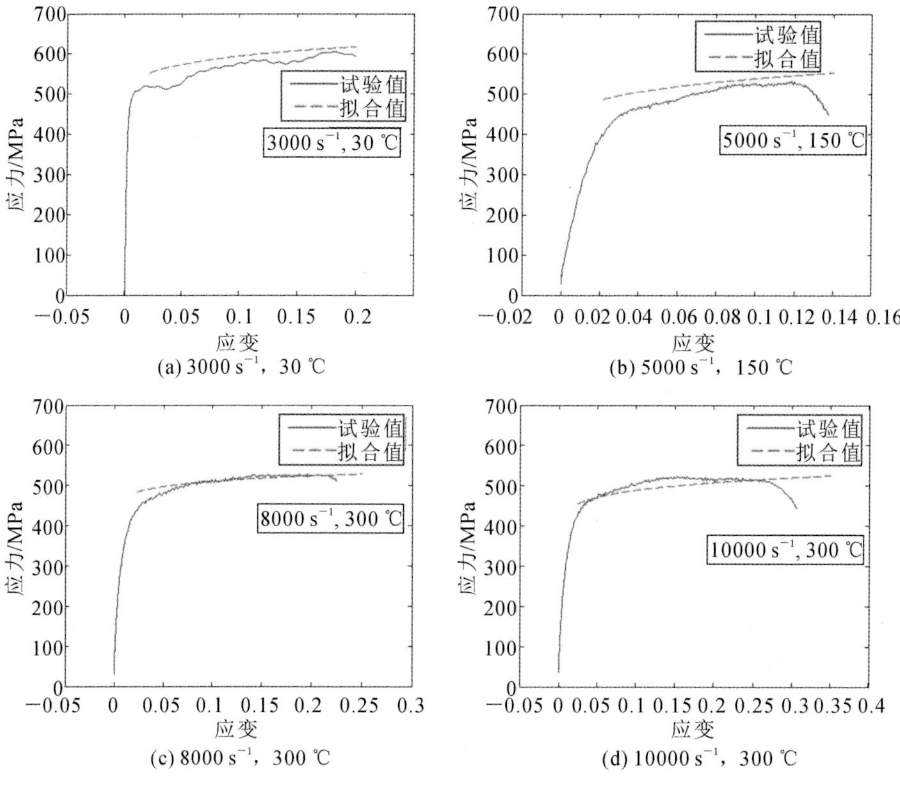

图2-14　2219铝合金应力-应变拟合值和试验值对比

2.3 超硬铝合金大型薄壁结构件加工刀具路径物理仿真与优化

走刀路径一般是指在加工过程中刀具刀位点相对于工件的运动轨迹[80]。在整个高效加工系统中，走刀路径优化是工艺优化流程中一个至关重要的环节，最优的走刀路径可以有效节省加工时间，合理的走刀路径还可以保证工件的加工精度。确定走刀路径的总原则有：

(1) 应能保证工件的设计要求和尺寸精度；

(2) 尽量减少刀具空行程时间，缩短走刀行程，以提高生产效率；

(3) 选择合理的下刀位置，尽量采用小角度往复摆刀或者螺旋下刀的方式；

(4) 在加工型腔时，拐角处需设置一定的圆角，确保走刀路径光滑过渡，尽量避免产生力的突变。

图 2-15 所示是几种适合薄壁件加工的走刀路径。在薄壁件加工过程中，当材料去除深度较大时，应尽量选择分层铣削的方式，确保加工过程中切削力维持在一定的区域内，保证切削过程平稳进行。

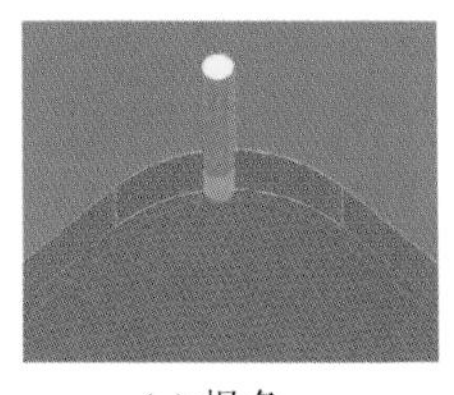
(a) 拐角

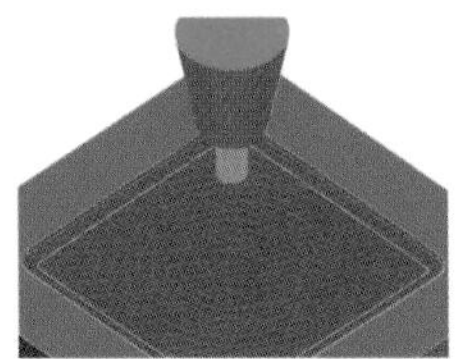
(b) 螺旋铣削

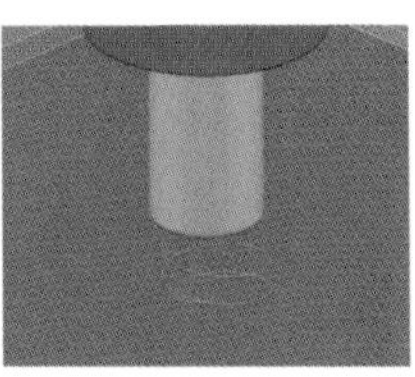
(c) 螺旋下刀

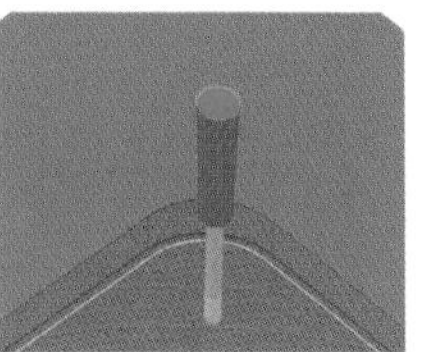
(d) 摆线铣削

图 2-15 走刀路径示例

2.3.1 切削加工走刀路径物理仿真

在进行大型薄壁结构件变形控制试验研究之前，可以采用有限元仿真软件对走刀路径进行物理建模仿真，充分发挥有限元仿真软件计算快、高可靠性的优点。通过分析有限元仿真结果，制订走刀路径基础试验方案，力求理论与实践相结合。本节采用 ABAQUS 进行分析，并利用生死单元法。

1. 单元生死法

单元生死功能主要是将选中的单元或者实体直接“删除”，常用于焊接变形和铣削加工变形等有限元仿真模型中。特别在一些复杂结构件的求解过程中，使用单元生死法可以方便、直观地分析所去除材料部分在整体结构中的作用以及去除后剩余部分的变化。本节中的研究对象为多型腔薄壁件，结构比较复杂，比较适合采用单元生死法进行加工变形的仿真求解。

如图 2-16 所示，在对网格部分单元采用单元生死法后，网格部分的材料会“消失”。其实材料本身不会消失，只是因为这部分材料刚度矩阵为零(模仿真实的材料去除效果)，参与计算过程不会对其他区域造成影响，故而将其进行虚化。通过单元生死法，实现了复杂薄壁结构件的有限元仿真中的材料去除过程。

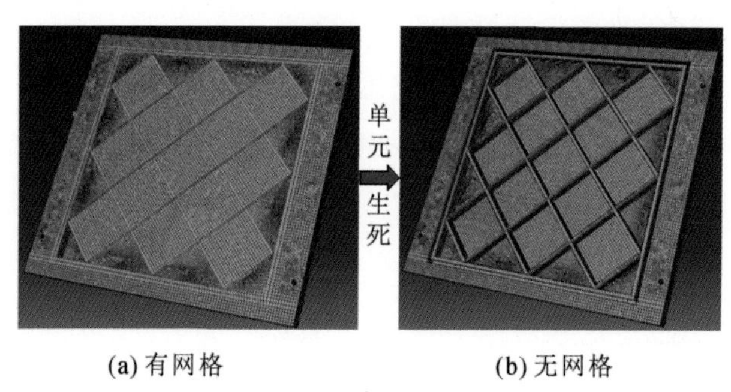

(a) 有网格　　(b) 无网格

图 2-16　单元生死法

2. 初始残余应力仿真模型

首先，模拟工件毛坯成形过程中产生的残余应力。此仿真中，先对 2219 铝合金板材进行材料 J-C 本构模型参数设置以及其他物理参数的定义，设定密度为 2840 kg/m^3，热导率为 121 W/(m・K)，弹性模量为 73 GPa，泊松比为 0.33，线弹性系数为 2.23×10^{-5}，比热容为 864 J/(kg・℃)。

施加预热温度场，再采用两个轧辊进行轧制成形，最后设置板材的预拉伸量为 2%，确保消除大部分的残余应力。由于残余应力主要存在于工件表面，故平面应力才是观察的重点，仿真结果如图 2-17(a)所示。图中板材最大压应力为 33.9 MPa，最大拉应力为 21.2 MPa，与实际板材成形过程中产生的残余应力大小相近。将残余应力分布数据导入 MATLAB 进行拟合，拟合曲线如图 2-17(b)所示，可知残余应力沿厚度方向的分布情况与实际板材残余应力分布情况非常相近，故而仿真结果可靠。

3. 走刀路径仿真模型

首先采用 1∶1 的比例进行建模，并按照图 2-18 中的数据对 2219 铝合金

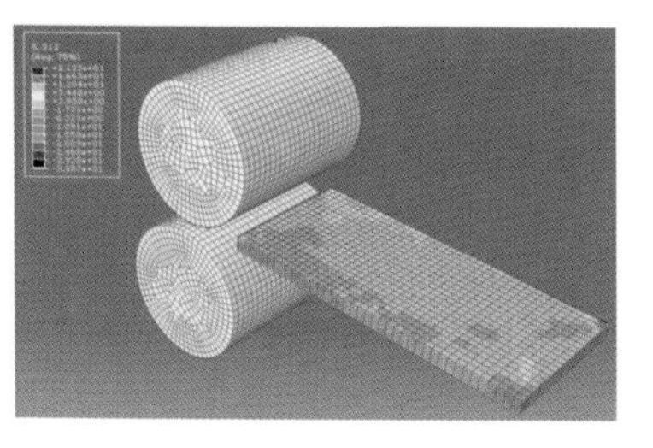

(a) 平面应力云图

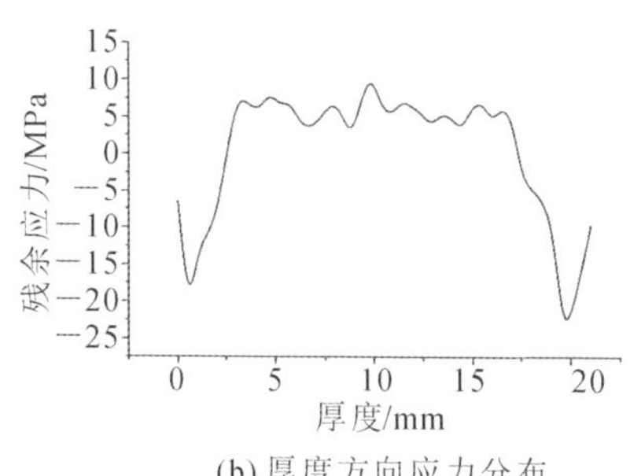

(b) 厚度方向应力分布

图 2-17　仿真结果

板材进行材料定义。同时，导入工件仿真残余应力文件，并对工件进行网格区域划分。

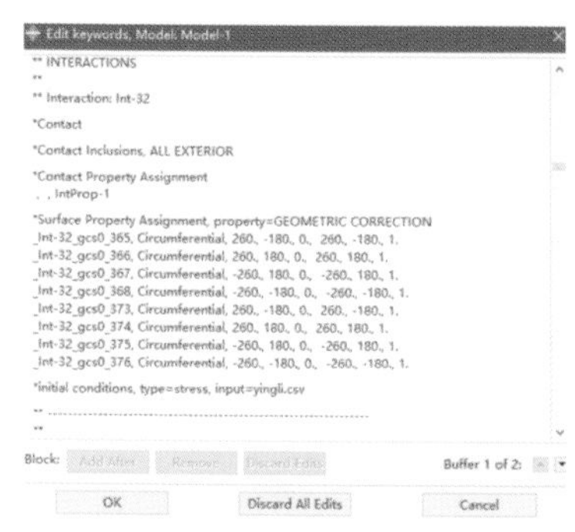

(a) 导入初始应力

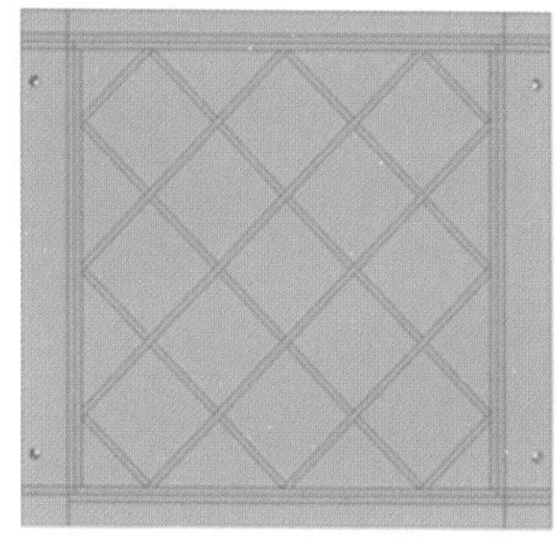

(b) 工件模型

图 2-18　工件定义

然后，将单元生死法应用于仿真模型中，具体操作如图 2-19 所示。在 Interaction 目录下选择 Model change 功能，其后在 Set 集合中选中图中所示菱形型腔，定义选中的区域在这一步无效，即将其刚度设置为零，相当于这部分材料已被去除。依此类推，根据走刀路径设置网格失效的先后顺序，即可实现走刀路径物理仿真。

装夹方式选择：采用四周装夹固定的方法，如图 2-20 所示，定义工件四周的位移为零，且工件底面与工作台相接触。

4. 走刀路径有限元仿真分析

通过 ABAQUS 软件对走刀路径物理仿真模型进行计算，结果如图 2-21 所示。由仿真结果可知，在阶段 1，当去除上边的三角形网格时，最大变形区域会靠近上边的三角形区域，且变形为向上凸起；在阶段 2，当去除左侧的三角形网

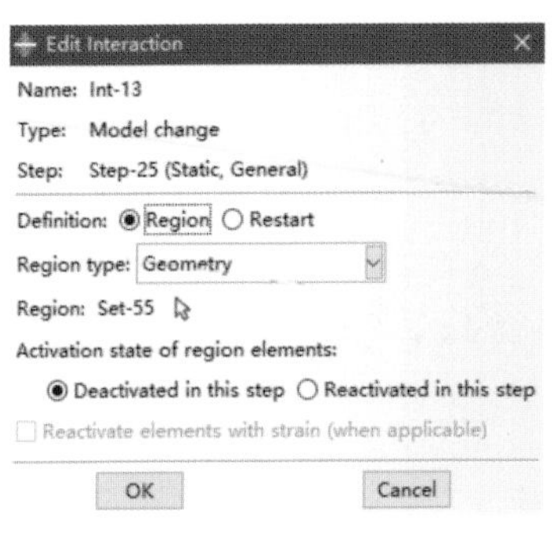

(a) 网格定义

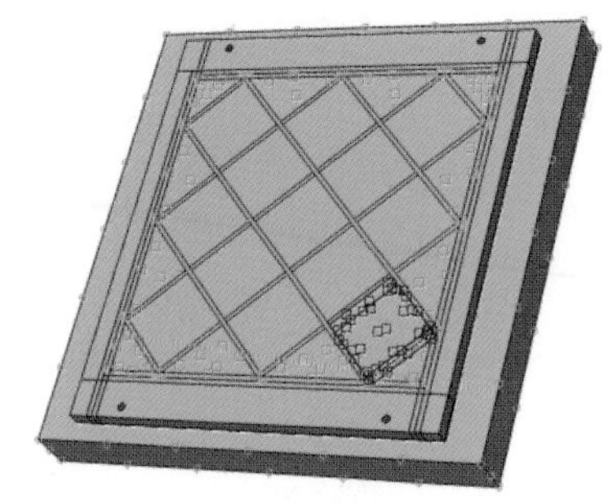

(b) 网格节点

图 2-19　单元生死法应用

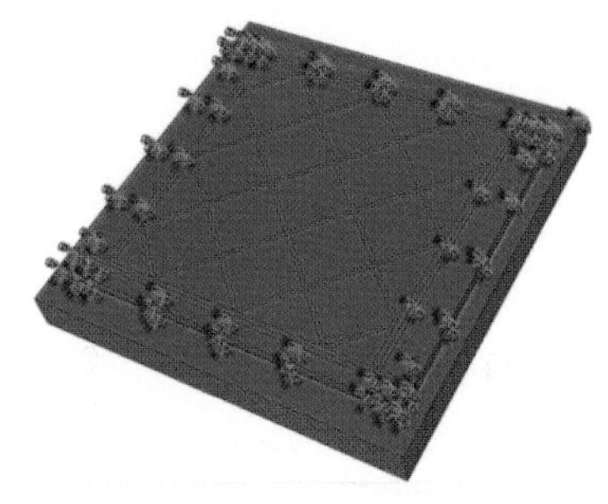

图 2-20　边界条件约束

格时，最大变形区域会靠近对角线区域，有向左移动的趋势；在阶段 3，当去除下边的三角形网格时，最大变形区域会稍向下边移动；在阶段 4，当去除右侧的三角形网格时，最大变形区域会向中间移动。当去除所有三角形区域后，工件中心区域变形最大，这和理论变形趋势相吻合，因为四周装夹固定，所以在四周基本变形不大；由于中间区域刚性较弱，残余压力的释放必然导致工件产生变形。故而在加工过程中，首先应该从中间区域下刀，这时中心区域变形还没达到最大值，故而过切量也会小一点。

上述变形过程是在加工过程中发生的，而加工完成释放装夹约束后，工件会产生较大的变形。如图 2-22 所示，释放装夹后，在阶段 1，工件还处于装夹约束下，四边均无变形；在阶段 2，装夹约束已去除，变形开始向左右两边发展；在阶段 3，工件左右两边的变形逐渐增大，上下两边有弯曲的趋势；在阶段 4，工件内部残余应力已达到平衡，变形发展阶段结束，工件左右两边和中心区域的正向变形最大，上下两边的中间区域负向变形最大。

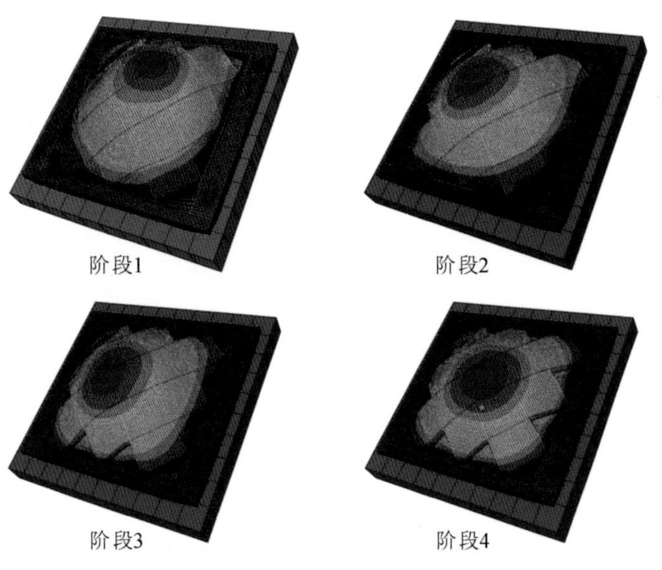

图 2-21　变形发展阶段(装夹)

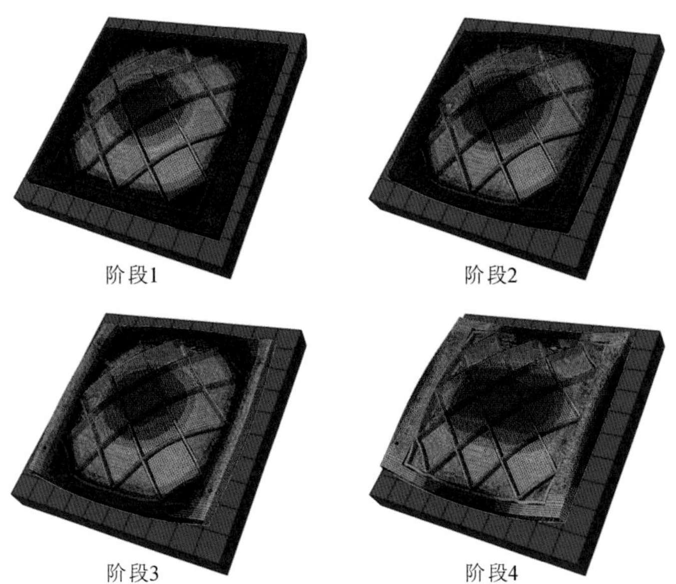

图 2-22　变形发展阶段(释放装夹)

释放装夹后,由于外部约束载荷的消失,工件内部残余应力重新分布达到再次平衡,导致工件在这个过程中发生相应的变形。如图 2-23 所示,工件四边会陆续释放应力充分变形,且四边变形非常大;工件左右两边向上翘曲变形,上下两边的中间区域会一定程度地凹陷造成端部区域翘曲，最大变形出现在工件四边和中心区域。

根据一系列的轧制成形和走刀路径物理仿真结果，可以得到以下结论：

(1) 首先应该由工件中心区域开始加工，这样可以有效缓解过切或者欠切现象，有助于有效控制工件加工后壁厚的均匀性；

(2) 走刀路径会通过影响工件材料去除的先后顺序影响残余应力的分布，从而影响工件加工变形的发展；

(3) 工件最大变形出现在工件四边和中心区域。

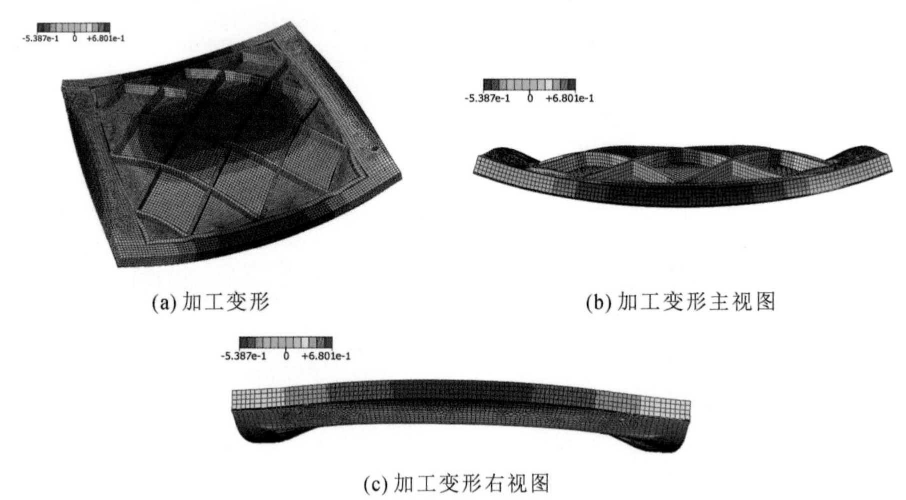

(a) 加工变形　　(b) 加工变形主视图

(c) 加工变形右视图

图 2-23　变形仿真结果

2.3.2　切削加工走刀路径试验规划

1. 试验过程

在优化路径试验前，首先进行切削参数优化。切削参数试验在德国 DMG 公司生产的 ecoMill 1035V 高精立式加工中心上进行，切削力的测量使用了 Kistler 9253 多分量测力仪、Kistler 5070A 电荷放大器以及相应的数据采集与处理系统。切削温度的测量采用 FLIR 公司 A615 红外热成像仪，试验采用刀具为金刚石涂层硬质合金立铣刀，单刃过中心，试验材料是 2219 超硬铝合金，尺寸大小是 550 mm×500 mm×21 mm。

采用正交法进行试验设计，径向切宽设置为 12 mm，对主轴转速 n、轴向切深a_p和进给速度f三个因素进行考察，设计三因素三水平正交试验，具体试验参数安排及试验结果如表 2-8 所示。为便于红外热成像仪实时测温，试验过程中采用干切削。

表 2-8　切削力和切削温度试验结果

序号	轴向切深 a_p/mm	主轴转速 n/(r/min)	进给速度 f/(mm/z)	F_x/N	F_y/N	F_z/N	切削力 F/N	切削温度 T/℃
1	2	6000	0.15	247	240	100	359	144
2	2	8000	0.25	323	367	170	518	165
3	2	10000	0.2	309	180	112	375	153
4	4	6000	0.2	458	516	242	731	210
5	4	8000	0.15	383	379	178	567	218
6	4	10000	0.25	524	646	331	895	210
7	6	6000	0.25	693	845	464	1187	225
8	6	8000	0.2	548	695	369	959	239
9	6	10000	0.15	503	566	269	804	234

根据极差分析法，最优工艺参数为：主轴转速 10000 r/min，进给速度 0.2 mm/z，轴向切深 2 mm。

在确定最优工艺参数后，进行路径优化试验，试件尺寸为 550 mm×500 mm×21 mm，由于在加工过程中需要对工件进行装夹使其固定，故取 480 mm×480 mm 用于成形试验。

如果网格尺寸过小，由于立铣刀直径为 ϕ14 mm，网格内部走刀余地较小，拐角处的冲击力较大，故取中间菱形网格边长为 100 mm，加强筋厚度为 6.3 mm，最终加工完后工件网格尺寸如图 2-24 所示。

首先，对试件网格进行编号，便于走刀路径的规划。加工后试件上会有 13 个菱形网格和 12 个三角形网格。在试验过程中，加工三角形型腔时走刀路径相同，故不予编号，仅对菱形型腔进行编号。

试验过程中，有两种网格内部走刀路径安排，如图 2-25 所示。

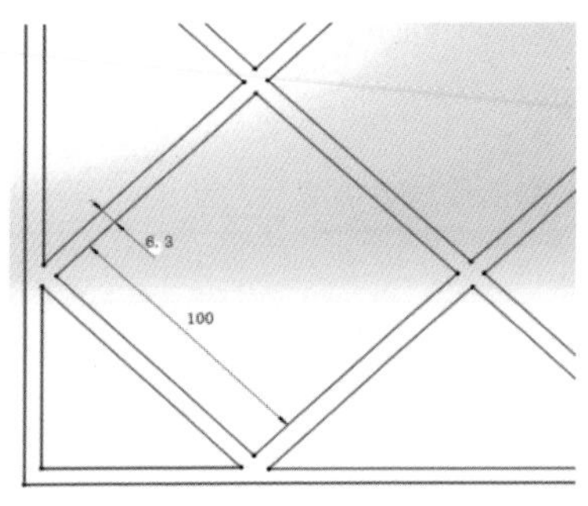

(a) 腔尺寸

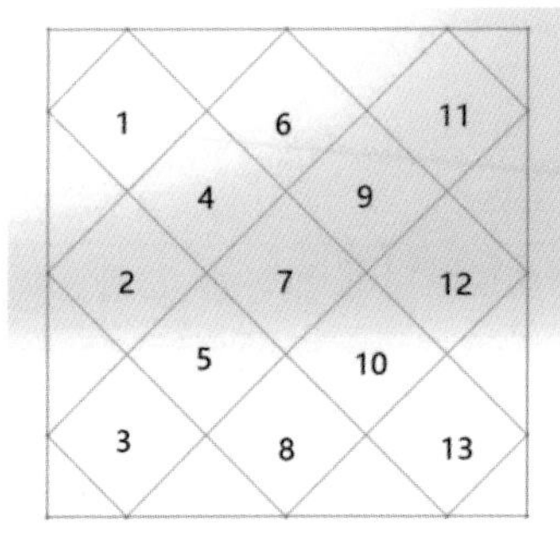

(b) 块状内腔编号

图 2-24　试件型腔编号

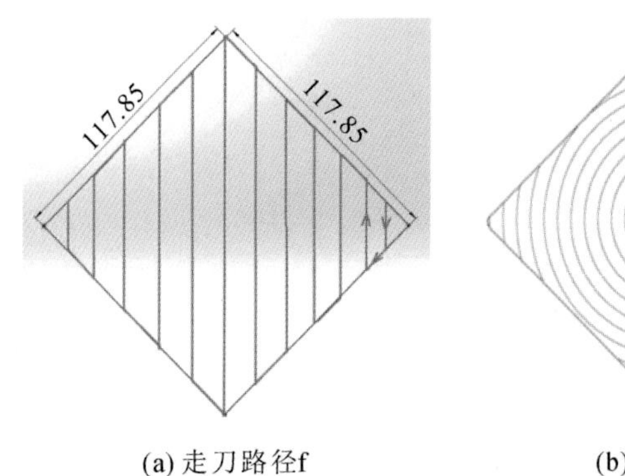

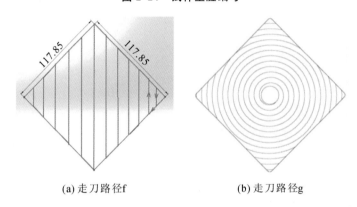

(a) 走刀路径f

(b) 走刀路径g

图 2-25　单个网格加工路线

试验过程中，有五组整体走刀路径安排，分别如图 2-26 所示，其中 a、b、c、d 为整体走刀路径，f、g 为单个网格内部的走刀路径，可将试验分为 af、ag、bg、cg、dg 和 eg 六组。试验时，分别采用每种走刀路径加工一块平板，在加工完后测量腹板壁厚和三坐标。具体走刀路径如下所示。

走刀路径 a：加工顺序为 1-2-3-8-7-6-11-12-13-10-9-4-5。

走刀路径 b：加工顺序为 6-7-8-13-12-11-1-2-3-5-4-9-10。

走刀路径 c：加工顺序为 7-9-10-5-4-6-11-12-13-8-3-2-1。

走刀路径 d：加工顺序为 1-2-3-8-13-12-11-6-4-5-10-9-7。

走刀路径 e：加工顺序为 1-2-3-13-12-11-6-7-8-10-9-4-5。

2. 试验步骤

首先，采用 PowerMill 软件生成加工路径，网格内部采用螺旋铣削和摆线

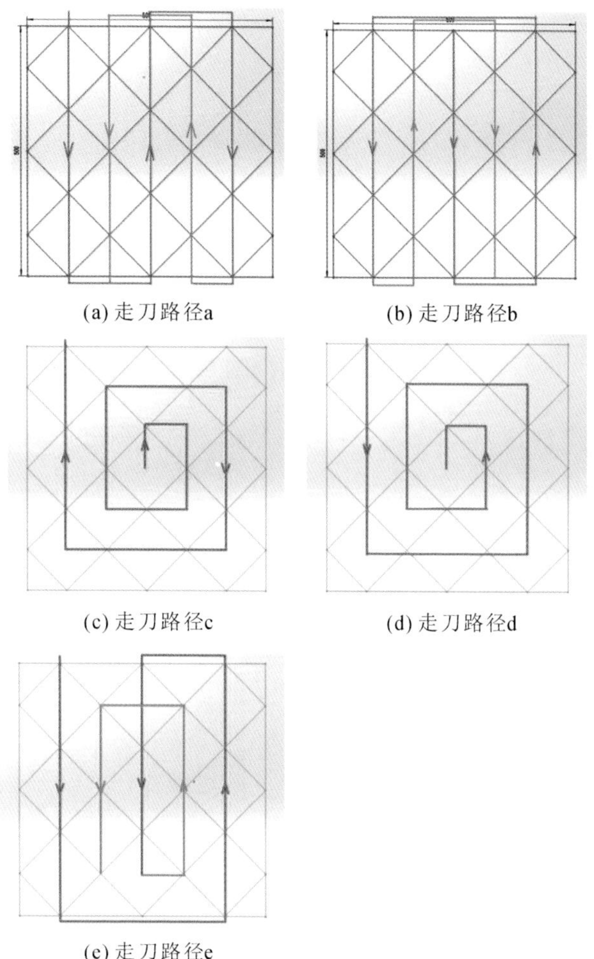
(a) 走刀路径a
(b) 走刀路径b
(c) 走刀路径c
(d) 走刀路径d
(e) 走刀路径e

图 2-26　整体加工路线

铣削混合的方式，中间区域为螺旋走刀，拐角处为摆线铣削，此时切削力比较平稳。在生成刀具加工路径后，输出相应的 CNC 数控加工程序代码，如图 2-27 所示。

分别在试验开始前和结束后对每一块板进行三坐标测量，图 2-28 所示是意大利 DEA 公司设计制造的三坐标测量仪，采用英国雷尼绍(Renishaw)高精度三坐标测头，其最高定位精度为 2 μm。

此次走刀路径试验的加工参数：主轴转速为 8000～10000 r/min，进给速度为 0.15～0.20 mm/z，轴向切深为2.0 mm，切削力和切削温度对薄壁结构件的

```
N47 G1 X-7.882 Y4.892 Z4.993 F100
N48 X-7.984 Y4.796 Z4.981
N49 X-8.084 Y4.699 Z4.969
N50 X-8.18 Y4.6 Z4.957
N51 X-8.273 Y4.501 Z4.945
N52 X-8.364 Y4.4 Z4.933
N53 X-8.452 Y4.299 Z4.921
N54 X-8.537 Y4.196 Z4.91
N55 X-8.619 Y4.093 Z4.898
N56 X-8.698 Y3.99 Z4.887
N57 X-8.774 Y3.886 Z4.875
N58 X-8.848 Y3.781 Z4.864
N59 X-8.919 Y3.677 Z4.853
N60 X-8.987 Y3.571 Z4.842
N61 X-9.053 Y3.466 Z4.831
N62 X-9.116 Y3.361 Z4.821
N63 X-9.176 Y3.256 Z4.81
N64 X-9.234 Y3.15 Z4.799
N65 X-9.29 Y3.045 Z4.789
```

图 2-27　走刀路径生成

图 2-28　三坐标测量仪

加工精度影响较小，并且可以获得高切削去除率。考虑到加工稳定性以及加工效率，最终试验加工参数如表 2-9 所示。由于本次试验加工周期较长，刀具磨损现象会比较严重，故而在加工过程中选择采用冷却液。

表 2-9　最终试验加工参数

主轴转速 n/(r/min)	进给速度 f/(mm/z)	轴向切深a_p/mm	径向切宽a_e/mm
10000	0.20	2.0	6

针对以上六种铣削走刀路径，分别进行六组试验，试验在 DMG ecoMill 1035V 加工中心上进行，如图 2-29 所示。每块工件在精加工之前采用超声测厚仪对壁厚进行测量，并根据测量结果对精加工轴向切深进行修改，保证工件的最终理论厚度为 2.50 mm。

图 2-29 试验现场

2.3.3 切削加工走刀路径优化

1. 基于加工变形控制的走刀路径优化

对 a～f 六种走刀路径下的工件进行三坐标测量，并对测量数据进行处理，分别整理出两个方向的最大变形数值，结果如表 2-10 所示。

表 2-10 不同走刀路径下的工件变形

路径	af	ag	bg	cg	dg	eg
变形最大值/mm	0.44	0.15	0.25	0.60	1.20	0.60
变形最小值/mm	−0.45	−0.05	−0.20	−0.20	−0.60	−0.30

运用 MATLAB 软件分别对六块工件的三维坐标测量值进行曲面拟合，得到如图 2-30 所示的变形云图。结合六种走刀路径的特点以及各路径下工件加工变形的分布情况分析可知：

① 走刀路径 af 的主要特点是从左至右开始加工，开始点在左上方，网格内部采用直线走刀加工方式，变形最大差值达到 0.89 mm，正向变形最大值出现在中间以及右边部分，负向变形最大值出现在工件下边部分，变形分布无明显规律。这是因为：当 1、2、3、6、7 和 8 号网格已加工好时，工件会出现较大的变形，由于试件底部与工作台接触，故而会向上凸起。继续加工时，会产生一定的过切导致刚性进一步减弱，特别是最后加工的 4、5、9 和 10 号网格，右上部分变形较大。最后释放装夹时，残余应力再平衡会引起二次变形，右上角变形会进一步扩大。

② 走刀路径 ag 的主要特点是从左至右开始加工，开始点在左上方，网格内部采用螺旋走刀的加工方式，在此种路径下，大变形主要出现在底边

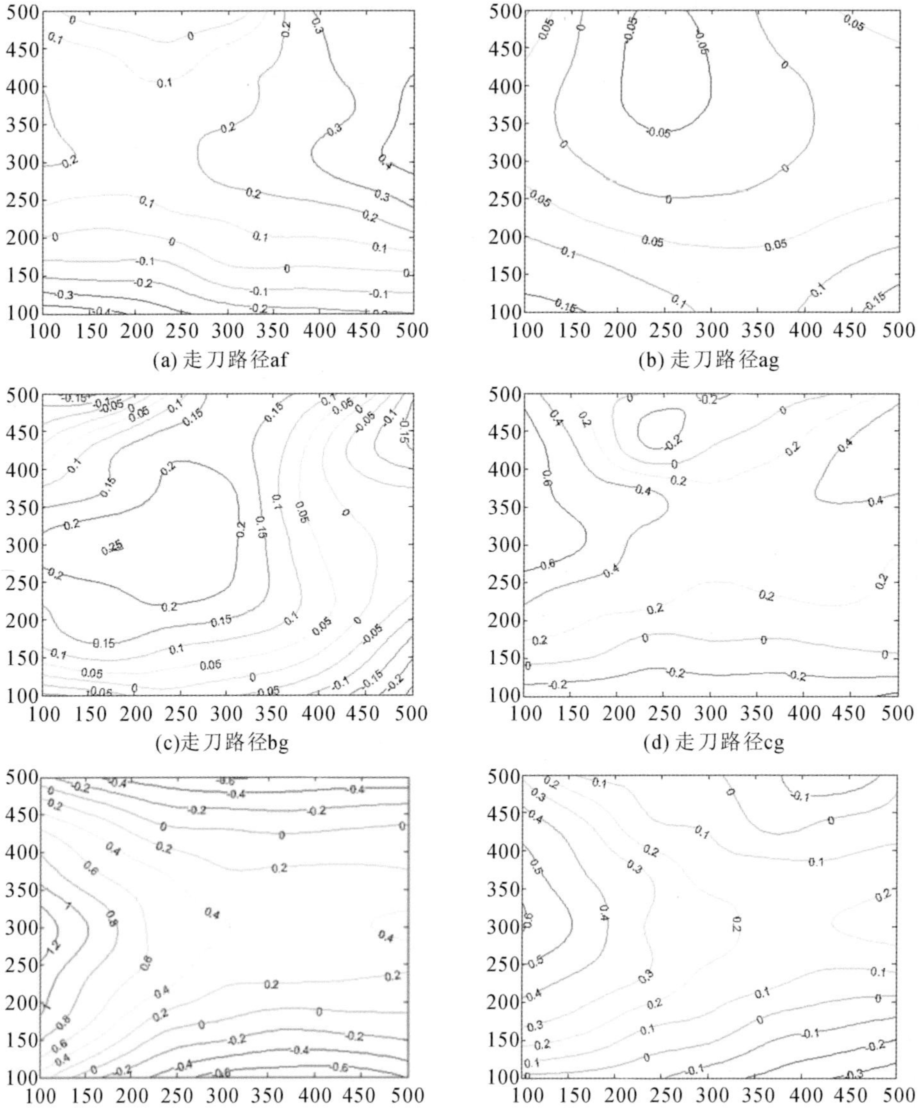

(a) 走刀路径af

(b) 走刀路径ag

(c)走刀路径bg

(d) 走刀路径cg

(e)走刀路径dg

(f) 走刀路径eg

图 2-30　不同走刀路径下的工件变形云图

(两个顶角附近),相对于其他路径而言,此种路径下产生的变形较小,在0.2 mm以内,整体而言变形比较均匀。由于事先将工件底面光过一刀,再以底面为基准进行加工,基准面较其他工件的平整。

③ 走刀路径 bg 的主要特点是对称性好,从中间往两边加工,开始点在中间一列网格,变形最大差值达到 0.45 mm,正向变形最大值出现在中间偏左边部

分，负向变形最大值出现在四个角落，变形分布具有一定的上下对称性和左右对称性，此种走刀路径下的工件变形最小。这是因为：加工中心弱刚性区域时，周围未加工区域刚性较好，可以为中心区域提供一定的刚性支撑，从而减小中心弱刚性区域的变形；另一方面走刀路径具有对称性，使得工件在材料去除过程中残余应力的释放也有一定的对称性，可以实现一定程度的变形补偿。

④ 走刀路径 cg 的主要特点是从中间向四周辐射式加工，开始点在工件正中心，此种路径下，工件较大的变形主要集中在四条边上，上下两边变形为负值，而左右两边变形为正值。加工后的工件呈拱形，上下两边低中间高，左右两边翘起。总体而言，变形具有一定的规律性，最大变形与最小变形差值接近0.8 mm。

⑤ 走刀路径 dg 的主要特点是从四周向中间合围式加工，开始点在工件左上角，变形最大差值达到 1.80 mm，正向变形最大值出现在左边中间部分，负向变形最大值出现上边和下边两个部分，变形分布具有明显的上下对称性。主要是因为工件中心部分刚性最差，最后加工中心部位时会导致较大变形，此外，中间部分产生过切现象，导致刚性进一步减弱，加剧了工件加工变形。

⑥ 走刀路径 eg 的主要特点是对称性好，从两边向中间加工，开始点在工件左上方，与走刀路径 bg 相反，变形最大差值达到 0.90 mm，正向变形最大值也出现在左边中间部分，负向变形最大值出现在右上角和右下角两个部分，变形分布具有明显的上下对称性，且此种路径下试件的加工变形较大。原因在于当刀具走到中心区域时，周围区域材料已去除，刚性差，造成一定的过切，导致工件变形较大。

对以上试验结果进行分析，可得到如下结论：

(1) 对比 ag 和 bg 可知，两种加工路径都呈现出一定的左右对称性，其中 ag 底面在加工前光过一刀，所以基准面比较平整；bg 由于走刀路径具有对称性，因而变形也具有一定的对称性。由于工件本身具有一定的表面不平整性，所以 bg 变形较 ag 更大。

(2) 对比 af 和 ag 可知，ag 具有对称性，而 af 具有随机性。相比而言，具有对称性的变形在后期可修整工艺性好。而且 af 加工路径中同时存在顺铣和逆铣，对加工稳定性会有不利影响；ag 采用螺旋走刀路径，加工过程比较平稳，有利于提高加工精度。另一方面，af 变形较大且大变形区域所占比例高，存在明显缺点。

(3) 对比 bg 和 eg 可知,两种加工路径都具有对称性,唯一的区别是从中间还是两边开始加工。对比可知,eg 变形较大,因为工件四周固定,故而中间刚性最差。当从两边开始加工时,由于在加工中间弱刚性区域两边的材料已去除,不能给中间区域提供刚性支撑,故而会产生较大的变形。当从中间开始加工时,由于两边的材料都没有去除,整体刚性较好,对中间有一定的支撑作用,工件不易变形。

(4) 对比 cg 和 dg 可知,这两种路径下的变形都比较大,而且由外及里加工的变形更大。这也印证了上一步的分析,即未加工部位可以对正在加工的部位提供一定的刚性支撑,而且中间刚性最差,应该从中间开始加工。

2. 基于厚度控制的走刀路径优化

对六种走刀路径下的工件进行三坐标测量,并对测量数据进行处理,分别计算出两个方向的工件厚度,结果如表 2-11 所示。

表 2-11　不同走刀路径下的工件厚度

路径	af	ag	bg	cg	dg	eg
工件厚度最大值/mm	2.04	2.00	2.04	2.07	2.05	2.04
工件厚度最小值/mm	1.94	1.94	1.92	1.86	1.85	1.96

运用 MATLAB 软件分别对六块工件的三维坐标测量值进行曲面拟合,得到如图 2-31 所示的工件厚度云图。结合六种走刀路径的特点以及各路径下工件厚度的分布情况可得到以下结论。

① 走刀路径 af 下工件厚度最大值出现在左边部分,最小值出现在中间偏右部分。这是因为:开始时工件平面度较好,刀具从 1、2、3 号网格开始加工,理论切深都是 2 mm,当加工到 6、7、8 号网格时,工件存在一定的变形,由于试件底部与工作台接触,会向上凸起,造成过切现象,故而中间偏右部分厚度较小。

② 走刀路径 ag 下工件厚度的最大值出现在左边和右上角部分,最小值出现在中间偏右部分。相对于其他路径而言,此种路径下的厚度分布比较均匀,厚度差值在 0.06 mm 之内。这是因为加工前将工件底面光过一刀,再以底面作为基准进行加工,所以基准面较其他工件的平整。

③ 走刀路径 bg 下工件厚度最大值出现在上边部分,最小值出现在中间以及下边部分,厚度分布具有一定的左右对称性。此种走刀路径下工件厚度分布

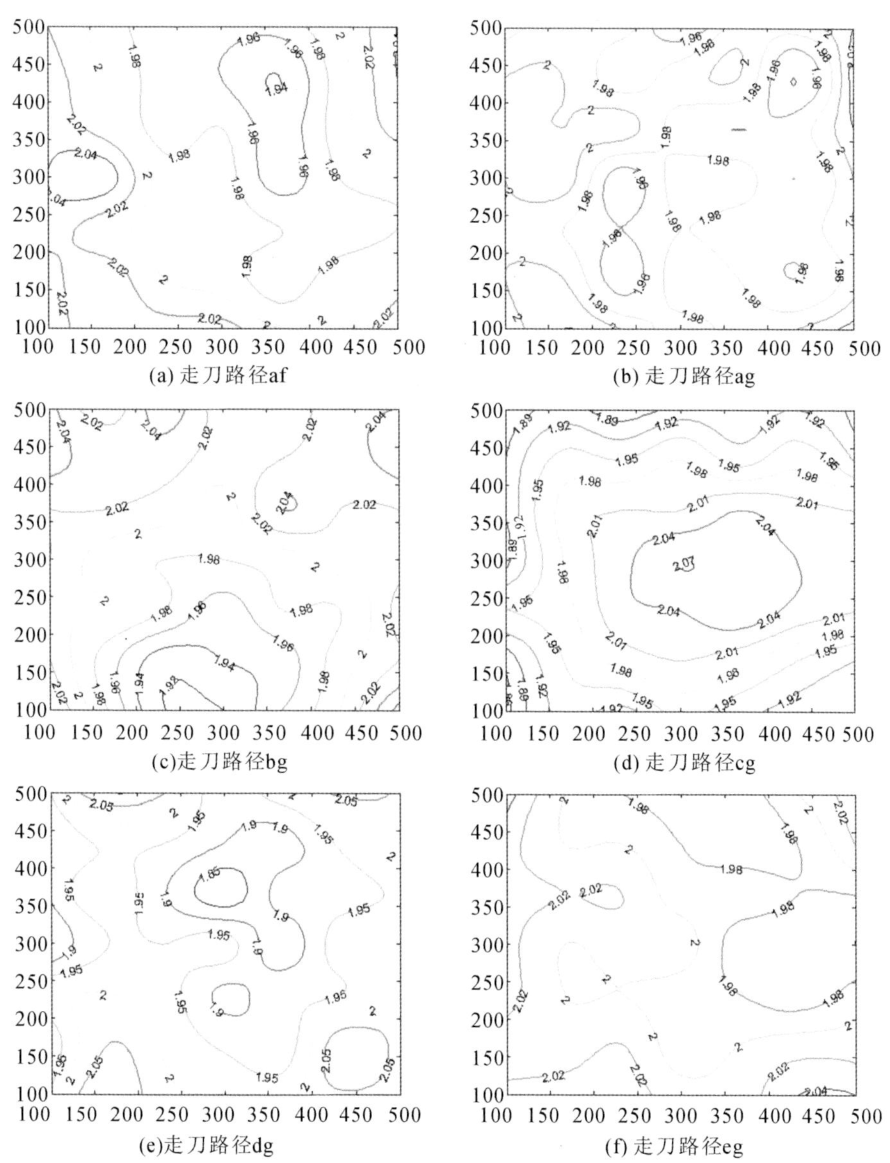

(a) 走刀路径af　(b) 走刀路径ag

(c)走刀路径bg　(d) 走刀路径cg

(e)走刀路径dg　(f) 走刀路径eg

图 2-31　不同走刀路径下的工件厚度云图

比较均匀，最大值为 2.04 mm，最小值为 1.92 mm。

④ 走刀路径 cg 下的工件厚度最大值出现在中间部分，最小值出现在上边、左边以及下边部分。此种走刀路径下的工件厚度分布具有明显的中心对称性，最大值为 2.07 mm，最小值为 1.86 mm，厚度差值较大。这是因为：首先加工中间部位时，切深为理论切深，当加工四周时，过切现象逐渐加重，呈现出明显的中心对称

性;其次,此种走刀路径下加工变形较大,导致过切量较大,厚度差值也较大。

⑤ 走刀路径 dg 同走刀路径 cg 下工件厚度分布情况相反,厚度最大值出现在四个角落,最小值出现在中间区域。此种走刀路径下的工件厚度分布具有明显的中心对称性,最大值为 2.05 mm,最小值为 1.85 mm,厚度差值较大。这是因为:首先加工四边区域时,切深为理论切深,当加工中心区域时,由于中心区域会产生加工变形导致向上隆起,过切现象严重,故而四边区域较厚中心区域较薄;其次,此种走刀路径下加工变形也比较大,导致过切量较大,厚度差值也较大。

⑥ 走刀路径 eg 下的工件厚度最大值出现在四个角落,最小值出现在中间偏上区域。此种走刀路径下的工件厚度分布无明显规律,最大值为 2.04 mm,最小值为 1.96 mm,厚度差值较小。这是因为:首先加工左边区域时,切深为理论切深,故而左边区域厚度较大;其次,此种走刀路径具有一定对称性,变形适中,故而厚度差值不大。

综合以上实验数据可得:采用 ag(底面粗铣)和 bg 走刀路径加工时工件的变形较小,且厚度分布均匀,在可接受范围内;dg 路径下的加工变形最大,且多处存在变形突变,在加工时应避免采用此种加工路径。虽同为较优走刀路径,但 ag 路径下的工件在加工前粗铣过。综合对比之下,bg 是最优加工路径。

2.4 超硬铝合金大型薄壁结构件加工装夹方式物理仿真与优化

2.4.1 基于加工变形控制的夹紧位置优化

在切削加工前,必须选取合适的装夹基准点对工件进行装夹定位,通过控制夹紧力的大小来实现工件的夹紧,确保加工过程平稳。目前,国内外的学者主要通过控制夹紧力的作用点、大小以及装夹顺序来研究装夹对加工变形的影响。而实际加工过程中,一般是基于机床操作工的经验来确定装夹方案,很少有针对多框体薄壁结构件装夹夹具设计的研究。由于薄壁件内部残余应力的存在,加工后的工件会产生较大的变形,故而在后期需要增加校形工序,严重降低了生产效率。本试验通过测量不同装夹方案下工件的加工变形,结合有限元物理仿真以及铣削加工试验结果对薄壁结构件的装夹方案进行优化。试验过程中采用扭矩扳手进行夹紧,忽略夹紧力对加工变形的影响。

如图 2-32 所示,本试验的装夹方案考虑六种情况:① 四个螺栓装夹;② 六个螺栓装夹;③ 八个螺栓装夹;④ 四个压板装夹;⑤ 六个压板装夹;⑥ 八个压板装夹。

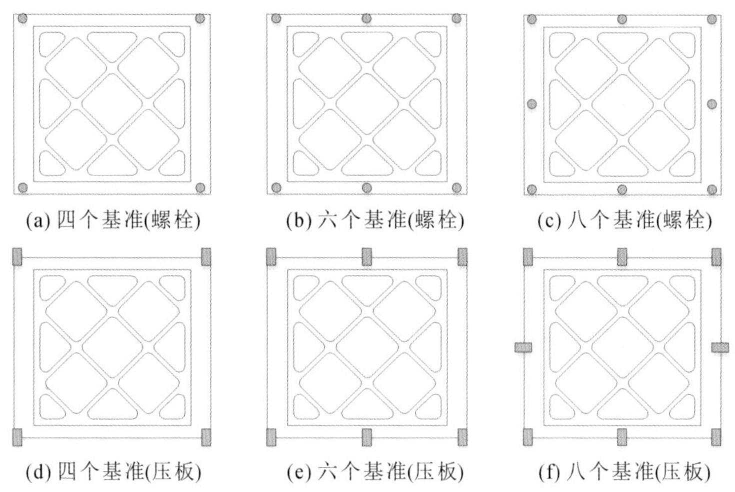
(a) 四个基准(螺栓)　(b) 六个基准(螺栓)　(c) 八个基准(螺栓)

(d) 四个基准(压板)　(e) 六个基准(压板)　(f) 八个基准(压板)

图 2-32　装夹基准布局方案

2.4.2　装夹方式有限元仿真分析

首先,在试验开始之前通过物理仿真模型分析不同装夹方式下加工变形的变化趋势,然后基于仿真结果制订基础切削试验的装夹方案,最后结合铣削加工试验结果和仿真模型数据分析装夹方式与加工变形之间的联系,为优化此类零件的装夹方式提供指导。

1. 物理仿真模型建立

在 ABAQUS 中对工件进行三维模型的建立以及本构方程、物理参数的设置,完成 2219 铝合金薄壁结构件的定义,然后利用软件中的 Partiton 功能将工件分为若干区域以及通孔,方便后续装夹载荷的施加及定义,如图 2-33 所示。按照图 2-34 所示装夹方案对工件模型施加装夹约束,由于采用扭矩扳手进行拧紧,在仿真模型中可忽略夹紧力,且将加工过程中的夹具视为刚体,不存在位移,故而直接对每种装夹方案下的定位点施加位移约束。同样,对工件采用单元生死法进行材料去除,在框体全部成形后释放所有装夹约束,分析每种装夹方式下工件的加工变形。

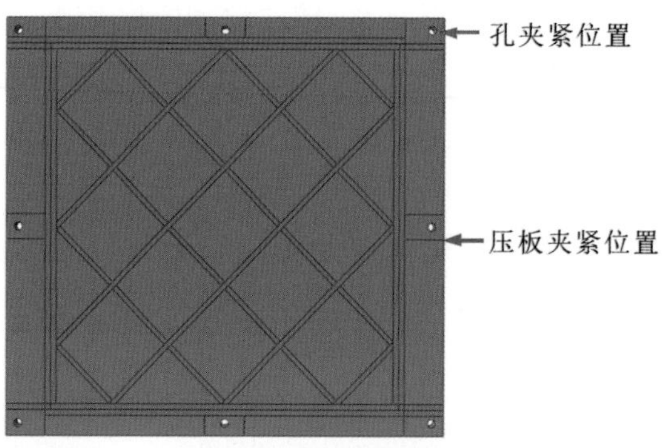

图 2-33　装夹区域设置

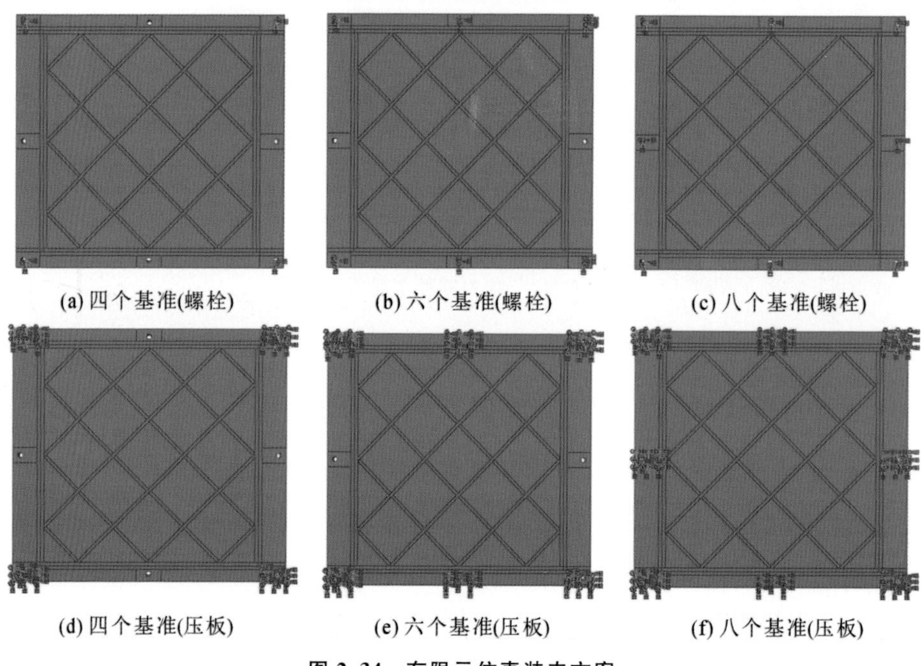

图 2-34　有限元仿真装夹方案

2. 仿真结果分析

由于工件变形主要体现在 Z 方向，在释放装夹约束后，工件 Z 方向的位移云图即为变形分析的主体对象。

由图 2-35 可知，工件变形会根据装夹方式的不同而产生相应的变化，这是由于装夹方式会导致工件刚性出现差异，从而影响变形的发展。在采用四个螺栓装夹时，工件四边和中间部位会凸起，且最大变形出现在工件四边和中间部位；采用六个螺栓装夹时，上下两边的变形量明显有所减小，左右两边和中间部位变形最大；采用八个螺栓装夹时，四边的变形大幅度减小，中间变形最大，且变形量大幅度减小。当采用四块压板装夹时，工件与压板接触区域的变形明显减小，且中间区域的最大变形值较小；在采用六块压板装夹时，相对四块压板装夹时的变形量明显有所减小；当采用八块压板对四边同时进行装夹时，变形得到了有效控制，最大变形值明显减小，变形的区域缩小。此外，在同等基准数量下，采用螺栓装夹时工件的变形较大。

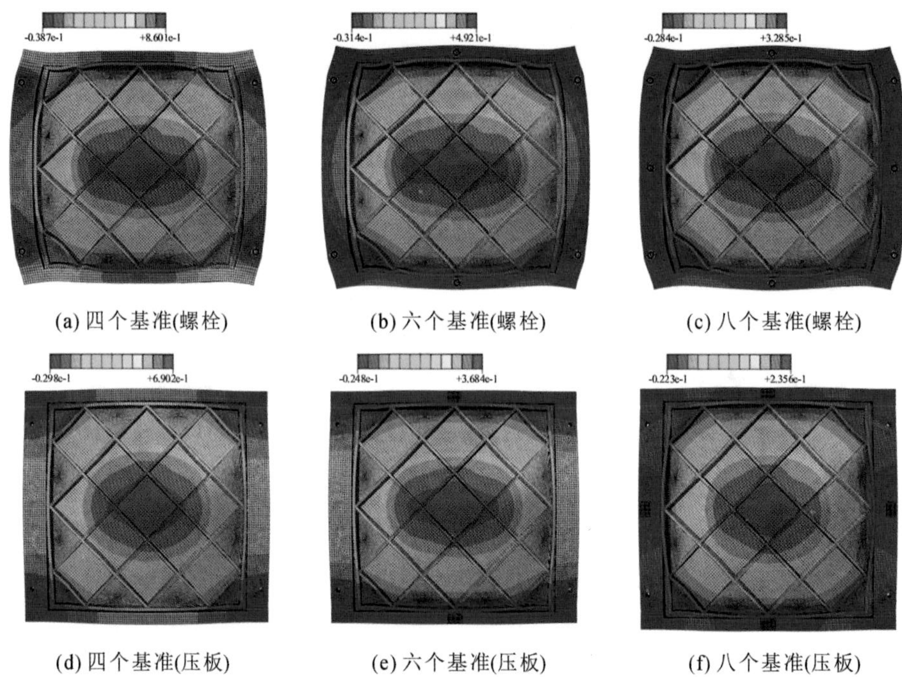

(a) 四个基准(螺栓)　(b) 六个基准(螺栓)　(c) 八个基准(螺栓)

(d) 四个基准(压板)　(e) 六个基准(压板)　(f) 八个基准(压板)

图 2-35　不同装夹方式下的仿真结果

将图 2-35 中的变形最大值和最小值进行统计，由表 2-12 可知，采用压板装夹时，工件变形小。

表 2-12　不同装夹方式下的变形大小

装夹方式	方式(a)	方式(b)	方式(c)	方式(d)	方式(e)	方式(f)
变形最大值/mm	+0.8601	+0.4921	+0.3285	+0.6902	+0.3684	+0.2356
变形最小值/mm	−0.0387	−0.0314	−0.0284	−0.0298	−0.0248	−0.0223

首先分析四点定位基准下的螺栓装夹和压板装夹对变形的影响，如图 2-36 所示。采用螺栓装夹时，随着工件材料的去除，工件上仅螺栓周围小范围的区域被固定住，远离螺栓的区域变形较大，加工过程中变形比较明显，容易造成工

件过切。采用压板装夹时，由于压板与工件接触面积较大，对工件上较多的区域进行固定，故而整体刚性较好，随着工件材料的去除，变形比螺栓装夹的小，产生大变形的区域面积也小。由此可以看出，采用压板装夹能在一定程度上缓解薄壁件的加工变形。

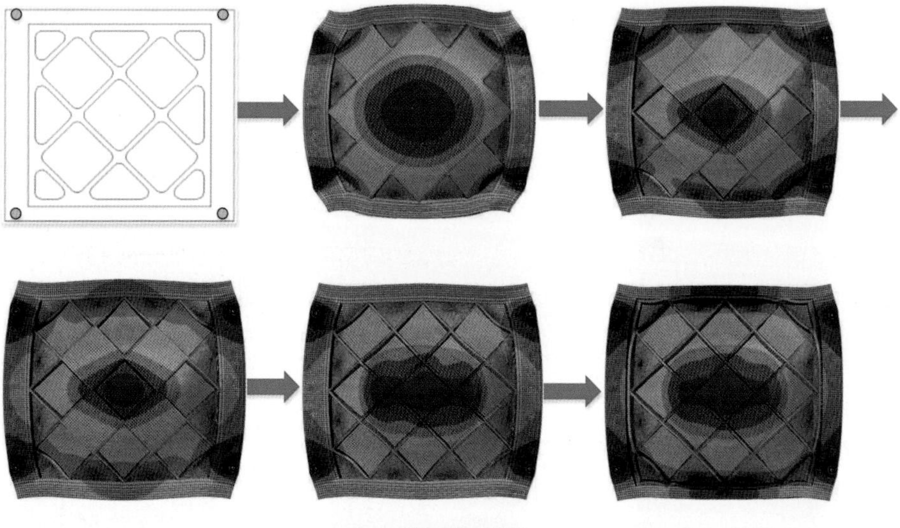

(a) 四个螺栓装夹

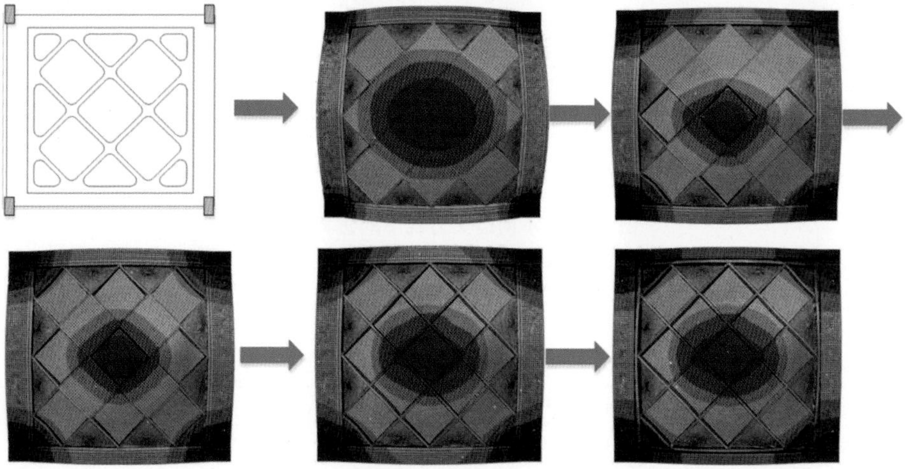

(b) 四块压板装夹

图 2-36　螺栓装夹与压板装夹变形阶段

其次，采用压板装夹时，分析四点定位基准和八点定位基准对工件变形的影响。

由图 2-37 可知，采用四个定位基准时，工件上仅有定位点附近的区域变形较小，其他区域变形较大，随着材料的去除，变形逐渐增大。采用八个定位基准时，工件四周变形基本为零，仅有中间弱刚性区域变形较大，且最大变形明显有所减小，此时工件变形可得到抑制。

由表 2-12 可知，在加工此类薄壁结构件时，采用压板装夹方式可获得较小的加工变形。由于网格去除顺序为 X 方向，如图 2-38所示，工件沿 Y 轴刚性会减弱，材料去除后工件会沿 Y 轴弯曲产生变形，故而工件变形会呈现 X 轴对

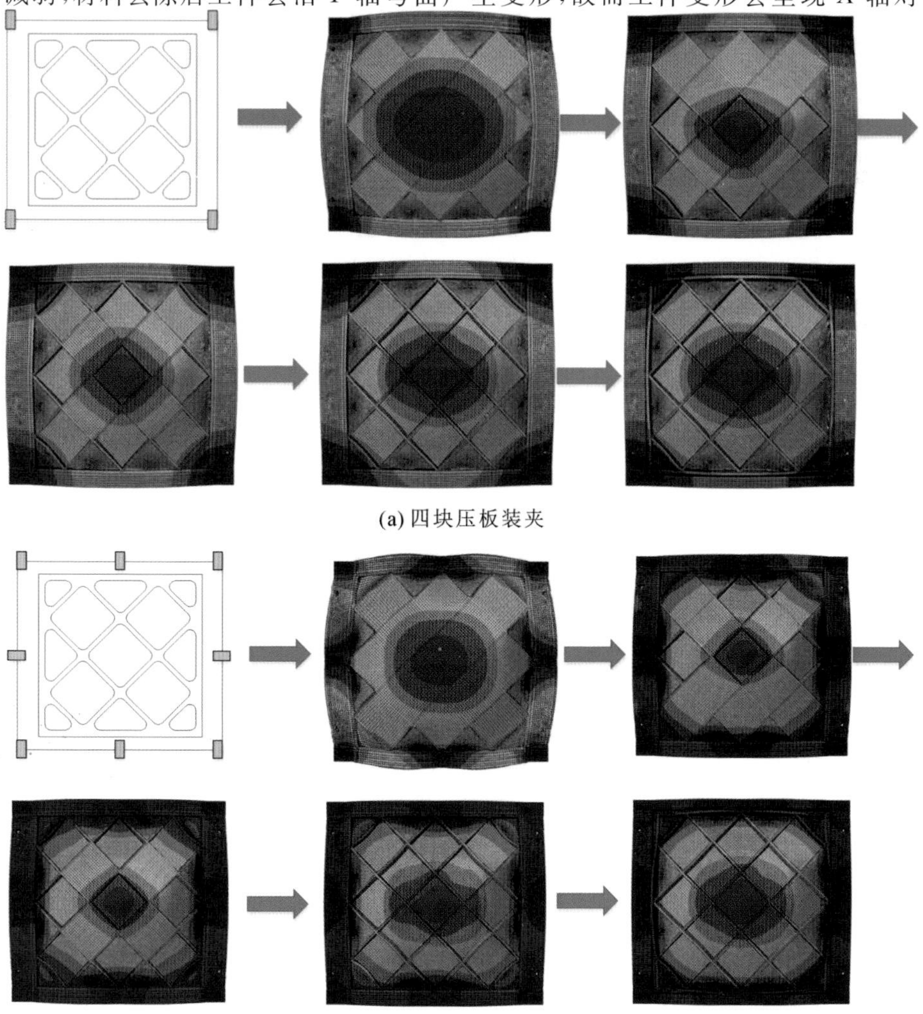

(a) 四块压板装夹

(b) 八块压板装夹

图 2-37　四块与八块压板装夹变形阶段

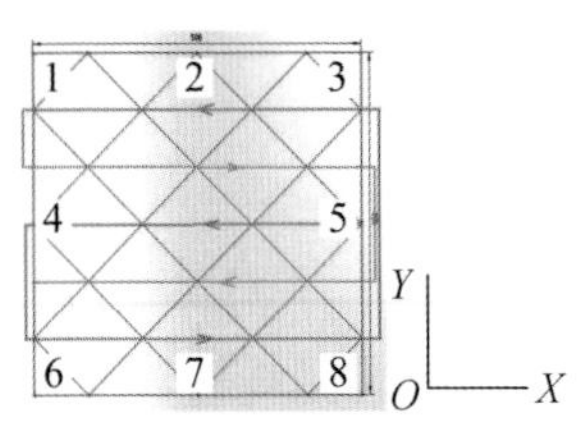

图 2-38 工件坐标系

称。对比表 2-12 中的装夹方式有:将工件平行于 Y 轴的两边(定位点 1、3、4、5、6、8) 进行装夹固定时,工件变形改善不明显;将工件平行于 X 轴的两边(定位点 1、2、3、6、7、8) 进行装夹固定时,工件变形量大幅减小。

针对以上分析结果,添加一组仿真分析,即采用四块压板对四个角落进行装夹,同时添加两块压板对平行于 Y 轴的两边进行固定,仿真结果如图 2-39 所示。

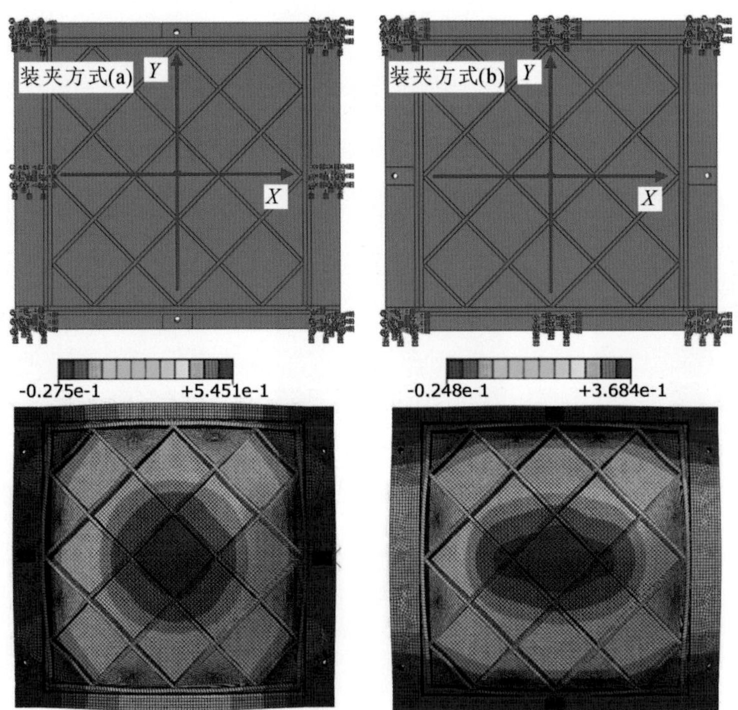

图 2-39 两种装夹方式下的仿真结果对比

由图 2-39 可知,两种装夹方式下工件变形的分布截然不同,装夹定位点为 X 轴对称(定位点为 1、2、3、6、7、8)时,工件也呈现绕 Y 轴卷曲的情形,此时最大变形为 0.3684 mm;装夹定位点为 Y 轴对称(定位点为 1、3、4、5、6、8)时,工件也呈现绕 X 轴卷曲的情形,最大变形量为 0.5451 mm。相比于装夹方式(a),采用装夹方式(b)时工件的加工变形更小,证明了上述分析的合理性,即走刀路径会影响残余应力的释放，也会影响装夹方式的选择。故而在制订装夹方案时不仅需要考虑工件的结构特征，还需要考虑走刀路径。

对比两种装夹方式下的工件变形仿真云图，如图 2-40 和图 2-41 所示。由图 2-40 可知，四块压板时，工件顶边和底边中间部位的刚性较差，会产生一定变形，故而呈现工件沿 Y 轴卷曲的现象。由图 2-41 可知，同时采用四块压板和 Y 向两块压板时，工件左右两边的中间部位无固定约束，刚性较差，也会产生一定变形，故而呈现工件沿 X 轴卷曲的现象。由于走刀路径为 X 轴方向，故而后一种装夹方式能有效控制工件沿 X 轴卷曲变形的趋势，减小变形量。

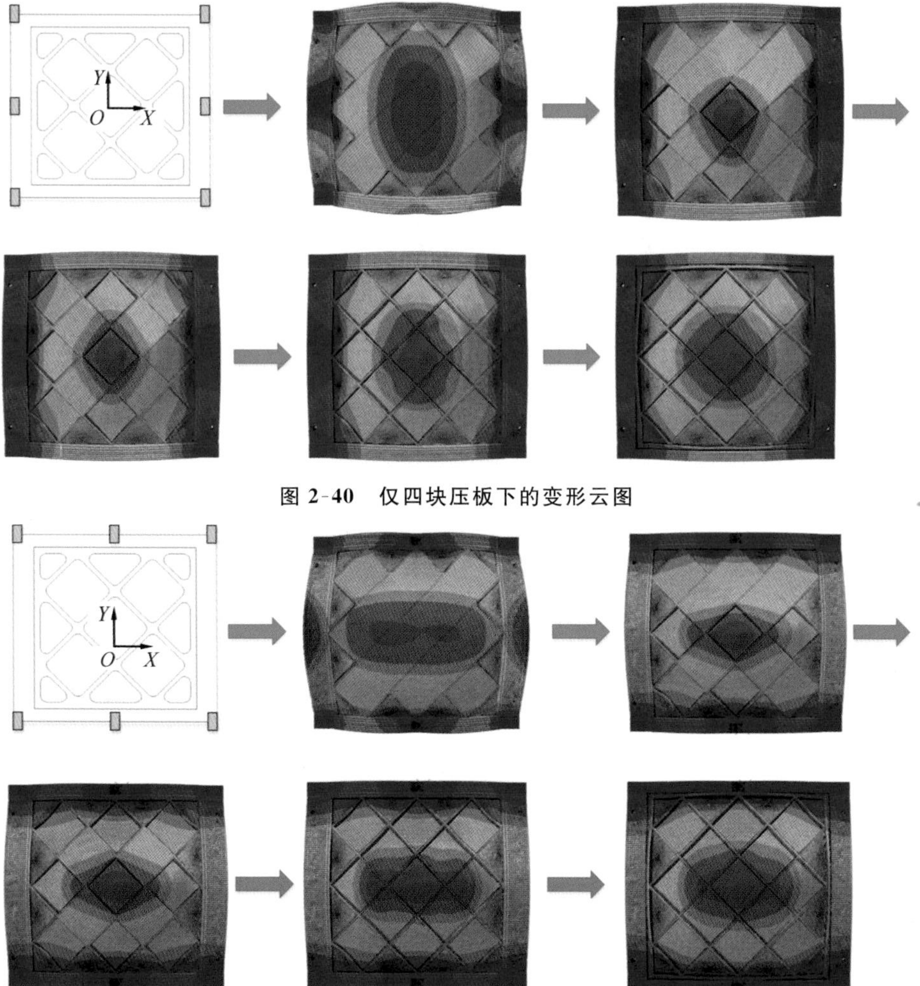

图 2-40　仅四块压板下的变形云图

图 2-41　四块压板加 Y 向两块压板下的变形云图

2.4.3 装夹方式验证试验

1. 试验步骤

试验过程中，将试验工件的尺寸缩小至 460 mm×460 mm×21 mm。同时增大空白边框的尺寸，使得压板装夹方案可行。

基于有限元仿真结果，对装夹方案进行调整，如图 2-42 所示，除了分析螺栓装夹和压板装夹方式对变形的影响，还考虑了定位点分布对变形的影响。

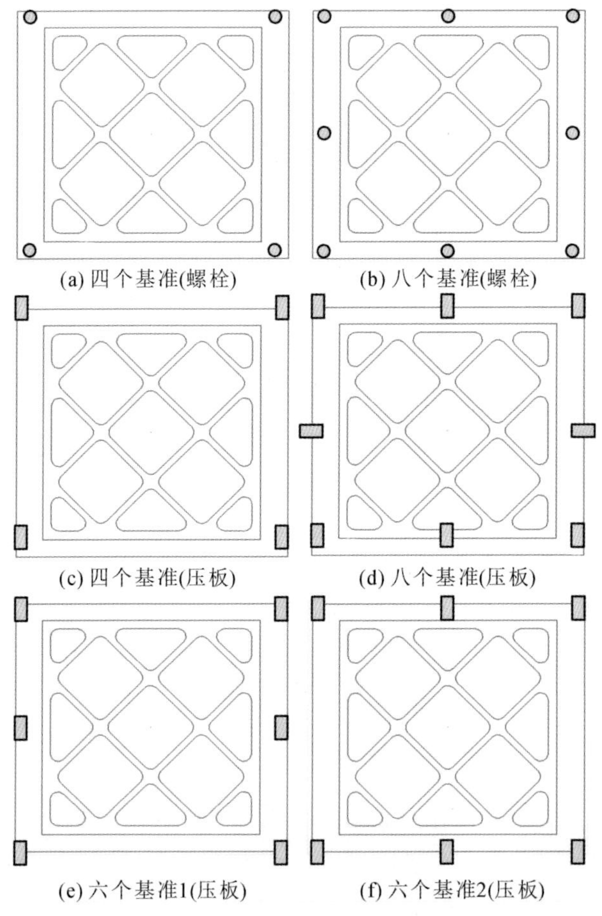

(a) 四个基准(螺栓)
(b) 八个基准(螺栓)
(c) 四个基准(压板)
(d) 八个基准(压板)
(e) 六个基准1(压板)
(f) 六个基准2(压板)

图 2-42 试验装夹方案

在试验开始前，采用意大利 DEA 公司设计制造的三坐标测量仪分别对六块工件进行三坐标测量，探头为英国雷尼绍(Renishaw)高精度三坐标测头，其最高定位精度为 2 μm。本试验在 DMG ecoMill 1035V 加工中心上进行，铣削加工参数如表 2-13 所示。

表 2-13 铣削加工参数

主轴转速 n/(r/min)	进给速度 f/(mm/z)	轴向切深a_p/mm	径向切宽a_e/mm
10000	0.20	2.0	6

试验过程中，工件网格编号如图 2-43 所示，加工过程中铣削的走刀路径为 1-2-3-4-5-6-7-8-9-10-11-12-13，仍然采用螺旋下刀，网格内部采用螺旋铣削和摆线铣削的方式。

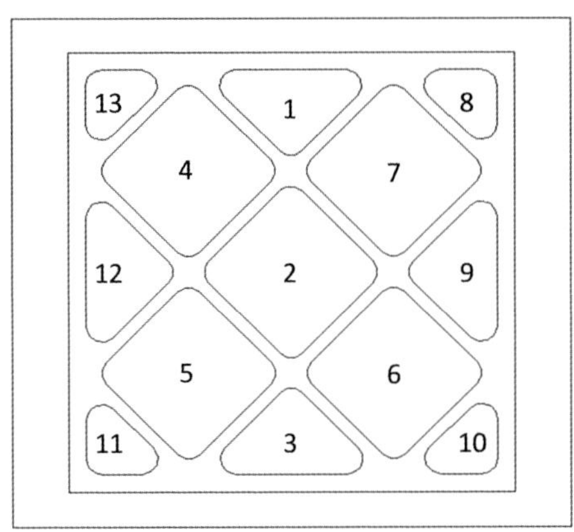

图 2-43 工件网格编号

2. 装夹方式优化

探究装夹方式与加工变形之间的联系时，采用图 2-44 所示的装夹方式。

采用四个螺栓装夹时，如图 2-45(a)所示，工件变形呈现出一定的 X 轴对称性，且最大变形出现在工件左上端，中间区域凸起。最大正向变形为 0.075 mm，最大负向变形为 0.122 mm。

采用八个螺栓装夹时，如图 2-45(b)所示，工件变形呈现出一定的中心对称性，且最大变形出现在工件左上端，中间区域凸起。最大正向变形为 0.047 mm，最大负向变形为 0.116 mm。

采用四块压板装夹时，如图 2-45(c)所示，工件变形呈现出明显的 X 轴对称性，且有中心对称的趋势，最大变形出现在工件右上端，中间区域凸起。最大正向变形为 0.071 mm，最大负向变形为 0.113 mm。

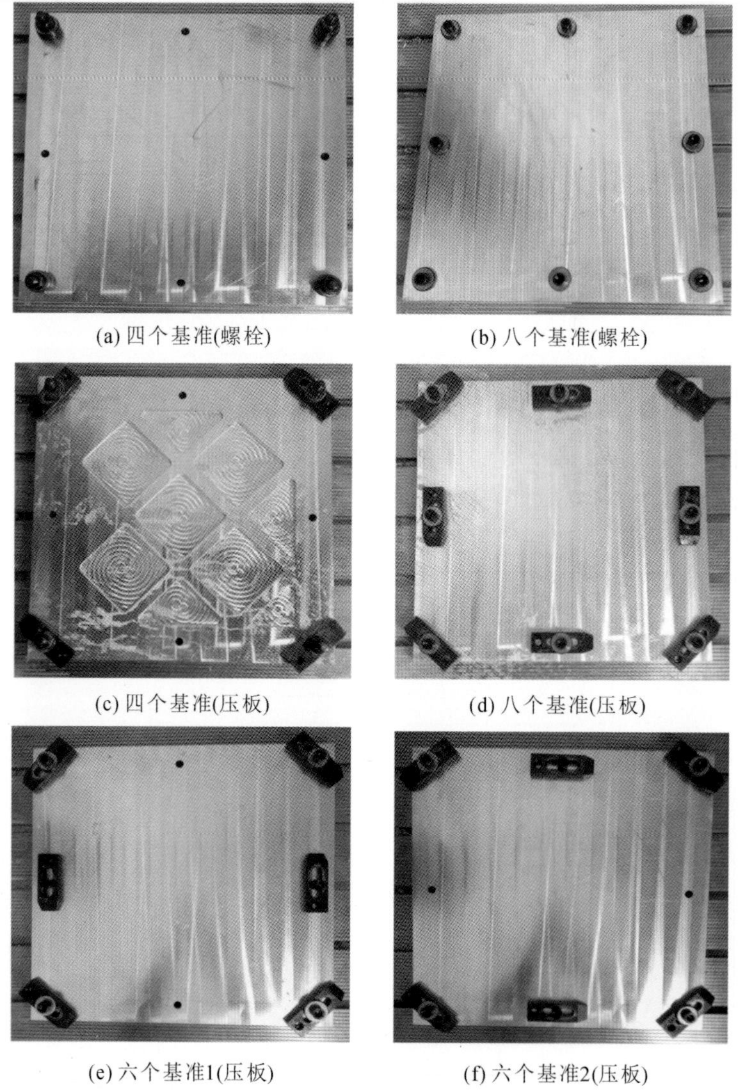

(a) 四个基准(螺栓)　(b) 八个基准(螺栓)

(c) 四个基准(压板)　(d) 八个基准(压板)

(e) 六个基准1(压板)　(f) 六个基准2(压板)

图 2-44　装夹方式

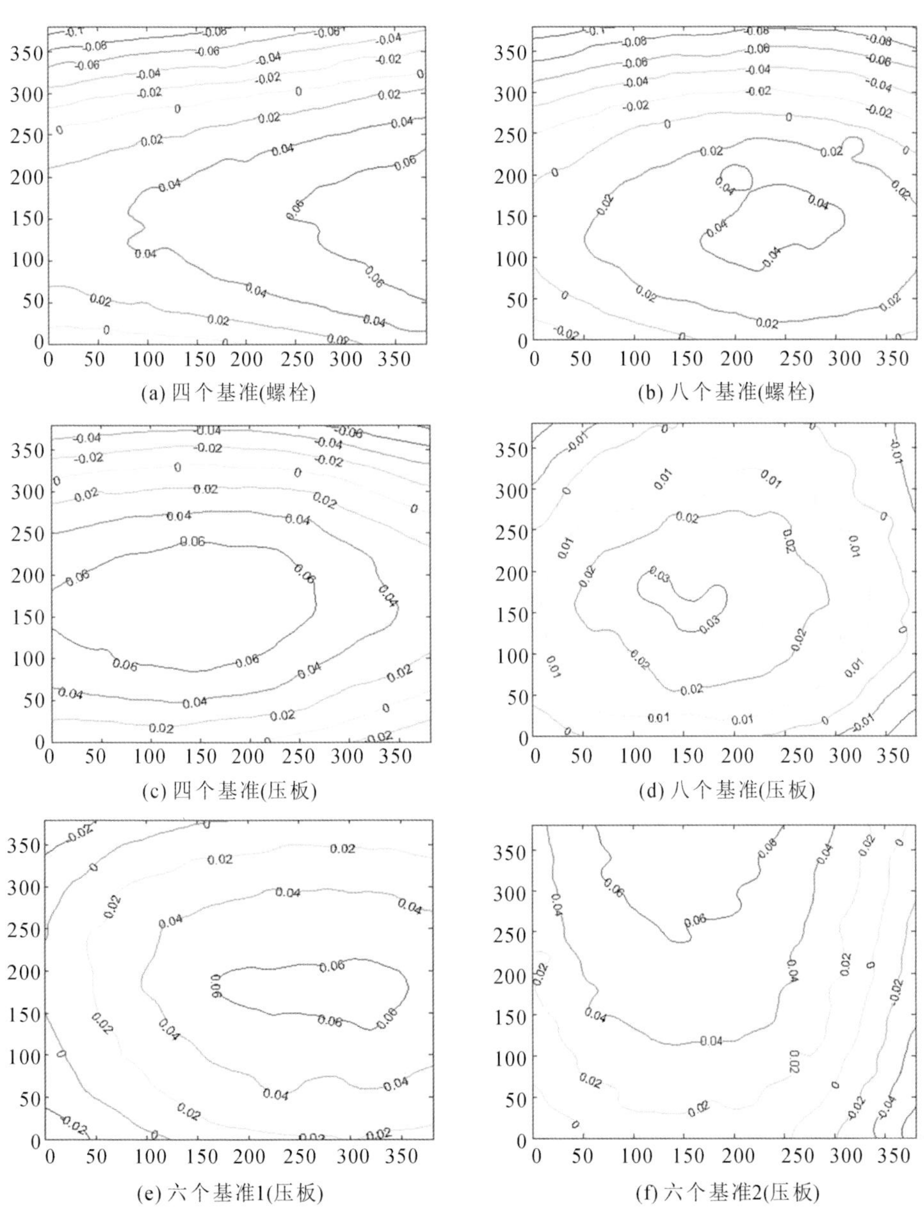

(a) 四个基准(螺栓)　(b) 八个基准(螺栓)

(c) 四个基准(压板)　(d) 八个基准(压板)

(e) 六个基准1(压板)　(f) 六个基准2(压板)

图 2-45　不同装夹方式下的工件变形

采用八块压板装夹时，如图 2-45(d)所示，工件变形呈现出明显的中心对称性，且最大变形出现在工件中心区域，中间区域凸起。最大正向变形为 0.034 mm，最大负向变形为 0.023 mm。

采用六块压板时，如图 2-45(e)所示，工件变形呈现出 ·定的中心对称性，且最大变形出现在工件中心区域，中间区域凸起。最大正向变形为0.062 mm，最大负向变形为 0.021 mm。

采用六块压板时，如图 2-45(f)所示，工件变形呈现出明显的 Y 轴对称性，且最大变形出现在工件中心区域和右下端，中间区域凸起。最大正向变形为 0.073 mm，最大负向变形为 0.064 mm。

对图 2-45 中的云图进行数据读取，列出工件的最大和最小变形值，结果如表 2-14 所示。

表 2-14 不同装夹方式下的最大和最小变形值

不同方式	方式(a)	方式(b)	方式(c)	方式(d)	方式(e)	方式(f)
变形最大值/mm	0.075	0.047	0.071	0.034	0.062	0.073
变形最小值/mm	−0.122	−0.116	−0.113	−0.023	−0.021	−0.064

将表 2-14 中的变形数据绘制成柱状图，如图 2-46 所示。

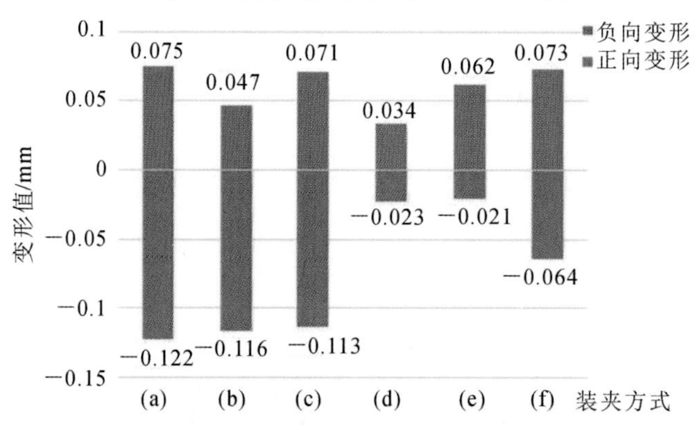

图 2-46 不同装夹方式下的工件变形

如图 2-46 所示，对比装夹方式(a)、(b)、(c)、(d)可知，八块压板装夹定位时工件变形可得到有效控制，且工件变形呈现明显的中心对称性，适合薄壁结构件的切削加工。本次试验时，工件在加工前进行了光刀处理，可有效去除表层高应力区域，减小应力变形。

3. 装夹方式对工件刚度的影响

将工件加工过程简化为静力状态，如图 2-47 所示，对工件施加装夹约束，再加以静力，观察工件变形。

图 2-47　工件静力状态

在同等受力状态下，分别观察四种装夹方式下工件的变形大小，分析各装夹方式对工件刚度的影响。由图 2-48 可知，工件在受力过程中，在四个装夹基准时，工件四边的中心区域会凸起，产生较大变形。采用四块压板装夹时，Y 轴截面变形更加平缓，X 轴截面变形为明显凸起状态。采用八块压板装夹的方式有利于减小工件变形，此装夹方式下的工件刚度最大，变形区域最小且变形幅度最小。

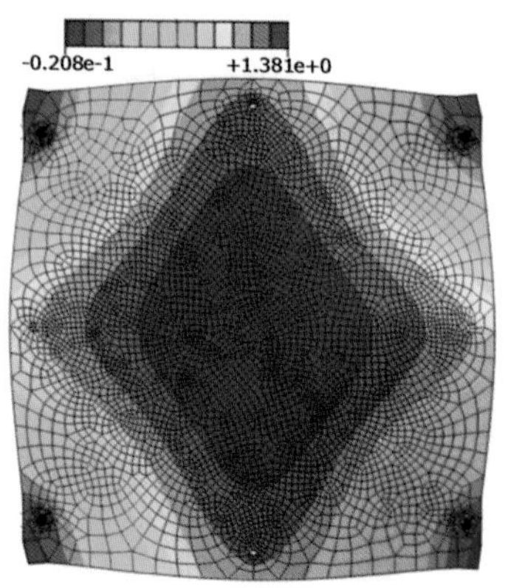

(a) 四个基准(螺栓)

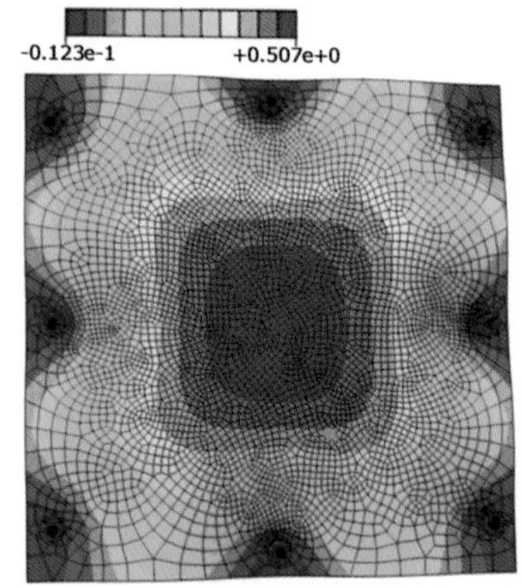

(b) 八个基准(螺栓)

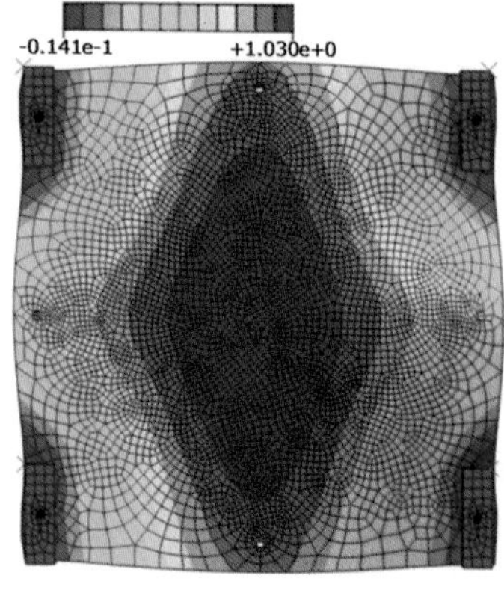

(c) 四个基准(压板)

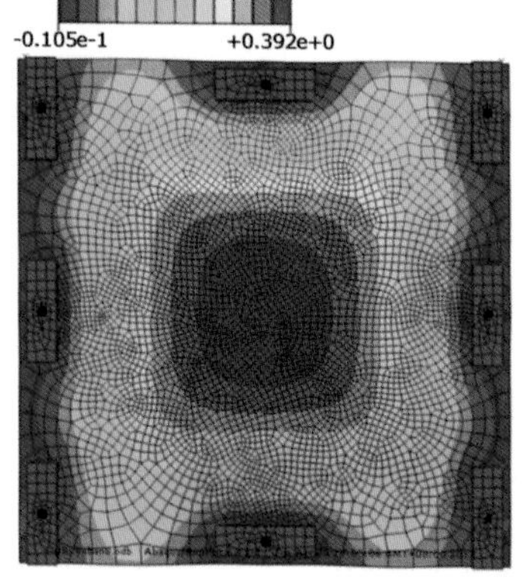

(d) 八个基准(压板)

图 2-48　刚度对比模型

对比图 2-44 中的装夹方式(e)和(f)可知，相同装夹基准点数量下，装夹基准点的分布也会影响变形大小，装夹方式(e)下的变形较小。这是由于走刀路径平行于 Y 轴，当材料去除后，工件内部应力平衡后会有一个绕 Y 轴方向的弯矩，模拟过程如图 2-49 所示，用静力代替弯矩，仿真结果如图 2-50 所示。

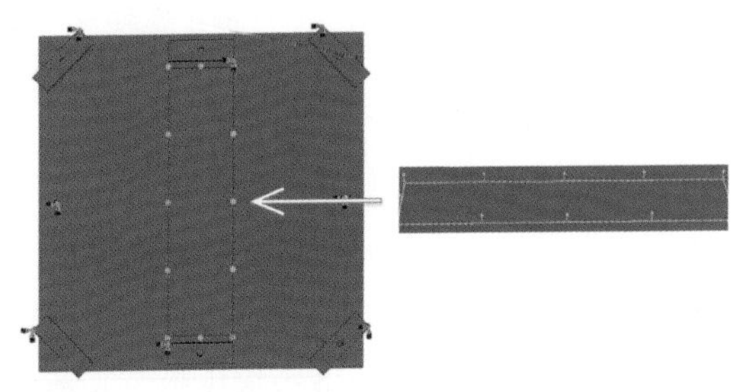

图 2-49　受力模型

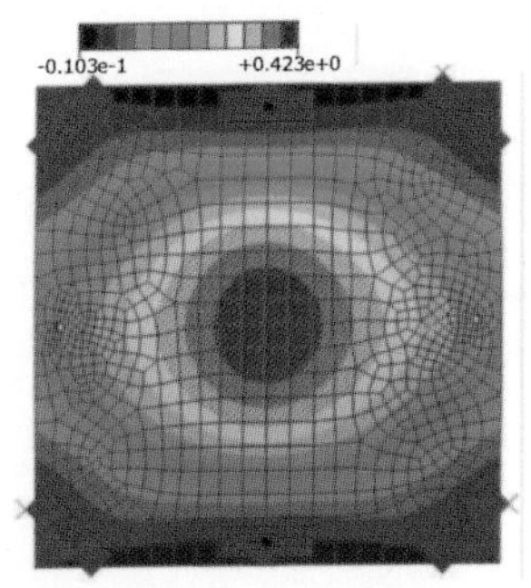

(a) 装夹方式e

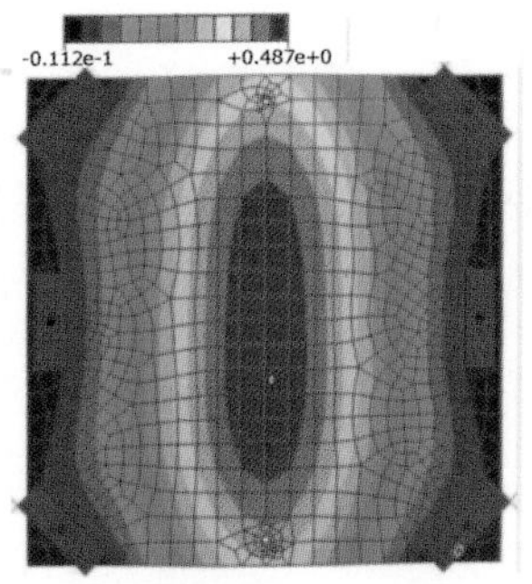

(b) 装夹方式f

图 2-50　仿真结果

由图 2-50 可得，图(a)中变形较小，且大变形区域较小，可知不同的装夹方式会形成不同的变形结果，走刀路径也会影响工件的刚度模型，故而在制定相应的装夹方式时还需要考虑走刀路径等因素。

图 2-51　取点参考线

为了对比铣削试验结果与仿真数据，按照图 2-51 所示进行取点，并统计记录所取点处的变形值，结果如表 2-15 所示。(试验 a 代表装夹方式(a)下的试

验变形值，仿真 a 代表装夹方式(a)下的仿真变形值)

表 2-15　X 截面变形值(mm)

X 距离/mm	0	45	90	135	180	225	270	315	360
试验 a	0.023	0.031	0.039	0.044	0.049	0.061	0.063	0.068	0.073
试验 b	0.005	0.019	0.028	0.035	0.039	0.045	0.042	0.034	0.021
试验 c	0.061	0.065	0.068	0.07	0.072	0.063	0.054	0.042	0.034
试验 d	0.006	0.018	0.027	0.034	0.031	0.025	0.019	0.008	0.002
仿真 a	0.152	0.546	0.732	0.821	0.861	0.822	0.736	0.548	0.154
仿真 b	−0.028	0.186	0.304	0.322	0.328	0.318	0.306	0.191	−0.027
仿真 c	0.078	0.384	0.543	0.654	0.689	0.656	0.545	0.381	0.081
仿真 d	0.021	0.152	0.202	0.231	0.234	0.231	0.203	0.157	−0.022

将表 2-15 中的数据进行曲线绘制，结果如图 2-52 所示。由图可知，仿真过程中 X 截面中间区域呈凸起状态，两边为下凹形状；其中装夹方式(a)、(c)、(b)、(d)下的变形值依次减小，且装夹方式(b)和(d)下的工件变形比较平缓。试验数据表明装夹方式(a)下的工件 X 截面变形随着 X 距离的增大持续增大；装夹方式(b)、(c)和(d)下的工件 X 截面变形为凸起形状，就整体效果而言，装夹方式(b)和(d)更适合此类零件的加工。就变形控制而言，装夹方式(d)能有效控制薄壁结构件的变形，最适合此类工件的加工。

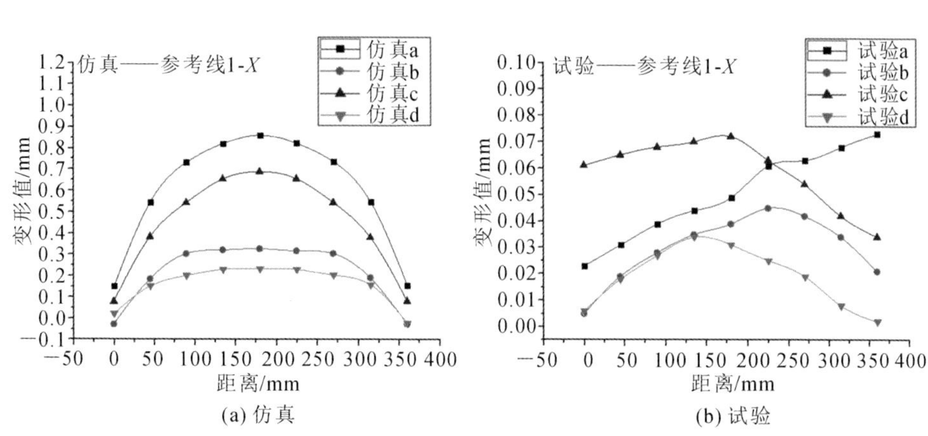

(a) 仿真　　(b) 试验

图 2-52　X 截面变形

同理，从取点参考线 2 进行取点，结果如表 2-16 所示(试验 a 代表装夹方式(a)下的试验变形值，仿真 a 代表装夹方式(a)下的仿真变形值)。

将表 2-16 中的数据进行曲线绘制，结果如图 2-53 所示。由图可知，仿真

过程中 Y 截面中间区域呈凸起状态，两边为下凹形状；其中装夹方式(a)、(c)、(b)、(d)下的变形值依次减小，且装夹方式(b)和(d)下的工件变形比较平缓。试验数据表明装夹方式(a)和(b)下的工件 Y 截面变形落差较大；装夹方式(c)和(d)下的工件 Y 截面变形比较平稳，就整体效果而言，采用压板进行装夹比较适合此类零件的加工。就变形控制而言，装夹方式(d)能有效控制薄壁结构件的变形，最适合此类工件的加工。

表 2-16　Y 截面变形值(mm)

Y 距离/mm	0	45	90	135	180	225	270	315	360
试验 a	0.003	0.021	0.038	0.041	0.049	0.023	−0.026	−0.048	−0.081
试验 b	0.008	0.024	0.032	0.045	0.037	0.013	−0.021	−0.059	−0.075
试验 c	0.008	0.026	0.041	0.062	0.067	0.046	0.021	−0.021	−0.042
试验 d	0.007	0.012	0.019	0.026	0.031	0.028	0.023	0.011	0.003
仿真 a	−0.029	0.33	0.662	0.836	0.861	0.835	0.658	0.326	−0.032
仿真 b	−0.025	0.125	0.264	0.315	0.328	0.318	0.265	0.151	−0.028
仿真 c	0.035	0.347	0.589	0.668	0.689	0.662	0.587	0.346	0.036
仿真 d	−0.021	0.096	0.179	0.225	0.234	0.221	0.176	0.095	−0.022

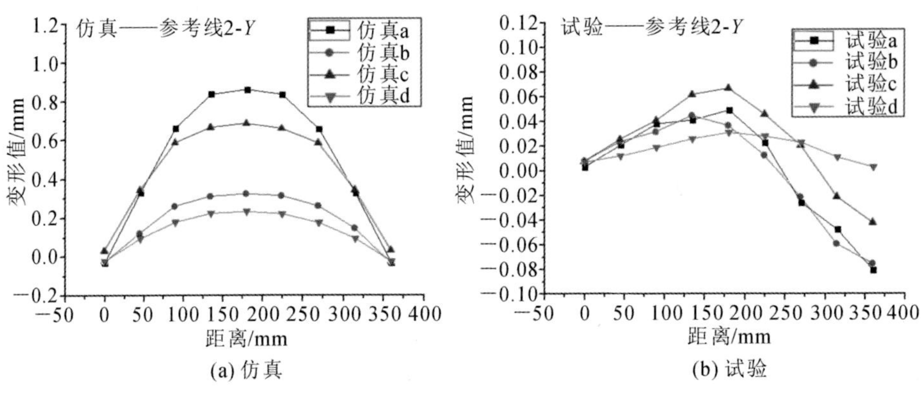

(a) 仿真　(b) 试验

图 2-53　Y 截面变形

由于仿真多采用数学算法，故而结果比较理想；而试验过程中涉及的因素较多，每个工件毛坯内部的残余应力状态会有所差异，故而试验结果和仿真结果会有所出入，但变形分布规律基本一致，可将仿真结果作为参考。

结果表明：

(1) 工件变形一般在中心区域和四边区域，且光刀后可去除表面大部分高应力区域，使变形得到有效控制。

(2) 相比采用螺栓装夹，压板装夹更适合于薄壁结构件的加工，可有效减小加工过程中工件的变形，减少或抑制过切现象的产生。

(3) 装夹方式主要通过改变工件刚度影响工件的变形，采用多个装夹定位基准点，能够有效减小加工变形。

(4) 在制定装夹方式，尤其是选取基准点的时候，不仅要考虑工件的结构特征，还需考虑走刀路径。

2.5 本章小结

本章以大型火箭整体薄壁结构件为实例，通过构建 2219 超硬铝合金 J-C 本构模型，建立超硬铝合金铣削物理仿真模型，以走刀路径为切入点，基于有限元仿真模型，研究走刀路径与加工变形之间的联系，优化出最佳铣削加工走刀路径，分析薄壁件装夹方式与加工变形的内在映射关系，获取最优铣削加工装夹方案，提出面向大型薄壁件的控形智能切削工艺，主要结论如下：

(1) 大型火箭薄壁结构件材料 2219 超硬铝合金的切削加工工艺优化参数为 $a_p=2.0$ mm，$f=0.20$ mm/z，$n=10000$ r/min；

(2) 利用 ABAQUS 软件中的网格单元生死法，可以有效表征 2219 铝合金材料切削去除的过程；

(3) 为减小弱刚性区域的变形，加工应从弱刚性区域（薄壁件中心）开始；相比采用螺栓装夹，压板装夹更适合薄壁结构件的加工，增加了装夹的有效面积，有效减小了加工过程中工件产生的变形，减少或抑制了过切现象的产生。

(4) 螺旋走刀相比于直线来回铣削加工方式更稳定。

第3章 薄壁铝蜂窝芯夹层结构件控性切削工艺

3.1 背景介绍

铝蜂窝芯夹层结构复合材料是一种采用薄壁铝材、高强度黏合剂及上下蒙皮制造的与蜂巢结构相似的结构型复合材料，如图 3-1 所示，其自问世以来就因为蜂窝芯夹层结构所具备的独特优势而受到航空航天界的广泛好评[81,82]，应用领域如图 3-2 所示。蜂窝芯夹层复合材料与其他传统金属材料相比最大的优势就是比强度和比刚度极高。蜂窝芯夹层材料以极小的重量增加为代价，获得强度和刚度的明显增强。

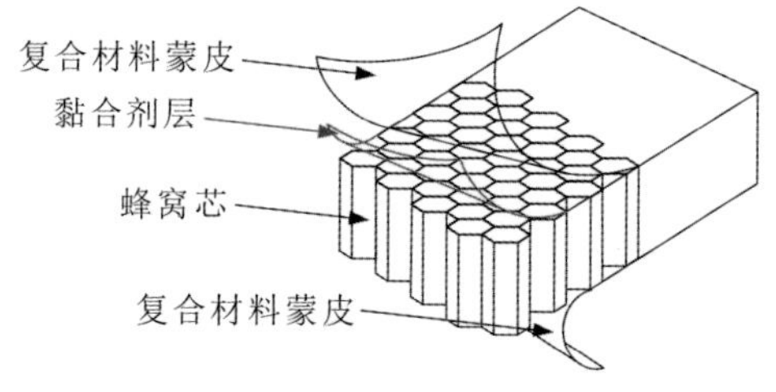

图 3-1　蜂窝芯夹层复合材料结构

在装配蜂窝芯材料之前，首先要对蜂窝芯进行加工，主要包括蜂窝芯型面铣削加工和蜂窝芯切割加工，其加工质量的好坏直接决定了蜂窝芯夹层复合材料结构的成形质量及承载能力。蜂窝芯材料由于其本身的薄壁多孔结构，壁厚一般为 0.05～0.1 mm，孔格边长为 2～5 mm。蜂窝芯材料具有显著的各向异性特点，如图 3-3 所示，当蜂窝芯材料受到水平方向的切削力的时候，孔壁容易产生弯曲，芯格产生的弹性弯曲，或塑性屈服，或蠕变，或脆性断裂将导致结构

图 3-2 蜂窝芯结构的应用领域

件坍塌，造成不可修复的损伤。

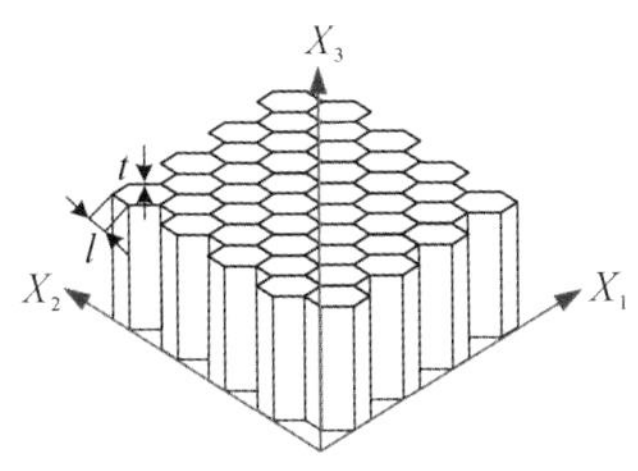

图 3-3 蜂窝芯结构常用坐标系示意图

本章以铝蜂窝芯材料的铣削加工为研究重点，针对铝蜂窝芯材料在铣削加工中加工表面质量差的问题，讨论了铝蜂窝芯高速铣削中典型的缺陷类型及发生条件和评价方法；针对蜂窝芯材料的结构特点，分别从夹持装置设计、切削过程仿真、切削力学建模、温度分布建模、基础试验及加工工艺优化，提出了薄壁铝蜂窝芯结构件控性切削工艺。

3.2 冰结铝蜂窝芯夹具设计与夹持性能试验分析

冰结夹持平台是利用半导体的帕尔贴效应开发出的一种可以实现快速制冷、将水迅速固化为冰并对蜂窝芯工件进行填充和夹持的冰结夹持装置，实现对蜂窝芯材料的加工夹持。

与其他蜂窝芯加工夹持方式相比，冰结夹持方式具有如下优势：

(1) 能提供足够大的夹持力；

(2) 夹持拆除都简单易操作，夹持时间非常短；

(3) 配合辅助手段(喷水雾)可以显著改善加工质量；

(4) 可用于加工超薄工件或超薄部位。

如图 3-4 中的虚线区域所示，蜂窝芯工件在复杂型面的边缘部位通常厚度都非常小，但是越薄的蜂窝芯越难以夹持和加工，采用传统的夹持加工方式极易产生撕裂废品。用双面胶黏结法加工时，在加工厚度小于 10 mm 的蜂窝芯时，常常撕裂工件，边缘撕裂和侧边质量均无法控制；用磁粉夹持法时，所需要的磁粉填充厚度本身就达到 12 mm，也无法加工更薄的工件。而采用冰结夹持方式，可加工的蜂窝芯厚度甚至可以低于 2～3 mm，只需要在最薄的工件部位采用局部冰填充的辅助处理方式，就可以完全避免薄蜂窝芯的撕裂拉伤问题，这无疑扩展了蜂窝芯零件的加工应用范围。

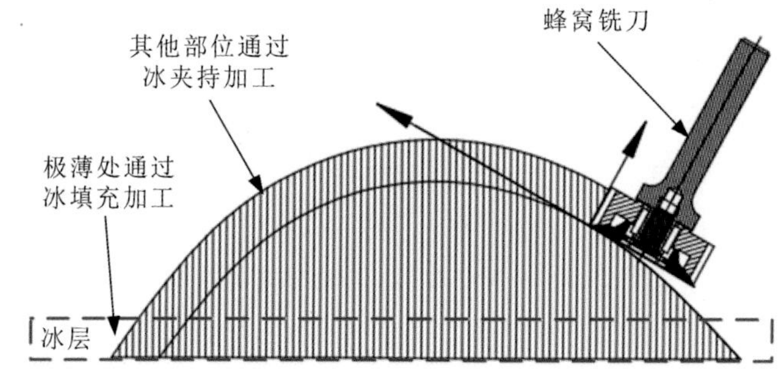

图 3-4　蜂窝芯工件示例

3.2.1　设计要求

将半导体制冷技术和冰结夹持方式应用到铝蜂窝芯的加工夹持中，目前国内外市场上并没有相关技术的成熟产品，本节将通过前期设计、成品可靠性验证以及后期试件加工试验，提供成套的冰结铝蜂窝芯夹持装置及高速加工工艺。若要满足稳定可靠的冰结夹持要求，需要同时考虑以下几个方面。

1. 冷端冷却制冰平台

冷端冷却制冰平台承担起在短时间内完成制冰及对蜂窝芯可靠夹持的功能，是冰结夹持装置的核心功能部件。为了提高夹持效率，减少夹持工件的等待时间，要求制冷时间越短越好，从半导体制冷片的冷端到夹持平台上的水之间经历的热传导环节越少越好，使用的材料导热系数越大越好。本设计试制的平台尺寸为300 mm×300 mm，为了进行更多的对比试验，将冰结厚度最大设为5 mm，根据式(3-1)可以计算得出整个制冷装置所要求的最低制冷功率。取冷端到平台上的水之间的制冷效率为0.7，要求在$t=1$ min的时间内将平台上厚为5 mm的水从室温冷却至结冰，所需要的最低制冷量为$Q_c=990$ W，因此，本节将选用千瓦级的半导体制冷片。

$$\eta \cdot Q_c = \frac{\rho \cdot V \cdot \Delta T}{t} \tag{3-1}$$

式中：η为制冷效率；Q_c为最低制冷量；ΔT为温升；t为时间；ρ为制冷片密度。

2. 热端水冷散热结构

使用半导体制冷方式时必须特别注意热端的散热效果，热端温度不能超过60 ℃，否则就有损坏的可能性。一般在热端采取强制散热的方式进行散热，使热端温度能一直保持在一个较低的水平。只有及时地将热端产生的热量散发出去，才能在冷端持续地形成制冷能力。常见的热端散热方式有：自然对流散热、强制对流散热和相变散热。自然对流散热具有固定的散热器结构，不需要补充额外的能量，依靠散热器翅片与外界空气或水进行对流换热。这种散热方式成本低，但是散热能力不足，应用场景非常少。强制对流散热包括强制空气对流、强制水对流和高压水蒸气对流三种常用的散热方式。强制对流散热相比自然对流散热来说，换热系数得到了显著提高，但是也增加了水泵或者风机结构，在同样散热量的前提下，需要的散热面积可以大幅度减小。相变散热则是利用某种相变材料通过在热管汽化吸热，在冷管液化放热的方式将大量的热量带走至冷管中，换热系数高，但是整体结构更加复杂，造价也更高。各种散热方式的传热系数如表3-1所示。本节所用半导体制冷片在热端的散热是千瓦级的，散热面积小于300 mm×300 mm，若要让热端温度升高低于5 ℃，所需要的传热系数至少为2222 W/(m^2·K)，同时半导体制冷片的热端位于夹持平台的下方，为了保证放置于机床上的夹持平台的整体结构简单，也必须要求热端散热结构简单。根据表3-1可知，采用强制水对流的散热方式可以满足上述两者的要求。

表 3-1　各种散热方式的传热系数

散热方式		传热系数/[W/(m^2·K)]
自然对流	空气	1～10
	水	200～1000
强制对流	气体	20～100
	高压水蒸气	500～3500
	水	1000～15000
相变散热	沸腾	2500～35000
	蒸汽凝结	5000～25000

3. 温度控制系统

刚开始放上工件的时候，需要开启最大功率进行制冷夹持，当已经完成了初始的夹持之后，虽然温度继续下降可以增加冰层和蜂窝芯工件的夹持力，但是为了避免浪费电能，并不需要制冷片一直维持制冷工作状态。由于金属的热传导效率很高，并且夹持所用冰层的厚度非常薄，在经过一小段时间之后，夹持所用的冰层就会开始融化，如果此时对蜂窝芯进行切削加工，那么就无法完成整个加工过程，必须在冰层将要开始融化之时再次开启制冷片的制冷工作。所以温度可以作为一个重要的设计标准，必须增加温度采集反馈系统以及制冷片温度自动控制系统。

4. 外部强制散热及水循环系统

热端的散热方式采用强制水对流的方式，也就意味着必须有外置水循环系统。同时，在水经过制冷片热端被加热之后，要在再次进入热端之前先冷却至室温，因此，一套外置的强制散热装置是不可缺少的。对外置部件的尺寸和结构没有做限制，散热面积可以根据需要扩大，因此，可以直接选用市场上成熟的强制水冷产品作为外置散热器。

3.2.2　结构设计

根据以上要求对夹持装置的各个部件结构进行设计，按照各部件的功能划分，冰结铝蜂窝芯夹持装置主要包括直流电源、温度控制系统、冷端制冰夹持平台、热端水冷散热结构、水泵及外置强制散热器以及附属结构，如图 3-5 所示。

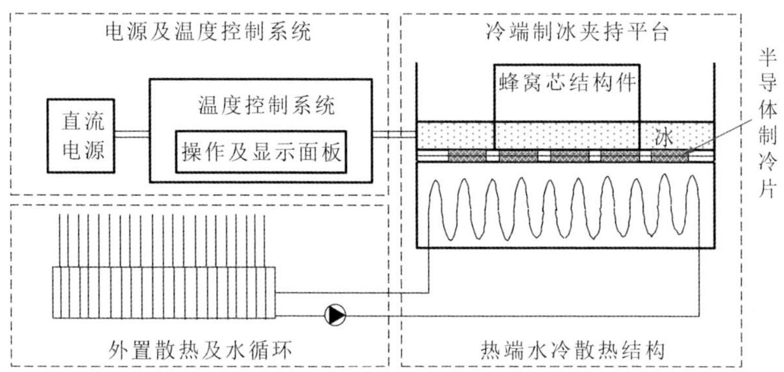

图 3-5　冰结铝蜂窝芯夹持装置主要组成

如图 3-5 中所示，冷端结构和热端水冷散热结构都必须放入机床工作台，作为蜂窝芯高速加工的工作台，应力求结构简单并且制冷效率高，需要单独设计。外置散热及水循环系统以及供电直流电源和温度控制系统可以设置在机床外部，通过线缆和管道与制冷夹持平台连接即可，这部分部件没有特殊要求和限制，可以采用市场上的通用产品。因此，在冰结铝蜂窝芯夹持装置设计时，最重要的就是对制冷夹持平台的结构进行设计与验证。

根据制冷量的要求，所需要的总制冷量必须达到 1 kW，单个 PN 制冷单元的制冷量无法达到 1 kW，普遍的做法是将大量 PN 制冷单元集成在一个制冷片中，通过 704 硅胶封装在一起。本节根据尺寸要求和制冷量要求选用 20 片 TEC1-12706 制冷片，详细规格尺寸如表 3-2 所示，理论的最大制冷量达到 1.07 kW。图 3-6 所示是制冷片冷端制冰夹持平台结构示意图。20 片制冷片

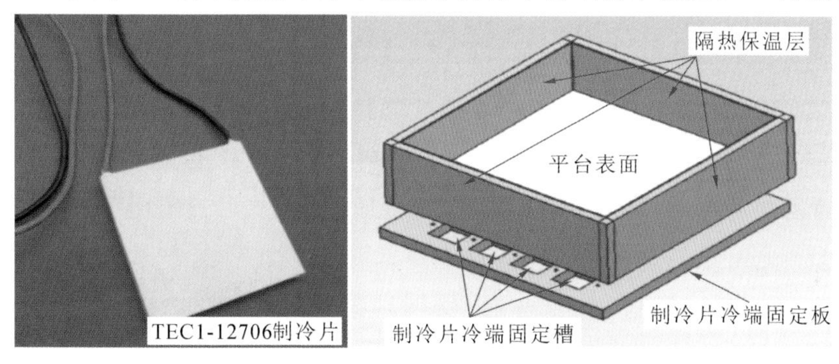

(a) 制冷片　　(b) 冷端夹持结构

图 3-6　冷端制冰夹持平台结构

呈4×5分布被固定在制冷片冷端固定槽中，冷端固定板与平台表面板紧密贴合。导热能力最好的金属材料依次为银、铜和铝，但是银的价格昂贵，铜则非常重。因此，兼顾导热性能、重量、价格采用铝合金作为冷端固定板和夹持平台表面板的材料，以快速地将热量从平台表面传递到制冷片的冷端。平台四周均覆盖隔热保温材料，避免平台内冷量向环境中流失。为了降低半导体制冷片和固定板以及平台表面板接触面之间产生的接触热阻，必须用导热硅胶填充制冷片周围的空隙，将空气排出，使接触面充分接触。

表 3-2　制冷片规格尺寸

型号	PN单元对数	最大电流/A	最大电压/V	最大制冷量/W	最大制冷温差/℃	尺寸/mm			电阻/Ω
						长	宽	高	
TEC1-12706	127	6	15.4	53.3	68	40	40	3.82	1.98

制冷片热端的散热能力会直接影响制冷片的性能，因此，此处采用热端固定板与冷端固定板将制冷片的冷端和热端隔离开，两块固定板之间使用聚氨酯泡沫塑料完全隔离。聚氨酯泡沫塑料是一种优秀的隔热材料，其导热系数仅为0.025 W/(m^2·K)。而冷端固定板和热端固定板使用铝合金材料，其导热系数为237 W/(m^2·K)。这样的结构可以及时地将热端产生的热量传递到整块热端固定板上，形成一个比较均匀的面热源。这里将整个热端固定板的温度简化为它的平均温度是可行的，事实上有许多研究学者正是采用了这样的简化方法[83]。此处设计了带有串联通道的水冷散热板对制冷片热端进行散热，其结构如图3-7所示。铝板传导热阻($<2\times10^{-5}$ K·m^2/W)要远小于铝板和水对流之间换热热阻($\approx2.2\times10^{-4}$ K·m^2/W)，因此，每片制冷片热端的正下方保持为散热水冷板的实体铝结构，而在制冷片之间的通道位置正下方设计了直径为18 mm的串联水冷管通道。这样的设计有利于散热水冷板快速地将制冷片热端产生的热量导入水冷板中，热量向四周传导时由两边的通道内强制流动的水将热量带走。

为了增加热端散热速度，选用一款大功率的水泵产生水冷驱动动力，根据标称最大流量和工作效率估算出工作时的流量为20 L/min，热端散热管直径为$d=18$ mm，水在20 ℃时的黏度为1.01×10^{-3} Pa·s，计算得到强制散热水管内的截面平均流速为$u=1.31$ m/s，雷诺数为$Re=23580$，属于旺盛湍流阶段。

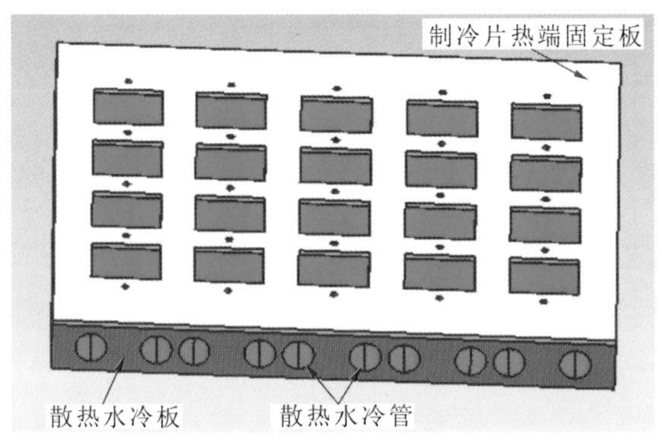

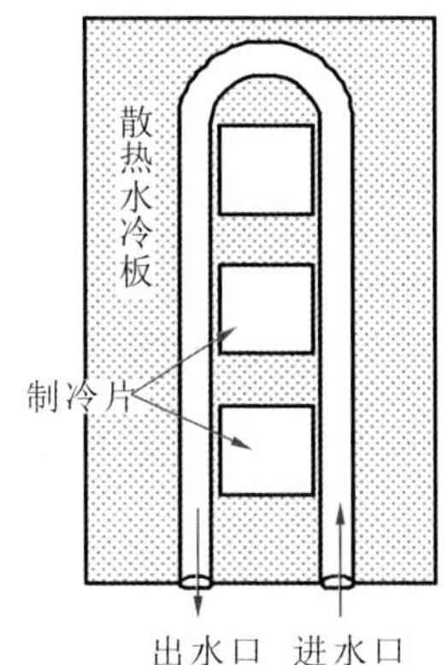

图 3-7 热端水冷散热结构设计

对于雷诺数 $Re=10^4\sim1.2\times10^5$ 的管道内强制对流换热系数的计算，最经典的理论模型是 Dittus-Boelter 公式[84]，如式(3-2) 所示。

$$Nu_{\mathrm{f}} = 0.023\, Re_{\mathrm{f}}^{0.8}\, Pr_{\mathrm{f}}^{0.3} \tag{3-2}$$

式中：Nu_{f} 为对流换热的努塞尔数；Pr_{f} 为管内流体的普朗特数，可通过查表得到。

管内强制对流换热系数可以通过式(3-3) 得到

$$h_{\mathrm{f}} = \frac{\lambda_{\mathrm{f}}}{d} Nu_{\mathrm{f}} \tag{3-3}$$

式中：$\lambda_{\mathrm{f}}=0.599$ W/(m·K)。根据式(3-3) 可以计算得到这里所用的强制对流热系数 $h_{\mathrm{f}}=5420$ W/(m^2·K)。

管内水流在每秒钟内可以吸收的热量为

$$\Phi_{\mathrm{f}} = \rho u \frac{\pi d^2}{4} c_{\mathrm{f}} \cdot \Delta T_{\mathrm{f}} \tag{3-4}$$

散热水冷板的温度升高为

$$\Delta T_{\mathrm{w}} = \frac{\Phi_{\mathrm{f}}}{h_{\mathrm{f}} A} \tag{3-5}$$

式中：A 为散热水管的总面积大小。

通过表 3-2 可以计算出每片 TEC1-12706 制冷片的最大产热量为 $Q_{\mathrm{hmax}}=125$ J。Φ_{f} 必须大于 20 片制冷片热端产生的热量总和，这样可以通过式(3-4) 计算出管内水流的温度升高为 $\Delta T_{\mathrm{f}}=1.8$ ℃，根据式(3-5) 计算出热端固定板的最小温升为 $\Delta T_{\mathrm{w}}=2.7$ ℃。根据这个计算结果，可以确定本节所用的散热方案效果非常好，能保证热端固定板的温升小。当然制冷片热端的温度不会完全等于热端固定板的温度，但是两者的温度差并不会太大。在冰结夹持平台试制完成后，通过实际测量热端的温度，发现热端的温度升高在 1 min 后就一直稳定维持在 4.5 ℃，略大于公式计算结果。由此说明本节所用的热端散热方案可以满足使用要求。

图 3-8 所示的是夹持平台的结构爆炸图，所有冷端夹持结构和热端散热结构都通过螺栓固定在平台基座上，外围有隔热保温层，最外围有平台外壳保护，外壳前面板集成了温度控制操作及显示面板。平台基座通过四个 U 型槽可以与机床工作台面的 T 型槽互相连接固定。可以看出与其他真空吸盘、磁性夹具或者组合夹具相比，冰结夹持平台的结构简单紧凑，可以非常方便地应用于不同机床的蜂窝芯高速加工，也适用于其他材料的切削加工夹持。

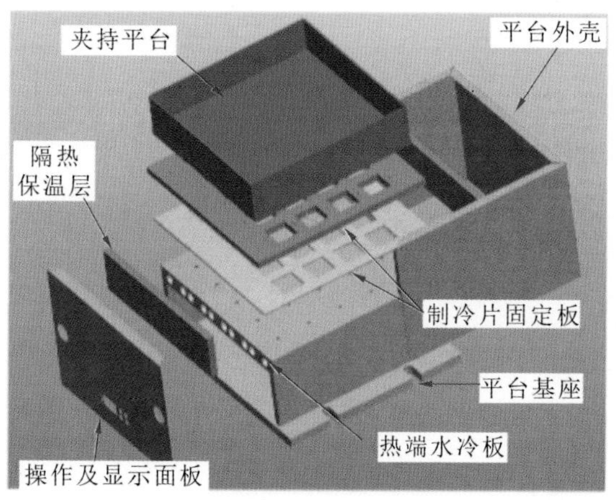

图 3-8　夹持平台整体结构爆炸图

温度传感器选用的是高精度热敏电阻 NTC(10K/3435)，温度控制器选用的是 TC-06A 温控器，如图 3-9 所示。温度控制范围－9～99 ℃，控制精度为 0.1 ℃。具有区间恒温控制功能，当测量温度值超过设定值 F3 时，启动制冷输出；当测量温度值小于设定值 F3－F1 时，关闭输出。本节所用装置设定 F3＝－1 ℃，F1＝5 ℃，当平台测量温度高于－1 ℃时，启动制冷功能，防止夹持冰层融化；当平台测量温度低于－6 ℃时，则关闭制冷功能，节约能源。该功能可以以最小的成本保证冰结蜂窝芯夹持的可靠性。外置电源选用 DC 48V 直流稳压电源，外置散热器选用翅片管散热器，配以风机增强风冷散热能力。

(a) 温度控制器

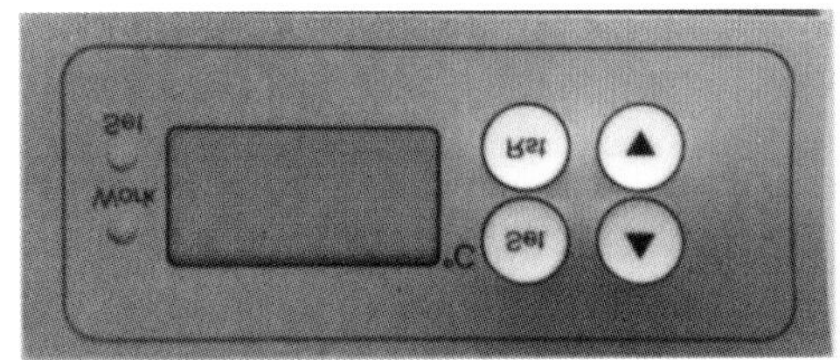

(b) 温度显示操作面板

图 3-9　温度控制器及显示操作面板

3.2.3　冰结夹持可靠性验证

1. 夹持力验证

在切削加工中需要对工件施加的夹持作用包括 Z 向夹持力、水平方向的夹持力以及扭矩。由于蜂窝芯工件的尺寸往往非常大，在试验中发现对蜂窝芯施加水平方向的作用力或扭矩作用时，蜂窝芯首先发生了严重的压缩变形，但是冰结夹持的部分完全没有被破坏，也就是说，蜂窝芯的变形失效比冰层破坏先一步发生，因此，冰结夹持水平夹持力和夹持扭矩不作为考察对象。本小节仅对冰结夹持的 Z 向夹持力进行试验验证。

利用表面能、界面能、冻黏系数和静冰压力等理论，通过冰-铝冻黏系数计算出冰结厚度（只需 1 mm 就可以获得满足要求的夹持力），对冰结夹持蜂窝芯的 Z 向夹持力做估算，但是实际的冰结冻黏力的影响因素众多，利用模型计算的夹持力在夹持平台设计初期可作为参考，在夹持平台试制完成以后，必须通过实际的夹持力测试试验对冰结蜂窝芯方法的夹持力做可靠性验证。

本小节采用的是直接拉脱法进行冰结蜂窝芯最大 Z 向夹持力的测试，如图 3-10 所示。首先制作试验样件，本试验采用的试验样件是从整个蜂窝芯工件中分割出来的包含一个蜂窝芯格、四个蜂窝芯格和九个蜂窝芯格的试件，如图 3-10(a)所示。在试件中上部穿孔，插入铁丝，然后用胶带固定铁丝的位置，防止蜂窝壁被铁丝拉裂。然后将冰结夹持平台放置于 Kistler 9272 测力仪上并通过螺栓固定，在平台上加入一薄层水，然后将试件竖直放在平台上。打开冰结夹持平台开关，等完成制冰夹持之后，将试件上的铁丝通过挂钩竖直往上拉动，注意拉动速度要尽量保持均匀，直至试件完全被拉脱平台。拉脱后的表面如

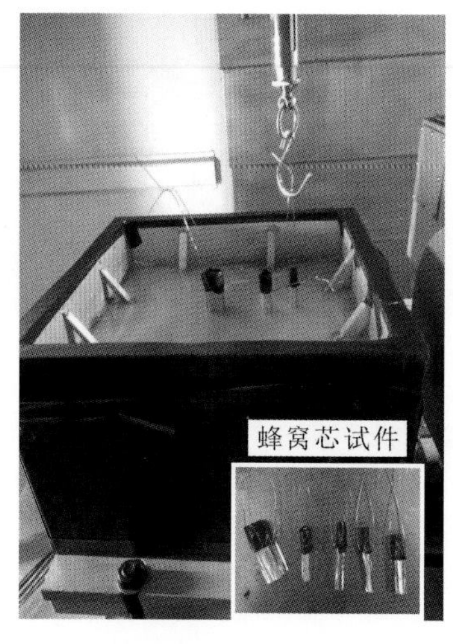

(a) 实验装置概览

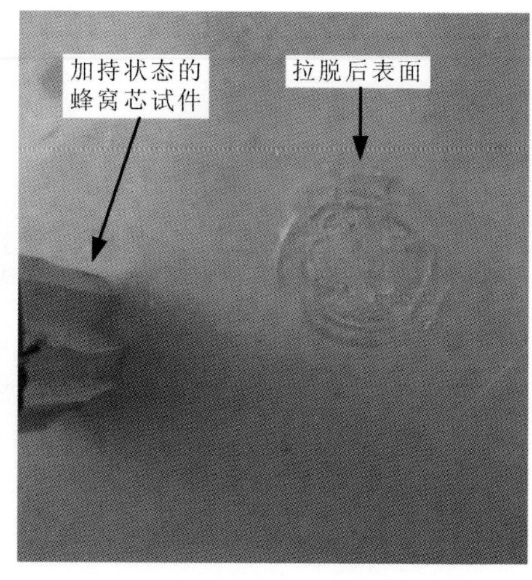

(b) 拉脱面局部放大图

图 3-10　直接拉脱法测夹持力试验

图 3-10(b)所示。图中展示的是四个蜂窝芯格试件被拉脱后的表面，可以看出本次试验所用的冰层非常薄，厚度仅为 0.8 mm；蜂窝芯试件拉脱后，试件中间的冰层也随工件一起被拉起，与假设一致。剩余的冰层表面产生了环形裂纹，说明对于埋在冰层中的试件，其拉起时不仅要克服冰的冻黏力，还要克服冰层产生裂纹发生破坏的抗力，因此，试验拉出力的大小比之前靠冻黏力模型计算得到的冻黏力更大。

图 3-11 所示是九个蜂窝芯格试件在直接拉脱试验中的测力曲线，在稳定拉起阶段，测力仪测得的作用力稳步增大，在拉脱瞬间，平台与蜂窝芯试件分离，平台反弹，所以有一个反向的瞬间作用力，取拉脱瞬间的最大夹持力作为试件的 Z 向拉出力。从图 3-11 中可以看出：当只有一个蜂窝芯格时，试件的 Z 向拉出力高达 31 N；有四个蜂窝芯格时，Z 向拉出力达到 40 N；有九个蜂窝芯格时，Z 向拉出力达到 78 N。Z 向拉出力随蜂窝芯格数量的增加而增大，而且蜂窝芯格数越多，Z 向拉出力的增长速度也越快。通过蜂窝芯切削试验可知，蜂窝芯切削中的 Z 向切削力大小约为 10 N，也就意味着，仅仅需要不超过 1 mm 厚的冰层，冰结蜂窝芯夹持方法所提供的夹持力就远远超过蜂窝芯切削力的大小。蜂窝芯是弱刚性材料，对于一个大型蜂窝芯工件，在任何切削力作用的局部，只需要少量蜂窝芯格被冰结夹持，就可以提供充足的夹持力。

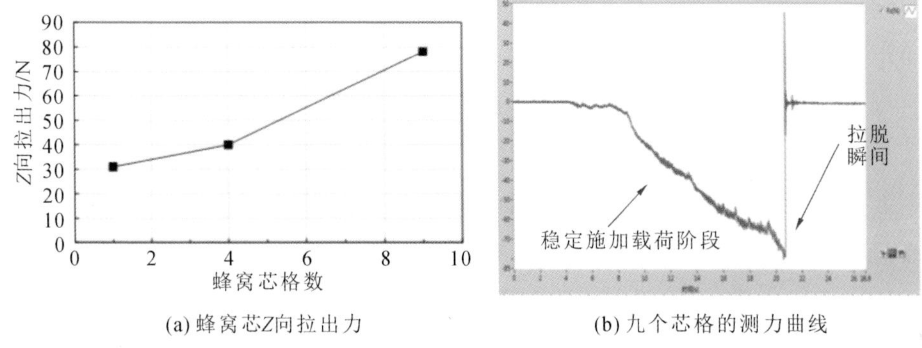

(a) 蜂窝芯Z向拉出力　　(b) 九个芯格的测力曲线

图 3-11　直接拉脱试验结果

2. 夹持时间验证

在高速加工中，工件的夹持时间与夹持便捷程度都是制约产品生产效率的重要因素。冰结夹持方式的操作非常简单，只要正确放入工件然后打开制冷夹持开关即可自动完成蜂窝芯工件的夹持，温度控制系统会在切削过程中自动控制制冷开关的启停。因此，在保证操作便捷的前提下，完成制冰夹持所需要的时间是必须要考虑的因素。在前述内容的设计中，通过制冷量理论计算让制冰夹持时间控制在 1 min 之内，但是在加工中实际所需的夹持时间还必须通过试验验证。

此处采用热敏温度传感器对夹持平台热端的温度进行测量，发现热端的温升稳定在 4.5 ℃，符合半导体制冷片的使用要求。对于夹持平台的温度变化，需要对整个夹持平台进行测量，可选用非接触式红外热像仪来进行。红外热像仪的标定非常方便，可以通过平台上形成的冰水混合物的零摄氏度进行标定。在测试中，加入 1 mm 深的水，然后放入一块铝蜂窝芯工件，在启动制冷开关的同时，开启红外热像仪的录像记录功能，在夹持平台内的水都变成冰之后停止记录，整理测试数据可以得到图 3-12 所示的平台内的温度变化曲线。从图中可以看出，环境温度为 10 ℃的时候，整个夹持平台内的最低温度在 44 s 时降至 0 ℃，水表面的平均温度在 54 s 时降至 0 ℃，蜂窝芯工件表面的最低温度在 59 s 时降至 0 ℃，此时，夹持平台上刚好形成了1 mm厚的冰层，可以可靠夹持蜂窝芯工件。夹持平台内的最低温度在 70 s 后降至－4.6 ℃，蜂窝芯工件表面的最低温度在 70 s 后降至－1.8 ℃。通过该测量结果可知，所试制的冰结夹持平台

的制冷夹持时间短，可以在 1 min 左右的时间内完成工件的夹持，与现有的双面胶黏结夹持法或其他组合压板夹持方式相比，冰结夹持操作属于“傻瓜式”，非常简单，并且夹持时间大幅度降低，可以在蜂窝芯零件加工中发挥极大优势。

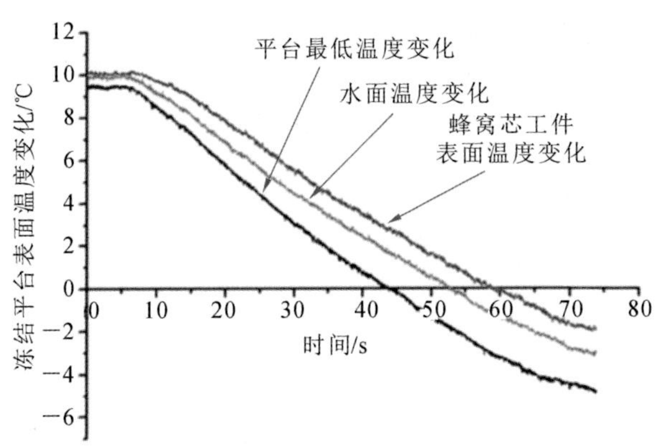

图 3-12　夹持平台表面温度变化曲线

3.3　拓扑结构铝蜂窝芯切削过程物理仿真

3.3.1　仿真模型及参数设置

蜂窝壁是铝蜂窝芯的六个离散侧面，蜂窝壁的切削过程与传统金属切削过程存在很大的差异，蜂窝壁的切削仿真模型也和常规金属切削仿真模型不一样，如图 3-13 所示。常规的金属材料切削仿真使用的是体现了刀具前角、后角、螺旋角和刃倾角的三维斜角模型，但是对于蜂窝壁的切削过程来说，被切削的材料厚度极小，刀尖与蜂窝壁材料的切削过程被压缩在一个非常短的时间内完成，这种情况下非常重要的影响因素就是刀尖的切削运动方向和蜂窝壁平面的夹角，刀具被简化为只有前角、轴向前角和后角的刀尖模型，并且刀具的旋转运动在切入蜂窝壁的极短时间内可被认为是沿切削速度方向的直线运动。此时的仿真刀具模型和蜂窝芯模型如图 3-14 所示。建立正六边形的蜂窝芯格模型时，为了简化约束条件，在蜂窝芯格六个节点与邻近蜂窝芯格相连的蜂窝壁处添加约束。蜂窝壁采用四面体单元划分。蜂窝壁厚 0.05 mm，蜂窝芯格边长 5 mm，高 10 mm。

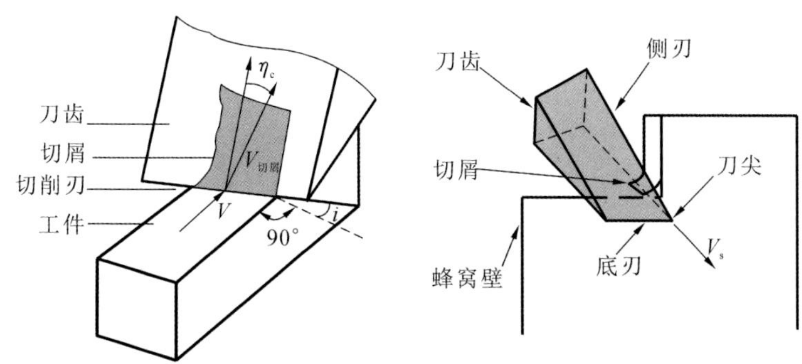

图3-13 蜂窝壁切削仿真与常规金属切削仿真的差异

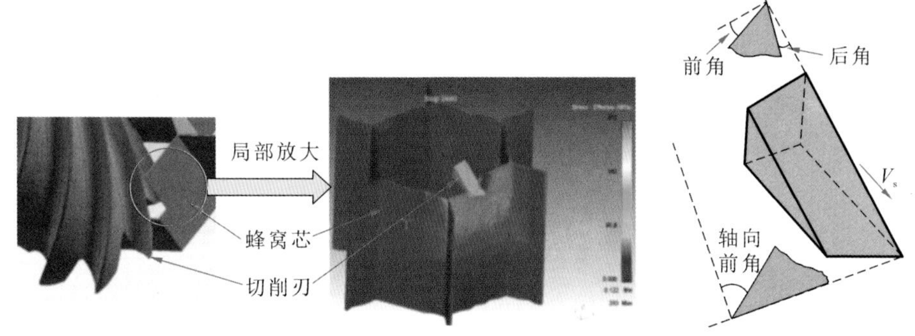

图3-14 蜂窝芯格切削过程仿真示意图及刀具模型

图3-15所示为蜂窝芯工件加工中出现的缺陷分布特点，从图中可以看出，绝大部分的表面加工缺陷分布在一条与进给速度方向平行的直线上，并且改变刀具进给方向后，同样存在一条缺陷分布线。从这个现象中可以看出，虽然处于同一个铣削加工表面，但是不同的蜂窝壁表现出明显的切削性能差异。这种差异是由此处的切削速度方向和蜂窝壁方向的夹角差异造成的，也就是图中的角θ，被称为蜂窝壁切入角。蜂窝壁切削仿真不仅要研究切削参数、刀具结构，还要研究蜂窝壁切入角，以研究不同的切入角对蜂窝壁切削过程带来的影响。所采用的具体仿真参数如表3-3所示。后角对蜂窝壁切削过程影响非常小，因此在切削仿真模型中，始终将刀具模型的后角设置为5°。仿真参数中的切削速度大小由实际加工中的刀具主轴转速和刀具直径计算得到，切削深度为单位切削深度1 mm，切削宽度等于实际加工过程中的刀具每齿进给量。

本小节的仿真研究是在DEFORM软件中进行的，蜂窝芯格材料是铝3003，密度为$\rho=2.73\times10^3\ \mathrm{kg/m^3}$，杨氏模量为$6.9\times10^{10}\ \mathrm{N/m^2}$，泊松比为

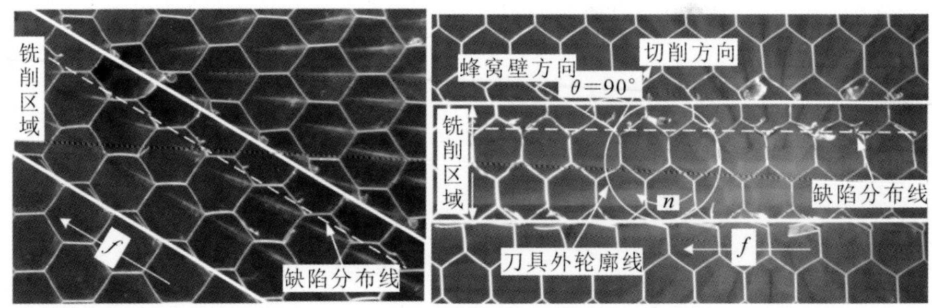

图 3-15　蜂窝芯工件加工中的缺陷分布特点

0.33，屈服强度为 $\sigma_{0.2}=85$ MPa，采用 Cockcroft & Latham 韧性断裂准则以及任意拉格朗日-欧拉方法进行仿真求解。蜂窝壁的网格划分采用先整体划分，然后对切削区局部进行细化的方式增加网格密度，局部细化的网格密度是其余区域网格密度的2.5倍，最终每蜂窝壁划分的单元总数超过 23 万个。

表 3-3　仿真切削参数

前角/(°)	60,45,30,15
后角/(°)	5
轴向前角/(°)	60,45,30
切入角/(°)	1,15,30,45,60,75,90,105,120,135,150,165,180
切削速度/(m/min)	240,320,400
切削深度/mm	1
切削宽度/mm	0.2,0.1,0.05

3.3.2　蜂窝壁切入角和切削参数对切削过程仿真的影响

图 3-16 所示是切入角对蜂窝壁切削过程的影响。从图中可以看出，蜂窝壁的切削成屑方式可以大致分为两种类型：当切入角小于 90°时，随着刀尖的切入，待去除材料发生大角度弯曲变形并撕裂，最终有部分材料形成切屑被去除，但是还有部分材料会残留在蜂窝壁上。切入角越小，该现象越明显，切屑的弯曲变形越严重，残留在蜂窝壁表面的材料也越多；当切入角大于 90°时，切削成屑过程变得顺畅，切屑的弯曲退让现象基本消失，蜂窝壁在刀尖切入点的位置产生裂纹，并随着刀具侧刃的切入形成竖直方向的长切屑，此时完全切除待去除材料。但是从图中也可以看出，此时的蜂窝壁在刀尖点处产生了较大的裂纹

缺口，既有朝上方向的裂纹形成切屑，又有朝下的多个方向的裂纹成为蜂窝壁缺陷产生的隐患。当切入角越大，刀尖切入产生的裂纹也越多。在蜂窝芯的铣削过程中，蜂窝壁的切入角随着刀具的进给运动一直在变化。当某个蜂窝壁的切入角是从 0°逐渐增大的时候，每次的切削过程都容易产生残留材料，一直到切入角大于 90°时，才有可能一次性地把残余材料完全切除，此时会产生比单次切削更大的切削力。因此，可以预见的是，在切入角为 90°左右时，由于一次性切除了过多材料，切削力增大，容易产生加工缺陷。

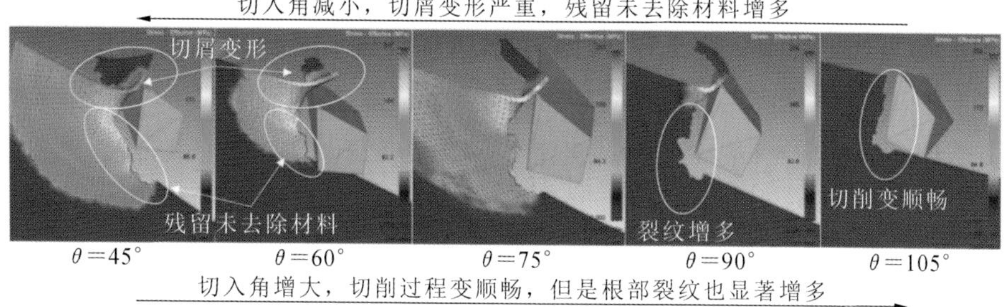

图 3-16　不同切入角的切削过程仿真

图 3-17(a)(c)所示为采用两个不同前角的刀具进行蜂窝壁切削仿真的切削力随切入角的变化曲线。$F_{/\!/}$ 和 $F_{\perp}$ 指的是水平面内平行于蜂窝壁的切削力分力和垂直于蜂窝壁的切削力分力。从图中可以看出，这两个分力的变化规律正好相反，在 $F_{/\!/}$ 达到峰值的时候，$F_{\perp}$ 取得谷值，反之也一样，在 $F_{\perp}$ 达到峰值的时候，$F_{/\!/}$ 取得谷值。切入角的大小对三个切削分力的大小具有最直接的影响作用，可以直观地看出，$F_{/\!/}$ 和 $F_{\perp}$ 随切入角的变化曲线形式非常相似，都具有正弦或者余弦的三角函数曲线的形式，而刀具前角的大小对切削力大小影响不大，但是会直接影响 $F_{/\!/}$ 和 $F_{\perp}$ 取得峰值和谷值时的切入角大小，相当于不同前角的 $F_{/\!/}$ 和 $F_{\perp}$ 只在切入角横轴上的平行移动。这其实也很好理解，因为切入角代表切削速度方向和蜂窝壁方向的夹角，而 $F_{/\!/}$ 和 $F_{\perp}$ 分别是平行于蜂窝壁的分力和垂直于蜂窝壁的分力，正好是水平方向切削合力关于这个夹角的余弦或正弦函数。而刀具前角则会影响水平方向切削合力的方向与蜂窝壁方向的夹角，与切入角一同影响 $F_{/\!/}$ 和 $F_{\perp}$ 的大小。根据刀具结构可以知道，轴向前角的大小会影响 F_z 的大小，图中所示的刀具轴向前角为 60°时，F_z 大于 $F_{/\!/}$ 和 $F_{\perp}$。

由于蜂窝壁非常薄，很容易在切削力的作用下发生变形，从而影响最终加

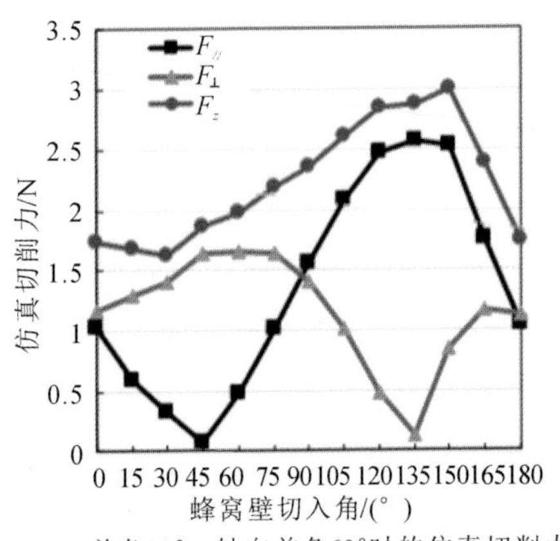

(a) 前角30°、轴向前角60°时的仿真切削力

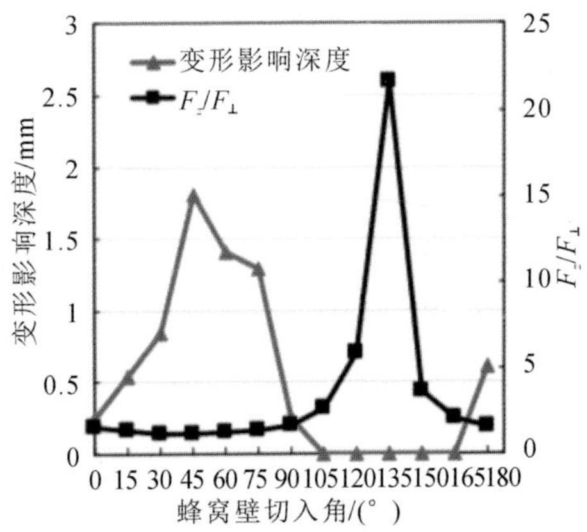

(b) 前角30°、轴向前角60°时的变形影响深度

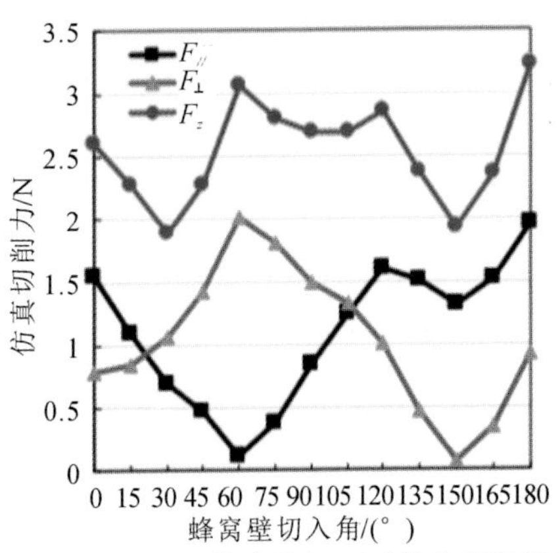

(c) 前角15°、轴向前角60°时的仿真切削力

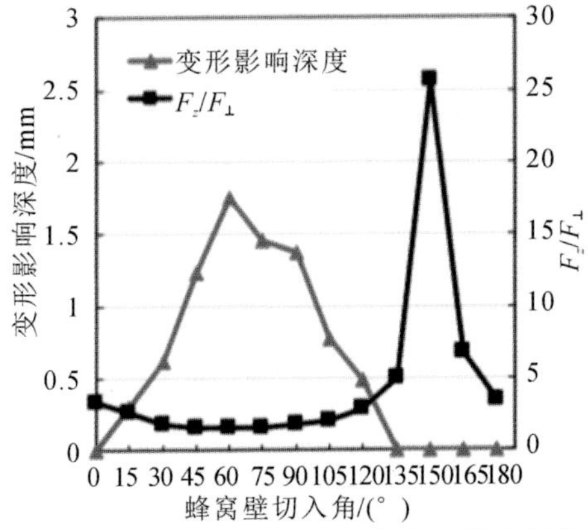

(d) 前角15°、轴向前角60°时的变形影响深度

图 3-17 仿真切削力及变形影响深度

工质量。因此,在仿真研究中,特别关注了不同切入角下的蜂窝壁变形深度。越接近切削区的蜂窝壁变形越严重,将变形影响深度定义为发生超过蜂窝壁厚度的变形的最远位置与切削区的距离,其实就是切削中发生变形时能够影响已加工表面的最大深度。图 3-17(b)(d)所示是两种刀具结构在不同切入角时的变形影响深度以及 Z 向蜂窝壁切削力和垂直于蜂窝壁切削分力的比值。变形影响深度并不直接与三个切削力分力相关,但是从图中可以看出,在 0°～180°的范围内,变形影响深度会受到切入角大小的严重影响,在某个范围的切入角内会达到最大值,并且表现出与 $F_z/F_{\perp}$ 的严格负相关性。当 $F_z/F_{\perp}$ 突然增大时,变形影响深度将为 0,此时蜂窝壁已加工表面不发生变形,当 $F_z/F_{\perp}$ 最小时,变形影响深度达到最大值,也就是蜂窝壁已加工表面在垂直壁的方向上变

形最严重。$F_{\perp}$ 是垂直于蜂窝壁的切削力分力，其大小直接影响蜂窝壁垂直方向的变形大小，可视为变形驱动力；F_z 是竖直向上的切削力分力，会在蜂窝壁上产生一个拉应力；$F_z/F_{\perp}$ 越大，说明蜂窝壁拉应力相对于其变形驱动力越大，此时蜂窝壁在切削成屑过程中可以保持竖直状态而不发生变形；$F_z/F_{\perp}$ 越小，说明蜂窝壁拉应力不足以对抗其变形驱动力，此时蜂窝壁将发生弯曲变形。可见，给蜂窝壁提供一个越大的拉应力越有助于减少蜂窝壁在切削过程中的变形缺陷。这可以指导蜂窝芯加工刀具的选择，比如选用轴向前角大的刀具，使 F_z 变大。

图 3-18 所示是轴向前角为 60°，不同前角和切入角时的仿真变形影响深度。从图中可以看出，在轴向前角一定的时候，切入角依旧是最关键的影响因素，所有刀具都存在一个使变形影响深度达到最大值的切入角，而前角的影响只是让整个变化曲线在切入角横轴上平移微调，因此在蜂窝芯加工质量的研究工作中，应当特别重视蜂窝壁切入角的研究。

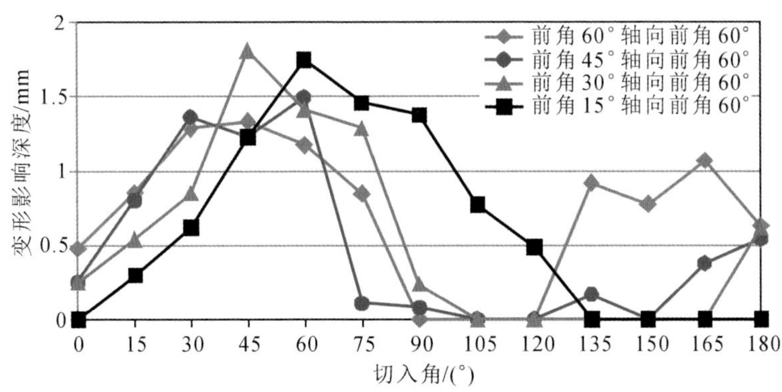

图 3-18　不同刀具参数的蜂窝壁切削变形影响深度

图 3-19(a)所示是刀尖轴向前角和蜂窝壁切入角对蜂窝壁水平方向切削力的影响规律。从图中可以看出，不管切入角等于多少，水平方向切削力总是随轴向前角的增大而减小，这是因为轴向前角增大时，切削力在竖直方向的分力将增大，水平方向的分力则必然相应地减小。切削力随切入角的变化则更为复杂。当前角为 15°，切削力一直随切入角的增大而增大。前角对切削力的影响如图 3-19(b)所示，从图中可以看出，前角对蜂窝壁切削的平均切削力的影响不是很大，前角从 15°变为 60°时的平均切削力从 1.7 N 变为 2.2 N。但是前角会影响最大切削力出现的位置，随着前角每增加 15°，最大切削力出现时切入角减

小约 30°。当前角为 15°,最大切削力出现在切入角 180°时,而当前角增加到 60°时,最大切削力出现在切入角 105°时。

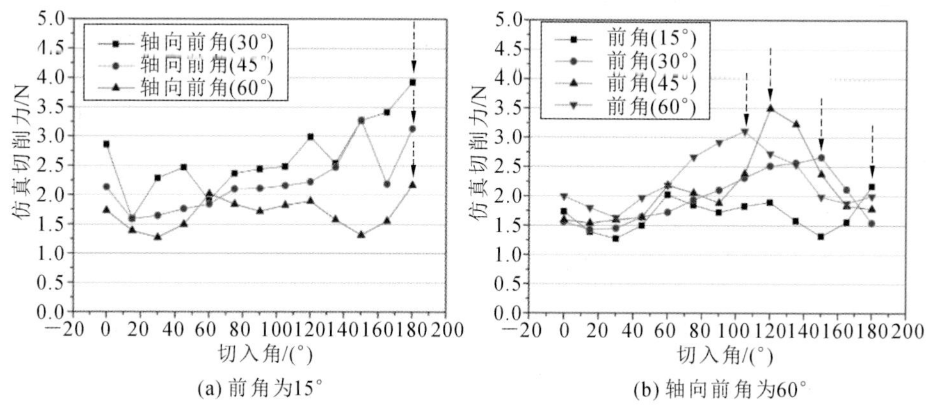

图 3-19 轴向前角和切入角对蜂窝壁仿真切削力 F 的影响

图 3-20 所示的是刀尖前角 30°、轴向前角 45°、切入角 90°时不同切削宽度的切削过程仿真。从图中可以看出,当切削宽度为 0.2 mm 时,蜂窝壁侧面在被去除的过程中产生了撕裂毛刺和材料过切。结合前面切削力的分析可以知道,当切入角为 90°时,在积累的残余未切除材料和大切削力作用下,加工底面很容易形成撕裂毛刺等缺陷。当切削宽度减小的时候,底面撕裂的尺寸也在显著减小,当切削宽度等于 0.05 mm 时,侧面和底面撕裂基本消失。所以,通过本仿真研究,发现减小蜂窝芯铣削过程中的每齿进给量将有助于减少加工过程中的缺陷产生。

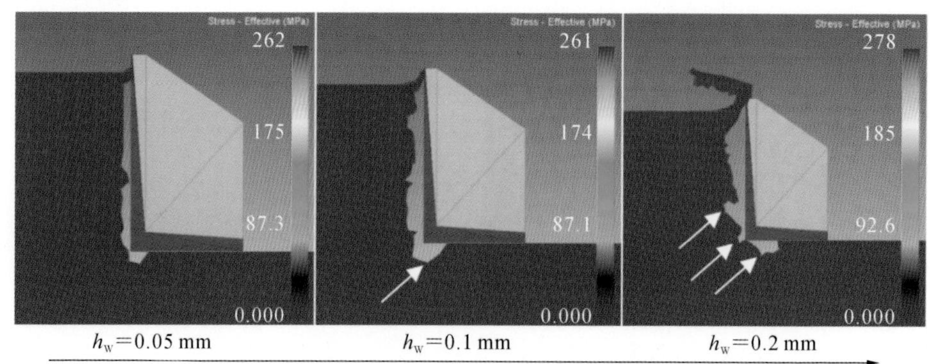

图 3-20 不同切宽的蜂窝壁切削过程仿真(刀尖前角 30°、轴向前角 45°、切入角 90°)

图 3-21(a)所示是切入角为 90°时切削宽度对蜂窝壁切削合力的影响规律。从图中可以看出，不同前角和轴向前角下，切削力都随切削宽度的增加呈线性增长趋势。当切削宽度从 0.05 mm 变为 0.2 mm 时：轴向前角为 30°，切削力增加了 180%；轴向前角为 45°，切削力增加了 230%；轴向前角为 60°，切削力增加了约 265%。从图中也可以看出不同切削宽度条件下，切削力随轴向前角的增大而减小。每当轴向前角增加 15°，切削力减小约 0.3 N。图 3-21(b)所示是切入角为 90°时切削速度对蜂窝壁切削力的影响规律，从图中可以发现，不同的切削速度对蜂窝壁仿真切削力的影响作用非常小，切削速度从 240 m/min 增加到 400 m/min 时，蜂窝壁仿真切削力几乎没有发生变化。综上可知，在刀具角度和切入角确定的情况下，对蜂窝切削力影响最大的因素是切削宽度，即每齿进给量，增大每齿进给量将显著增大蜂窝壁切削力。

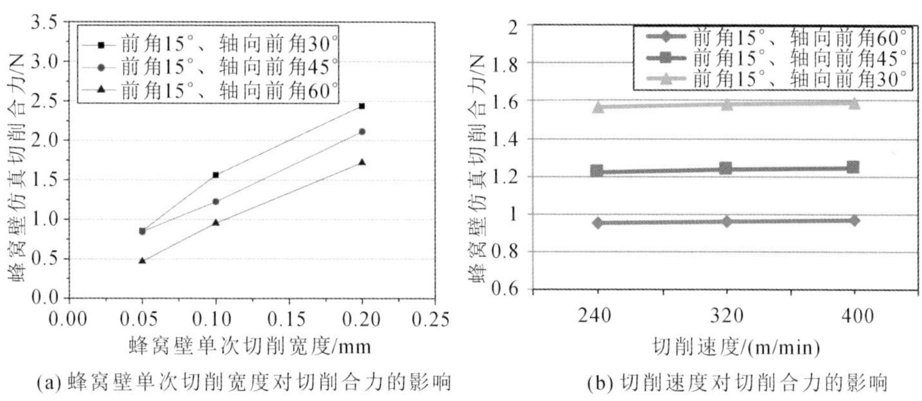

(a) 蜂窝壁单次切削宽度对切削合力的影响

(b) 切削速度对切削合力的影响

图 3-21　切削宽度和切削速度对仿真切削合力的影响

通过蜂窝壁的切削仿真研究可知，对蜂窝壁切削质量影响最大的因素是蜂窝壁与刀尖切削速度的夹角，也就是蜂窝壁的切入角。过小的切入角将使切屑产生严重的弯曲变形，并且在底面产生大量残余材料；切入角越大，蜂窝壁成屑过程越顺利，但刀尖切入点的裂纹形貌越复杂；存在一个切入角使蜂窝壁的垂直弯曲形变达到峰值，而蜂窝壁切削 Z 向力越大可以给蜂窝壁提供越大的拉应力，降低蜂窝壁在切削过程中向面外的垂直弯曲形变，刀具轴向前角越大，蜂窝壁 Z 向切削力越大；对蜂窝壁切削过程的影响排序依次为切入角＞轴向前角＞每齿进给量＞前角＞切削速度。

3.4 拓扑结构铝蜂窝芯切削力建模与试验验证

3.4.1 基于蜂窝芯格的动态切削力模型

1. 蜂窝壁单次切削的切削力分析

目前在蜂窝芯材料切削研究中不得不将 Z 向切削力作为一项重要的考虑指标，是因为目前所采用的蜂窝芯工件夹持方式容易发生工件被拉起的现象，如果不优化蜂窝芯 Z 向切削力，则很容易导致工件被拉起，造成报废。而本章所用的冰结夹持平台能提供的夹持力远超过蜂窝芯切削的 Z 向切削力，杜绝了蜂窝芯工件在加工中被拉起的隐患，而 $F_{/\!/}$ 和 $F_{\perp}$ 对蜂窝壁的缺陷形成有影响，因此本节只对 $F_{/\!/}$ 和 $F_{\perp}$ 切削路径上的多单元复合建模，建立蜂窝芯加工中 F_x 和 F_y 的动态切削力理论模型。

蜂窝芯材料作为一种周期性分布的非连续材料，其切削过程也是一个断续的过程，由每一个蜂窝壁的切削行为组合成为整个蜂窝芯材料的切削行为。由于每个蜂窝壁和切削刀具接触的位置都不一样，因此每个蜂窝壁的切削过程都不相同，如图 3-22 所示。因为蜂窝芯的蜂窝壁在空间上具有周期性，所以研究每个蜂窝壁的切削行为就变得有意义。蜂窝壁很薄，刀具和蜂窝壁接触的部分只有刀尖，本节中将刀具简化为具有前角、轴向前角和后角的刀尖形状。引入蜂窝壁切入角 θ 的概念，蜂窝壁在切削时的切入角定义为刀尖运动方向和未切削蜂窝壁方向的夹角。从图 3-22 中可以看出，每个蜂窝壁根据其所在位置不同，其切入角都不相同。随着刀具的进给运动，每个蜂窝壁的切入角从 θ_1 逐渐变成 θ_2。如图 3-22(b)所示，当沿着蜂窝芯工件的 X 方向铣削时，a、d 边的蜂窝壁在整个切削过程中的切入角从 120°变到 180°，然后从 0°变到 120°；b、e 边的蜂窝壁在整个切削过程中的切入角从 0°变到 90°，再继续变到 180°；c、f 边的蜂窝壁在整个切削过程中的切入角从 60°变到 180°，然后从 0°变到 60°。这意味着每个蜂窝芯格的每条蜂窝壁在整个切削过程中的切入角都会经历 180°的变化过程。

图 3-23 所示的是传统金属切削过程与蜂窝芯材料切削过程的区别。传统材料的切削力主要来自三个变形区：第一变形区，材料弹性和塑性变形抗力；第二变形区，在切屑排出时其与前刀面之间的挤压摩擦力；第三变形区，已加工表

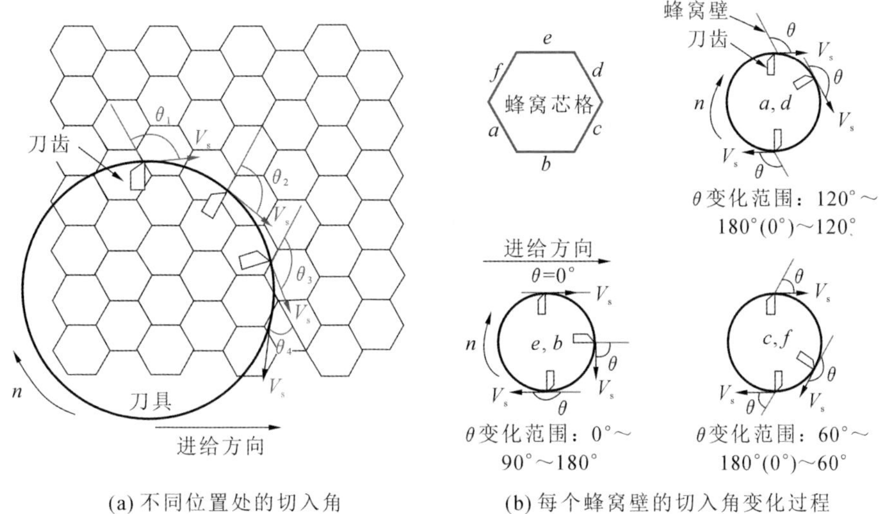

(a) 不同位置处的切入角 (b) 每个蜂窝壁的切入角变化过程

图 3-22 切削过程切入角的变化

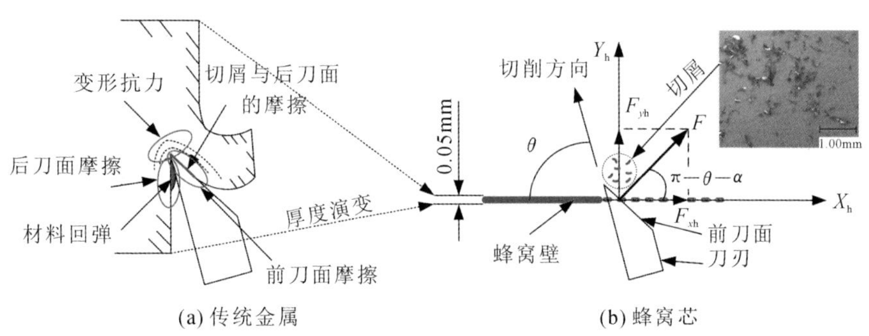

(a) 传统金属 (b) 蜂窝芯

图 3-23 蜂窝芯材料切削过程与传统金属切削过程的差异

面材料回弹与刀具后刀面的挤压摩擦力。但是，如果将材料的厚度压缩至0.05 mm，切削过程只在一瞬间就已经完成，材料不会有明显的回弹，由于刀具后角的存在，后刀面几乎不接触蜂窝壁，后刀面不会产生摩擦作用。同样，蜂窝芯的切屑也不像传统金属的切屑那样沿着刀具前刀面摩擦，蜂窝芯切削产生粉尘状切屑，随即发生脱离，这意味着前刀面的摩擦也可以忽略不计。同时，蜂窝芯加工刀具一般都非常锋利，并且刀尖从切入到切出蜂窝壁的时间非常短，因此切削力主要来源于切屑和前刀面的相互作用。该假设与蜂窝壁切削仿真条件和蜂窝壁切削试验条件一致。本节在建立蜂窝芯复合动态切削力的过程中提出了以下假设：

(1) 所有蜂窝芯格的蜂窝壁依次参与切削过程，没有发生严重的蜂窝壁坍塌；

(2) 在切削过程中，蜂窝芯格的形状保持为正六边形，没有发生严重的变形；

(3) 在单个蜂窝壁的单次切削过程中，前刀面和后刀面上的摩擦力可忽略不计。

基于上述假设，可以认为 X_h-Y_h 平面内的切削力垂直于前刀面，如图 3-23 所示。显然，F_{yh}和 F_{xh}可以写成

$$\begin{cases} F_{xh} = F\cos(\pi - \theta - \alpha) \\ F_{yh} = F\sin(\pi - \theta - \alpha) \end{cases} \tag{3-6}$$

式中：F 为蜂窝壁切削 X_h-Y_h 平面内的合力，可通过有限元仿真获得，或者通过实验获得，F 不是一个定值，它跟蜂窝芯格尺寸、刀具刀尖角度参数和加工参数相关；α 为刀具前角。

2. 多单元蜂窝芯复合切削力建模

建立如图 3-24 所示的工件坐标系 X_w-Y_w，假设刀具运动路径函数为 $f(x)$，刀具中心点坐标可以表示为 $(x(t), f(x))$，刀尖点 c 坐标可以表示为 $(x(t)+R\sin(\omega t), f(x)+R\cos(\omega t))$，其中 R 为刀具半径，ω 为主轴旋转角速度，$\omega=2\pi n/60$，n 为主轴转速。蜂窝壁为直线段，可以通过函数 $y=a^i \cdot x+b^i$ 表示，i 代表在切削路径上的第 i 条蜂窝壁。对于正六边形蜂窝芯材料，a 只有 0、1.732、-1.732 三个值，b 的取值取决于蜂窝壁的位置。假设第 i 条蜂窝壁起始点的 X 坐标为 x_0^i，则蜂窝壁终止点坐标为 $x_0^i+\dfrac{l}{\sqrt{1+a^2}}$，$l$ 为蜂窝壁边长。

切削过程中的刀尖和蜂窝壁接触时，需满足如下控制方程：

$$\begin{cases} R\cos(\omega t) - a^i R\sin(\omega t) = a^i \cdot x(t) + b^i - f(x) \\ x_0^i \leqslant x(t) + R\sin(\omega t) \leqslant x_0^i + \dfrac{l}{\sqrt{1+a^2}} \end{cases} \tag{3-7}$$

引入控制函数

$$H_1(x) = \begin{cases} 1, ax+b > f(x) \\ -1, ax+b < f(x) \end{cases} \tag{3-8}$$

在这种情况下，$R\cos(\omega t)$可以写成

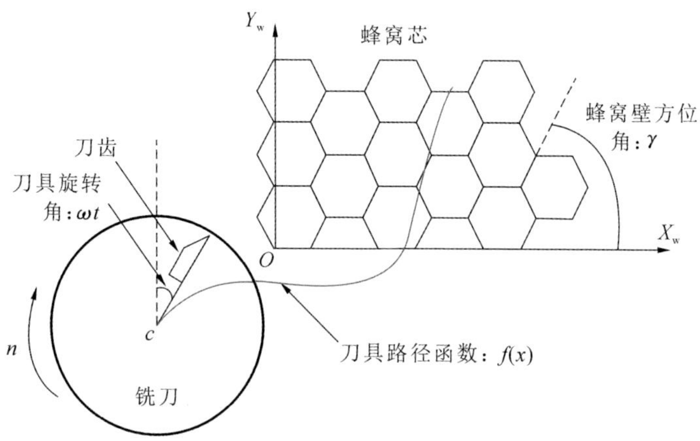

图 3-24　蜂窝芯工件的铣削过程

$$R\cos(\omega t) = H_1(x)\sqrt{R^2-(x_0^i-x)^2} \tag{3-9}$$

将式(3-9)代入式(3-7)中，可以求出第 i 条蜂窝壁处于切削状态的时间 t 必须要满足如下方程：

$$f(x(t))+H_1(x)\sqrt{R^2-(x_0^i-x(t))^2}-a^i x(t)-b^i=0 \tag{3-10}$$

根据加工中的刀具进给路径函数 $f(x)$，将其代入上式中求解。

同时，任一时刻 t 的蜂窝壁切入角可通过下式计算：

$$\theta^i(t)=\arctan a^i-\arctan\left(\frac{a^i x_0^i+b^i-f(x(t))}{x_0^i-x(t)}\right)+\frac{\pi}{2} \tag{3-11}$$

蜂窝壁方位角定义为每个蜂窝壁方向与 X_w 轴正向的夹角，则每个蜂窝壁的切削力分解到工件坐标系的分力为

$$\begin{cases} F_{Y_w}^i=-F_{yh}^i\cos\gamma^i-F_{xh}^i\sin\gamma^i \\ F_{X_w}^i=F_{yh}^i\sin\gamma^i-F_{xh}^i\cos\gamma^i \end{cases} \tag{3-12}$$

引入控制函数 $H_2(x)$ 以区分处于切削状态的双层壁、处于切削状态的单层壁以及不处于切削状态的蜂窝壁，其公式如下：

$$H_2(x)=\begin{cases} 2, t\in[t_1^i,t_2^i], & a=0 \\ 1, t\in[t_1^i,t_2^i], & a\neq 0 \\ 0, t\in[t_1^i,t_2^i] \end{cases} \tag{3-13}$$

上述各式考虑的仅是一个刀齿的情况，但是蜂窝铣刀一般含有多个刀齿 z，因此，叠加多个刀齿后的蜂窝芯整体铣削力为

$$\begin{cases} F_{Y_w} = \sum_i H_2(x) \cdot z \cdot F_{Y_w}^i \\ F_{X_w} = \sum_i H_2(x) \cdot z \cdot F_{X_w}^i \end{cases} \tag{3-14}$$

3.4.2 铝蜂窝芯切削力模型的试验验证

1. 蜂窝壁切削试验

式(3-6)中的 F 可以通过蜂窝芯基体铝材料的剪切能计算得到，也可以通过蜂窝壁切削仿真得到，最直接可靠的方法是通过蜂窝壁的切削试验测量得到。为了验证切削力模型的正确性，首先通过蜂窝壁切削试验获得 90°切入角时不同切削深度的蜂窝壁切削力 F 的大小。因为一层蜂窝壁厚度仅为 0.06 mm，无法单独完成夹持和切削过程，所以本次试验样件采用将四层蜂窝壁压平成一个薄平面进行切削试验，如图 3-25 所示。工件通过冰结夹持平台进行夹持，在平台下部放置有 Kistler 9272 三向测力仪，进行切削力的测量，刀具采用前角为 15°、螺旋角为 30°的整体蜂窝铣刀。试验采用的刀具转速为8500 r/min，进给速度为 300 mm/min，采用的切深为 1 mm、2 mm、3 mm 和 4 mm。

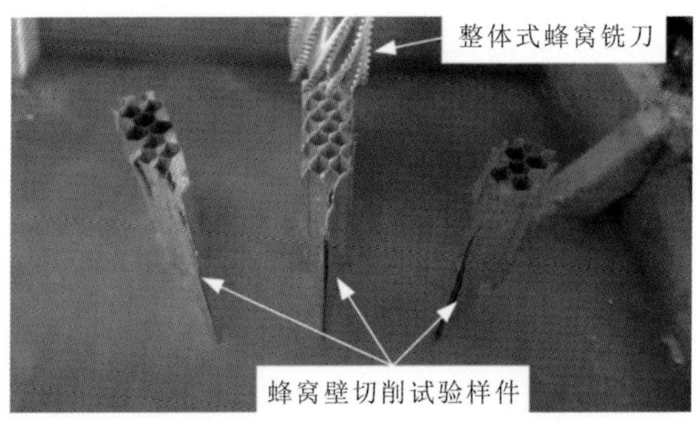

图 3-25　蜂窝壁切削试验现场

切入角为 90°时，垂直于蜂窝壁的切削力 $F_{\perp}$ 远大于平行于蜂窝壁的切削力 $F_{/\!/}$，不同切削深度切削时测量得到的 $F_{\perp}$ 如图 3-26 所示。从图中的切削力采样数据可以看出，四层蜂窝壁的切削试验进行得非常顺利，切削力的大小与切深的大小具有正相关性，切深越大时，蜂窝壁的切削力也越大，由于试验中的切入角为 90°，整个切削过程中的切削力的大小非常稳定，基本相等。结合$F_{/\!/}$可以得到切入角为 90°时水平面内切削合力 F 的大小：切深为 1 mm 时，$F=$

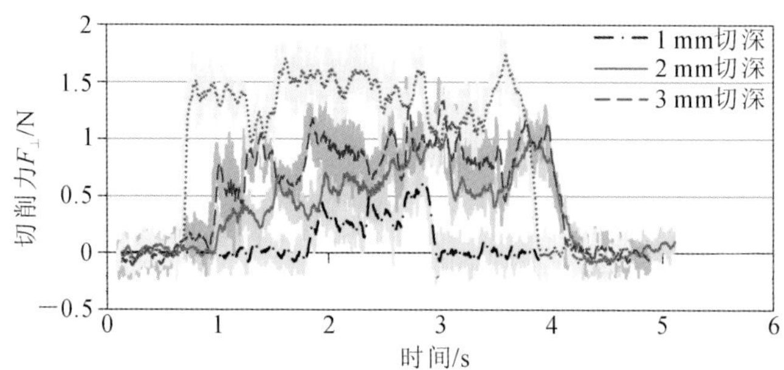

图 3-26　不同切深的蜂窝壁切削试验中 $F_\perp$ 的变化曲线

0.61 N；切深为 2 mm 时，F=1.04 N；切深为 3 mm 时，F=1.45 N；切深为 4 mm时，F=1.81 N。所得到的切削力 F 的大小是四层蜂窝壁的每齿切削量的切削力大小，因此，单层蜂窝壁的切削力大小：切深为 1 mm 时，F=0.15 N；切深为4 mm时，F = 0.45 N。同时，当刀具转速为 8500 r/min，进给速度为 300 mm/min，切深为 1 mm 时，通过蜂窝壁仿真得到蜂窝壁切削水平面内的切削合力 F 为 0.12 N。

通过改变蜂窝壁的方向，使蜂窝壁的切入角为 135°，继续进行蜂窝壁切削试验，得到此时的 $F_\perp$ 和$F_{/\!/}$，如图 3-27 所示。图 3-27(a)所示是切入角为 135°的蜂窝壁切削试验示意图。从图中可以看出，蜂窝壁夹持的方向使刀具切入瞬间的切入角为 135°，但是随着刀具的进给运动，切入角会逐渐减小，此时对应的切削力如图 3-27(b)(c)所示，切入角从 135°减小到 75°，$F_\perp$ 从初始值逐渐增大到最大值，$F_{/\!/}$ 从初始的负值逐渐减小，当切入角继续减小时，$F_\perp$ 从最大值逐渐开始减小，$F_{/\!/}$ 开始反向增大。因为接触点是在圆上运动的与一条斜直线的交点，切入角的变化速度不是恒定的，所以切削力的采样数据并不是以正弦或余弦规律变化的。但是 $F_\perp$ 和$F_{/\!/}$ 的采样数据所表现出来的切削力大小的变化趋势与之前所做的假设吻合，也证明了蜂窝芯动态复合切削力模型具有正确的试验基础。

为了验证不同切入角下式(3-6)的正确性，在获得了仿真切削合力 F 之后，可计算得到分力 F_{yh} 的大小，并与仿真中得到的 F_{yh} 进行对比，如图 3-28 所示。图中展示的是在切削速度为 240 m/min、蜂窝壁单次切削宽度为 0.2 mm 以及切削深度为 1 mm 时不同切入角的模型计算 F_{yh} 和仿真 F_{yh} 之间的对比关系。为了简化计算，在式(3-6)中使用的是平均切削力大小 F。从图中可以看出，无

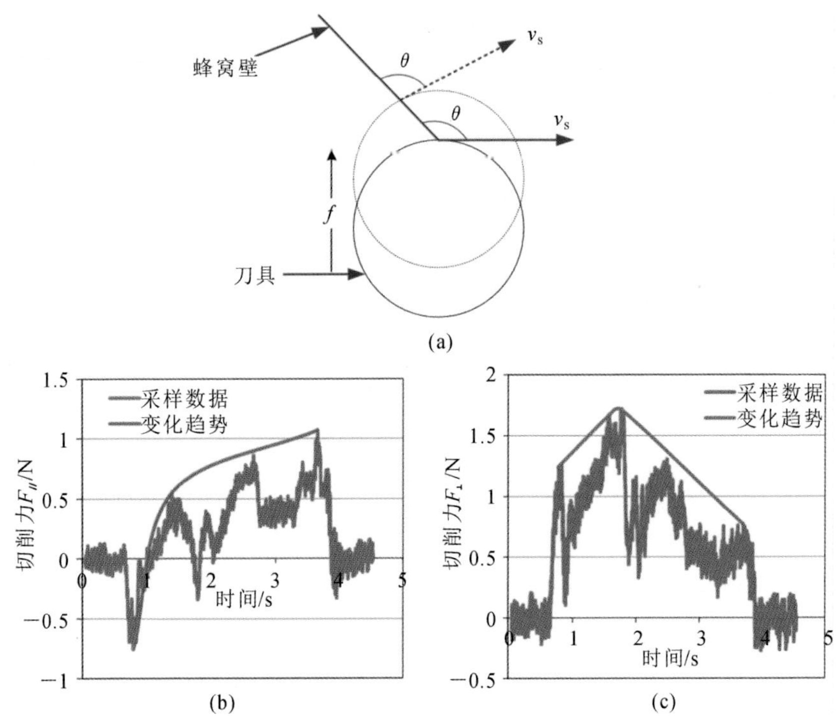

图 3-27　切入角为 135°时的蜂窝壁切削力变化曲线

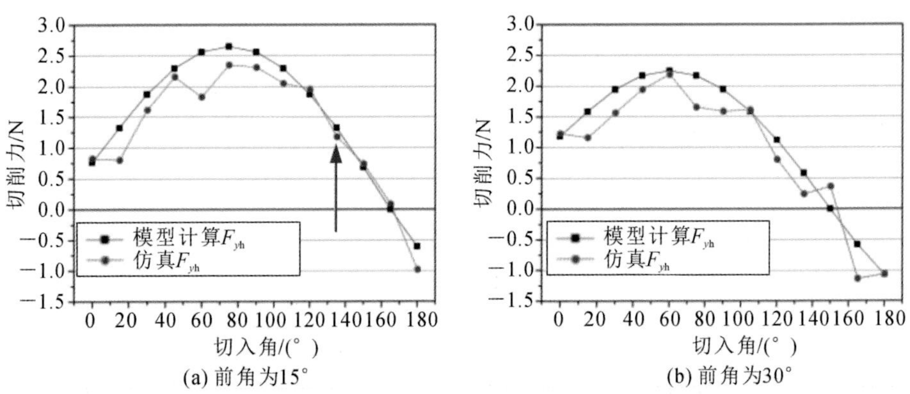

图 3-28　模型计算 F_{yh}和仿真 F_{yh}的对比

论切入角为多少，通过公式计算得到的 F_{yh}和仿真得到的 F_{yh}之间一直有非常好的相关性，这也证实了之前关于蜂窝壁切削力大小和方向的假设。图中箭头所指的地方对应切入角为 135°的时候，切入角从 135°开始逐渐减小时的切削力变化与图 3-27(b)中试验采集的 $F_{\perp}$ 的变化趋势一致，都要经历先增大到最大值然后再减小的过程。

2. 蜂窝芯切削力模型验证试验

为了验证 3.4.1 小节的多单元蜂窝芯复合切削力模型，本小节通过采用不同的切削参数进行了大量的蜂窝芯材料铣削试验，试验在冰结夹持平台上进行。所用刀具是前角为 15°，螺旋角为 30°的整体蜂窝铣刀。蜂窝芯的边长为 3 mm，壁厚为 0.06 mm。切削力通过三向测力仪 Kistler9272 测量得到，试验在 Hurco VMX42 加工中心上进行。具体铣削试验参数如表 3-4 所示。

表 3-4 蜂窝芯材料铣削试验参数

工件材料	正六边形铝蜂窝芯
铣削方式	面铣
夹持方式	冰结夹持
转速/(r/min)	6000,8000,10000
进给速度/(mm/min)	100,200,300,400,500
切削深度/mm	1
铣削宽度/mm	12.7
铣削方向	Y_w

由于蜂窝芯加工切削力非常小，在切削力测量中扰动信号太多，因此需要对采集到的切削力信号进行处理。蜂窝芯加工中所用的刀具有十个刀刃，切削区内包含众多的蜂窝壁，每个刀刃和每个蜂窝壁的每次切削作用产生的力复合形成最终的切削力。虽然整体结构具有一定的周期性，但是局部结构的各蜂窝壁之间存在角度和位置的错位，由其复合形成的最终切削力的试验测量数据在频域上存在较多的有效分量，而且具有时频特性，当然也包含噪声信号。这种数据难以直接通过简单的低通、高通或带通的滤波方式进行信号处理，而小波分析去噪方式正好适用。小波分析对高频信号和低频信号均可以达到足够的分辨率，适应性要强于傅里叶变换。通过小波分析对切削力信号进行多级重构，可以通过小波变换将信号中的噪声信号逐步去除，获得真实的切削力信号。因此，在后续的研究工作中，对试验测得的切削力均采用小波分析方法，进行信号的处理与提取。

当铣削方向为蜂窝芯的 Y_w 方向时，刀具切削路径函数表示为

$$\begin{cases} x = 5.66 \\ f(x) = ft - 6.35 \end{cases} \tag{3-15}$$

在转速为6000 r/min和进给速度为300 mm/min时，根据前面蜂窝壁切削试验以及仿真分析结果可知，每齿进给量为切削宽度的单次切削力为 $F=0.10$ N，将 F 的值和式(3-15)代入式(3-10)至式(3-14)中，得到随时间变化的蜂窝芯动态切削力 F_{xw} 和 F_{yw}，如图 3-29 所示。图中同样也展示了通过测力仪测量得到的蜂窝芯实时切削力变化。

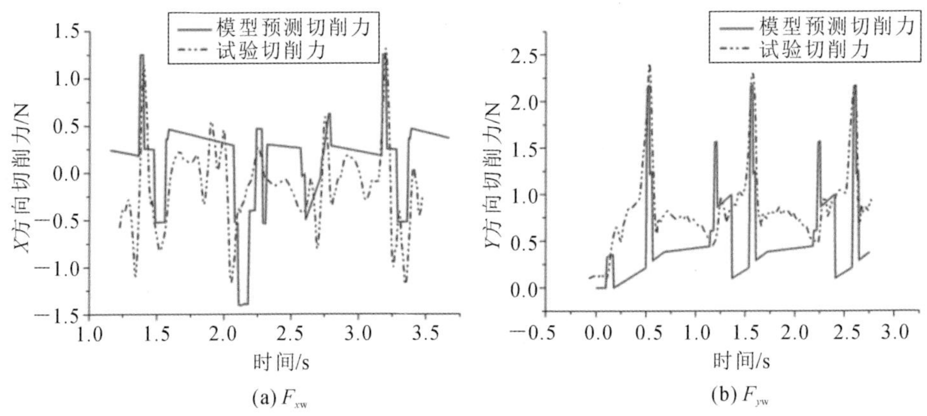

图 3-29 模型预测切削力与试验采集的切削力对比

3.4.1 小节的切削力模型把切削区域内参与切削的蜂窝壁及刀刃做了简化，认为切削区域内所有的蜂窝壁都同时发生切削行为，但实际情况是只有跟刀具切削刃接触的蜂窝壁才处于被切削状态。由于蜂窝芯加工中所使用的转速很高，切削区域内处于切削状态的蜂窝壁在快速轮换中，因此蜂窝壁可以近似地简化为同时在参与切削过程。这样简化的结果是，在某些时刻拟合的切削力会比实际的切削力大，但是对于加工中的切削力峰值大小及出现峰值的位置的拟合均与实际情况吻合。可以看出，计算 F_{xw} 和 F_{yw} 准确预测了所有峰值和谷值的存在及位置。X 方向的两个峰值试验力为 1.15 N、1.31 N，峰值预测力为 1.25 N、1.25 N，峰值的平均预测误差为 6.5%，Y 方向的三个峰值试验力为 2.41 N、2.30 N、2.16 N，峰值预测力为 2.17 N、2.17 N、2.17 N，峰值的平均预测误差为 5%。

如图 3-30 所示，可以看到通过模型预测以及试验获得的进给方向切削力存在非常规律的双峰值现象，而每个峰值正好对应着刀具在进给方向上切削双层壁的时刻。蜂窝壁长 3 mm，进给速度为 300 mm/min 时，刀具中心切入两次双层壁的时间间隔为 1.039 s，这也正好对应模型预测切削力两个大峰值的周期。而小峰值之间的台阶是由于铣削路径并不完全在蜂窝的对称中心线上，X 方向的切削力存在互相抵消的情况，在周期内部的变化规律并不明显，这验证了上述切削力模型的准确性。

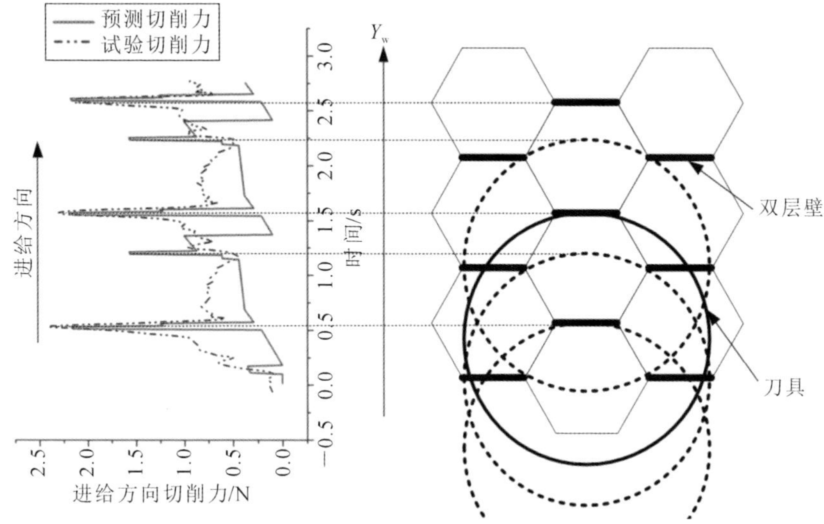

图 3-30　模型预测进给切削力与蜂窝芯铣削过程的关联

图 3-31 为不同切削条件下的模型预测的切削力峰值和试验测得的实际切削力峰值之间的对比。图 3-31(a)和(b)所示为进给速度为 $v_f=$ 300 mm/min 时蜂窝芯切削力 F_{xw} 和 F_{yw} 随主轴转速变化的变化。图 3-31(c)和(d)表示的是当主轴转速为 8000 r/min 时 F_{xw} 和 F_{yw} 随进给速度变化的变化，而图 3-31(e)和(f)表示的是 F_{xw} 和 F_{yw} 随进给速度变化的变化。显然，主轴转速对切削力的影响比进给速度小，不管是模型预测切削力还是试验测量切削力，都与进给速度呈现近似线性增长的趋势。当 $v_f=300$ mm/min 时，预测 F_{xw} 大于试验切削力，但预测 F_{yw} 小于试验切削力；当 $n=8000$ r/min 时，除了进给速度为 400 mm/min 时，其他时候预测 F_{xw} 均大于试验切削力，但是预测 F_{yw} 几乎与试验结果相等；当 $n=10000$ r/min 时，在低进给速度时，预测 F_{xw} 大于试验结果，在高进给速度时，则小于试验结果，而预测 F_{yw} 与试验结果吻合程度非常高，除了当进给速度达到 500 mm/min 时，预测结果和试验结果之间的差异突然增长了 4 倍；

当200 mm/min$\leqslant v_f <$400 mm/min 时，F_{xw} 预测结果与试验结果的百分比误差低于 5%，但当 $v_f \leqslant$100 mm/min 或 $v_f \geqslant$500 mm/min 时，F_{xw} 预测结果与试验结果的百分比误差则提高到 10%甚至更高。

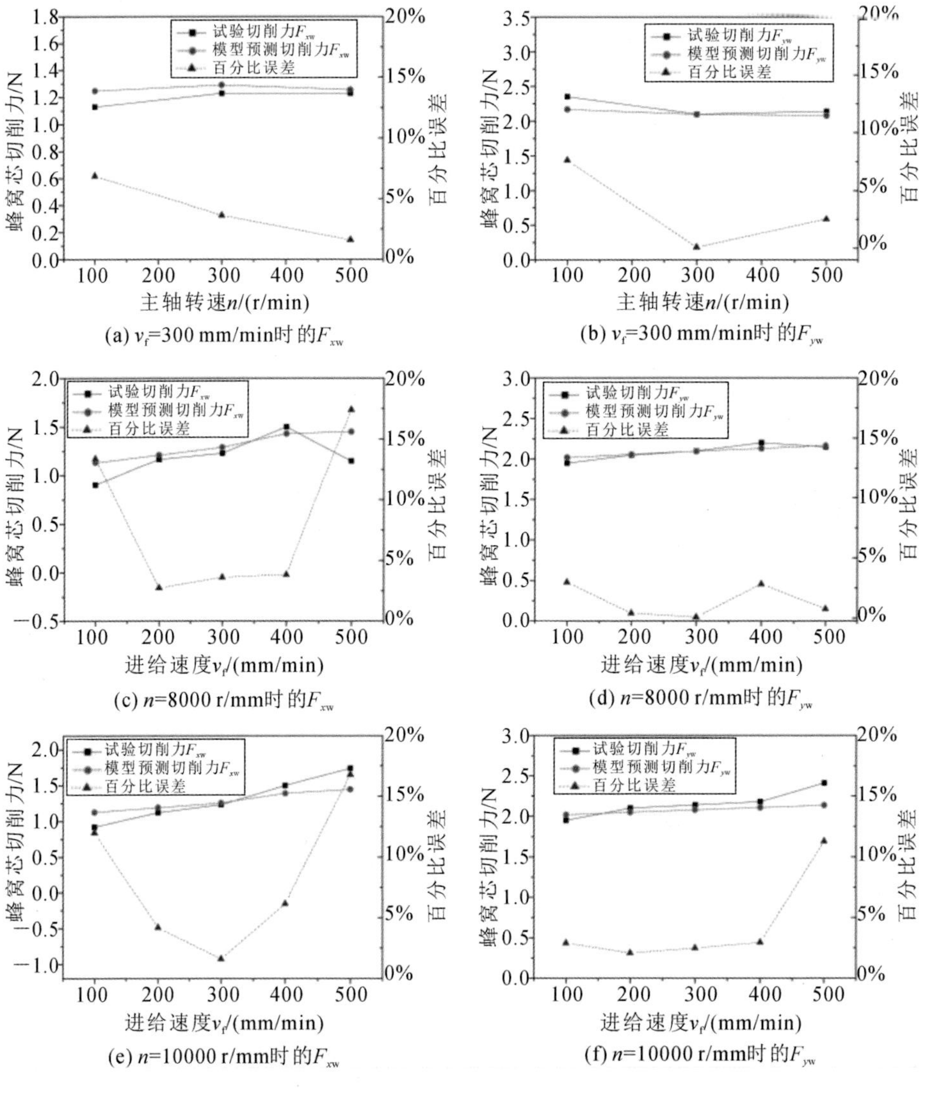

(a) v_f=300 mm/min时的F_{xw}

(b) v_f=300 mm/min时的F_{yw}

(c) n=8000 r/mm时的F_{xw}

(d) n=8000 r/mm时的F_{yw}

(e) n=10000 r/mm时的F_{xw}

(f) n=10000 r/mm时的F_{yw}

图 3-31　不同切削参数下的模型预测切削力和试验采集切削力的对比

为了进一步量化模型预测切削力与试验结果之间的误差，使用均方根误差 e 和平均百分比误差 p 来表示预测误差，如式(3-16)所示。

$$\begin{cases} e = \sqrt{\dfrac{1}{J}\sum_{j=1}^{J}(F_j^{\mathrm{pre}} - F_j^{\mathrm{test}})^2} \\ p = \dfrac{e}{F_{\max}^{\mathrm{test}}} \end{cases} \tag{3-16}$$

式中：j 代表测量值的个数；F_j^{pre} 代表第 j 个测量值对应的模型预测切削力，F_j^{test} 代表第 j 个测量切削力；$F_{\max}^{\mathrm{test}}$ 代表这 j 个测量值中的最大切削力。

表 3-5　均方根误差和平均百分比误差

参数编号	$a(F_{xw})$	$b(F_{yw})$	$c(F_{xw})$	$d(F_{yw})$	$e(F_{xw})$	$f(F_{yw})$
e/N	0.070	0.080	0.177	0.045	0.171	0.134
p/(%)	4.04	3.42	8.21	1.41	8.15	4.34

图 3-31 中所有参数下的 e 和 p 都在表 3-5 中列出。可以看出，最大的均方根误差在图 3-31(c)的参数下得到，最大仅为 0.177 N。在所有切削参数下，F_{yw} 的平均百分比误差都低于 5%，这证明了预测结果的准确性。预测误差最小的平均百分比误差为 1.41%，发生在主轴转速 n=8000 r/min 时。但是，F_{xw} 的预测平均百分比误差远大于 F_{yw}，这意味着 F_{xw} 的预测精度不如 F_{yw} 那么理想，这种现象也可以在图 3-31 中看到，在大多数切削参数下，预测 F_{xw} 总是大于试验结果。这是因为蜂窝芯是一种能量吸收材料，在 Y 方向的铣削过程中，刀具路径两侧的蜂窝材料容易受到挤压并吸收切削能。因此，X 方向的切削力减小，这与上述现象一致。当进给速度为 300 mm/min 时，不同切削速度的 F_{xw} 的平均百分比误差为 4.04%。预测 F_{xw} 和试验结果之间的差异较大的情况仅在进给速度大于 400 mm/min 或小于 200 mm/min 时发生，因为进给速度过低或过高都容易引起表面缺陷，使模型计算精度下降。上述分析表明，预测切削力 F_{xw} 和 F_{yw} 的变化趋势和峰值都与试验结果吻合良好，特别是当进给速度在 200 mm/min到 400 mm/min 之间的时候。

3.5　蜂窝芯铣削过程的温度分布建模

3.5.1　蜂窝芯铣削过程的热源分析

在蜂窝芯的铣削加工中，带有底面圆刀片和粉碎刃的蜂窝组合铣刀是应用非常广泛的一类刀具。该类刀具适用于蜂窝芯的粗加工、精加工、大切深铣削、大型面铣削、铣槽和铣边等。目前所用的蜂窝组合铣刀的直径范围可以从几毫米变化到 100 mm。通常情况下，蜂窝夹层工件的尺寸较大，进行机加工的蜂窝芯的型面尺寸也较大，由于蜂窝芯的相对密度非常小，因此一般会选用大直径的铣刀进行高效率的蜂窝芯铣削。铣削过程如下：首先通过圆刀片将待去除的蜂窝芯材料与蜂窝工件割断，然后通过刀具上分布的众多粉碎刃将待去除蜂窝芯的蜂窝壁粉碎成细小的切屑，从而达到去除材料的目的。在该过程中，由于刀具直径较大，铣削速度和进给速度也选用较大值，底面圆刀片一直处于和蜂窝芯材料高速切削摩擦的过程中，刀具粉碎刃对蜂窝材料进行粉碎而持续产生大量的切削热，容易使切削区附近的蜂窝芯表面温度升高。

蜂窝芯的双层蜂窝壁之间是通过芯条胶粘接在一起的。目前，国际先进国家采用的航空结构胶黏剂分为三大类：第一类是可在 −55 ℃～82 ℃范围内长期使用的胶黏剂；第二类是可以在 −55 ℃～149 ℃范围内长期使用的胶黏剂；第三类是可以在 −55 ℃～149 ℃范围内长期使用，在 149 ℃～260 ℃短期使用的胶黏剂。蜂窝芯夹层板构件只要不位于高温区，其使用的胶黏剂大多数是第一类胶黏剂，少数会使用第二类胶黏剂。由此可知，温度对蜂窝芯胶黏节点的强度的影响不容忽视。一般要求金属铝与铝之间的黏结胶的室温剪切强度达到 30 MPa，在最高温度下的剪切强度高于 10 MPa。蜂窝芯所用的芯条胶或其他改性环氧树脂组分胶黏剂的性能都会随着温度的升高而下降。以某 J 型芯条胶为例，在室温条件下，其剪切强度超过 24.5 MPa，但是当温度达到 150 ℃时，其抗剪切性能下降超过 30%，仅为 7.8 MPa。由此可以看出，如果蜂窝芯构件使用第二类胶黏剂的话，在其铣削过程中温度不宜超过 150 ℃，在使用第一类胶黏剂的情况下，铣削温度不宜超过 82 ℃。如果铣削温度过高，则蜂窝壁之间的胶接质量将受到影响，在铣削力的作用下，蜂窝壁的脱胶和变形缺陷将更加容易发生，从而影响蜂窝芯的整体铣削质量。由此可知，研究蜂窝组合铣刀的铣削温度对控制刀具磨损和蜂窝芯铣削质量有着重要的意义。

1. 组合铣刀的热源形状分析

热源正是导致切削区域温度升高的原因。在切削加工领域，切削热量主要来源于以下两类：

(1) 切除材料所必需的剪切能；

(2) 切屑与前刀面摩擦、加工表面与后刀面摩擦的摩擦能。

根据以往学者的研究工作可以知道,在切削加工中输入的能量除了有1%~3%转化为加工面的表面能和残余应变能之外,其余的能量均可认为转化成了热能。在解决切削传热工程问题时,往往简单地认为上述能量全部转化成了热能,部分被切屑带走,部分通过辐射传热的方式传入环境中,剩余部分传入工件和刀具中使工件和刀具的温度升高。在蜂窝芯的铣削过程中,由于蜂窝壁只有0.03~0.08 mm厚,蜂窝壁的横截面积为0.09~0.4 mm^2,在切削过程中加工面的表面能要小于传统金属材料加工中形成的表面能。因此,在考虑蜂窝芯铣削传热问题时,可以认为全部能量均转化成了热能。

在分析蜂窝铣削传热问题时,选用带圆刀片的蜂窝组合铣刀进行实验研究和理论建模分析,是基于组合铣刀的如下特点:

(1) 刀具直径大,铣削深度常选较大值,铣削时覆盖的蜂窝芯格数较多,切削力和切削温度相对更高;

(2) 铣刀粉碎刃在将蜂窝壁粉碎为细小切屑时发生大量材料剪切、撕裂等,会产生更多热量;

(3) 铣刀圆刀片厚度非常小,且处于切削核心区域,并且一直处于和加工表面的摩擦状态中,容易因温度过高而加速刀片磨损以及引起加工表面的芯格变形。

铣削过程中刀具的运动由两部分组成:一是刀具绕主轴旋转的主运动;二是刀具以速度 f 沿进给方向做进给运动。铣刀粉碎刃在刀具每转进给一次的时间内去除的材料形状如图3-32所示。在解决通用铣刀铣削温度的问题时,许多研究者将侧刃铣削的切削区域形状简化为一条斜直线热源进行研究。但是针对本小节中使用的蜂窝粉碎铣刀,其一共有12个切削刃,显然此时不能将侧刃的切削区域形状简化为一条斜直线。如图3-32所示,红色均为发生切削的位置,这也正是切削过程中真正产生切削热的位置。同时,由于刀具正处于高速旋转中,因此,可以认为图3-32中的半圆形切屑即为侧刃形成的热源,热源强度记为q_0。由于刀具转速高,每转进给较小,只有几十到几百微米,并且蜂窝芯材料的相对密度极低,因此半圆形切屑各处的厚度不一致所带来的影响可以忽略不计。因此,侧刃在切削中形成的热源可以简化为一个热源强度为q_0的半圆形状的面热源。

组合铣刀圆刀片在蜂窝芯铣削过程中首先将蜂窝芯壁割断,圆刀片的直径

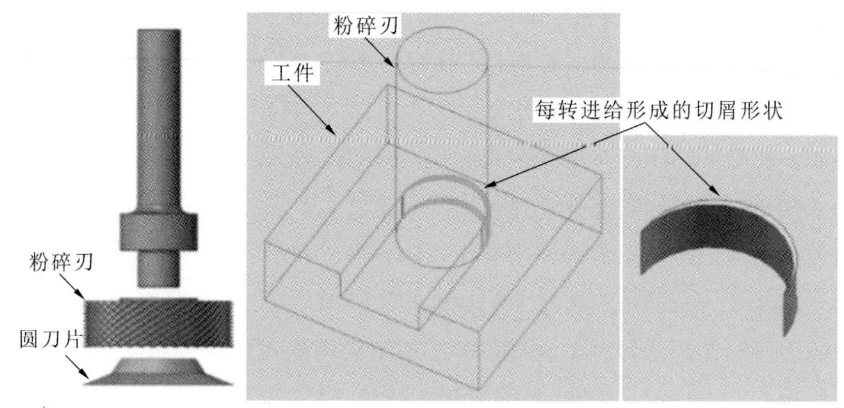

图 3-32　粉碎刃形成的切屑形状

比粉碎体直径大 3.18 mm,是最先与被去除蜂窝材料接触的部位。圆刀片具有非常锋利的楔角,在圆刀片铣削蜂窝材料的过程中,第一变形区产生的剪切变形并不大,但是圆刀片前刀面和后刀面一直受到材料竖直方向的挤压和水平方向的摩擦,在刀具转速较高的情况下,持续的挤压和摩擦将产生可观的切削热。圆刀片的切削形式是连续切削,刀具和工件的切削接触区域呈半圆环形,每转切削的形状为月牙形,最宽处则是刀具每转进给量,如图 3-33 所示。这也正是圆刀片在铣削过程中产生切削热的热源形状。由于此半圆环形状的宽度很小,并且刀具的每转进给在几十到几百微米之间,类比钻削中底刃切削温度问题的研究工作[85],将圆刀片切削形成的半圆环热源简化为一个热源强度为q_1的线热源,如图 3-33 所示。

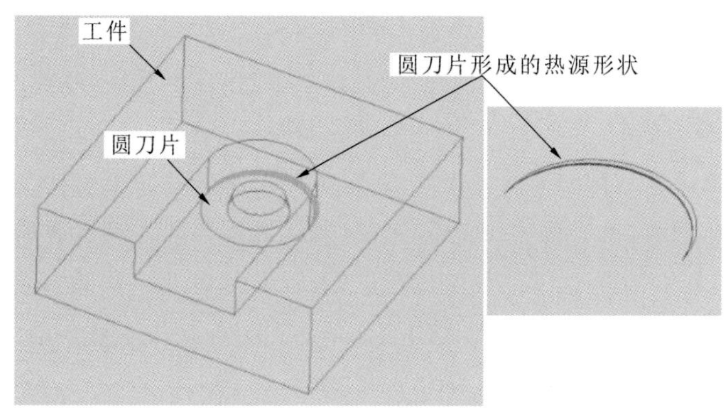

图 3-33　圆刀片形成线热源

2. 组合铣刀的热源强度分析

根据蜂窝芯铣削试验，建立一个图 3-34 所示的蜂窝铣削温度分析坐标系，以刀具中心切入工件位置处正下方工件端面上的点为坐标原点，以铣削路径中心线的方向为 Y_0 方向，垂直于进给方向为 X_0 方向，竖直向上的方向为 Z_0 方向，在此坐标系下进行后续分析。

结合前面对蜂窝铣刀切削力建模的结论，可以认为在粉碎刃部分产生的切削热全部来源于去除材料的切削能。但是与其他铣刀侧刃相比，粉碎刃的刃数多，并且每条刃上分布众多粉碎齿，不同刃上的粉碎齿分布具有一定的错位，记为齿升 a_t。因此，粉碎刃在将蜂窝壁长条状的切屑粉碎成细小切屑时，将产生更多的剪切面，如图 3-35 所示。粉碎齿额外产生的切削能部分为

$$\frac{a_p}{a_t} \cdot \frac{a_w}{\sin\varphi} \tag{3-17}$$

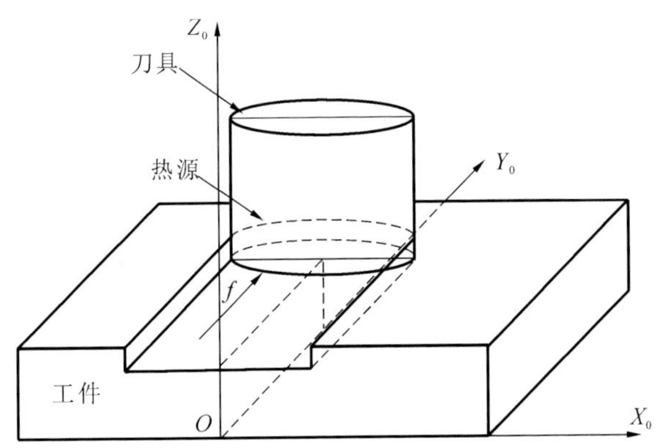

图 3-34　建立温度分析的工件 $OX_0Y_0Z_0$ 坐标系

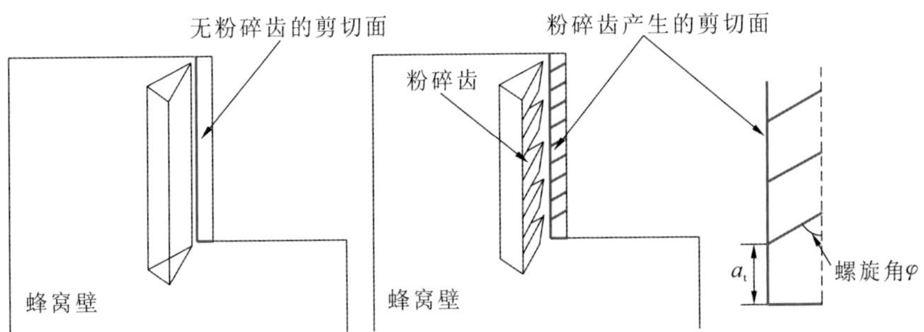

图 3-35　粉碎齿产生的剪切面

根据经典切削理论，无粉碎齿的侧刃单次切削蜂窝壁时的切削比能等于去

除单位体积材料所做的功，如式(3-18)所示。

$$u=\frac{F_{\perp}}{a_{w}\,a_{p}} \tag{3-18}$$

其中，$F_{\perp}$通过蜂窝壁切削试验获得。

由此可以计算出有粉碎齿侧刃在去除半圆形切屑材料时所需要做的功：

$$q_{0}=V_{Al}\cdot u\cdot\left(1+\frac{\dfrac{a_{p}}{a_{t}}\cdot\dfrac{a_{w}}{\sin\varphi}}{a_{p}}\right)=V_{Al}\cdot u\cdot\left(1+\frac{a_{w}}{a_{t}\sin\varphi}\right) \tag{3-19}$$

其中，铝的体积V_{Al}可以通过蜂窝芯的相对密度计算：

$$V_{Al}=\frac{\rho^{*}}{\rho_{Al}}V_{总} \tag{3-20}$$

其中，ρ^{*}为铝蜂窝芯相对密度；$V_{总}$为单位时间内产生的半圆形切屑的总体积：

$$V_{总}=\frac{f}{2}\cdot a_{p}\cdot\pi R \tag{3-21}$$

底面圆刀片铣削过程产生的热量一部分来自主运动产生的持续摩擦作用，另一部分来自进给运动，相比于切削速度，刀具进给速度非常小，因此，只采用主运动产生的热量作为圆刀片的热量，其表达式为

$$q_{1}=\frac{\rho^{*}}{\rho_{Al}}\cdot\frac{M\cdot 2\pi nR_{d}}{R_{d}}=\frac{\rho^{*}\cdot M\cdot 2\pi n}{\rho_{Al}} \tag{3-22}$$

其中，M是圆刀片铣削过程中产生的扭矩大小。

3.5.2 蜂窝芯铣削过程温度分布建模

为了在描述蜂窝芯工件传热问题的边界条件时采用最简单的形式，本小节将切削过程产生的热源视作蜂窝芯工件的内热源，而随着加工的进行，切削区也在做直线的进给运动，因此，本小节所要探讨的是具有移动热源的非稳态非齐次热传导问题。热传导问题的格林函数法是可以将单位瞬时点热源产生的温度场作为基本解从而积分得出一般非稳态非齐次热传导问题的一般解的有效方法，本小节的蜂窝芯铣削过程温度分布建模正是采用格林函数法进行求解的。步骤是首先确定蜂窝芯铣削过程热传导问题的微分方程、边界条件和初始条件，其次确定符合上述条件的格林函数法基本解表达式，然后寻求本问题对应的格林函数表达式，最后积分得到蜂窝芯工件内的温度场分布函数。

1. 粉碎刃热源引起的工件内温度分布建模

蜂窝芯材料在三个方向上的等效导热系数均不相同，热量在蜂窝芯工件内的传递过程属于各向异性材料的热传导问题，在固定于工件内的坐标系 $OX_0Y_0Z_0$ 中的热传导控制方程为

$$\lambda_x^* \frac{\partial^2 T}{\partial {x_0}^2}+\lambda_y^* \frac{\partial^2 T}{\partial {y_0}^2}+\lambda_z^* \frac{\partial^2 T}{\partial {z_0}^2}+R_{w0}\, g_0(x_0, y_0, z_0, t)=\rho c \frac{\partial T}{\partial t} \tag{3-23}$$

为了应用格林函数法对上述方程进行求解，先要采用坐标变量变换的方法将各向异性的热传导方程转化为各向同性的热传导问题，把坐标系 $OX_0Y_0Z_0$ 转化为坐标系 $OXYZ$，令

$$\begin{cases} x_0=\sqrt{\lambda_x^*} \cdot x \\ y_0=\sqrt{\lambda_y^*} \cdot y \\ z_0=\sqrt{\lambda_z^*} \cdot z \\ \lambda^*=\sqrt{\lambda_x^* \lambda_y^* \lambda_z^*} \end{cases} \tag{3-24}$$

将式(3-24)代入式(3-23)，可以得到在坐标系 $OXYZ$ 中由粉碎刃面热源引起的温度分布的数学表达式为

$$\frac{\partial^2 T}{\partial x^2}+\frac{\partial^2 T}{\partial y^2}+\frac{\partial^2 T}{\partial z^2}+\frac{R_{w0}}{\lambda^*} g_0(x, y, z, t)=\frac{1}{\alpha} \frac{\partial T}{\partial t} \tag{3-25}$$

其中，α 为工件的热扩散系数，$\alpha=\lambda^*/(\rho c)$。边界条件为

$$\begin{cases} \dfrac{\partial T}{\partial x}=0, x=\pm\infty, t>0 \\ \dfrac{\partial T}{\partial y}=0, y=\pm\infty, t>0 \\ T=0, z=0, t>0 \\ \dfrac{\partial T}{\partial z}=0, z=\dfrac{d}{\sqrt{\lambda_z^*}}, t>0 \end{cases} \tag{3-26}$$

初始条件为

$$T(x, y, z, t)=0, t=0, 0 \leqslant z \leqslant \frac{d}{\sqrt{\lambda_z^*}} \tag{3-27}$$

$g_0(x, y, z, t)$ 为粉碎刃热源单位时间单位面积内产生的热量，其数学表述为

$$g_0(x,y,z,t)=\begin{cases}\dfrac{q_0}{\pi R a_p},\dfrac{-R}{\sqrt{\lambda_x^*}}<x<\dfrac{R}{\sqrt{\lambda_x^*}},y=\dfrac{\sqrt{R^2-\lambda_x^* x^2}+f\tau-R}{\sqrt{\lambda_y^*}},z\in\left[\dfrac{d-a_p}{\sqrt{\lambda_z^*}},\dfrac{d}{\sqrt{\lambda_z^*}}\right]\\ 0,\text{其他区域}\end{cases}\tag{3-28}$$

其中，q_0为粉碎刃产生的面热源强度，f为刀具进给速度，R为刀具半径。

可以用$\vec{r}$来代表(x,y,z)，此时格林函数表示的式(3-25)的一般解形式为

$$T(\vec{r},t)=\frac{k}{\alpha}\int_V G\ |_{\tau=0}F(\vec{r'})\mathrm{d}v'+\int_0^t \mathrm{d}\tau\int_V G(\vec{r},t\ |\ \vec{r'},\tau)R_{w0}\ g_0(\vec{r'},\tau)\mathrm{d}v'$$
$$+k\cdot\int_0^t \mathrm{d}\tau\sum_{i=1}^{S}\int_{S_i}\frac{1}{\mathrm{e}_i}G\ |_{r'=r_i}f_i(\vec{r'},\tau)\mathrm{d}S'\tag{3-29}$$

该一般解的形式由三个不同项组成，每一项都代表不同的物理意义。第一项代表的是初始温度分布$F(\vec{r})$对温度场的贡献，第二项代表的是内热源$g_0(\vec{r})$对温度场的贡献，第三项代表的是边界条件的非齐次项$f(\vec{r},t)$对温度场的贡献。结合边界条件式(3-26)和初始条件式(3-27)可以知道，在冰结夹具上蜂窝芯工件温度场求解问题上，所有边界条件都是齐次边界条件，而初始温度可认为是零度，因此，式(3-29)只剩下第二项。其中V代表对整个求解区域的积分，$G(\vec{r},t)$代表该传热问题的格林函数，$G(\vec{r},t\ |\ \vec{r'},\tau)$表示$r=r'$、$t=\tau$时的格林函数值。

用微分方程的本征函数和本征值表示的格林函数的求解表达式为

$$G(\vec{r},t\ |\ \vec{r'},\tau)=\frac{\alpha}{k}\sum_{m=1}^{\infty}\frac{1}{N(\lambda_m)}\mathrm{e}^{-\alpha\lambda_m^2(t-\tau)}\psi(\lambda_m,\vec{r})\psi(\lambda_m,\vec{r'})\tag{3-30}$$

根据三维本征函数的特性，只要初始温度可表示成三维单变量函数的乘积，并且具有齐次边界条件，满足上述两个条件的多维的格林函数就可以由多个一维格林函数的乘积构成。把此传热问题的三维格林函数的计算转换为分别计算X、Y和Z方向上的一维格林函数值，其中α/λ^*只需要分配在一个方向上，也就是在格林函数中仅出现一次即可，X和Y方向可视作无限大平板，其格林函数可用积分结果表示：

$$\begin{aligned}G_1(x,t\ |\ x',\tau)&=\frac{\alpha}{\lambda^*\ \sqrt{4\pi\alpha(t-\tau)}}\exp\left[-\frac{(x-x')^2}{4\alpha(t-\tau)}\right]\\G_2(y,t\ |\ y',\tau)&=\frac{1}{\sqrt{4\pi\alpha(t-\tau)}}\exp\left[-\frac{(y-y')^2}{4\alpha(t-\tau)}\right]\end{aligned}\tag{3-31}$$

Z方向被限定在工件尺寸内，也就是 $z\in[0,d/\sqrt{\lambda_z^*}]$，Z方向的格林函数的一般求解表达式由式(3-30)得到，只需要将三维坐标替换成Z坐标，可得

$$G_3(z,t\mid z',\tau)=\sum_{m=1}^{\infty}\frac{1}{N(\beta_m)}\mathrm{e}^{-\alpha\beta_m^2(t-\tau)}Z(\beta_m,z)Z(\beta_m,z') \tag{3-32}$$

其中，$Z(\beta_m,z)$是Z方向上的本征函数，β_m为相应的本征值，$N(\beta_m)$为本征函数模的大小。根据边界条件式(3-26)，可知上述本征函数及其模分别如下式所示。

$$\begin{cases}Z(\beta_m,z)=\sin(\beta_m z)\\[2ex] N(\beta_m)=\dfrac{d}{2}\end{cases} \tag{3-33}$$

本征值β_m的大小是方程$\cos(\beta_m d)=0$的解。

因此，式(3-30)就可以写成

$$G(x,y,z,t\mid x',y',z',\tau)=G_1\cdot G_2\cdot G_3 \tag{3-34}$$

将式(3-34)代入式(3-29)中，可以得到在粉碎刃面热源的影响下的蜂窝芯工件温度场分布：

$$T(\vec{r},t)=\int_0^t\mathrm{d}\tau\int_V G_1\,G_2\,G_3\cdot R_{w0}\,g_0(\vec{r'},\tau)\mathrm{d}v' \tag{3-35}$$

根据式(3-28)可知，在面热源区域外的位置处g_0恒等于0，所以式(3-35)中的积分区域V就退化成面热源区域S，将半圆形的面热源的坐标进行如下转换：

$$\begin{cases}x=\dfrac{R}{\sqrt{\lambda_x^*}}\cos\omega\\[2ex] y=\dfrac{R\sin\omega+f\tau-R}{\sqrt{\lambda_y^*}}\\[2ex] z=z\end{cases} \tag{3-36}$$

将式(3-28)和式(3-36)代入式(3-35)中，可以得到粉碎刃面热源产生的温度场分布模型表达式：

$$\begin{aligned}T_0(x,y,z,t)=&\frac{R_{w0}\,q_0}{2\pi^2\lambda^*Ra_pd}\sum_{m=1}^{\infty}\sin(\beta_m z)\int_0^t\int_{(d-a_p)/\sqrt{\lambda_z^*}}^{d/\sqrt{\lambda_z^*}}\int_0^{\pi}\frac{\sin(\beta_m z')}{t-\tau}\mathrm{e}^{-\alpha\beta_m^2(t-\tau)}\\ &\cdot\exp\left\{\frac{(x-R\cos\omega/\sqrt{\lambda_x^*})^2+[y-(R\sin\omega+f\tau-R)/\sqrt{\lambda_y^*}]^2}{-4\alpha(t-\tau)}\right\}\mathrm{d}\omega\mathrm{d}z'\mathrm{d}\tau\end{aligned} \tag{3-37}$$

对z'的积分项与时间τ和角度ω无关，将其提出直接积分，可以将式(3-37)化简为

$$T_0(x,y,z,t)=\frac{R_{w0}q_0}{2\pi^2\lambda^* Ra_p d}\sum_{m=1}^{\infty}\frac{\sin\beta_m z}{\beta_m}\left\{\cos\frac{\beta_m(d-a_p)}{\sqrt{\lambda_z^*}}-\cos\frac{\beta_m d}{\sqrt{\lambda_z^*}}\right\}$$
$$\cdot\int_0^t\int_0^{\pi}\frac{1}{t-\tau}\mathrm{e}^{-\alpha\beta_m^2(t-\tau)}$$
$$\cdot\exp\left\{\frac{(x-R\cos\omega/\sqrt{\lambda_x^*})^2+[y-(R\sin\omega+f\tau-R)/\sqrt{\lambda_y^*}]^2}{-4\alpha(t-\tau)}\right\}\mathrm{d}\omega\mathrm{d}\tau \tag{3-38}$$

上式中无穷级数项是由于工件Z方向是有限边界造成的，无穷级数的数值计算过程需要采用一定的收敛策略，该计算过程复杂。考虑到蜂窝芯等效Z向热导率仅有6.644 W/(m·℃)，而本节试验采用的蜂窝芯工件厚度$d=40$ mm，并且，由于冰结夹具的存在，在蜂窝芯加工中，最关心的是切削区产生的热量对加工表面蜂窝壁温度场的影响和质量的影响。基于上述原因，将工件进一步假设成Z方向的半无限大工件，这样的假设在研究铣削热和磨削热对工件表层和次表层的影响时应用非常广泛。因此，重新构建一个新的坐标系，如图3-36所示。对Z轴坐标系采用如下转换：

$$w=\frac{d}{\sqrt{\lambda_z^*}}-z \tag{3-39}$$

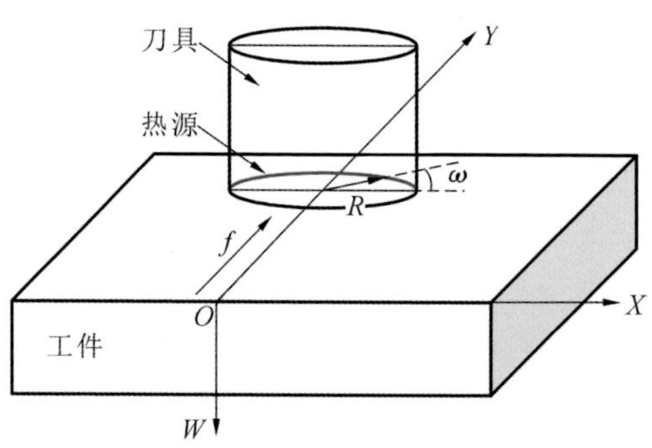

图3-36 工件坐标系示意图

上述假设下的W方向格林函数可由式(3-32)相应改动得到：

$$G_3(w,t\mid w',\tau)=\int_0^{\infty}\frac{1}{N(\beta)}\mathrm{e}^{-\alpha\beta^2(t-\tau)}W(\beta,w)W(\beta,w')\mathrm{d}\beta \tag{3-40}$$

根据$w'=0$处的边界条件可知此时的本征函数$W(\beta,w)$和模$N(\beta)$为

$$\begin{cases} W(\beta,w) = \cos(\beta w) \\ N(\beta) = \dfrac{\pi}{2} \end{cases} \tag{3-41}$$

代入式(3-40)得到

$$G_3(w,t \mid w',\tau) = \frac{1}{\sqrt{4\pi\alpha(t-\tau)}}\left\{\exp\left[-\frac{(w-w')^2}{4\alpha(t-\tau)}\right]+\exp\left[-\frac{(w+w')^2}{4\alpha(t-\tau)}\right]\right\} \tag{3-42}$$

代入式(3-35)中，可以得到用定积分形式表示的粉碎刃面热源产生的温度场分布模型表达式：

$$\begin{aligned} T_0(x,y,w,t) = & \frac{R_{w0}\, q_0}{4\,\pi^2\,\lambda^*\,R\,a_p\,\sqrt{4\pi\alpha}}\int_0^t\int_0^{a_p/\sqrt{\lambda_z^*}}\int_0^{\pi}\frac{1}{\sqrt{(t-\tau)^3}} \\ & \cdot\exp\left\{\frac{(x-R\cos\omega/\sqrt{\lambda_x^*})^2+[y-(R\sin\omega+f\tau-R)/\sqrt{\lambda_y^*}]^2}{-4\alpha(t-\tau)}\right\} \\ & \cdot\left\{\exp\left[-\frac{(w-w')^2}{4\alpha(t-\tau)}\right]+\exp\left[-\frac{(w+w')^2}{4\alpha(t-\tau)}\right]\right\}\mathrm{d}w\mathrm{d}w'\mathrm{d}\tau \end{aligned} \tag{3-43}$$

2. 圆刀片热源引起的工件内温度分布建模

在蜂窝芯铣削过程中，粉碎刃和底面圆刀片同时参与切削，并且都对蜂窝芯工件的温度场分布产生影响，因此，分别研究两种热源作用下的蜂窝芯工件温度分布。从图 3-33 可以看出，圆刀片并不是完全的平面，而是具有一定的楔角和厚度 δ，其形状和计算方式可以参照粉碎刃热源引起的温度分布模型。与粉碎刃热源引起的工件内温度分布同理，在工件 $OXYZ$ 坐标系中，由圆刀片线热源引起的温度分布的数学表述为

$$\frac{\partial^2 T}{\partial x^2}+\frac{\partial^2 T}{\partial y^2}+\frac{\partial^2 T}{\partial z^2}+\frac{1}{\lambda^*}R_{w1}\,g_1(x,y,z,t) = \frac{1}{\alpha}\frac{\partial T}{\partial t} \tag{3-44}$$

其中，边界条件如式(3-26) 所示，初始条件如式(3-27) 所示。$g_1(x,y,z,t)$为圆刀片热源单位时间单位长度内产生的热量，其数学表述为

$$g_1(x,y,z,t) = \begin{cases} \dfrac{q_1}{\pi R}, & \dfrac{-R_d}{\sqrt{\lambda_x^*}} < x < \dfrac{R_d}{\sqrt{\lambda_x^*}}, \quad y = \dfrac{\sqrt{R_d^2-\lambda_x^*\,x^2}+f\tau-R_d}{\sqrt{\lambda_y^*}}, \quad z = \dfrac{d-a_p}{\sqrt{\lambda_z^*}} \\ 0, & \text{其他区域} \end{cases} \tag{3-45}$$

式中：q_1 为底面圆刀片产生的热源强度；R_d 为圆刀片半径。

由于蜂窝芯工件的边界条件和初始条件对两种热源来说都是不变的，因此，在计算底面圆刀片线热源引起的温度场时只需要将粉碎刃面热源的计算过程中的面热源替换为相应的线热源。

同样，将半圆形的圆刀片线热源的坐标系进行如下转换：

$$\begin{cases} x = \dfrac{R_d}{\sqrt{\lambda_x^*}}\cos\omega \\ y = \dfrac{R_d\sin\omega + f\tau - R_d}{\sqrt{\lambda_y^*}} \\ z = \dfrac{d - a_p}{\sqrt{\lambda_z^*}} \end{cases} \tag{3-46}$$

式中：R_d 为圆刀片直径。

将式(3-45)和式(3-46)代入式(3-35)中，可以得到底面圆刀片线热源产生的温度场分布模型表达式为

$$T_1(x,y,z,t) = \frac{R_{w1}\ q_1}{2\pi^2\lambda^*\ R_d d}\sum_{m=1}^{\infty}\sin(\beta_m z)\sin\frac{\beta_m(d-a_p)}{\sqrt{\lambda_z^*}}\int_0^t\int_0^{\pi}e^{-\alpha\beta_m^2(t-\tau)}$$
$$\cdot\exp\left\{\frac{(x-R_d\cos\omega/\sqrt{\lambda_x^*})^2+[y-(R_d\sin\omega+f\tau-R_d)/\sqrt{\lambda_y^*}]^2}{-4\alpha(t-\tau)}\right\}d\omega d\tau \tag{3-47}$$

同样，将式(3-47)的结果用定积分的形式进行估算，参考式(3-43)，将圆刀片热源变成和粉碎刃热源形式一样的厚度为 $\delta=0.1$ mm 的热源，只需要改变式(3-43)中的积分下限和圆刀片半径R_d 即可得到在(x,y,w)坐标系中的温度分布表达式为

$$T_1(x,y,w,t) = \frac{R_{w1}\ q_1}{4\pi^2\lambda^*\delta R_d\ \sqrt{4\pi\alpha}}\int_0^t\int_{(a_p-\delta)/\sqrt{\lambda_z^*}}^{a_p/\sqrt{\lambda_z^*}}\int_0^{\pi}\frac{1}{\sqrt{(t-\tau)^3}}$$
$$\cdot\exp\left\{\frac{(x-R_d\cos\omega/\sqrt{\lambda_x^*})^2+[y-(R_d\sin\omega+f\tau-R_d)/\sqrt{\lambda_y^*}]^2}{-4\alpha(t-\tau)}\right\}$$
$$\cdot\left\{\exp\left[-\frac{(w-w')^2}{4\alpha(t-\tau)}\right]+\exp\left[-\frac{(w+w')^2}{4\alpha(t-\tau)}\right]\right\}d\omega dw' d\tau \tag{3-48}$$

综上，综合蜂窝芯加工中的粉碎刃热源和圆刀片热源的工件温度分布为

$$T(x,y,z,t) = T_0(x,y,z,t) + T_1(x,y,z,t) \tag{3-49}$$

式(3-49)是刀具完全切入工件时的计算模型，在刀具刚切入尚未完全切入

时，对 ω 积分的区域并不是从 0 到 π 的完整区域。此时，对于粉碎刃热源，积分上下限分别变为 $\pi-\arcsin((R_d-ft)/R)$ 和 $\arcsin((R_d-ft)/R)$；对于圆刀片热源，积分上下限分别变为 $\pi-\arcsin((R_d-ft)/R_d)$ 和 $\arcsin((R_d-ft)/R_d)$。

3.5.3 蜂窝芯铣削温度测量试验

1. 蜂窝芯铣削试验设计

本小节所采用的蜂窝芯材料为正六边形铝蜂窝芯材料，蜂窝芯格边长为 3 mm，单边蜂窝壁厚度为 0.06 mm，铝蜂窝芯材料被切割成尺寸为 180 mm×180 mm×40 mm 的试验工件。铣削方向垂直于蜂窝芯双层壁，即 3.4 节中定义的 Y 方向。试验所用刀具为蜂窝芯加工组合铣刀，粉碎刀体直径为 22.22 mm，圆刀片直径为 25.4 mm，切削力通过三向测力仪 Kistler9272 测量得到，试验在 VMX42 赫克加工中心上完成。采用转速 $n=8000$ r/min，进给速度 $f=500$ mm/min，切深 $a_p=5$ mm 的铣削参数进行沿 Y 方向的铣削试验。

本小节同时使用了两种测温方式，首先通过在铣削中心线上埋入六组热电偶丝，在热电偶丝焊点位置采用薄层胶将热电偶测点固定在蜂窝壁上，如图 3-37所示，通过直接测量法测出与底面圆刀片接触的铣削中心线上的最高温度值。然后通过 Flir-A615 型红外热像仪得到切削区最高温度随时间的变化曲线，以验证 3.5.2 小节提出的温度分布理论模型的正确性。本试验中使用的 Flir-A615 型红外热像仪的主要性能指标如表 3-6 所示。

图 3-37 蜂窝芯测温试验热电偶丝布置示意图

表 3-6 Flir-A615 型红外热像仪主要性能指标

测温范围	测量精度	图像分辨率	热灵敏度	图像帧频	视场角
−20～2000 ℃	±2 ℃	640×480	0.05 ℃	200 Hz	25°×19°

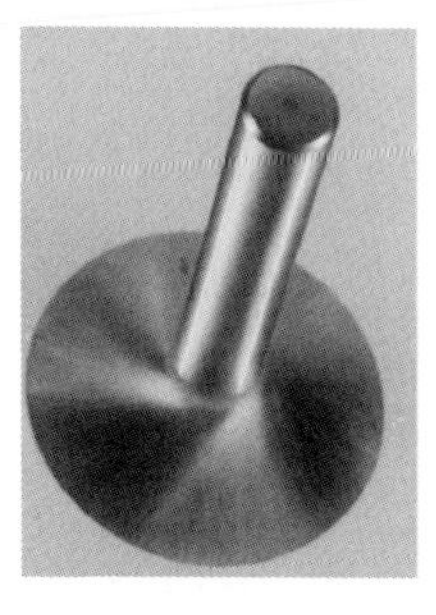
图 3-38 蜂窝芯圆刀片刀具

为了得到粉碎刃热源强度和圆刀片热源强度，分别采用蜂窝壁切削试验和圆刀片刀具(见图 3-38)切削试验进行切削力和扭矩的采集，其中粉碎刃热源计算中的切削比能通过蜂窝壁切削试验获得。圆刀片热源计算中的铣削扭矩通过圆刀片刀具铣削试验获得。

2. 蜂窝芯铣削温度的试验验证及分析

蜂窝芯铣削温度场的计算步骤包括：首先根据前面的模型计算得到粉碎刃热源强度和圆刀片热源强度；再计算蜂窝芯工件 X、Y、Z 三个方向上的等效导热系数；然后根据部分测量点的温度进行传热反求，得到两种热源分别传入工件的热量分配系数为 R_{w0} 和 R_{w1}；最后通过式(3-49)得到蜂窝芯工件内任意点在任意时间的温度预测值。

根据蜂窝壁切削试验，单层蜂窝壁的切削力 $F_{\perp}=0.15$ N，计算得到蜂窝壁的切削比能为 $u=5\times10^{7}$ J/m^3。通过圆刀片刀具铣削试验，得到圆刀片铣削扭矩 $M=0.35$ N·m。计算得出两个热源单位时间内产生的热量分别为 $q_0=1.272$ W，$q_1=5.647$ W。

在蜂窝芯等效导热系数的计算中，涉及的空气对流传热系数的确定过程如下。在铣削过程中，刀具附近的空气流动由于受到刀具高速旋转的影响作用将会显著加剧。把刀具附近的空气流动视作流经圆柱体的过程，流体经过物体表面的平均传热系数可以通过努塞尔数 Nu 来计算：

$$h=\frac{Nu\,\lambda_1}{2R} \tag{3-50}$$

在经典对流传热理论中，流体流经圆管表面的对流传热理论已经非常成熟，其中 Churchill 和 Bernstein 提出了通用的努塞尔准则表达式：

$$Nu=0.3+\frac{0.62\,Re^{1/2}\,Pr^{1/3}}{[1+(0.4/Pr)^{2/3}]^{0.25}}\left[1+\left(\frac{Re}{28200}\right)^{5/8}\right]^{4/5} \tag{3-51}$$

式中：Re 为雷诺数，$Re=2VR/\nu_{air}$；Pr 为普朗特数，$Pr=\nu_{air}/\alpha$，ν_{air} 为空气的运动黏度。

根据铣削试验参数，计算出本例中的 $Re=1.85\times10^4$，$Pr=0.708$，代入式(3-50)和式(3-51)计算得到 $Nu=104.423$，$h=104.8$ W/(m^2·K)。

另外，查表可以知道，$\lambda_1=0.024$ W/(m·K)，$\lambda_2=215$ W/(m·K)，蜂窝芯

工件的边长 $l=3$ mm，蜂窝壁厚度 $h_w=0.06$ mm。得到$\lambda_x^*=3.755$ W/(m·K)，$\lambda_y^*=4.985$ W/(m·K)，$\lambda_z^*=6.644$ W/(m·K)。

根据热电偶得到的铣削中心线上与圆刀片接触位置的温度值，六组热电偶测得的最高温度分别为 89.96 ℃，88.97 ℃，90.41 ℃，87.53 ℃，93.59 ℃，89.31 ℃。然后通过最小二乘法拟合出两种热源流入工件的热量分配系数 R_{w0} 和 R_{w1}。在计算理论温度值时，测点在 $OX_0Y_0Z_0$ 坐标系中的坐标：x 为 0，y 为测点所在位置，z 为$d=5$ mm，$t=y/f$。最终得到平均热量分配系数为 $R_{w0}=26\%$，$R_{w1}=7\%$。其中，粉碎刃面热源与蜂窝芯工件的接触面积大，传入工件的热量的比例高达 26%，而圆刀片线热源与蜂窝芯工件的接触面积非常有限，并且蜂窝芯工件并不是致密的材料，因此传入工件的热量的比例部分较低，仅有 7%。

图 3-39 所示的是采用红外热像仪测得的圆刀片组合铣刀铣削时切削区最高温度的测量结果。从图 3-39(a)中可以看出，整个冰结夹持平台是个半封闭的平台，可以使红外测温的结果尽可能少受外界干扰。此外，使用冰水混合物的标定温度可使测量数据更准确。

切削区温度变化曲线如图 3-39(b)所示，温度的变化一共可以分为五个阶段：① 刀具刚开始切入蜂窝芯材料的温度初始上升期，此区域的温度从初始环境温度开始迅速上升；② 在粉碎刃开始切入材料后，随着刀具的进给产生的切削热量引起温度进一步升高，表现为温度持续升高；③ 刀具完全切入工件后，切削区的温度分布达到准稳态的过程，但是随着切削的持续进行，温度会略有上升，该阶段称为平稳期；④ 刀具离开蜂窝芯材料，由于热源的消失，切削区温度进入急剧下降状态；⑤ 整个工件在制冷平台的冷却作用下缓慢降温。

在理论温度的计算中，根据热源的对称性，在铣削中心线上的刀尖点处温度达到最大值，计算时，刀具刚接触蜂窝芯工件时记为 $t=0$ s，根据铣削时间计算模型中的 Y 值，$y=ft/\sqrt{\lambda_y^*}$，$x=0$，$w=0.005/\sqrt{\lambda_z^*}$。在计算理论温度时必须注意三个时间点：一是圆刀片已切入但是粉碎刃刚切入时，根据圆刀片和粉碎刃直径差可得到 $t_1=0.1908$ s；二是刀具完全切入时，也就是刀具中心在 $y=0$ 处的时间 $t_2=1.524$ s；三是刀具切出退刀的时间点 $t_3=2.5$ s。温度分布模型中的积分项全部采用 Maple 软件进行计算，计算结果如表 3-7 所示。最终将根据温度分布模型计算得到的理论温度和试验温度进行对比，如图 3-40 所示。从图中可以看出,理论计算温度从刀具切入到刀具退刀时与试验温度的变化趋势吻合度高,证明本节提出的蜂窝芯铣削温度分布理论模型可以很好地捕捉蜂窝芯铣削过程中的温度变化。

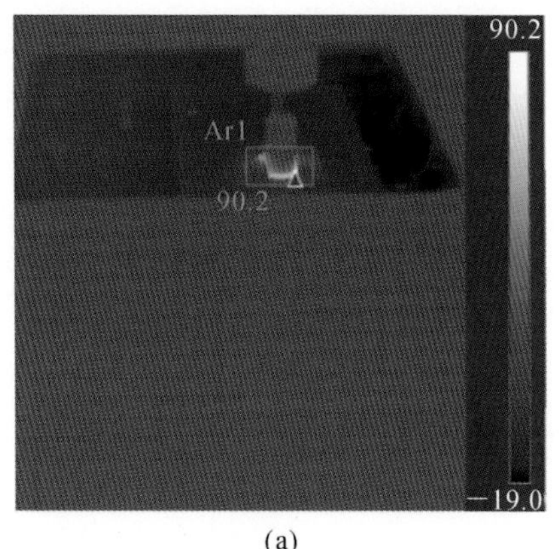

(a)

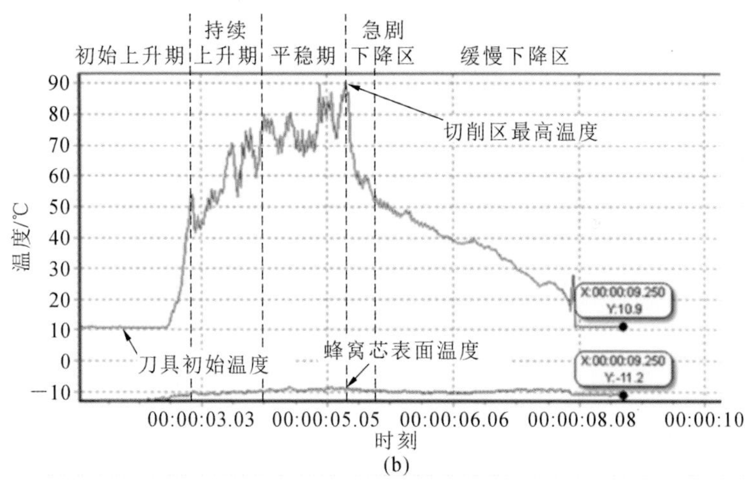

(b)

图 3-39　蜂窝芯切削温度的红外测量结果

表 3-7　模型计算结果

时间/s	T_0 积分项的计算结果	T_1 积分项的计算结果
0.00001	0	0.005448
0.001	0	0.010061
0.01	0	0.010864
0.02	0	0.012875
0.05	0	0.015765

续表

时间/s	T_0 积分项的计算结果	T_1 积分项的计算结果
0.1	0	0.01277
0.1908	0	0.020671
0.2	0.234728	0.015446
0.36	0.721445	0.023365
1	0.944155	0.01752
1.524	1.307172	0.025591
2	1.118988	0.020148
2.5	1.311496	0.025678

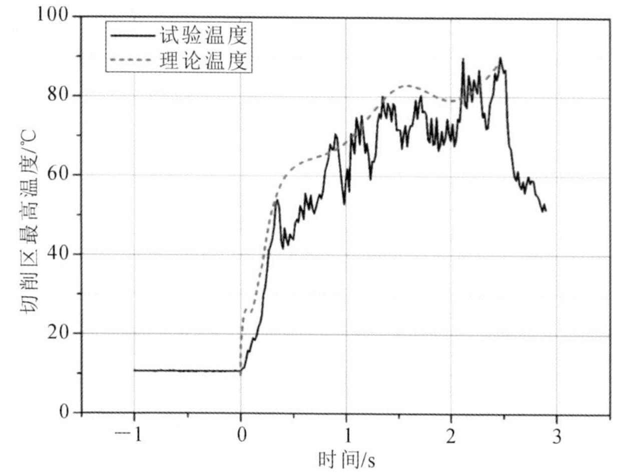

图 3-40　试验温度变化与理论计算温度变化的对比

图 3-41 所示是通过本节提出的温度模型计算得到的蜂窝芯铣削表面在 $t=2.5$ s 时的温度分布图，以刀具中心为原点，温度为 Z 坐标，得到在不同位置处的温度值。从图中可以看出，蜂窝芯铣削过程中温度的影响范围非常有限，蜂窝芯表面温度按其大小可以分为很明显的两个区域：一是在圆刀片范围内，温度显著高于铣削区外部，越靠近刀具边缘，也就是热源的位置，蜂窝芯表面的温度越高，最高温度在铣削中心线的刀尖处，达到 90 ℃以上，但是随着刀具进给，刀具中心点处的温度下降到 52 ℃；二是在铣削区外部，图中每个温度值的位置正好位于蜂窝芯格的节点处，可以看到每越过一个蜂窝芯格的长度，蜂窝芯各节点的温度值就迅速下降超过 20 ℃，在越过三个蜂窝芯格后，温度已经下降到室温水平。由此可知道，在蜂窝芯铣削中，温度的影响区域非常有限，在铣

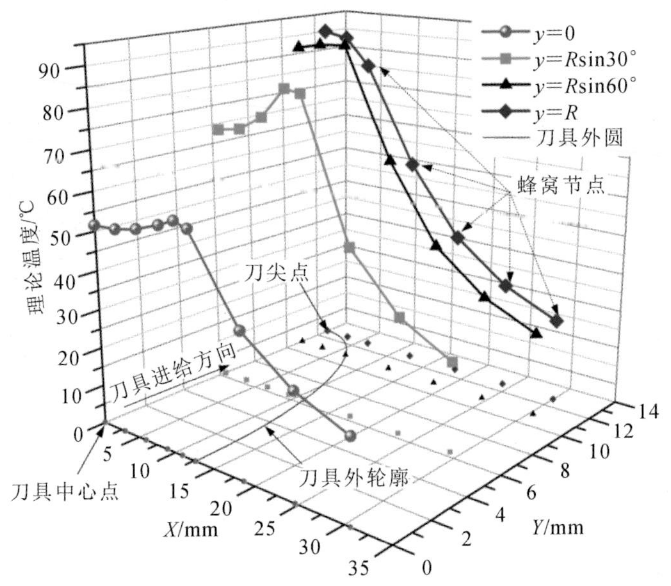

图 3-41　蜂窝芯铣削表面温度分布

削区域外几乎没有影响，在铣削区域内的影响也局限在铣削中心线的刀尖点附近区域内，并且随着刀具的进给，温度会下降；尽管如此，在铣削蜂窝芯工件时，最高温度可以轻松地达到 90 ℃以上，对厚度仅有几十个微米的蜂窝芯来说影响依然存在，作为切削过程中最重要的物理量之一，温度的作用依然不容忽视。

3.6　蜂窝芯加工缺陷分布规律

3.6.1　典型加工缺陷特征

由于复合材料蜂窝芯具有较强的各向异性，其在蜂窝芯格轴向上具有较高的刚度，而在蜂窝芯格径向上的刚度很低（面内刚度），在切削力作用下极易出现蜂窝壁凹陷、蜂窝芯格变形、毛刺、撕裂等加工缺陷。通过研究发现，铝蜂窝芯材料在铣削过程中产生的加工缺陷主要包括撕裂毛刺、切削毛刺、蜂窝壁撕裂、蜂窝壁凹陷、芯格变形、节点缺陷、双层壁脱胶、倒塌壁、边缘缺陷、侧边缺陷、接刀缺陷。其中撕裂毛刺、切削毛刺、蜂窝壁撕裂、蜂窝壁凹陷、芯格变形是铝蜂窝芯材料铣削过程中最常见到的缺陷类型，如表 3-8 所示。

表 3-8　铝蜂窝芯切削的典型缺陷特征

缺陷类型	产生条件	分布特点	典型实例
撕裂毛刺	产生与蜂窝壁表面夹角小于 30°的撕裂后扩展形成	多见于单层蜂窝壁；整体铣刀和组合铣刀铣削表面均有分布	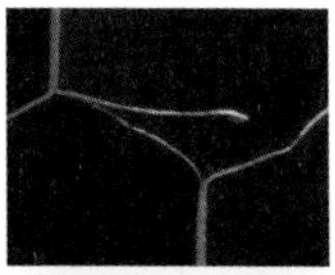
切削毛刺	被切除材料没有支撑时会变形产生残留	发生在蜂窝壁切出侧；在组合铣刀铣削表面广泛分布	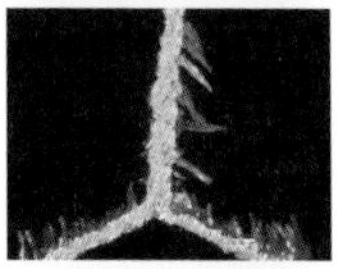
蜂窝壁撕裂	产生与蜂窝壁表面夹角超过 45°的裂纹，然后朝下扩展形成	在整体铣刀和锯齿刀片组合铣刀铣削表面最常见	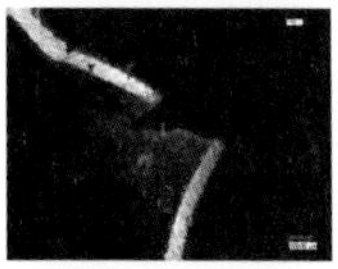
蜂窝壁凹陷	蜂窝壁发生局部塑性变形形成	常见于整体铣刀铣削表面	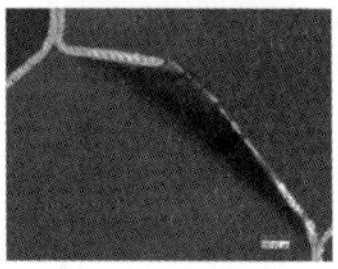
芯格变形	节点产生塑性铰，组成节点的三条蜂窝壁方向显著改变	最常见于圆刀片组合铣刀铣削表面	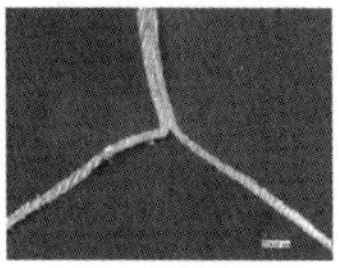
节点缺陷	蜂窝芯节点在切削力和热的作用下软化，产生节点处撕裂、凹陷以及脱胶等缺陷	在整体铣刀及组合铣刀铣削表面中均会出现	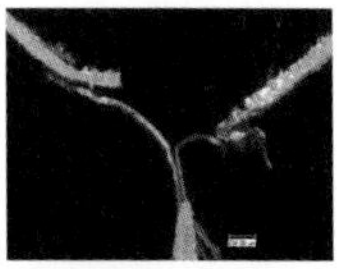
双层壁脱胶	黏结胶在切削热作用下软化，且切削力使双层壁分离形成	常见于圆刀片组合铣刀铣削表面，常与节点缺陷共同出现	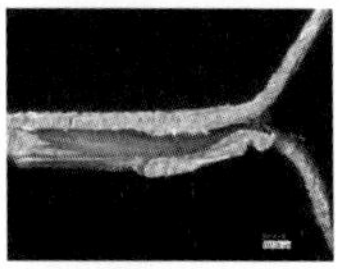
倒塌壁	蜂窝壁沿切削方向变形，一直未被切除	常见于接刀处的表面	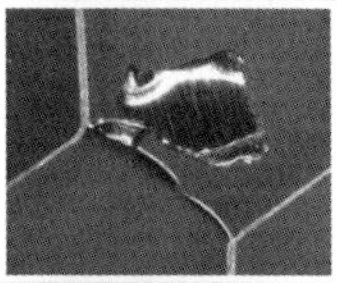
边缘缺陷	在边缘处的刚性支撑不足时发生	常见于传统夹持方式的加工中	

续表

缺陷类型	产生条件	分布特点	典型实例
侧边缺陷	侧边材料缺少支撑时弯曲变形而形成的残留材料	常见于单层蜂窝壁为侧边的情形	
接刀缺陷	连续铣削时，后一刀的材料缺少支撑时形成	常见于单层蜂窝壁接刀处	

3.6.2 顺铣和逆铣的缺陷分布

无论用整体铣刀还是用圆刀片组合铣刀铣削的表面，都具有一个非常明显的特征：沿着铣削进给方向看，左半侧的加工表面质量明显优于右半侧的加工表面质量，如图 3-42 所示。逆铣区的表面缺陷数量屈指可数，且毛刺的长度更小，壁撕裂和凹陷的程度更轻。顺铣区的表面缺陷数量则明显更多，壁撕裂和凹陷的程度更加严重，缺陷分布较为集中。当铣削侧边遇到双层壁时，逆铣区的侧边铣削质量非常好，没有材料残留也没有双层壁的变形；而顺铣区的侧边就算遇到双层壁时也会发生严重的侧边变形，使相应的底面蜂窝壁也发生变形凹陷。

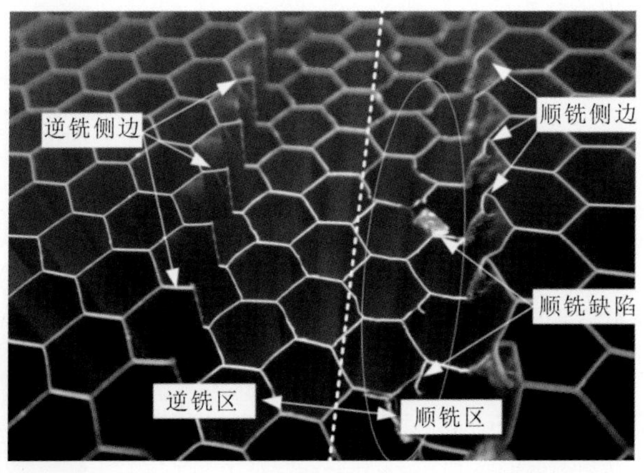

图 3-42 顺铣表面和逆铣表面的质量对比

为了明确知道蜂窝芯顺铣和逆铣带来的缺陷数量差异，对比分析顺铣和逆铣不同切削参数下的铣削表面的缺陷数量,结果如图 3-43 所示。从图中可以看出,在试验参数范围内,不管是整体铣刀还是圆刀片组合铣刀,顺铣区的缺陷数量都占据总缺陷数的一半以上,甚至在某些参数下,超过 90%的缺陷发生在顺铣区表面。

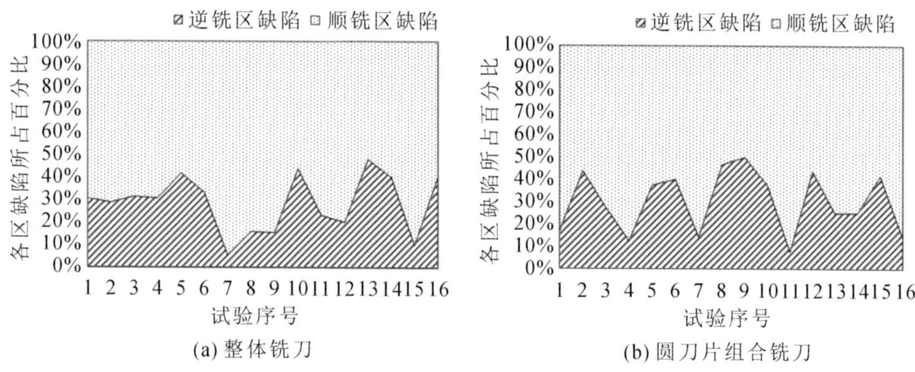

图 3-43 顺铣区和逆铣区的加工缺陷数量对比

蜂窝芯材料铣削表面质量的顺铣、逆铣差异主要跟蜂窝芯材料的结构有关。顺铣时切屑由厚变薄,逆铣时切屑由薄变厚。对于传统金属材料而言,顺铣常用于精加工中,逆铣时刀具先与工件材料发生挤压摩擦然后才切入工件,会导致较大的振动及磨损,造成加工表面质量较差,常用于粗加工中。但是蜂窝芯材料是一种存在大量芯格的非致密材料,逆铣刀具切入时材料并不会与刀具发生挤压摩擦,相反,逆铣时切屑由薄变厚,切削力逐渐增大,并且由内至外切削蜂窝芯,在刀具切削蜂窝壁的同时,有一个分力在向外拉直蜂窝壁,使蜂窝壁在绷直的状态更加容易被去除。

反之,顺铣刀具切入时有很大的切削厚度,此时的切削力最大,同时还有一个分力由外往内挤压蜂窝壁,此时,蜂窝壁在受压的情况下更加容易朝切削速度的方向变形,从而形成各类缺陷,最终形成了蜂窝芯铣削表面质量的顺铣逆铣差异现象,这可以称为蜂窝芯铣削质量的"逆铣区优势"。

3.6.3 Y 方向的缺陷聚集分布

在前述内容中已经讨论过铝蜂窝芯加工表面的缺陷分布集中在某一直线上的分布规律,并且指出该直线上的缺陷发生位置的切入角处处相等。同时通过蜂窝壁的切削仿真,研究了不同切入角时的切削力和切削过程,发现不同的切入角对蜂窝壁的切削过程有着一定的影响作用。因此，大量统计整体铣刀铣削的铝蜂窝芯表面缺陷所在位置的切入角，目的是研究不同切入角时的缺陷分布规律。采用 n=10000 r/min，f=400 mm/min，a_{p}=4 mm 的切削参数沿 Y 方向在蜂窝芯工件表面随机的位置铣削加工五条长 180 mm、宽 25.4 mm 的表面，通过基恩士光学显微镜观察已加工表面的缺陷，图 3-44(a)所示为撕裂毛刺沿进给方向的规律性分布，三个临近的撕裂毛刺沿刀具进给方向整齐分布在一条直线上，这意味着在同样的位置会发生同样的撕裂毛刺缺陷。图 3-44(b)展示的是 100 倍放大下的毛刺位置的切入角，从局部放大图可以看到，蜂窝壁表面有着明显的刀具切削的痕迹，该方向也是切削速度的方向。因此可以通过放大图中显示的刀具运动痕迹和蜂窝壁的方向来获得毛刺发生位置处的切入角，图中展示的切入角为 156°，该切入角也是常常引起撕裂毛刺缺陷的角度。为了方便起见，后续内容中将把缺陷所在位置对应的切入角称为缺陷分布角。

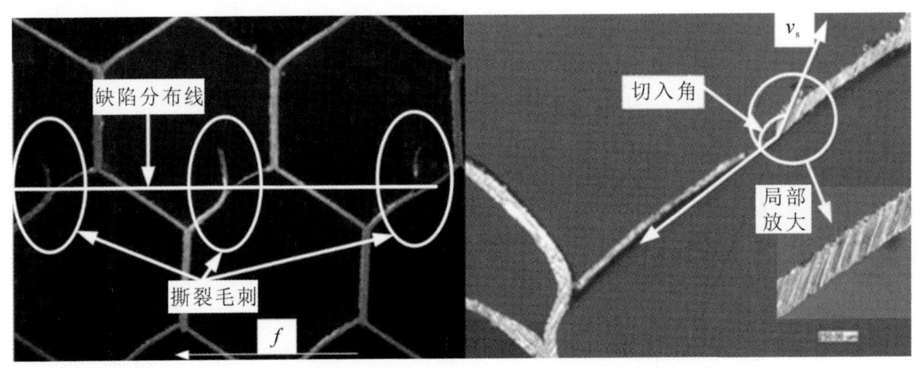

(a) 毛刺的规律性分布　　(b) 100倍放大下毛刺位置的切入角

图 3-44　撕裂毛刺与切入角的关系

采用同样的方法，可以得到加工表面上所有缺陷对应的切入角，最终绘制沿 Y 方向切削时的撕裂毛刺、壁撕裂、壁凹陷缺陷的分布规律，如图 3-45 所示。从图 3-45(a)中可以看出，蜂窝芯沿 Y 方向铣削加工表面的撕裂毛刺、壁撕裂、壁凹陷缺陷具有非常明显的聚集分布特征，大量的缺陷聚集在三个狭窄的彼此孤立的切入角区域内，分别为Ⅰ区、Ⅱ区和Ⅲ区。这三个区域之外只会偶尔产生缺陷，并且分布的位置也是随机的。逆铣区的缺陷分布则更为集中，大量逆铣区缺陷都分布在两个区域中，即Ⅱ区和Ⅲ区，并且各个区的缺陷数量也大幅减少。缺陷分布更为集中便于集中减少甚至消除逆铣区的加工缺陷，这意味着蜂窝芯铣削质量的“逆铣区优势”不仅体现在缺陷数量上，也体现在缺陷的分布集中程度上。而顺铣区则在Ⅰ区、Ⅱ区和Ⅲ区都有大量缺陷产生。总缺陷分布的Ⅰ区切入角为 13.25°～14.37°，Ⅱ区切入角为 90°～96.5°，Ⅲ区切入角为 148°～156°。逆铣区缺陷分布的Ⅱ区切入角为 90°～93°，Ⅲ区切入角为 156°。顺铣区缺陷分布的Ⅰ区切入角为 13.25°～14.37°，Ⅱ区切入角为 96°～96.5°，Ⅲ区切入角为 148°。图 3-45(d)是极坐标下展示的不同切入角产生的缺陷数量，可以直观地看到三个分区都是“既瘦又高”的形状，三个分区之外的缺陷极少。蜂窝芯铣削表面缺陷分布的这一特点将在后文的低缺陷工艺优化中得到应用。

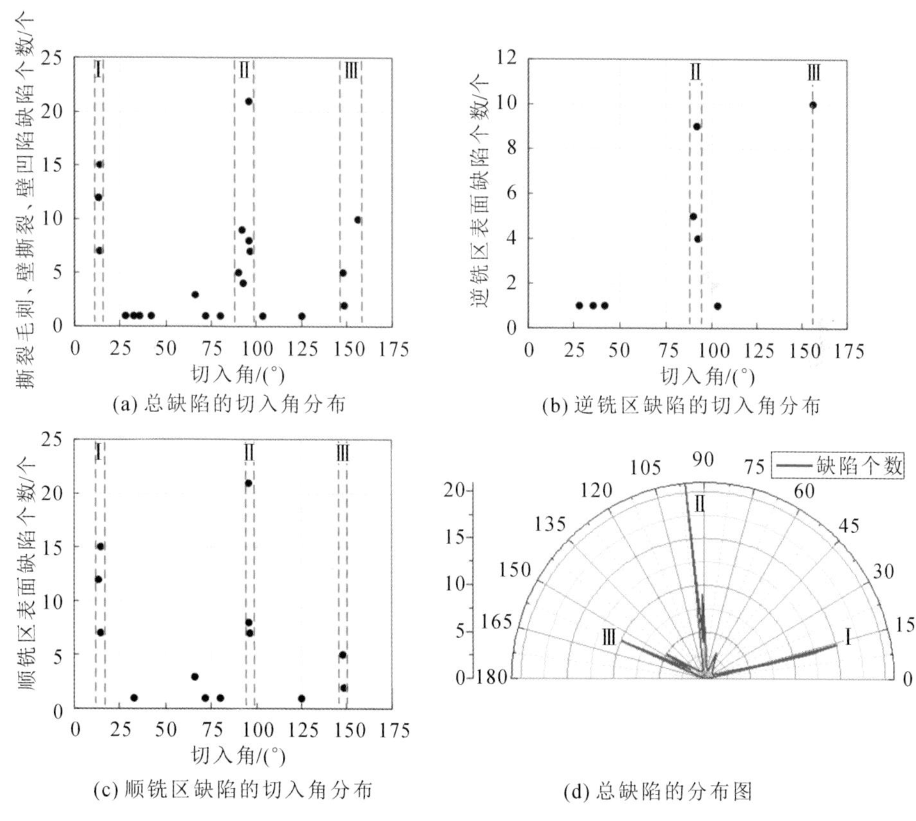

(a) 总缺陷的切入角分布

(b) 逆铣区缺陷的切入角分布

(c) 顺铣区缺陷的切入角分布

(d) 总缺陷的分布图

图 3-45　沿 Y 方向铣削时的缺陷分布

3.6.4　X 方向的缺陷聚集分布

采用整体铣刀和同样的切削参数沿 X 方向在蜂窝芯工件表面随机的位置铣削加工五条长 180 mm、宽 25.4 mm 的表面，观察统计加工表面的所有撕裂毛刺、壁撕裂、壁凹陷缺陷的分布规律，如图 3-46 所示。从图中可以看出，沿 X 方向铣削的蜂窝芯表面缺陷同样分布于三个切入角区域，但是这三个区域的切入角跨度明显变大，缺陷分布的集中程度也下降了。总缺陷分布的Ⅰ区切入角为 13°～14.5°，Ⅱ区切入角为 79.9°～111.3°，Ⅲ区切入角为 139.4°～167.4°，但是Ⅱ区和Ⅲ区的角度跨度分别达到 31.4°和 28°。说明在沿 X 方向铣削蜂窝芯时产生的缺陷的随机分布情况更加严重了。但是图 3-46(b)展示的逆铣区切入角缺陷分布，则表明逆铣区的缺陷分布依旧非常集中，分布于Ⅱ区的缺陷的切入角为 90.3°～98.3°，Ⅲ区的切入角为 151°～152.55°。顺铣区缺陷的Ⅰ区切入角为 13°～14.5°，Ⅱ区切入角为 79.9°～111.3°，Ⅲ区切入角为 139.4°～167.4°，顺铣区缺陷的切入角分布则要分散得多，角度跨度大，在加工时难以有效利用缺陷的分布特点去优化加工表面。从图 3-46(d)中可以直观地看出 X 方向铣削的表面缺陷分布，此时的缺陷分布则分散得多，并且具有“既胖且矮”的区域分布特征。

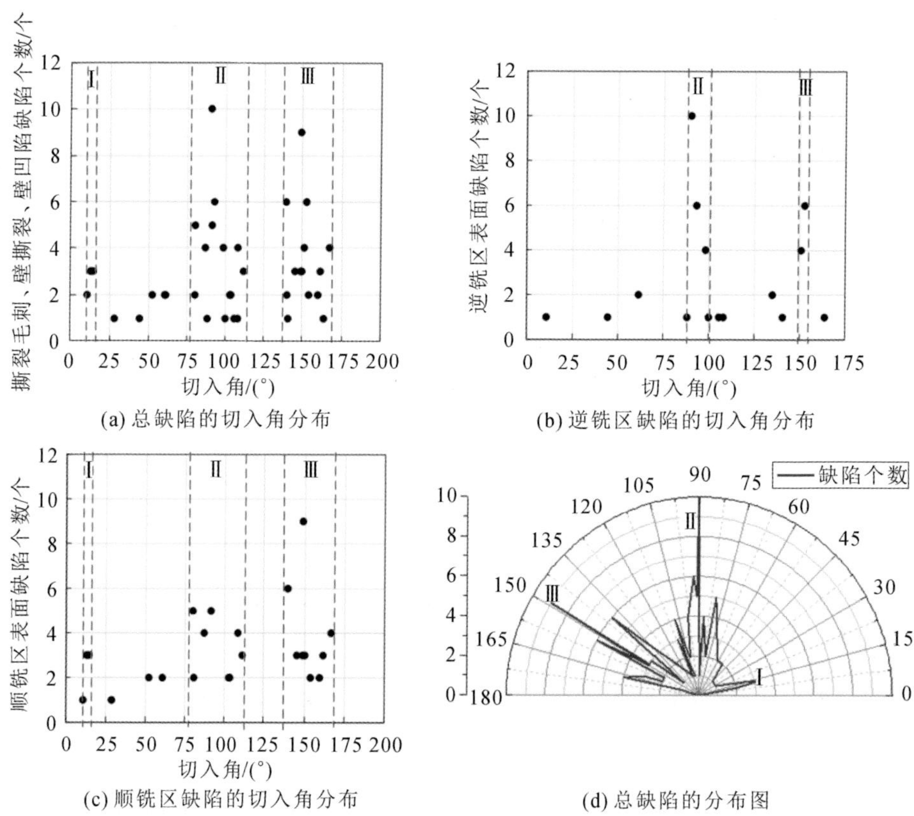

图 3-46　沿 X 方向铣削时的缺陷分布

本次统计的 X 方向铣削和 Y 方向铣削总的缺陷数量都为 116 个，X 方向的缺陷分布和 Y 方向的缺陷分布存在较大的差异，并且 X 方向的逆铣区缺陷数量的优势没有那么明显。在这 116 个缺陷中，逆铣区缺陷占了 41%，相比之下 Y 方向的逆铣区缺陷仅占总缺陷的 27%。虽然如此，X 方向铣削蜂窝芯的"逆铣区优势"依然存在，逆铣区的缺陷分布依然非常集中，这一点同样可以在工艺优化中加以应用。

X 方向的铣削表面如图 3-47 所示。可以看出蜂窝壁的凹陷变形和蜂窝芯格的变形都比较严重，蜂窝壁凹陷变形贯穿整个蜂窝壁，方向性没有那么明确，甚至具有波浪变形的形态。这一点主要受蜂窝壁方向的影响。当沿 Y 方向进给时，X 方向的切削力分力最大，正好与双层壁方向一致，这个方向上的蜂窝芯材料具有更高的等效刚度，更能抵抗缺陷的产生；当沿 X 方向进给时，Y 方向的切削力分力最大，但是没有蜂窝壁是朝向 Y 方向的，只有两个互为 120°的单层壁能抵抗 Y 方向的受力，因此表现出图 3-47 中连续四条单层壁在整个长度方向上的凹陷变形特点。

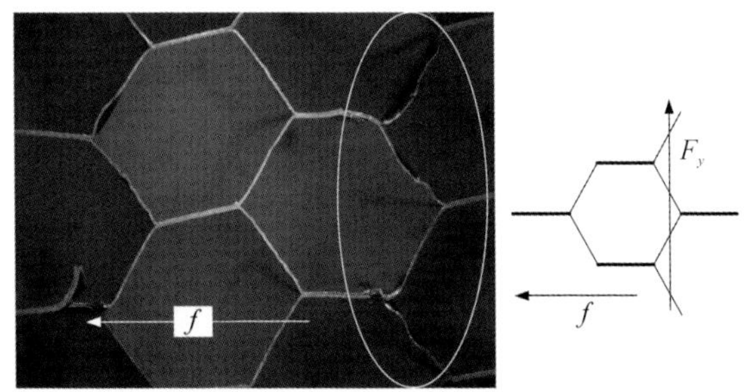

图 3-47　X 方向的铣削表面

切入角是刀具刃尖切削运动方向与蜂窝壁方向的角度，进给速度的大小对该角度也有影响作用。本次试验中的进给速度为 400 mm/min，转速为 10000 r/min，刀具直径为 19.05 mm，因此，进给速度引起的切入角变化最大为 $\arctan(f/V_s)=0.038°$。由此可见，切削参数引起的缺陷分布角的改变非常微小，与缺陷分布角本身的变化相比可以忽略不计，这也就意味着在相似的刀具结构、同样夹持方式以及同样的铝蜂窝芯材料的前提下，不同参数下的缺陷分布角具有相似的规律。为了验证这一规律，采用转速 $n=8000$ r/min，进给速度 $f=600$ mm/min 的参数铣削一组铝蜂窝芯，获得其逆铣区的缺陷分布角度的

Ⅱ区的切入角为 90°～92.6°，Ⅲ区的切入角为 155°～156°。

3.6.5 蜂窝壁切削缺陷

蜂窝壁缺陷的产生与蜂窝壁切削力的大小不无关系，本小节通过蜂窝壁切削试验来获得不同切入角时的蜂窝壁切削力的大小。由于一层蜂窝壁仅有 0.06 mm，无法单独完成夹持和切削，所以本次试验样件采用由四层蜂窝壁压平所形成的一个薄平面，如图 3-48 所示。改变试验样件的摆放方向，使蜂窝壁切入角依次为 15°、30°、45°、60°、75°、90°、105°、120°、135°、150°和 165°进行试验。

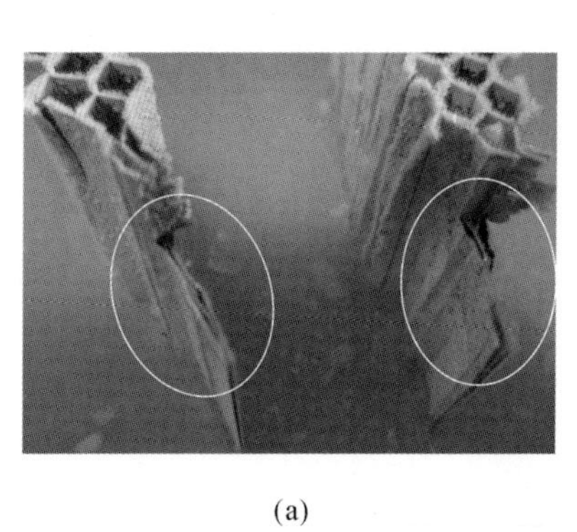

(a)

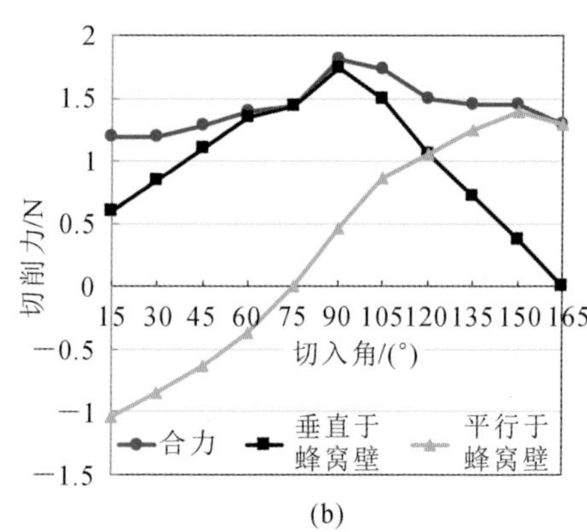

(b)

图 3-48　四层蜂窝壁样件及切削力

由图 3-48(b)可知，蜂窝壁切削的合力随蜂窝壁切入角的变化规律。从图中可以看出，不同切入角的蜂窝壁切削合力不一样：当切入角小于 90°时，合力 F 随之缓慢增大；当切入角为 90°时，合力 F 达到最大值 1.81 N；当切入角大于 90°时，合力 F 随之缓慢减小。当切削速度方向与蜂窝壁夹角很小的时候，平行于蜂窝壁的分力必然增大，当两者垂直时，平行于蜂窝壁的分力必然减小，垂直于蜂窝壁的分力增大。图 3-49 所示为蜂窝芯加工表面缺陷的分布角度与蜂窝壁切削力 $F_{\perp}$ 和 $F_{/\!/}$ 的关系。从图中可以直观地看到缺陷分布的Ⅰ区、Ⅱ区和Ⅲ区正好对应着 $F_{\perp}$ 最大时的切入角和 $F_{/\!/}$ 最大时的切入角。

综上所述，在蜂窝壁切入角以及切削分力大小的双重影响作用下，蜂窝芯加工产生的表面缺陷集中分布于Ⅰ区、Ⅱ区和Ⅲ区。并且蜂窝芯具有明显的“逆铣区优势”，逆铣区的缺陷数量约占总缺陷数量的 30%，并且逆铣区的缺陷分布主要集中于Ⅱ区和Ⅲ区。

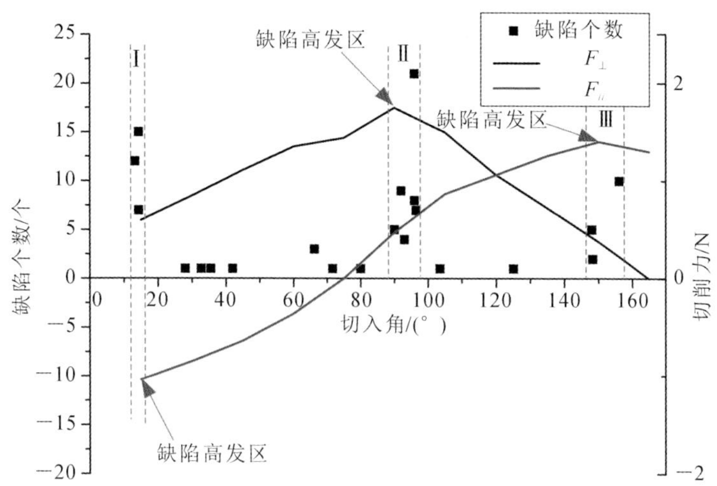

图 3-49　蜂窝壁切削力与缺陷分布的关系

3.7　铝蜂窝低缺陷铣削工艺优化

3.7.1　蜂窝芯加工夹持方式优化

1. 蜂窝芯铣削试验设计

本节所采用的蜂窝芯材料均为正六边形铝蜂窝芯材料，其室温力学性能如表 3-9所示。蜂窝芯格边长 3 mm，单边蜂窝壁厚度 0.06 mm，由多层蜂窝壁黏结，然后展开形成规则的蜂窝芯材料，如图 3-50 所示。

表 3-9　试验用铝蜂窝芯材料力学性能

壁厚/边长 /mm	密度 /(kg/m³)	平面压缩强度 /MPa	纵向剪切强度 /MPa	横向剪切强度 /MPa
0.05/3	52	1.60	1.15	0.67

试验中铝蜂窝芯材料被切割成尺寸为 180 mm×180 mm×40 mm 的试件。铣削方向垂直于蜂窝芯双层壁，即在本章中定义的 Y 方向。为了全面研究铣削表面的加工质量，每一组试验参数均采用铣槽的方式，即铣削宽度均为刀具直径，记录每一组试验参数的加工表面以便开展后续研究。

试验所用刀具一共三把，如表 3-10 所示，1# 刀具是加工铝蜂窝芯的整体式硬

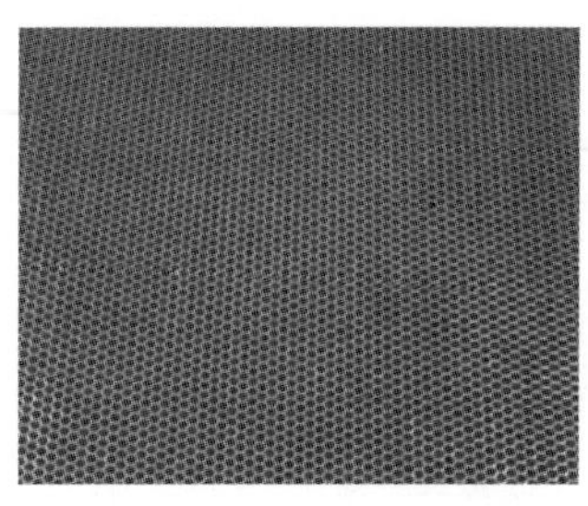

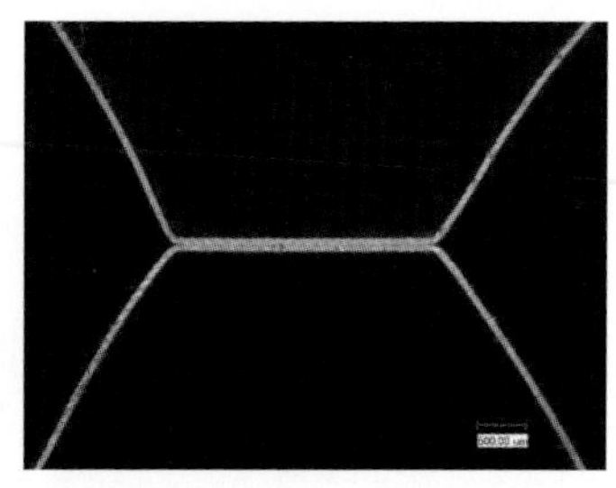

图 3-50　工件材料

质合金铣刀，正如表 3-10 中的切削刃放大图所示，刀具切削刃带有锋利的锯齿，表面有 ZrN 涂层，可以很好地切碎蜂窝壁材料，常用于蜂窝芯的面铣、槽铣和侧边铣削。$1^{\#}$ 刀具直径为 19.05 mm，螺旋角为 30°，前角为 15°，后角为 35°。$2^{\#}$ 和 $3^{\#}$ 刀具是加工铝蜂窝芯的组合铣刀，$2^{\#}$ 刀具底部带有用于切割蜂窝芯材料的圆刀片，$3^{\#}$ 刀具底部带有用于切割蜂窝芯材料的锯齿刀片。组合刀具在蜂窝芯材料切削加工中非常常见，其底部的切割刀片可以在铣削过程中先将待去除蜂窝芯从根部割断，形成已加工表面，然后通过上半部分带螺旋角的粉碎刃将待去除蜂窝芯材料粉碎，从而达到去除材料的目的。$2^{\#}$ 刀粉碎刃的螺旋角为 50°，前角为 25°，后角为 35°，$3^{\#}$ 刀粉碎刃的螺旋角为 5°，前角为 15°，后角为 40°。$2^{\#}$ 和 $3^{\#}$ 刀具用于蜂窝芯材料的型面铣削。$2^{\#}$ 刀具的粉碎刃刀体直径为 22.22 mm，圆刀片直径为 25.4 mm，$3^{\#}$ 刀具的粉碎刃刀体直径为 24.63 mm，锯齿刀片直径为 25.4 mm。

表 3-10　试验用蜂窝芯加工刀具

刀具编号	刀具实物图	切削刃放大图
$1^{\#}$ 整体式铣刀		
$2^{\#}$ 圆刀片组合铣刀		

续表

刀具编号	刀具实物图	切削刃放大
3# 锯齿刀片组合铣刀		

图 3-51 所示为蜂窝芯材料铣削加工试验的现场图及配置示意图，试验采用冰结夹持的方式对蜂窝芯进行夹持。本节试验在 VMX42 赫克加工中心上完成，机床转速最高可以达到 12000 r/min，具有0.01 mm的定位精度。切削力的采集是通过 Kistler9272 测力仪来完成。切削区温度通过型号为 Flir-A615 的红外热像仪进行测量，关于蜂窝芯热传递特性分析及切削温度的分析与建模在前面有详细的研究，本节将聚焦蜂窝芯试验中的切削温度与切削力、加工缺陷之间的关系及规律探讨，为蜂窝芯低缺陷加工工艺的优化提供依据。

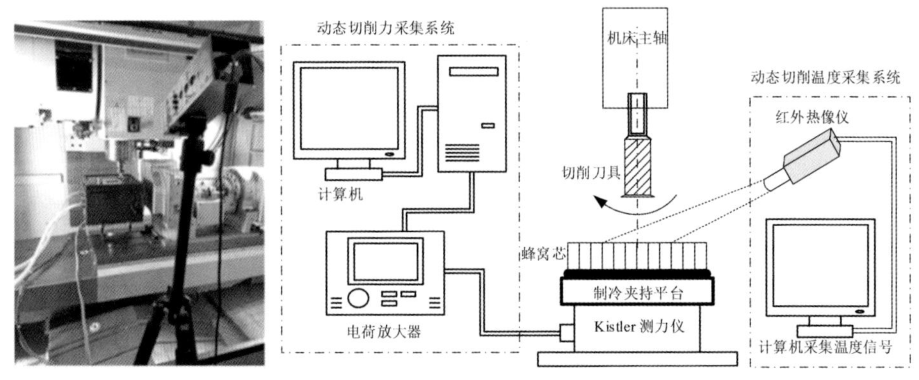

图 3-51　试验现场图及配置示意图

冰结夹持平台固定在测力仪上，铝蜂窝芯材料放置在冰结夹持平台上，通过冰结夹持方式对铝蜂窝芯材料进行夹持，如果没有特殊说明，本节试验中的冰结厚度均为 2 mm，在打开制冷电源 2 min 后，即可完成夹持，进行蜂窝芯切削试验。

试验参数设计采用三因素四水平的正交试验设计表，主要研究不同刀具在不同的夹持条件下，主轴转速(n)、进给速度(f)和铣削深度(a_p)对铝蜂窝芯切削力、切削温度和加工缺陷的影响，为控制铝蜂窝芯切削加工质量提供依据。

具体试验参数设计如表 3-11 所示。

表 3-11　试验参数设计

试验序号	n(r/min)	f/(mm/min)	a_p/mm
1	6000	300	2
2	6000	400	5
3	6000	500	8
4	6000	600	11
5	8000	300	5
6	8000	400	2
7	8000	500	11
8	8000	600	8
9	10000	300	8
10	10000	400	11
11	10000	500	2
12	10000	600	5
13	12000	300	11
14	12000	400	8
15	12000	500	5
16	12000	600	2

试验中主轴转速的范围为 6000～12000 r/min，铣削深度的范围是 2～11 mm，变化幅度较大，一方面 11 mm 的切深可以验证 2 mm 厚的冰结在实际蜂窝芯粗铣加工中的夹持可靠性，另一方面兼顾了蜂窝芯精加工和粗加工的加工表面质量的研究。同时，本试验综合考虑了三种常用的蜂窝芯加工刀具、四种蜂窝芯夹持方式(冰结夹持、冰结夹持＋喷水雾处理、冰填充夹持、胶黏夹持)在不同的切削参数下对蜂窝芯切削加工质量带来的影响。

2. 喷水雾处理

使用冰结夹持装置的另一巨大优势就是可以通过使用辅助手段来改善铝蜂窝芯加工的表面质量。其中，在冰结夹持铝蜂窝芯表面喷水雾就是最简单有效的辅助措施。

图 3-52 所示是在冰结夹持平台上使用喷水雾处理后的蜂窝芯工件表面，从图中可以看出，水雾在最上层蜂窝壁形成冰滴并附着其上，显而易见，蜂窝壁有冰滴附着后，在刀具刃尖切入时，其背面相当于有了一个远超蜂窝壁本身厚度的冰滴的支撑，极大地提高了蜂窝壁的局部刚性，可以预见，这将提升蜂窝壁

抵抗凹陷、撕裂、毛刺等缺陷的能力，提升铝蜂窝芯铣削的表面质量。整个喷水雾操作的步骤非常简单：首先在冰结平台上加入 2.7 mm 深的水，开启冰结平台制冷开关，同时使用喷雾器分别从四个方向斜向下对着蜂窝芯上表面喷水雾，根据前面的试验结果可知，在 1 分 2 秒时，蜂窝芯的上表面温度降至 0℃，因此，只需静待几分钟，就可以在完成底部冰结夹持的同时，使蜂窝芯上表面的水雾凝结成冰滴。在这几分钟里面，同步完成铣削程序的编制以及机床对刀等准备工作，然后即可进行不同夹持方式下铝蜂窝芯的对比试验。试验参数采用三因素三水平的正交试验设计表，主要研究使用不同刀具加工铝蜂窝芯时，不同的夹持方式对铝蜂窝芯的铣削力、温度及加工表面质量的影响，为优化铝蜂窝芯切削加工质量提供依据。具体试验参数如表 3-12 所示。

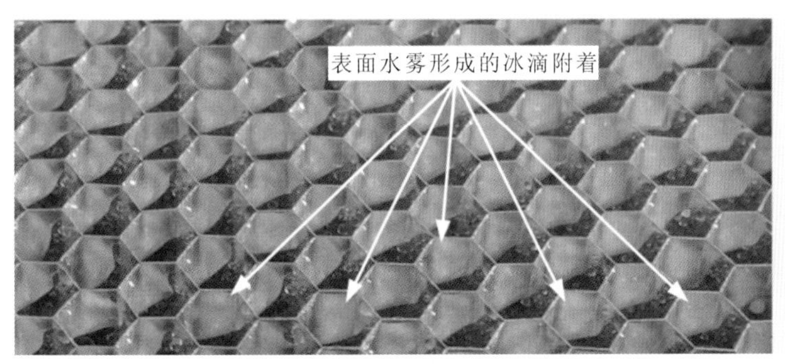

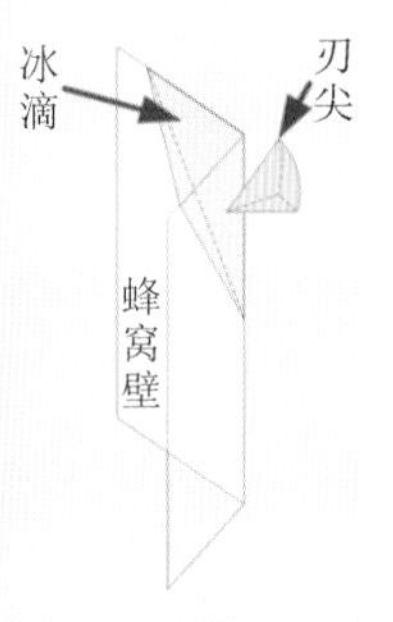

图 3-52　喷水雾处理后的蜂窝芯表面

表 3-12　试验参数设计

试验编号	n/(r/min)	f/(mm/min)	a_p/mm
a	6000	300	2
b	6000	400	5
c	6000	500	8
d	8000	300	5
e	8000	400	8
f	8000	500	2
g	10000	300	8
h	10000	400	2
i	10000	500	5

使用喷水雾处理后，铝蜂窝芯材料的铣削力和铣削温升如图 3-53 和图 3-54 所示。由图可以看出，使用喷水雾处理后的蜂窝芯切削力和温升并不

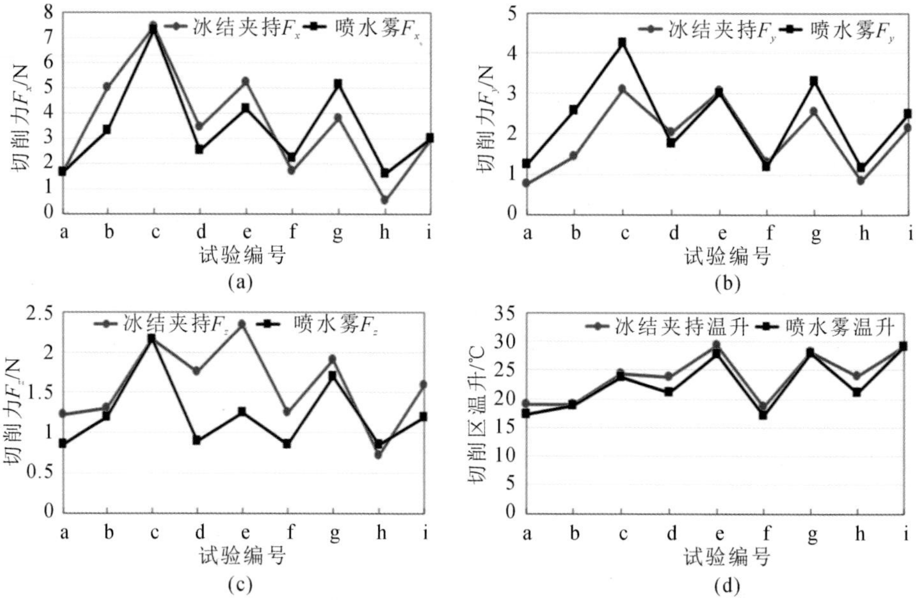

(a) (b) (c) (d)

图 3-53　整体铣刀在喷水雾处理下的切削力和切削温升

(a) (b) (c) (d)

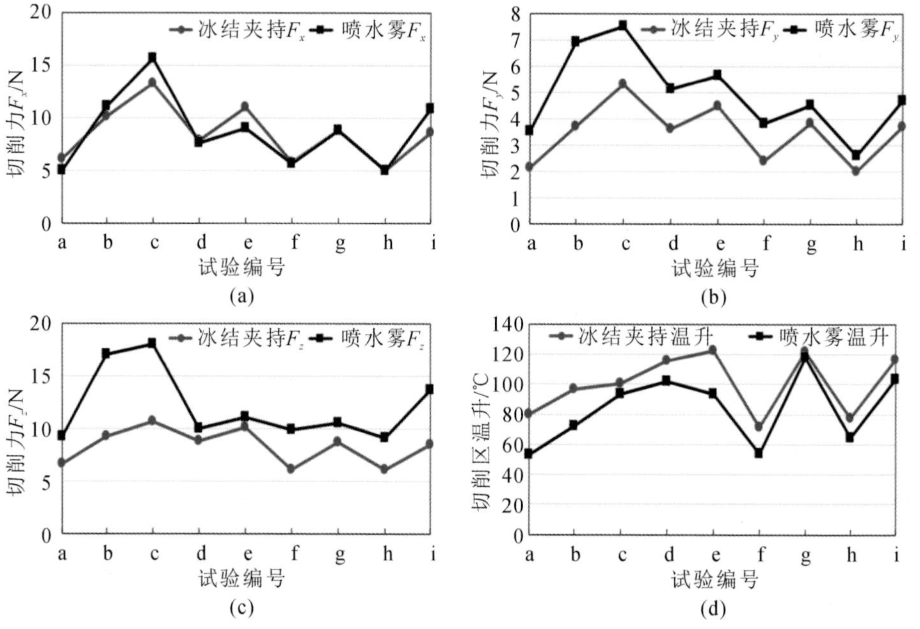

图 3-54　圆刀片组合铣刀在喷水雾处理下的切削力和切削温升

会显著改变其原有变化规律。与冰结夹持条件下的蜂窝芯切削力和温升相比，F_x 在刀具低转速时略有下降，在高转速时则有所升高，平均变化幅度为 0.75

N，F_y 则均略有上升，平均上升幅度为 0.51 N，F_z 在8000 r/min时有较大的下降，平均下降幅度为 0.39 N。喷水雾处理后的切削温升略有下降，平均下降了 1.27 ℃。也就是说，喷水雾处理会使整体铣刀加工铝蜂窝芯材料的总切削力略有上升，切削温升略有下降，但其影响可以忽略不计。

使用圆刀片组合铣刀铣削铝蜂窝芯时，同样也可以观察到，使用喷水雾处理后的蜂窝芯切削力和温升并不会显著改变其原有变化规律。但是喷水雾使得 F_y 和 F_z 在每个试验参数组合下均有所升高，平均涨幅分别达到 44.2%和 45.9%。由于本次试验喷水雾主要集中在 Y 方向，冰滴也主要附着在 Y 方向，所以进给方向的切削力 F_y 比 F_x 涨幅更大。圆刀片组合铣刀的切削温升在喷水雾处理后平均下降了 16.34 ℃，下降幅度达到 17.33%。

虽然使用喷水雾处理会让铝蜂窝芯的切削力增大，但降低了切削区的温度。根据 3.6 节的分析可知，切削力越大，切削温度越高，会带来越多的芯格变形等缺陷，但是喷水雾处理通过将冰滴附着到铝蜂窝芯表面，使整个待去除蜂窝芯层的整体刚性获得了巨大的提升，必将会减少蜂窝芯壁在切削加工过程中的塑性变形等，从而改善加工表面质量，减少加工缺陷的产生。事实证明，喷水雾处理对铝蜂窝芯铣削中产生的缺陷数量有着巨大的影响，如图 3-55 所示。

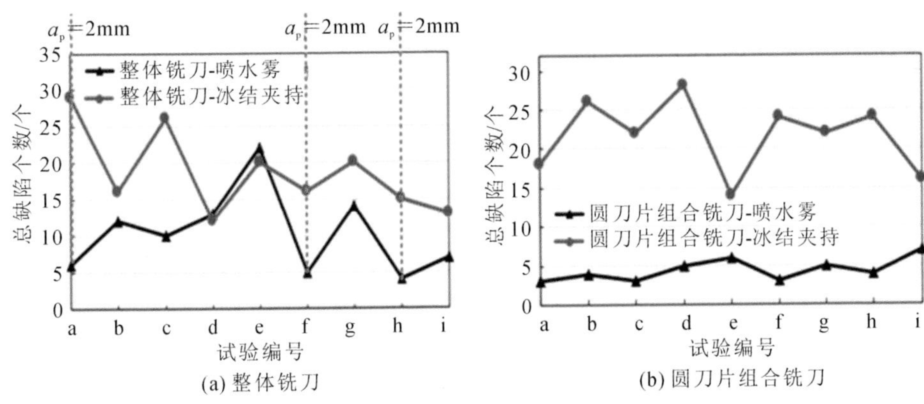

图 3-55　喷水雾处理与冰结夹持的总缺陷数量对比

对于整体铣刀，喷水雾处理平均可以减少 8.22 个表面加工缺陷，影响最大的则是切深 a_p = 2 mm 时的加工表面，因为喷水雾形成的冰滴主要还是附着在蜂窝芯的表面上，当切深为 2 mm 时，刀具刃尖切削时正好切入冰滴所在位置，此时，冰滴发挥了最大的作用，使得加工表面的缺陷数量急剧减少，如

图 3-55 所示。使用其他切深铣削时，刀刃形成的加工表面与冰滴所在位置相隔甚远，虽然冰滴同样增加了待去除蜂窝芯的刚性，但是此时对缺陷数量的改善作用有限，甚至某些参数下没有使表面加工缺陷减少。而对于圆刀片组合铣刀，其切削过程与整体铣刀的切削过程不一样，是依靠圆刀片先将待去除蜂窝芯与工件分割开，因此，待去除蜂窝芯的整体刚性就显得尤为重要。在没有采用喷水雾处理时，待去除蜂窝芯的刚性就是蜂窝芯材料的本身刚性，而采用喷水雾处理后，由于冰滴附着在蜂窝芯表面，待去除蜂窝芯的整体刚性得到了极大提升，使得圆刀片的切削过程更加顺畅，这与没有采用喷水雾处理时增加切深的效果是一样的。所以，在所有切削参数组合下，喷水雾处理对圆刀片组合铣刀的铣削表面质量均有极大提升，平均可减少 17.11 个表面加工缺陷，使大部分试验参数下的总加工缺陷数低于 5 个。

图 3-56 所示的是采用喷水雾处理后和冰结夹持下的铝蜂窝芯加工表面质量对比。从图中可以看出，切深为 2 mm 时，采用喷水雾处理后，整体铣刀加工出的铝蜂窝芯表面不仅总缺陷数量明显下降，而且，撕裂毛刺的长度也大幅减小，大部分撕裂毛刺长度仅有 0.3～0.4 mm，而且已加工表面的蜂窝芯格没有任何芯格变形和蜂窝壁变形缺陷。圆刀片组合铣刀加工出的蜂窝芯表面的微小毛刺缺陷也大幅减少，如图 3-56(c)所示，蜂窝壁的边缘不再有杂乱的微小毛刺，可以观察到非常整齐均匀的蜂窝壁边缘。不过，虽然喷水雾处理对加工表面的微小毛刺有优化的效果，但是微小毛刺是无法完全避免的。经过观察发现，使用喷水雾处理后的圆刀片组合铣刀加工表面的微小毛刺尺寸分布在 20～45 μm，与冰结夹持状态下的微小毛刺分布在 85～190 μm 相比，获得了极大的提升。

综上所述，整体铣刀铣削铝蜂窝芯材料依靠的是每个刀刃对每个蜂窝壁的单次切削，此时增加蜂窝芯表面的刚性对小切深时的切削有极大的优化作用，喷水雾处理后加工表面缺陷平均减少 73.80%，但是对发生在较深处的切削只有有限的优化作用，喷水雾处理后加工表面缺陷平均减少 24.06%。而圆刀片组合铣刀铣削铝蜂窝芯表面依靠的是圆刀片对待去除蜂窝芯整体的切除，此时增加待去除蜂窝芯的整体刚性对切除过程有着极大的优化作用，喷水雾处理后加工表面缺陷平均可减少 77.55%。并且，使用喷水雾处理后，蜂窝芯加工表面的微小毛刺长度可从 85～190 μm 减小到 20～45 μm。

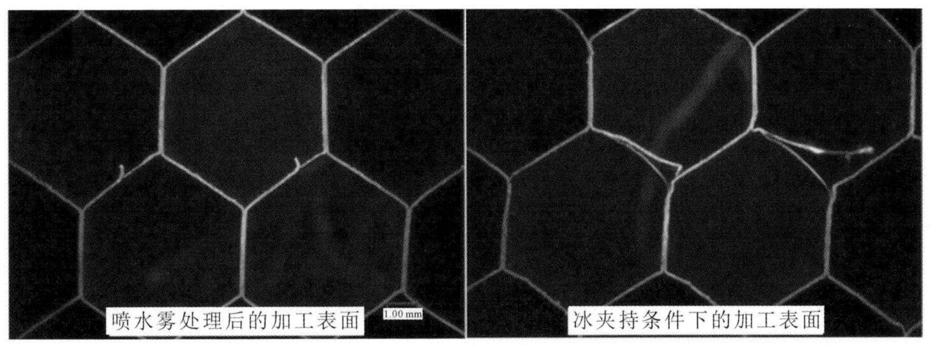

(a) 整体铣刀-喷水雾　　(b) 整体铣刀-冰结夹持

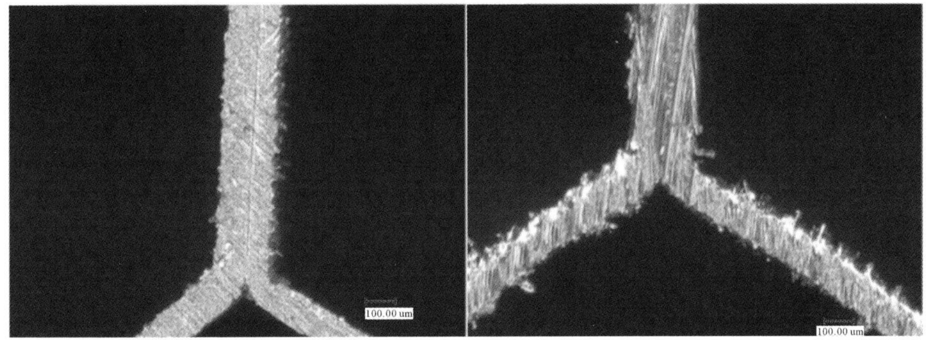

(c) 组合铣刀-喷水雾　　(d) 组合铣刀-冰结夹持

图 3-56　加工表面质量对比

3. 冰填充处理

除了使用喷水雾的方式对冰结铝蜂窝芯加工进行优化以外，也可以采用更为极端的方式——冰填充铝蜂窝芯。冰填充铝蜂窝芯加工方式可以有效地避免加工表面缺陷的产生，特别是在待加工工件厚度很小的时候，可以有效避免薄蜂窝芯材料的芯格撕裂以及切入切出时的边缘撕裂问题，适用于对铝蜂窝芯加工表面质量要求非常高的场合。图 3-57 所示是在冰结夹持平台上用冰完全填充铝蜂窝芯格的加工工件，从图中的已加工表面可以很明显地看出加工表面质量非常好，填充的冰在加工过程中随蜂窝壁一同被切削而没有发生碎裂，这为维持铝蜂窝芯已加工表面的几何形状提供了极大的保护作用。同时，被切除的铝蜂窝芯切屑以及冰屑被刀具带向加工路径两侧。由于整个平台处在低温环境，冰屑在碰到平台上的冰时继续凝固附着其上，也包裹住了铝粉末切屑。蜂窝芯材料在被粉碎刃切削时将产生大量的细小的铝粉末切屑，粉末到处飞扬造成了极大的安全隐患，若被操作人员吸入会严重危害人员健康。冰填充方式下的铝蜂窝芯铣削完美地解决了这个问题，产生的切屑都与冰屑一起凝结在平台上，事后将平台上含切屑的冰水处理掉即可。

图 3-57　冰填充方式下的铝蜂窝芯加工

冰填充方式的缺点是夹持耗时变长，鉴于被加工工件的厚度不同，完成冰填充的制备所需的时间也不同。冰结夹持平台可以实现在 13 min 内完成 10 mm 厚的冰填充，为冰填充下的铝蜂窝芯切削试验提供基础。冰填充的操作步骤与冰结夹持的操作一样，十分简单。首先根据冰和水的密度之比计算需要加入的水的深度，放入铝蜂窝芯工件，开启冰结平台制冷开关，静待 12 min 即可。在此期间，同步完成装夹刀具、铣削程序的编制以及机床对刀等准备工作，然后即可进行冰填充方式下铝蜂窝芯的铣削试验。

整体铣刀由于其本身在冰结夹持条件下的切削力和切削温度均非常小，当采用冰填充方式进行铣削时，切削力会有 1～2 N 的增加，但切削区的温度基本不变。

使用圆刀片组合铣刀在冰填充方式下加工铝蜂窝芯的切削力和温升如图 3-58 所示。从图中可以看出，由于蜂窝芯格中有冰填充，所有参数下的切削力相比冰结夹持下的铝蜂窝芯切削力均有显著提升，特别是进给方向的切削力 F_y 和轴向的切削力 F_z，分别增加了 111.1%和 51.5%。值得注意的是切深等于8 mm的时候，切削力的增长幅度达到 230%。这是因为被冰填充的铝蜂窝芯形成了一个整体，在圆刀片切入工件时对其产生了一个较大的压力，从而导致圆刀片与工件

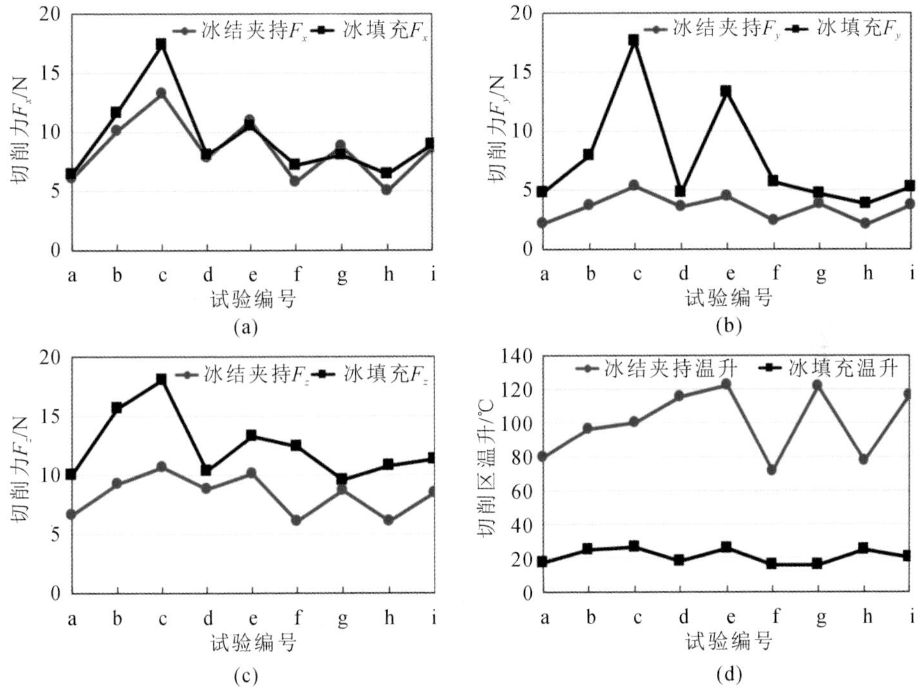

图 3-58 圆刀片组合铣刀在冰填充方式下的切削力和切削温升

之间的摩擦作用力明显增大。因为整个切削过程都是在冰里面进行的,所以整个切削区的温度基本维持在初始温度,如图 3-58(d)所示。与冰结夹持条件下的切削温度相比,冰填充方式平均使温度降低了 78.9 ℃。根据 3.6 节的分析结果可知,由温度产生的蜂窝壁变形、芯格变形、脱胶等缺陷在此时均不会发生。

冰填充方式下的铝蜂窝芯加工表面质量如图 3-59 所示。其中,图 3-59(a)和(b)是整体铣刀加工的蜂窝芯表面,图 3-59(c)和(d)是圆刀片组合铣刀加工的蜂窝芯表面。从图中可以看出,冰填充在铝蜂窝芯加工中发挥了重要作用,不论是整体铣刀还是圆刀片组合铣刀,在 20 倍放大下的加工表面的蜂窝芯格均保持了完美的正六边形几何形状,没有撕裂毛刺、蜂窝壁撕裂、芯格变形等缺陷。唯一在整体铣刀加工表面发现的缺陷是如图 3-59(b)所示的非常微小的在 100 倍放大显示下才能看到的小凹陷。与冰结夹持下的蜂窝壁凹陷不同,此时发生的小凹陷尺寸仅有 252 μm×529 μm,被局限在一个很小的尺寸范围内,而不像冰结夹持下的壁凹陷会使整条蜂窝壁凹陷。使用整体铣刀铣削 19 mm×65 mm的表面,可以发现 0～2 个这样的小凹陷,其他表面加工缺陷均未发现,

冰结夹持条件下的最常见的撕裂毛刺不再出现。

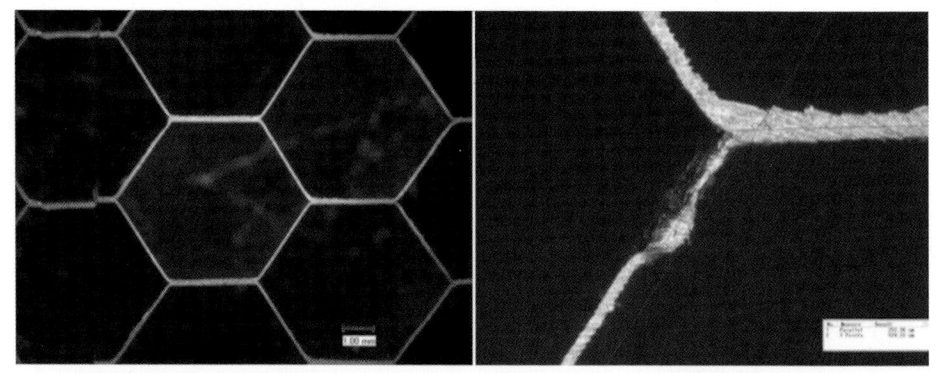

(a) 整体铣刀-×20　　　　(b) 整体铣刀-×100

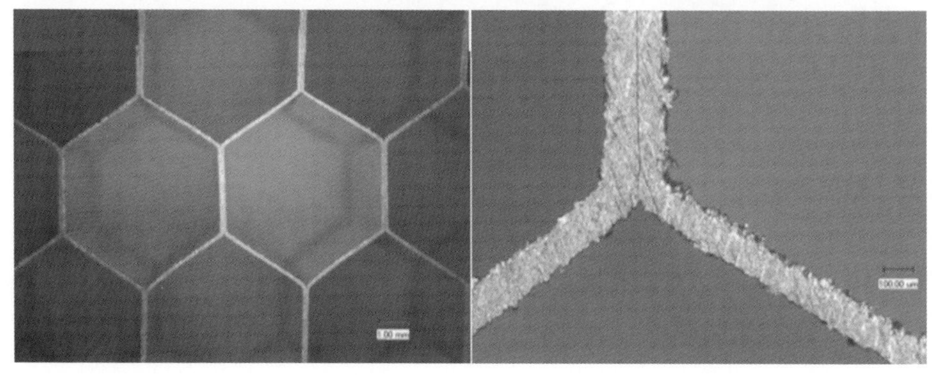

(c) 圆刀片组合铣刀-×20　　　　(d) 圆刀片组合铣刀-×200

图 3-59　冰填充方式下的加工表面质量

对于圆刀片组合铣刀，冰填充方式使得冰结夹持方式下最常见的铝蜂窝芯撕裂毛刺和芯格变形缺陷均不再发生，如图 3-59(c)所示，所有参数下的蜂窝壁均完美地保持了其原有的几何形状。但是在 200 倍放大显示下可见微小毛刺还是偶有出现，如图 3-59(d)所示。与传统加工一样，毛刺基本上无法避免。冰填充方式下的微小毛刺也无法避免，但其数量大幅减少，其毛刺长度仅为 20～50 μm，相比于冰结夹持，微小毛刺的长度有了明显的优化。

如图 3-60 所示，对比不同切削状态的切屑，发现整体铣刀在冰结夹持方式下存在较多的又细又长的大切屑，长度超过 1 mm，如图 3-60(a)所示。圆刀片组合铣刀在冰结夹持方式下同样存在部分 0.5～1 mm 的大切屑，如图 3-60(b)所示。大切屑的存在说明在刀具旋转进给运动中发生了蜂窝壁让刀现象，没有顺利切除材料，而是积累到一定尺寸无法让刀后，再一次性将材料切削下来。在此过程中，产生缺陷的概率显然要高于能形成均匀切屑的过程。由于圆刀片组合铣刀在铣削过程中的切削区温度相对较高，温度梯度较大，形成了如图 3-60(c)所示的 C 形切屑和螺旋形切屑。图 3-60(d)是圆刀片组合铣刀在冰填充条件下的切屑，可以看出，此时切屑的尺寸非常均匀，没有明显的大切屑。这表明在冰填充条件下，刀具的每一次旋转和进给运动，均可以顺利地切除蜂窝芯材料，没有发生蜂窝壁让刀现象。

(a) 1#刀-冰结夹持切屑

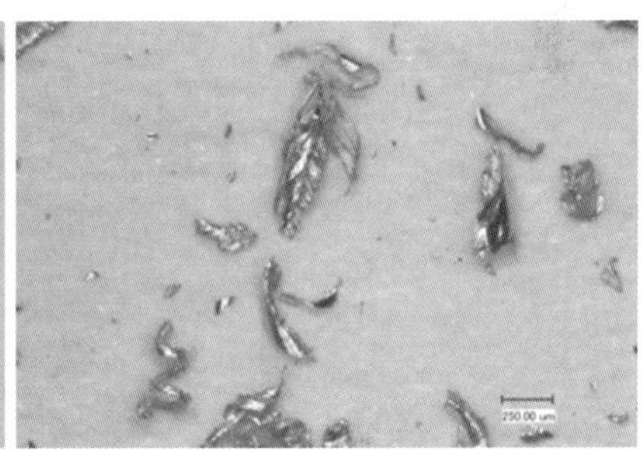

(b) 2#刀-冰结夹持切屑(1)

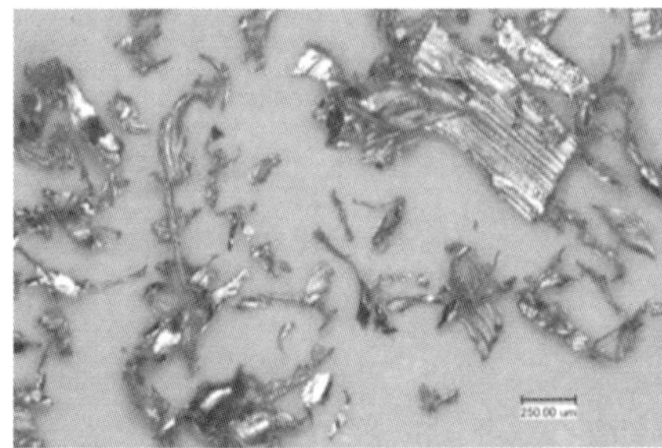

(c) 2#刀-冰结夹持切屑(2)

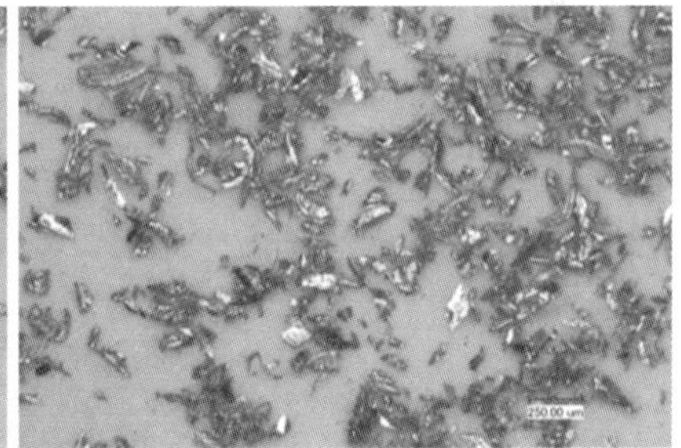

(d) 2#刀-冰填充切屑

图 3-60　不同切削状态的切屑对比

因此，冰填充方式可以使刀具在每一次旋转进给运动中均匀地切除相应材料，最终获得最优的铝蜂窝芯加工表面质量，有效杜绝冰结夹持下最常见的撕裂毛刺、蜂窝壁撕裂、纵向撕裂、芯格变形和节点缺陷等加工缺陷。使用整体铣刀加工冰填充方式下的铝蜂窝芯时仅会产生 0～2 个长度不超过 530 μm 的微小凹陷。使用圆刀片组合铣刀加工冰填充方式下的铝蜂窝芯时微小毛刺数量大幅减少，长度仅有 20～50 μm，适用于对铝蜂窝芯加工表面质量要求高的场合。

4. 胶黏处理

目前在制造企业广泛使用的是非常落后的双面胶黏结夹持方式。本小节的试验采用底面双面胶+上面透明胶带双重黏结的夹持方式，将铝蜂窝芯粘到一块树脂厚板上，然后将树脂厚板联结到 Kistler 测力仪上，最后固定到机床的工作平台上，如图 3-61 所示。

图 3-61　胶黏夹持加工现场

使用这种双重黏结夹持方式，在整体铣刀铣削加工中依然发生了夹持不稳定的情况，导致蜂窝芯整个脱离夹持板飞出，刀具的刃尖发生崩刃，仅当使用组合铣刀时，加工过程才能勉强进行下去。说明在以往夹持方法及夹持经验的制约下，开发出带圆刀片的组合铣刀是加工铝蜂窝芯材料的权宜之计，在传统夹持方式下，只有带上圆刀片，在切碎蜂窝芯之前将待去除蜂窝芯从工件表面分割开，才能最低限度地使蜂窝芯在加工中不至于从平台脱离，从而保证切削过程能顺利进行。从前述研究工作中也可发现，引入圆刀片会带来相应的缺陷。当采用冰结夹持平台后，夹持问题将不再是铝蜂窝芯切削加工中的难点。

图 3-62 所示是圆刀片组合铣刀铣削胶黏夹持下的铝蜂窝芯的切削温度和切削力，并将其与冰结夹持下的切削温度和切削力做一个对比。从图中可以发现，虽然铝蜂窝芯的加工温度不算高，但是在胶黏夹持条件下的切削最高温度达到 166.1 ℃，在此温度下，芯条胶的剪切强度和多点剥离强度均降至常温下的 1/3，蜂窝壁和芯格节点不同程度地被软化。因此，可以预见，加工表面将发生严重的芯格变形和蜂窝壁变形。与冰结夹持方式的切削温度相比，胶黏夹持的切削区最高温度比冰结夹持条件下的最高温度平均增加了38.7 ℃。不同夹持方式下的切削力的变化规律均十分相似，胶黏夹持方式的切削力也不例外。

但是在所有切削参数下，相比冰结夹持，胶黏夹持的切削力 F_x 均有所升高，最高时达到 23 N，增加了 72.7%。在铣削过程中会发现蜂窝芯工件有部分被拔起，胶黏效果并不理想，无法保证加工过程中的夹持稳定性，故难以在大型蜂窝芯工件加工中保证加工精度。

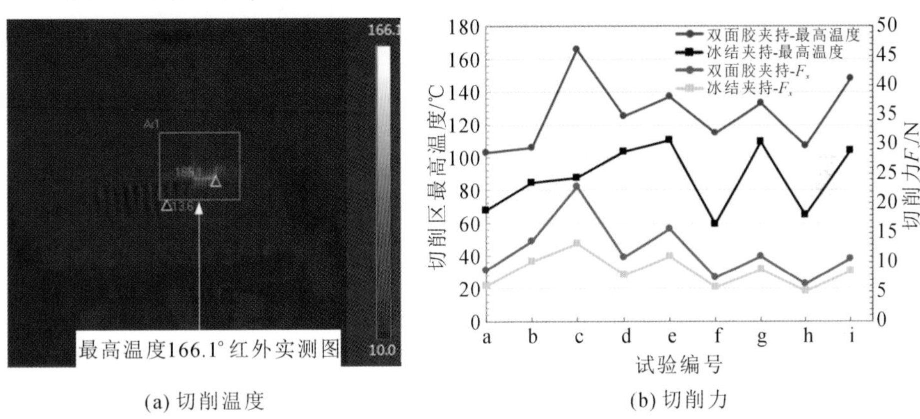

(a) 切削温度　　(b) 切削力

图 3-62　胶黏夹持下的切削温度与切削力

胶黏夹持下的加工表面质量如图 3-63 所示，是所有铝蜂窝芯铣削试验中最差的加工表面。图 3-63(a)展示的是胶黏夹持方式下产生的芯格变形缺陷，变形程度非常严重，存在超过 1000 μm 的毛刺。图 3-63(b)所示是胶黏夹持方式下产生的撕裂毛刺缺陷，不仅贯穿了整个蜂窝壁，而且数量远多于冰结夹持下的数量。图 3-63(c)(d)所示是胶黏夹持下的加工表面的芯格节点，可以看到其被厚厚的一层材料所覆盖，原始蜂窝壁厚仅为 60 μm，但是加工表面的壁厚高达 407 μm，可见切削过程中圆刀片并没有切断蜂窝壁材料，而是将大量材料沿切削方向挤至刀具底部，形成了图中所示的具有大量微小毛刺的凹凸不平的加工表面。并且芯格的形状也发生了严重的塑性变形。如果有大量的节点产生塑形变形，将会使蜂窝芯材料丧失其应有的力学性能。

如图 3-64(a)所示，整体铣刀在铣削胶黏夹持条件下的铝蜂窝芯时发生了刃尖的崩刃。蜂窝芯材料的相对密度极低，所以实际上刀具切除的材料非常少，刀具磨损发生缓慢，但由于夹持不稳定，会导致切削过程不稳定，引发刃尖崩刃。而在冰结夹持和冰填充条件下，整体铣刀的磨损量非常小，几乎可以忽略不计。相比而言，圆刀片的加工环境更为恶劣，一直处于和蜂窝芯材料的高速接触摩擦中。由于圆刀片的圆周刃很薄，在铝蜂窝芯切削过程中会发生如图 3-64(b)所示的微

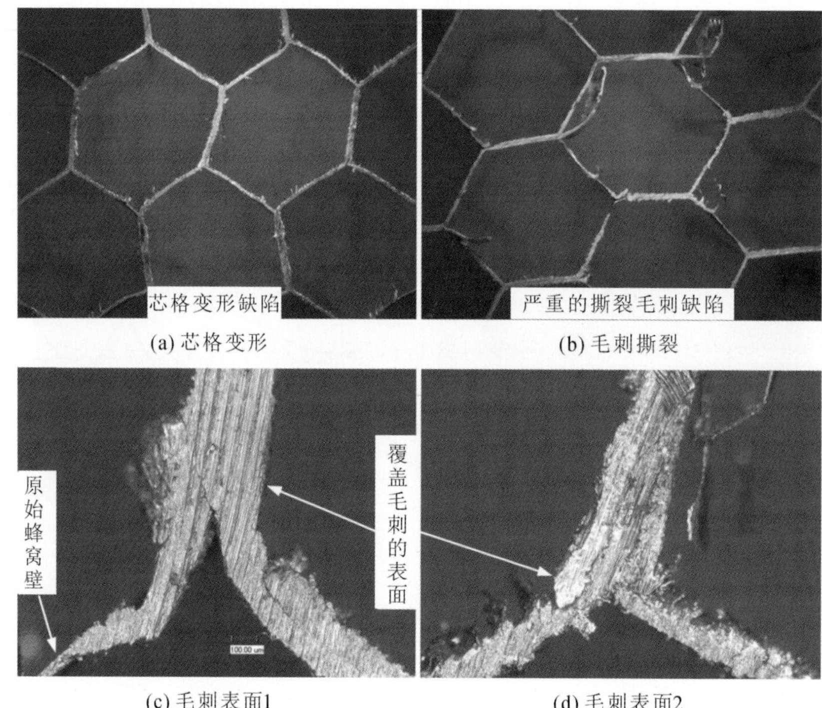

(a) 芯格变形　(b) 毛刺撕裂

(c) 毛刺表面1　(d) 毛刺表面2

图 3-63　胶黏夹持下的加工表面质量

崩刃磨损。在铣削铝蜂窝芯的面积达到 70993 mm^2 时，圆刀片最大磨损长度达到 1.2 mm，磨损宽度达到 0.23 mm，磨损面积达到 0.13 mm^2。

(a)

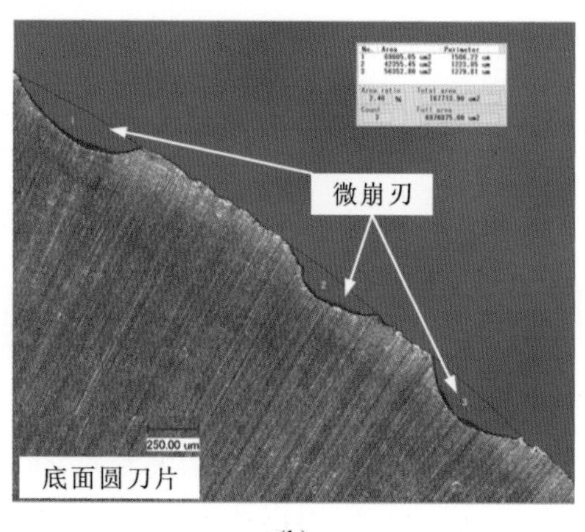

(b)

图 3-64　蜂窝芯加工刀具的磨损

3.7.2 聚集分布缺陷的优化方法

在 3.6 节中研究了铝蜂窝芯加工表面缺陷的分布规律，知道了绝大部分蜂窝芯缺陷都分布于已知的三个区域。为了减少蜂窝芯加工过程中规律性分布缺陷，最直接有效的方法就是让蜂窝壁在铣削过程中的切入角避免落入这三个缺陷高发区域内。本小节研究如何实现对所有蜂窝壁切入角的控制。

首先，由于蜂窝芯加工的“逆铣区优势”，第一步就是只用逆铣加工的方式进行蜂窝芯型面的铣削，这一步可以减少约 70%的表面缺陷。显然，加工中的逆铣区宽度也就是刀具半径至少要大于一个蜂窝芯格宽度。其次是对逆铣区的表面缺陷进一步优化，也就是让蜂窝壁在铣削中的切入角不等于 3.6 节中描述的缺陷分布角。考虑到单层蜂窝壁在试验中更容易产生缺陷，将单层蜂窝壁需要规避的切入角定为总缺陷的Ⅰ区、Ⅱ区和Ⅲ区的范围，将双层蜂窝壁需要规避的切入角定为逆铣区的Ⅲ区的范围。从前面的内容可知，每一条蜂窝壁在刀具进给过程中的切入角是持续变化的，变化幅度则刚好为 90°(仅用逆铣区铣削时)，如图 3-65 所示。从图中可知，a、d 边将在 150°～180°之间遭遇Ⅲ区缺陷高发区，在 0°～60°之间遭遇Ⅰ区缺陷高发区；b、e 边将在 30°～120°之间遭遇Ⅱ区缺陷高发区；c、f 边为双层壁，将在 90°～180°之间遭遇Ⅲ区缺陷高发区。逆铣区的蜂窝壁一共存在这四种发生缺陷的情形，下面对每一种情形的避免条件进行求解。

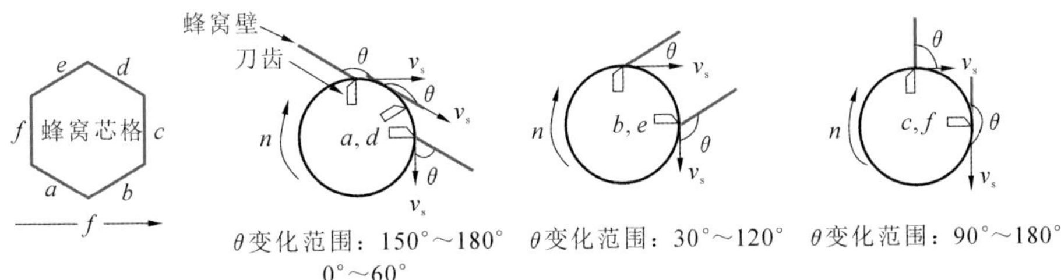

图 3-65 蜂窝壁切入角在逆铣时的变化范围

对逆铣区各蜂窝壁的切入角进行计算，如图 3-66 和图 3-67 所示。刀具进给时：第一次接触目标蜂窝壁，$\theta_r=\theta_{r1}$；刀具离开目标蜂窝壁，$\theta_r=\theta_{r2}$。这意味着每个目标蜂窝壁在被切削时 θ_r 会从 θ_{r1} 变到 θ_{r2}，相应的蜂窝壁切入角也会从 θ_1 变为 θ_2。l 为蜂窝芯格的边长，D_t 为刀具直径，定义第一个蜂窝芯格顶点到切

削边缘的距离为 w，根据蜂窝芯格的周期性，其后的蜂窝芯格顶点到切削边缘的距离为 $w+1.5ln$。从图 3-66 中不难看出，a、d 边在 0°～60°之间时，切入角 θ 与 θ_r 之间的关系为 $\theta=60°-\theta_r$。此时，需要避免 $\theta=13.25°\sim14.37°$ 的情形发生，需要满足的条件为

$$\begin{cases} \theta < 13.25° \quad \text{或} \quad \theta > 14.37° \\ \theta = 60° - \theta_r \\ \theta_r \in [\theta_{r1}, \theta_{r2}], \theta_{r1}, \theta_{r2} \in [0°, 90°] \\ 0.5D_t \sin\theta_{r1} - 0.5l + w_1 = 0.5D_t \\ 0.5D_t \sin\theta_{r2} + w_1 = 0.5D_t \end{cases} \tag{3-52}$$

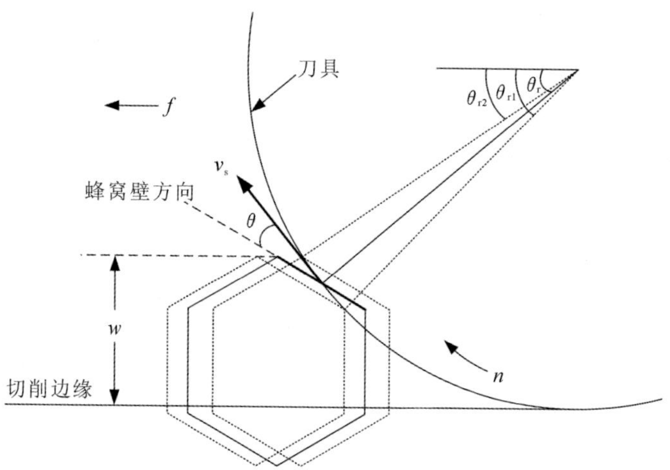

图 3-66　a、d 边的切入角计算

求解后可以得到避免 a、d 边 Ⅰ 区缺陷的条件为

$$w^1 > 0.143D_t + 0.5l \quad \text{或} \quad w^1 < 0.1355D_t \tag{3-53}$$

图 3-67 所示的是 c、f 边的切入角计算及目标蜂窝壁切入角的变化范围。同理，刀具的进给运动使目标蜂窝壁在被切削时 θ_r 会从 θ_{r1} 变到 θ_{r2}，不难看出，此时的切入角 θ 与 θ_r 之间的关系为 $\theta=180°-\theta_r$。需要避免 $\theta=156°$ 的情形发生，则需要满足的条件为

$$\begin{cases} \theta < 156° \quad \text{或} \quad \theta > 156° \\ \theta = 180° - \theta_r \\ 0.5D_t \sin\theta_{r1} - 0.5l + w_2 = 0.5D_t \\ 0.5D_t \sin\theta_{r2} - 1.5l + w_2 = 0.5D_t \end{cases} \tag{3-54}$$

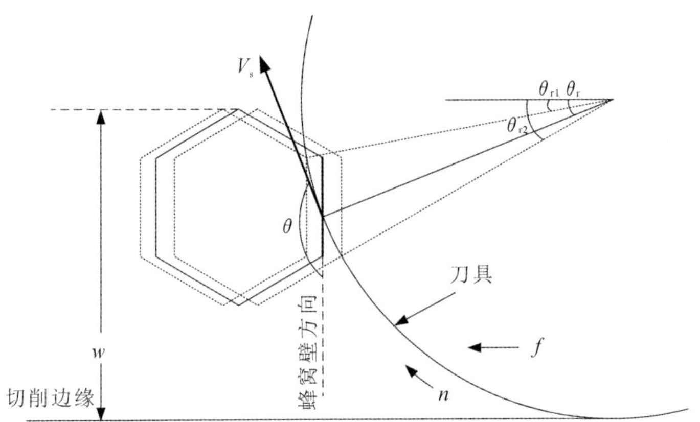

图 3-67　c、f 边的切入角计算

求解后可以得到避免 c、f 边Ⅲ区缺陷的条件为

$$w_2 > 0.297\,D_t + 1.5l \quad \text{或} \quad w_2 < 0.296\,D_t + 1.5l \tag{3-55}$$

同理可知，为了避免 a、d 边的Ⅲ区缺陷和 b、e 边的Ⅱ区缺陷，需要满足的条件分别为

$$\begin{cases} \theta < 148^\circ \quad \text{或} \quad \theta > 156^\circ \\ \theta = 240^\circ - \theta_r \\ 0.5D_t \sin\theta_{r1} + w_3 = 0.5D_t \\ 0.5D_t \sin\theta_{r2} - 0.5l + w_3 = 0.5D_t \end{cases} \tag{3-56}$$

以及式

$$\begin{cases} \theta < 90^\circ \quad \text{或} \quad \theta > 93^\circ \\ \theta = 120^\circ - \theta_r \\ 0.5D_t \sin\theta_{r1} + w_4 = 0.5D_t \\ 0.5D_t \sin\theta_{r2} - 0.5l + w_4 = 0.5D_t \end{cases} \tag{3-57}$$

求解之后，得到 w_3 和 w_4 需要满足的条件为

$$w_3 > 0.003\,D_t + 0.5l \tag{3-58}$$

以及

$$w_4 > 0.2735\,D_t + 0.5l \quad \text{或} \quad w_4 < 0.25\,D_t + 0.5l \tag{3-59}$$

式中：w_1、w_2、w_3 和 w_4 满足式(3-60)；$n_{1,2,3,4}$ 为四个自然数，可能相等也可能不

相等，具体要根据刀具直径和蜂窝芯格边长的大小关系来确定，但它们之间必然相差 n 个 $1.5l$ 的大小。

$$w_{1,2,3,4} = w + 1.5l \cdot n_{1,2,3,4} \tag{3-60}$$

根据求解结果可以知道，逆铣区蜂窝壁发生缺陷的四种情形的避免条件分别对应着一个 w_i 值的范围，每个求解结果也可以理解为对应着一个不能被取值的 w_i 空间，将 w 的所有要求画在同一根数轴上，如图 3-68 所示。红色画叉的区域是不能被 w_i 取值的区域，而蓝色区域则是可以被 w_i 取值的区域，每一个 w_i 意味着一个蜂窝芯格的顶点，不同的 w_i 之间相差 n 个 $1.5l$ 的大小。要想同时避免逆铣区的四种缺陷情形，则必须让所有的 w_i 取值在绿色空间内。如果有一个 w_i 取值在红色区域内，就说明上述四种条件方程无法同时被满足。

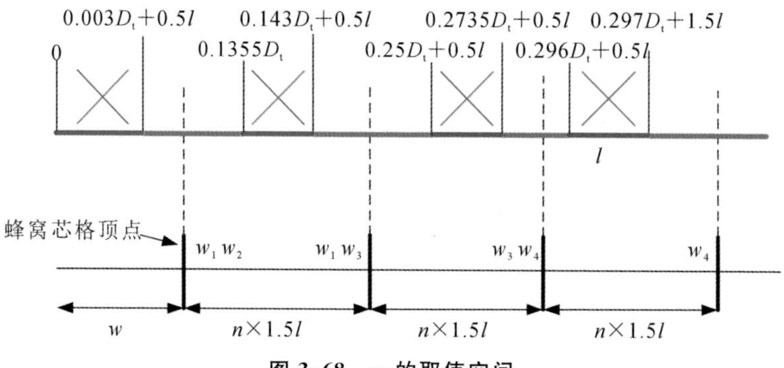

图 3-68　w 的取值空间

并不是所有的 D_t 和 l 都可以使所有的 w_i 取值在蓝色空间内，所有红色区域的宽度必须满足一定的条件才能保证 w_i 有合理解，式(3-61)是保证能够找到满足要求的 w_i 的充要条件。

$$\begin{cases} 0.0235\,D_t < 1.5l \equiv D_t < 63.8l \\ 0.0105\,D_t + l + \text{mod}(0.1325\,D_t - 0.5l, 1.5l) < 3l \\ 0.031\,D_t + 0.5l + \text{mod}(0.107\,D_t, 1.5l) < 3l \\ 0.0235\,D_t + l + \text{mod}(0.0235\,D_t, 1.5l) < 3l \end{cases} \tag{3-61}$$

放宽取余条件时，可以得到 w_i 有合理解的充分不必要条件，如

$$0.0105\,D_t + l + 0.1325\,D_t - 0.5l < 3l \equiv D_t < 17.48l \tag{3-62}$$

若蜂窝芯边长为 3 mm 时，D_t<52.44 mm，这一直径大小已经远超本章中所用的蜂窝芯铣刀直径，也就是说，通过选取合适的 w，可以铣削出低缺陷

的蜂窝芯表面。

因为 w_1、w_2、w_3 和 w_4 均取决于第一个蜂窝芯格顶点的位置 w，所以确定了第一个 w 也就能确定了低缺陷的铣削位置。显然，刀具直径要满足 $0.5D_t>2l$，所以图 3-68 中第三个红色区域的下限刚好要大于 $1.5l$，这意味着第一级 w 的解必须满足式(3-63)。根据式(3-63)选取的 w 值可以让蜂窝芯工件的蜂窝壁在铣削逆铣区不产生Ⅰ区、Ⅱ区和Ⅲ区的缺陷，极大地提高了加工表面质量。

$$0.003\,D_t+0.5l<w<0.1355\,D_t \tag{3-63}$$

或

$$0.143\,D_t+0.5l<w<1.5l$$

本节所用的整体铣刀直径为 19.05 mm，蜂窝芯边长为 3 mm，也就是 $D_t=6.35l$。该刀具要避免逆铣区缺陷，则 w 必须满足：

$$0.519l<w<0.8604l \tag{3-64}$$

或

$$1.408l<w<1.5l$$

当 $1.408l<w<1.5l$ 时，$w+1.5l$ 正好落入第四个红色区域，不满足条件。当 $0.519l<w<0.8604l$ 时：$w+1.5l$ 部分落入第二个绿色区域，需满足 $2.019l<w+1.5l<2.0875l$；$w+1.5l$ 部分落入第三个蓝色区域，需满足 $2.2367l<w+1.5l<2.3604l$。最终，w 必须满足：

$$0.519l<w<0.5875l \tag{3-65}$$

或

$$0.7367l<w<0.8604l$$

图 3-69(a)所示的是采用式(3-65)的 w 值之后的加工表面质量，图 3-69(b)所示的是优化 w 值之前的加工表面质量。从图中可以直观地看出，若仅改变切削位置，在其他切削参数均没有改变的情况下，缺陷高发区的表面缺陷都消失了，这也验证了该方法的正确性。没有优化 w 之前的逆铣区表面分布有较多明显的Ⅱ区 90°缺陷以及Ⅲ区 156°缺陷。而采用优化 w 值之后，铣削表面的质量得到了极大的提升，铣削表面不再有Ⅱ区和Ⅲ区缺陷，优化效果非常明显。

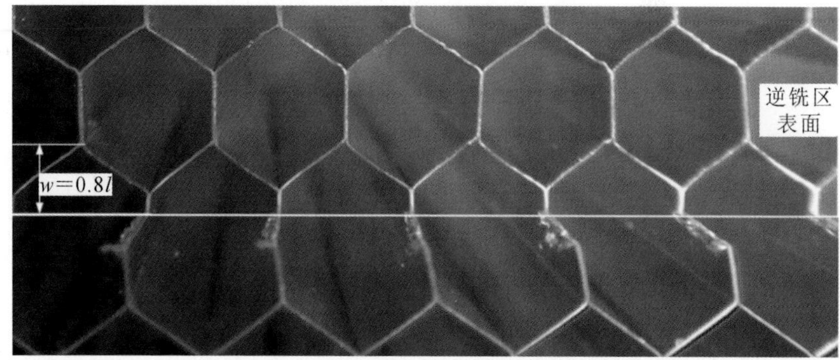

(a) 优化后的铣削表面

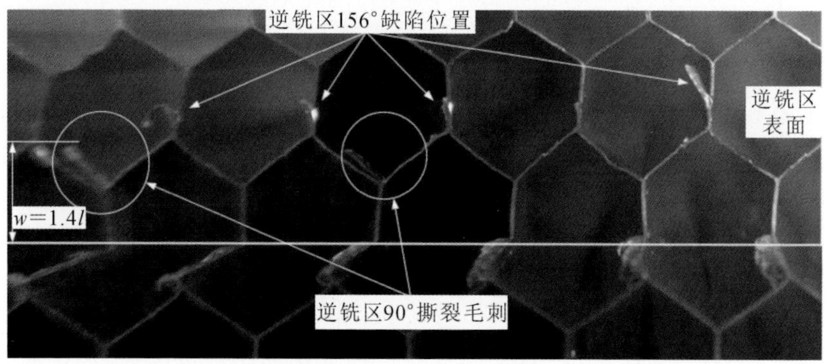

(b) 优化前的铣削表面

图 3-69　w 取值优化后与优化前的逆铣区加工表面质量对比

3.7.3　非规律性缺陷分布的参数优化

铝蜂窝芯铣削表面的缺陷不仅有撕裂毛刺、壁撕裂、壁凹陷这类规律性分布的缺陷，还存在 20%～40%的芯格变形、切削毛刺和节点缺陷等非规律性分布的表面缺陷，特别是圆刀片组合铣刀的芯格变形缺陷就占了 34.77%。这些非规律性分布的表面缺陷无法通过优化 w 值来规避，但是在前面的讨论中已经知道了芯格变形的数量和微小毛刺的长度在切削力变大和切削温度升高的时候都会显著增加，而在切削力变小和切削温度变低的情况下缺陷数量普遍变少，而切削力和切削温度与使用的切削参数密切相关。因此，本小节通过对冰结夹持条件下的切削参数进行优化，以减小切削力和切削温度，控制铝蜂窝芯加工中的非规律性分布缺陷数量。

切削力和切削温度都是优化目标，同时还要保证生产中的加工效率，获得最经济有效的切削参数，不能为了减小切削力和切削温度而让企业整体效益下降。同时，根据前述研究结果可知，切深对切削力和切削温度以及缺陷数量的影响作用都是最大的。因此，首先根据总缺陷数量与切深的关系，确定切深的取值范围：整体铣刀的切深太小或太大都会产生大量的加工缺陷，合理的切深 a_p 为 4～6 mm；而圆刀片组合铣刀铣削蜂窝芯时则必须选用较大的切深以提高被去除材料的整体刚性，根据总缺陷数量与切深的规律可知最合理的切深 a_p 为 7～9 mm。在蜂窝芯铣削试验中发现 F_x 一直是最大的切削力分力，因此，将 F_x 作为切削力优化的目标。根据切削力、温度与缺陷数量的关系，确定切削力和切削温升的优化目标为：整体铣刀的 $F_x \leqslant 3.5$ N，圆刀片组合铣刀的 $F_x \leqslant 9$ N，$\Delta T \leqslant 100$℃。

蜂窝芯材料的加工效率可以用材料去除率(MRR)来表示：

$$\text{MRR} = a_p \cdot a_w \cdot f \tag{3-66}$$

对于本章中的 1# 整体铣刀，切削力分力可表示为

$$F_x = 0.004471\frac{\text{MRR}}{a_p \cdot a_w} + 0.6658a_p + 1.108 \times 10^{-7}n^2 - 0.002354n + 9.8484 \leqslant 3.5 \tag{3-67}$$

在式(3-67)中，F_x的后半部分应满足式(3-68)，其是关于转速的二次函数。为了取得最小的 F_x，该部分也要取得最小值，此时转速 n=10622 r/min。

$$1.108 \times 10^{-7}n^2 - 0.002354n + 9.8484 \geqslant -2.65 \tag{3-68}$$

在式(3-67)中，F_x的前半部分应满足式(3-68)。a_w 的取值依据 3.7.2 小节中的 w 而定，3.7.2 小节中采用优化后的 $w=0.8l$，此时 $a_w=w+1.5l+0.7l=9$ mm，可以得到

$$3.5 \geqslant F_x \geqslant 2 \times \sqrt{0.002977 \times \frac{\text{MRR}}{9}} - 2.65 \tag{3-69}$$

此时，MRR 最大可取 2.85×10^4 mm^3/min。

式(3-69)中等号成立的条件为

$$0.004471 \cdot \frac{\text{MRR}}{a_p \cdot a_w} = 0.6658 \cdot a_p \tag{3-70}$$

可以求出满足条件的 a_p=4.6 mm，f=687 mm/min，a_p 的取值符合整体铣刀的切深 a_p 为 4～6 mm 的特性要求，可以被接受。这一组参数可以保证切削

力 $F_x \leqslant 3.5$ N 时的材料去除率达到最大值。在实际加工中还应根据实际 a_w 值来最终确定具体的最优加工参数。

对于本章中的 2[#] 圆刀片组合铣刀，切削参数需满足的条件为

$$\begin{cases} F_x = 8.574 - 4.121\times10^{-4} n + 0.426\,a_p - 0.0441\,{a_p}^2 \\ \qquad + \left(0.002184\,\dfrac{1}{a_w} - 5.132\times10^{-3}\,\dfrac{1}{a_p\cdot a_w}\right)\cdot \text{MRR} \leqslant 9 \\ \qquad\qquad 7 \leqslant a_p \leqslant 9 \\ \text{MRR} = \text{MRR}_{\max} \\ \Delta T = 106.2 + 5.035\times10^{-3} n - 0.4362 f + 20.50\,a_p - 1.332\times10^{-6}\,n^2 \\ \qquad - 1.284\,{a_p}^2 + 4.807\times10^{-5} nf \leqslant 100 \end{cases} \tag{3-71}$$

根据蜂窝芯材料加工的“逆铣区优势”确定 $a_w = 12.7$ mm。对 F_x 求 MRR 的偏导数，得

$$\frac{\partial F_x}{\partial \text{MRR}} = 0.002184\,\frac{1}{a_w} - 5.132\times10^{-3}\,\frac{1}{a_p\times a_w} > 0 \tag{3-72}$$

对 F_x 求 MRR 的偏导数大于 0，意味着 MRR 增加会导致 F_x 变大，为了得到最大的 MRR，必须让 F_x 的剩余部分取得最小值，该部分包含切深的二次项和转速的一次项，根据二次函数的性质可知，切深为 7～9 mm 时，其值越大则 F_x 越小，这从如图 3-70 所示的 $F_x = 9$ N 的等值面中也可以明显地看出，切深越大就可以使 MRR 越大。因此，在此情况下，将切深的值取为 $a_p = 9$ mm，代入式(3-71)，可得

$$\begin{cases} F_x = 8.88 - 4.12\times10^{-4} n + 0.0145 f \leqslant 9 \\ \Delta T = 186.7 + 5.04\times10^{-3} n - 0.436 f - 1.33\times10^{-6}\,n^2 + 4.81\times10^{-5} nf \leqslant 100 \end{cases} \tag{3-73}$$

根据图 3-71 中切削力和切削温度在切深为 9 mm 时的等值线可以看出，在图 3-71 中的右下角有一大片区域均满足式(3-73)的要求，说明此时的转速和进给速度可取值的范围很广，但是需要满足一定的条件，求解不等式方程组(3-73)可得到转速和进给速度之间必须满足如下关系：

$$\begin{cases} n \geqslant 35.2 f - 291 & , f \in [370, 5540] \\ n \geqslant 18.0 f + \sqrt{325\,f^2 - 2.59\times10^5 f + 6.85\times10^7} + 1890 & , f < 370, f > 5540 \end{cases} \tag{3-74}$$

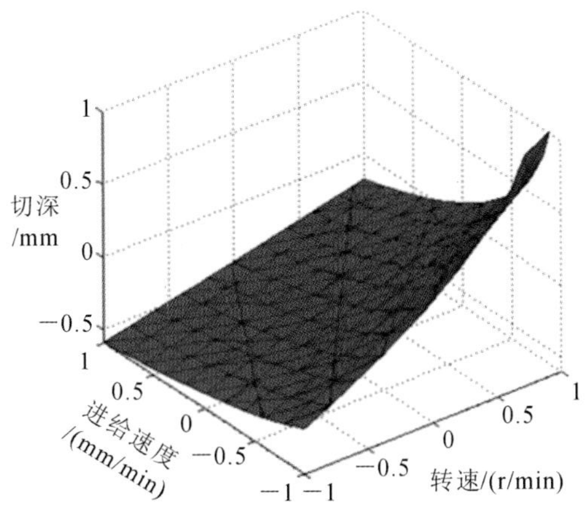

图 3-70　$F_x=9$ N 的等值面

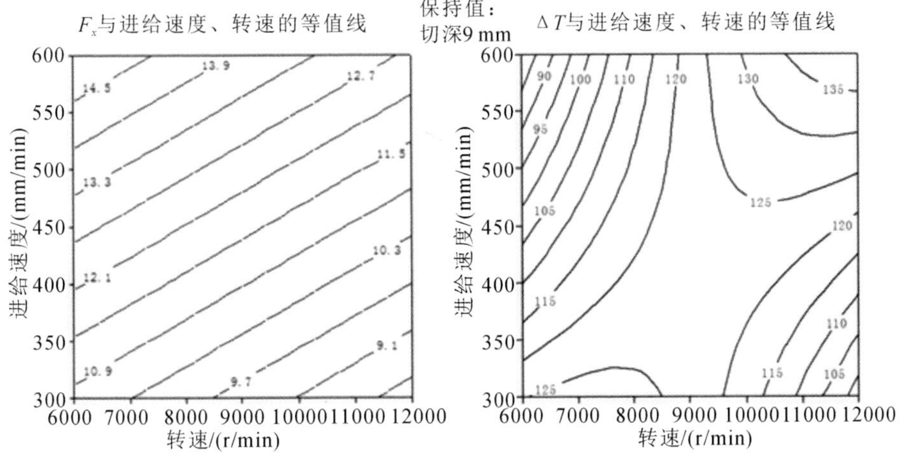

图 3-71　F_x 和 ΔT 在切深为 9 mm 时的等值线

3.7.4　面铣接刀处加工缺陷控制

在蜂窝芯夹层构件中，往往需要加工整个蜂窝芯的型面，此时，不仅需要对每一刀的底面质量进行控制，还必须保证后一刀与前一刀的接刀处的表面没有缺陷产生。在传统数控加工中，相邻两次走刀的路径有部分重叠，由于参数不合理或者工件热变形等因素造成第二刀在已加工表面上继续发生微量的切削，就会产生接刀痕迹，造成已加工表面的平面度、粗糙度等无法满足设计要求从而产生废品。在铝蜂窝芯材料的型面铣削过程中，接刀位置处也常有缺陷产生，但是产生的原因与传统金属加工的接刀痕迹产生的原因不同。在蜂窝芯前一刀铣削完成后，已加工表面和未加工表面之间有着切深大小的高度差，刀具在后一刀铣削时的接刀位置重新变成了蜂窝芯的边缘，由于蜂窝壁另一侧完全没有刚性支撑，容易变形，使成屑过程变得困难，蜂窝壁没有被正确去除而是形成了倒塌毛刺，极大地影响了整个型面的加工质量。因此，本小节将通过切削试验确定不同接刀位置处的表面形貌，作为提高蜂窝芯型面铣削质量的依据。

接刀处的表面质量取决于接刀点在蜂窝壁上的位置以及后一次走刀时刀具在此处与蜂窝壁的相对角度，如果这两者没有正确匹配，后一刀将在接刀处使蜂窝壁弯曲变形而不是被切除。图 3-72 所示的是两种典型的蜂窝芯接刀处的表面形貌。其中：图 3-72(a)是发生在双层壁上的接刀，图 3-72(b)是发生在节点附近的接刀。从图(a)可以直观地看出，双层壁处的接刀表面质量好，在放大 100 倍时能看到前后两刀在蜂窝壁表面的切削痕迹，接刀的位置没有产生任何的变形和毛刺，但是在节点附近接刀时表面残留了严重的倒塌毛刺。在蜂窝芯型面加工中，接刀是无法避免的，如果每个接刀处的表面都像图(b)中的表面形貌一样，加工出的蜂窝芯工件只能成为废品。因此，本小节通过试验研究不同的接刀位置和三种切入角下的接刀处的表面质量，发现双层壁的位置更适合作为接刀的位置，故试验中的接刀位置均位于双层壁处。试验示意图如图 3-73 所示。第二刀满刀铣削时，接刀处切入角为 90°；3/4 刀具直径铣削时，接刀处切入角为 45°；1/2 刀具直径铣削时，接刀处切入角为 0°；更小的切削宽度会明显降低加工效率，因此不考虑更小的切削宽度。

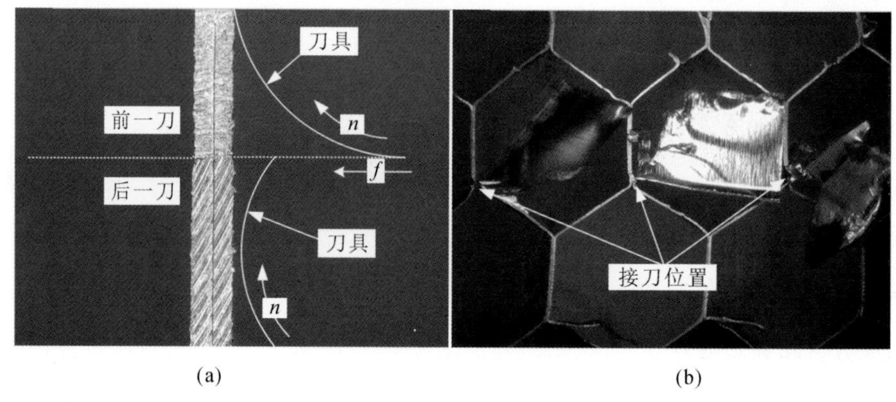

图 3-72　两种典型的接刀处表面形貌

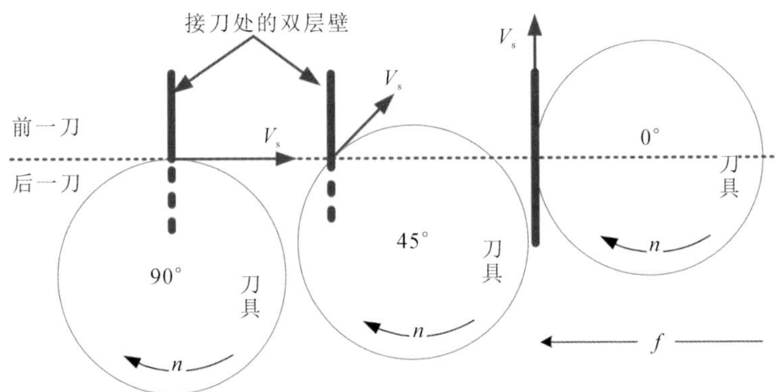

图 3-73　不同切入角接刀试验示意图

图 3-74 所示是 90°切入角时不同接刀位置的表面形貌，从图中可以看出，从已切削的节点位置算起：当接刀位置小于 0.5l 时，后一刀将在接刀位置引起严重的蜂窝壁撕裂；当接刀位置位于 0.5l 时，将在接刀位置以下的地方发生微小的蜂窝壁弯曲变形；当接刀位置大于 0.5l 时，引起的蜂窝壁变形将越来越严重，还会产生表面毛刺；当接刀位置大于 0.8l 时，此时后一刀切削时的蜂窝壁刚性不足，将整个发生弯曲倒塌形成严重的倒塌毛刺。因此，对于满刀铣削来说，接刀位置只能在双层壁的中间位置。

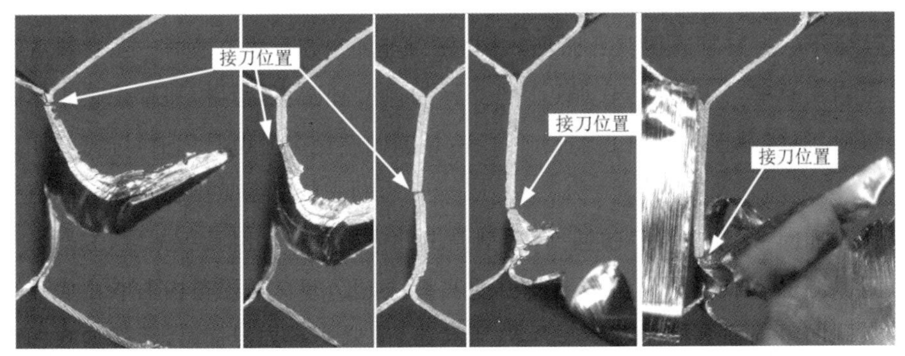

图 3-74　90°接刀时不同位置的表面形貌

图 3-75 所示是 45°切入角时不同接刀位置的表面形貌，从图中可以看出，从已切削的节点位置算起：当接刀位置小于 0.5l 时，后一刀将在接刀位置以下的地方引起蜂窝壁弯曲变形；当接刀位置大于 0.5l 小于 0.9l 时，此时可以产生完美的接刀表面；当接刀位置大于 0.9l 时，此时将引起切削方向上的蜂窝壁在节点处被掀起，产生严重的蜂窝壁弯曲凹陷；当接刀位置越过节点位于单层壁

时，将引起更加严重的蜂窝壁缺陷。因此，当铣削宽度为刀具直径的 3/4 时，接刀位置只能发生在双层壁的 0.5l 到 0.9l 之间。

图 3-75　45°接刀时不同位置的表面形貌

图 3-76 所示是 0°切入角时不同接刀位置的表面形貌，从图中可以看出：当接刀位置在双层壁前的单层壁时，将产生接刀处的毛刺；当接刀位置位于双层壁的任何位置时，都可以产生完美的接刀表面；当接刀位置位于双层壁后的单层壁时，此时又将产生单层壁的撕裂，接刀点离节点越远，产生的蜂窝壁缺陷越严重。因此，当铣削宽度为刀具直径的 1/2 时，接刀位置可以是双层壁的任何位置。根据前面的分析可以知道，此时能充分发挥蜂窝芯铣削的"逆铣区优势"。

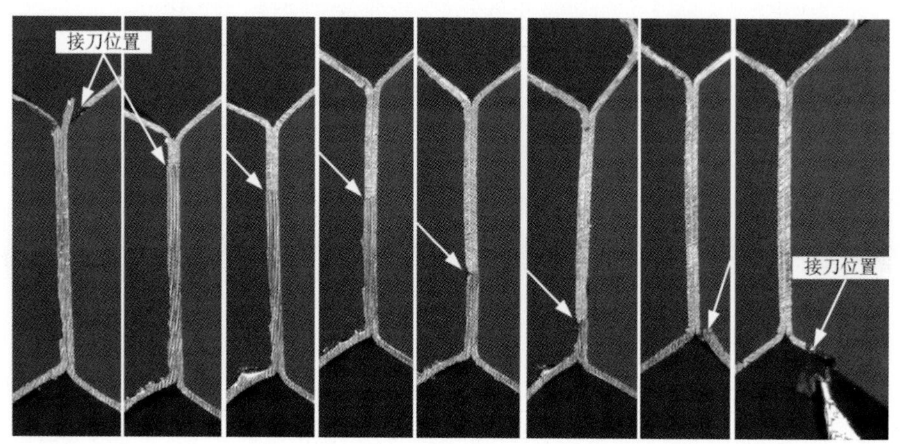

图 3-76　0°接刀时不同位置的表面形貌

3.7.5 侧铣加工表面缺陷控制

在蜂窝芯侧铣加工中，组合铣刀因为底部圆刀片直径略大于上部的粉碎刃直径，所以组合铣刀无法用于蜂窝芯侧铣。通过整体铣刀的侧铣试验，可以发现不同的侧铣位置具有不一样的加工质量，如图 3-77 所示。显然，双层壁位置处的侧边质量要远高于单层壁位置处的侧边质量。如果侧铣位置是单层壁的位置，则蜂窝芯单层壁极其容易发生严重的弯曲变形，在侧边表面就会残留大部分蜂窝壁不能被去除。而双层壁的侧铣表面则可以通过逆铣的方式获得较好的表面质量，此时表面质量可以通过表面毛刺来表征。不同位置处侧铣的表面质量也不一样，根据侧边加工质量将双层壁分为三个区域。如图3-78所示，从已切削的节点位置算起，当侧铣的位置与已切削节点的距离小于 $0.4l$ 时，侧铣的表面质量最好，产生的侧边毛刺长度小于 500 μm，并且毛刺的数量相对较少；当侧铣位置大于 $0.4l$ 小于 $0.8l$ 时，侧边加工产生的毛刺长度增加至 1000 μm以上，并且毛刺的数量明显增多了；当侧铣位置大于 $0.8l$ 时，不仅会产生大量的侧边毛刺，侧边的双层壁还会产生完全变形的缺陷，侧铣位置离下一个节点越近，产生的变形和毛刺就越严重，此时侧边毛刺的长度将达到 2000 μm。

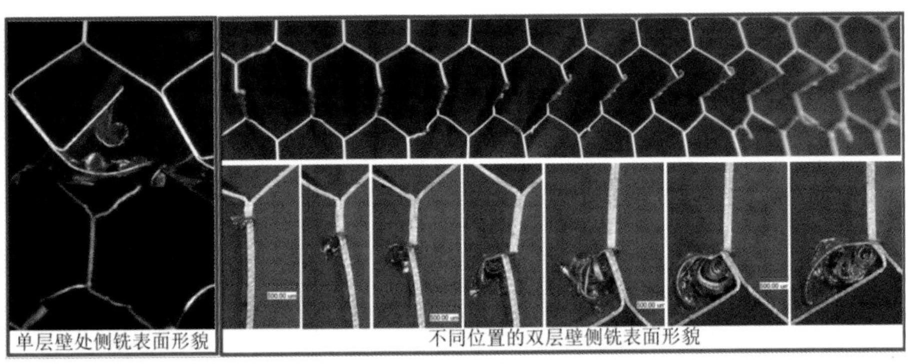

图 3-77 不同位置处的侧边加工表面形貌

如果采用冰结夹持的方式进行铝蜂窝芯侧铣加工，要想获得最优的侧边质量，就必须让侧铣的位置与已加工节点的距离小于 $0.4l$。如果侧铣的位置无法改变，那么可以对侧边局部进行冰填充处理，即将被加工侧边的邻近两排蜂窝芯孔进行冰填充，就可以获得最佳的侧边质量。

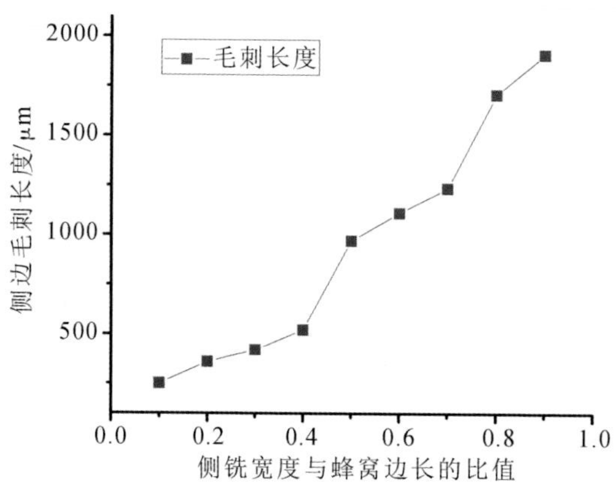

图 3-78　不同位置处的侧边毛刺长度

3.8　本章小结

针对铝蜂窝芯材料的结构特征，本章从夹持装置设计、切削过程仿真、切削力建模、温度分布建模、基础试验研究及表面质量评价、加工工艺优化等六个方面入手，对蜂窝芯材料的切削加工技术及低缺陷加工策略展开了全方位的研究，主要结论如下所述。

(1) 针对蜂窝芯等弱刚性材料在加工中难以采用机械夹持方式的难题，开发了一套基于半导体快速制冷的冰结铝蜂窝芯切削夹持装置，该平台的组成部分包括：电源及温度控制部分、冷端制冰结夹持平台、热端水冷散热结构、外置散热及水循环结构，可实现 1.07 kW 的理论制冷量，保持热端的温升低于 5 ℃，1 min内完成 1 mm 厚的冰结夹持，可对 1 个蜂窝芯格提供超过 31 N 的夹持力；冰结夹持平台在完成稳定夹持目标的同时还可通过喷水雾等辅助处理手段极大地提升蜂窝芯的表面加工质量。

(2) 影响蜂窝芯切削加工质量最重要的因素是蜂窝壁的切入角：当切入角越小时，蜂窝壁切屑的变形程度越大，残留未去除的材料就越多；当切入角越大时，切削表面产生的微裂纹则越多；当刀具垂直蜂窝壁切入时，垂直切削分力达到最大值，这三个区域均是潜在的缺陷发生区。

(3) 根据组合铣刀铣削蜂窝芯过程中粉碎刃和底面圆刀片的切削特点，提出了粉碎刃面热源及圆刀片线热源的简化热源形式，得到蜂窝芯材料 X、Y、Z

三个方向的等效导热系数分别为 3.755 W/(m·K),4.985 W/(m·K),6.644 W/(m·K),确定最高温度发生在铣削中心线的刀尖处,可达 90 ℃以上,并确认铣削热量的影响区域将不超过三个蜂窝芯格。

(4) 提出喷水雾及冰填充的辅助处理手段以提升蜂窝芯加工质量,结果表明喷水雾处理可大幅减少整体铣刀在小切深时的加工缺陷数量,减少幅度达73.80%,对组合铣刀在所有试验参数下均可减少 77.55%的加工表面缺陷数量,冰填充处理可获得无缺陷的蜂窝芯铣削质量。

(5) 蜂窝芯加工缺陷主要包括:撕裂毛刺、切削毛刺、壁撕裂、壁凹陷、芯格变形、节点缺陷、双层壁脱胶、倒塌壁、边缘缺陷、侧边缺陷、接刀缺陷;整体铣刀主要会产生撕裂毛刺、壁撕裂、壁凹陷缺陷,组合铣刀主要会产生撕裂毛刺、切削毛刺、芯格变形缺陷。

(6) 针对蜂窝芯在加工中容易产生壁类缺陷的难题,提出了基于蜂窝芯材料加工缺陷的角度分布特征的工艺优化方法,通过对铣削过程中的各蜂窝壁切入角的控制,大幅度减少了加工缺陷的产生,获得了低缺陷的加工表面质量,实现了拓扑结构特征的智能化切削。

第4章 整体叶轮加工全工艺流程优化

4.1 背景介绍

微型涡轮喷气发动机以其体积小、质量轻、成本低、推力比高以及易于存储和维护等优点，被广泛运用于巡航导弹、无人靶机、侦察机、精确制导武器等先进装备中。微型涡轮喷气发动机压气机及涡轮一般均为整体叶轮，大幅减少了零件数量，同时可简化叶片连接结构，为实现微型涡轮喷气发动机高性能(大推力比)及小尺寸等优势提供了基础。整体叶轮工作时需要承受高温高压、燃气腐蚀、热应力、离心力、弯曲应力、振动和热疲劳，这对材料的抗氧化性、耐腐蚀能力、抗疲劳性能、强度、塑性及冲击韧性等造成了极大的考验，故采用镍基高温合金材料；此外，整体叶轮的叶形复杂，叶片薄且扭曲，流道窄且深，受力后变形大，精度要求高，叶片多且密，加工余量大，使得整体叶轮加工面临难加工结构与难加工材料所带来的双重挑战，其制造工艺一直是各国加工技术研究中的重中之重，具有国防安全战略意义。

本章以微型涡轮喷气发动机上的整体叶轮零件为加工对象，从数控工艺系统设计、CAM刀具路径编程、数控工艺系统运动仿真、数控程序动态优化以及数控铣削加工试验等方面开展研究工作，掌握此类零件的成套技术工艺，研制出可以满足设计要求的叶轮零件。

4.2 整体叶轮加工全工艺流程设计

4.2.1 整体叶轮数控铣削工艺分析

1. 几何结构特征分析

本章所研究的工艺对象为用于微型涡轮喷气发动机中的轴流式整体叶轮，图 4-1 所示为利用 UG 绘制的三维实体模型，为研究叶片加工工艺，将轮毂内部的部分结构进行了简化。该整体叶轮几何结构参数如下：叶片数 $n=23$，叶轮直径 $D=88$ mm，轮毂直径 $d=44$ mm，叶片径向长度 $l_r=22$ mm，叶轮轴向长度 $l_a=10.2$ mm，体积 $V=23828.98$ mm^3。

图 4-1 整体叶轮三维模型

图 4-2 所示为整体叶轮叶片局部几何结构特征分析图，左右相邻叶片间的底部最小间距 $d_{1\min}\approx1.37$ mm，顶部最小间距 $d_{2\min}\approx6.49$ mm，叶片最小厚度 $t_{\min}\approx0.70$ mm，叶片与轮毂交界处（叶片根部）的过渡圆角半径 $r_{\min}\approx0.55$ mm，叶片前后缘的倒角半径为 0.3～0.5 mm。

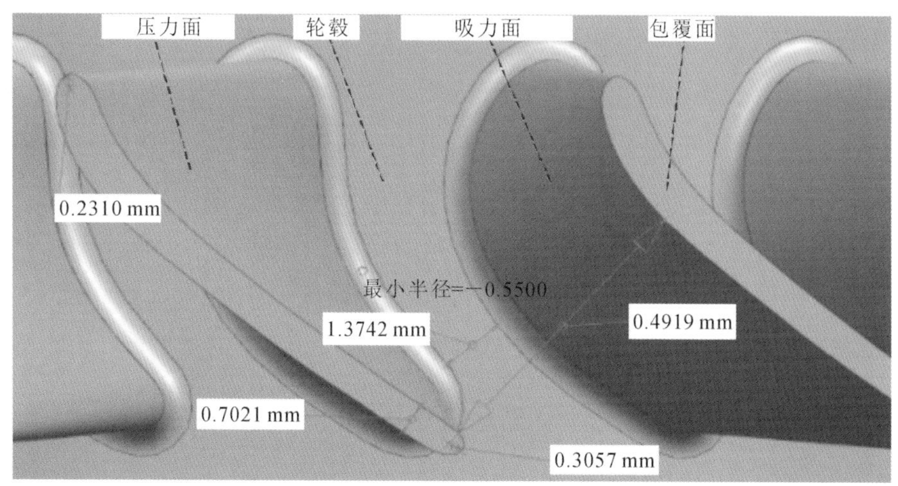

图 4-2 整体叶轮结构分析

两相邻叶片所形成的锥形空间的平均锥度角可定义为

$$\theta_{\mathrm{t}} = \arctan\left(\frac{d_2 - d_1}{2l_{\mathrm{r}}}\right)\times 2 = 13.27^\circ \tag{4-1}$$

2. 铣削加工工艺难点

整体叶轮属于典型难加工结构件，其工艺难点主要如下。

(1) 微型涡轮喷气发动机中轴流式整体叶轮具有整体尺寸小、局部特征尺寸非常小的特点。其体积约为 23828.98 mm^3，毛坯体积为 62006.21 mm^3，铣削材料去除率达到 61.57%，这给加工刀具的选用、工艺设计以及刀具路径规划带来了诸多困难。

(2) 整体叶轮结构复杂，叶片薄且扭曲，最薄处约为 0.7 mm，叶片前后缘过渡圆角半径为 0.3～0.5 mm；流道窄而深，流道深度达 22 mm，流道最窄处仅为 1.37 mm；相邻叶片之间为一带锥度的不规则空间，使得加工时极易产生干涉。

(3) 在整体叶轮精加工过程中，虽然加工余量较小，但铣削加工工艺系统刚性弱且属于变刚性系统，加工过程容易因切削余量不均而产生振动，再加上刀具直径小且刀具伸出长度大(最小铣刀直径为 1 mm，叶片厚度较小，叶片空间曲面复杂)，易导致刀具断裂或叶片变形而不满足精度要求。

(4) 整体叶轮材料为镍基高温合金，给铣削加工带来切削力大、切削温度高、刀具磨损严重等问题，这使得整体叶轮加工过程中必须综合考虑切削力、热等物理数据以及刀具磨损等因素所带来的影响，整体叶轮数控铣削程序的优化面临诸多挑战。

针对整体叶轮加工难点，应同时结合毛坯和夹具的结构特征，开展刀具路径几何规划的研究，制定出合理的铣削加工刀具路径和余量分配方案，保证刀具与工件和夹具之间的相对运动安全、稳定，不发生干涉和碰撞等工况；同时应结合镍基高温合金铣削加工的特点，进行基于切削物理数据(力、温度、振动等)数控程序切削用量的动态优化研究，确保工艺系统的稳定性，加工出合格的整体叶轮。

4.2.2 工艺系统设计及工艺流程规划

1. 加工工艺基准选择

铣削加工过程中的工艺基准包括定位基准、工序基准、装配基准及测量基准等。定位基准是指加工过程中的工件相对机床和刀具确定正确位置所使用的基准;工序基准是指在工序图上用来确定被加工表面加工后的尺寸、形状和位置精度的基准。由于使用五轴数控铣削加工,整体叶轮采用一次装夹完成全部工序,根据基准一致以及基准重合原则确定本章中所选用的工艺基准。

如图4-3所示,选择叶轮毛坯端面作为定位基准平面,端面圆心作为工件原点,使得加工过程中机床的 Z 轴与工艺基准 Z_M 轴平行,机床 X、Y 轴与工艺基准 X_M、Y_M 方向平行,A、C 轴旋转中心与工艺基准中心重合,可使数控程序编制时的计算量减小,简化机床数控加工过程中的五轴运动,提高工艺系统的稳定性。

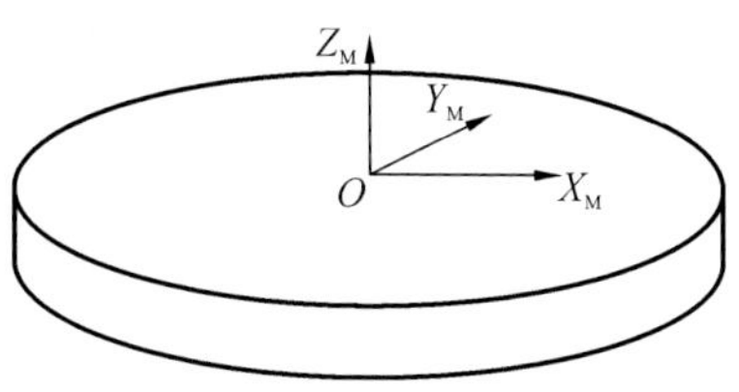

图4-3　加工工艺基准

2. 毛坯及夹具设计

整体叶轮毛坯的设计决定了铣削加工余量以及刀具路径的分布空间,直接影响加工质量、工序数量、加工时间及经济性,故在确定工艺路线以及刀具路径规划之前,需确定毛坯的结构形式和要求,画出毛坯图。

图4-4所示为叶轮加工毛坯图,根据此整体叶轮零件的结构特征,选取圆柱形毛坯件。毛坯外径为88 mm,圆柱度为0.01 mm,以保证圆心定位精度;根据工艺基准选取毛坯下表面为定位平面,平面度为0.01 mm,表面粗糙度为 Ra 1.6 μm;同时为保证毛坯装夹在加工过程中不与刀具发生干涉,在毛坯中心加工出4个用于M6螺钉连接的光孔,孔径为6.5 mm;毛坯材料为镍基高温合金GH4169。

夹具是机械加工工艺系统的重要组成部分之一。夹具一般可分为通用夹具和专用夹具,本章中的整体叶轮加工中所用的夹具为专用夹具。为保证一次装夹能完成所有铣削工序,工件在加工过程中需要进行 A、C 轴旋转运动,以保证刀轴矢量始终处于合适的方向,且刀轴矢量变化应尽量连续光顺,因此在夹具设计时,应重点考虑刀具矢量的分布,预留出合适的无碰撞的运动空间。加工过程中的刀轴矢量主要分布在叶片上下以及两侧空间,可确定叶轮轮毂内侧为刀具运动过程无碰撞空间,同时结合工艺系统运动几何仿真,可确定出夹具的基本尺寸。图4-5所示为设计的T形夹具装配简图,夹具总高为110 mm,大端直径为100 mm,小端直径为40 mm,位于轮毂内侧的空间可有效避免刀具碰撞;夹具上下表面为定位面,通过磨削加工可保证其平面度及表面粗糙度,夹具材料为45钢。

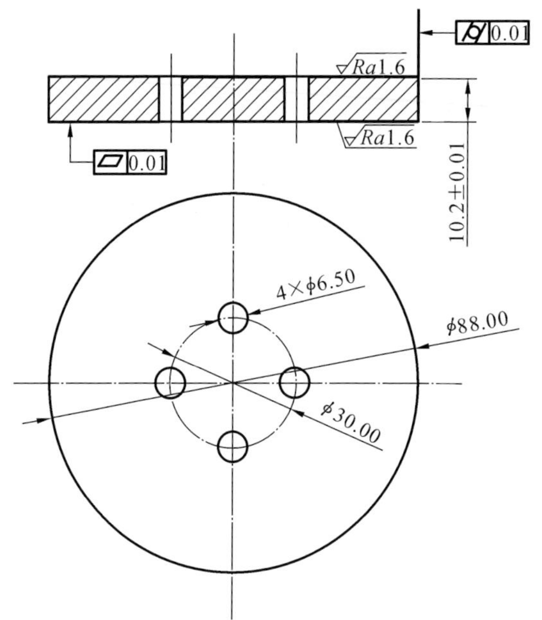

图 4-4　整体叶轮毛坯

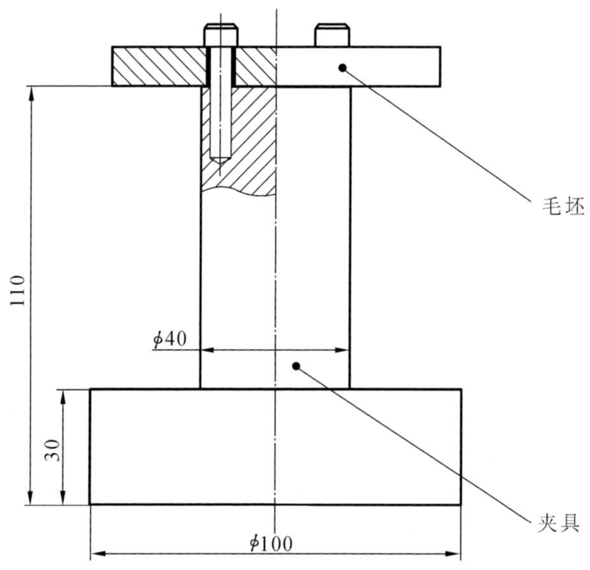

图 4-5　整体叶轮夹具

3. 工艺流程划分

在进行整体叶轮加工工艺规划时，应以保证零件的加工质量为前提，同时注意提高加工效率,降低加工成本。根据工序集中、基准统一以及先粗后精的加工工艺流程规划原则,可利用五轴数控铣削加工技术,经过一次装夹完成整体叶轮的全部工序。对于此例,可将其工艺过程划分为粗加工阶段、半精加工阶段和精加工阶段。具体来说,整体叶轮数控铣削加工工艺包含以下工序:

01 流道开槽定轴粗加工 I→02 流道开槽定轴粗加工 II→03 叶片半精加工→04 叶片精加工→05 轮毂半精加工→06 轮毂精加工→07 叶片根部半精加工→08 叶片根部精加工。

4.3 整体叶轮加工全工艺流程物理仿真

4.3.1 切削加工仿真

1. 材料本构模型

本章中的铣削加工材料为 GH4169,在切削仿真过程中采用的材料本构模型为 J-C 材料模型,其材料参数如表 4-1 所示。

表 4-1 GH4169 J-C 模型参数

A/MPa	B/MPa	n	C	$\dot{\varepsilon}_0$	m
450	1700	0.65	0.017	1	1.3

2. 材料断裂模型

切削加工中材料失效主要是材料在刀尖和前刀面挤压作用下发生断裂和剪切滑移,在有限元仿真时可将材料发生断裂作为动态失效准则。J-C 模型中材料的断裂失效准则是以等效塑性应变来衡量的。

$$\overline{\varepsilon_f}^{pl} = \left[d_1 + d_2 \exp\left(d_3 \frac{p}{q}\right)\right]\left[1 + d_4 \ln\left(\frac{\dot{\bar{\varepsilon}}^{pl}}{\dot{\varepsilon}}\right)\right]\left[1 + d_5 T^*\right] \tag{4-2}$$

式中:$\overline{\varepsilon_f}^{pl}$ 为失效的等效塑性应变;p/q 为无量纲的偏应力比值(p 为压应力,q 为 Mises 应力);$d_1 \sim d_5$ 为材料失效参数;T^* 为无量纲的温度参数。

J-C 模型的断裂标准衡量参数定义为

$$B = \sum \left(\frac{V\bar{\varepsilon}^{pl}}{\overline{\varepsilon_f}^{pl}}\right) \tag{4-3}$$

式中:$V\bar{\varepsilon}^{pl}$ 为每一个增量步里面等效塑性应变的增量;$\overline{\varepsilon_f}^{pl}$ 为失效应变值。当材

料失效参数 $B>1$ 时，说明材料已经断裂。

3. 切屑分离准则

在切削加工仿真中，模拟切屑形成的方法主要有三种：欧拉方法、拉格朗日方法和 ALE(arbitrary Lagrange-Euler)方法。欧拉方法网格节点固定在空间始终不动，由于切屑形成过程中的单元变形不是固定的，因此欧拉方法用来模拟动态切削过程比较困难，而比较适合用于切削过程的稳态分析，运用欧拉方法进行仿真需要预先给定切屑形状和剪切角。拉格朗日方法需借助切屑分离带和预先定义的失效准则，通过中间的分离带与工件基体材料相连，利用分离带的失效来形成切屑，可模拟从切削开始一直到稳态的过程。但使用拉格朗日方法进行切削仿真时，由于材料变形大，网格常常会发生畸变，使仿真精度受到严重影响或直接导致切削求解数值结果发散，使仿真过程中断，其仿真过程稳定性不高。

ALE 方法也称为任意拉格朗日-欧拉法，ALE 方法非常适合于具有大应变、高应变率以及力热耦合特性的切削过程仿真，其既不定义整个工件材料的失效准则，也不设定分离带，而是基于有限单元网格的算法来实现切屑分离，避免了网格畸变的问题，使得计算过程易于收敛。本章所使用的有限元仿真软件为 AdvantEdge FEM，其切屑分离准则为 ALE 方法。

4. 边界条件确定

1）切削层宽度

仿真过程中的斜角切削过程，实质上是沿铣刀轴向所选取的切削刃微元所进行的切削过程，可确定斜角切削模型切削宽度，即切削刃微元的长度，在仿真过程中取斜角切削微元宽度为 0.1 mm，即

$$b = \mathrm{d}z = 0.1\ \mathrm{mm} \tag{4-4}$$

2）最大切削厚度

如图 4-6 所示，图中左侧为铣削过程底部视图，图中黑色阴影线标记区域为简化后铣刀单齿所去除的材料，即相邻刀齿运动轨迹所形成的包络区域。采用斜角切削模型进行仿真，可在单次仿真过程中反映切削刃微元从切入到切出的全过程，即切削厚度 h 由 $h_{\max}$ 变化到 0。为此，需给定斜角切削模型的最大切削厚度值，其表达式如下[86]：

$$h_{max}=\left[f_z\cdot\left(\frac{D/a_e-1}{(D/(2a_e)^2\ (1-F_f/v_c)^2+F_f\cdot D/(v_c\cdot a_e)}\right)^{1/2}\right]\cdot\cos i \tag{4-5}$$

式中：f_z 为每齿进给量；F_f 为每分钟进给量；D 为铣刀直径；a_e 为切削宽度；v_c 为切削速度；i 为斜角切削模型中的刃倾角，等于铣刀的螺旋角。

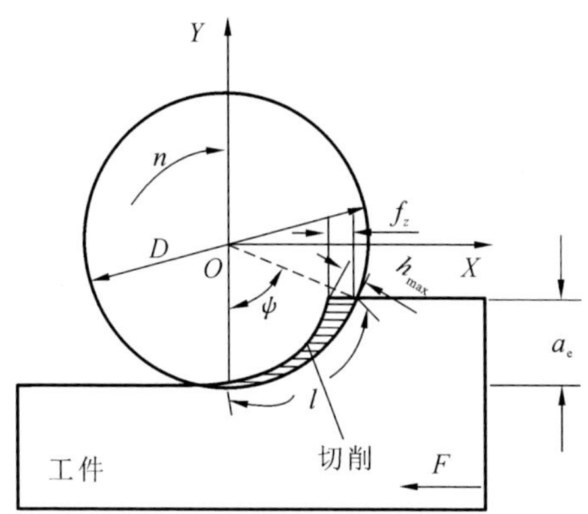

图 4-6　铣削层参数

3）等效切削长度

等效切削长度即刀具单齿在每齿进给下所经过的轨迹长度，其表达式如下：

$$l=\frac{D}{2}\cdot\psi-a_e\cdot\frac{F_f}{v_c}\left[(D/a_e)-1\right]^{1/2} \tag{4-6}$$

式中：ψ 是铣削相位角。

当切削速度远大于进给速度时，在实际使用中，可将 h_{max} 与 l 简化为如下表达式：

$$\begin{cases}h_{max}=(f_z\cdot\sin\psi)\cos i\\ l=\dfrac{D}{2}\cdot\psi-\dfrac{f_z}{2}\end{cases} \tag{4-7}$$

当铣削径向切深远小于刀具直径时，在实际使用中，可将 h_{max} 与 l 简化为如下表达式：

$$\begin{aligned}h_{max}&=\{2f_z\cdot\sqrt{a_e/D})\cos i\\ l&=(D\cdot a_e)^{1/2}-\frac{F_f}{2nN}\end{aligned} \tag{4-8}$$

式中:n 为主轴转速;N 为铣刀齿数。

至此,即确定了斜角切削有限元仿真几何模型中所有的边界条件。下面给出铣削加工仿真几何模型的具体参数:

(1) 粗加工。

刀具参数:

$$D = 4\ \text{mm}, N = 2, \gamma_n = 4^\circ, \alpha_n = 12^\circ, r_n = 0.008, \beta = 30^\circ$$

切削参数:

$$V = 31.4\ \text{m/min}, F = 150\ \text{mm/min}$$

$$f_z = 0.03\ \text{mm}, n = 2500\ \text{r/min}, a_e = 1.0\ \text{mm}$$

计算得

$$\begin{cases} h_{\max} = 0.022\ \text{mm} \\ l = 2.079\ \text{mm} \end{cases} \tag{4-9}$$

(2) 精加工。

刀具参数:

$$D = 2\ \text{mm}, N = 3, \gamma_n = 5^\circ, \alpha_n = 18^\circ, r_n = 0.006, \beta = 30^\circ$$

切削参数

$$V = 37.7\ \text{m/min}, F = 360\ \text{mm/min}, f_z = 0.02\ \text{mm}$$

$$n = 6000\ \text{r/min}, a_e = 0.15\ \text{mm}$$

计算得

$$\begin{cases} h_{\max} = 0.010\ \text{mm} \\ l = 0.537\ \text{mm} \end{cases} \tag{4-10}$$

5. 有限元仿真结果分析

1) 粗加工仿真结果

图 4-7 所示为整体叶轮数控铣削粗加工应用斜角切削模型后所得的有限元仿真结果,图中给出了切削温度场分布情况。在粗加工铣削过程中,以剪切滑移变形为主的第Ⅰ变形区的最高温度达到 400 ℃左右。同时根据有限元仿真结果可得到此时斜角切削微元三向切削力的结果如式(4-11)所示。

$$dF_a = 5.4\ \text{N}, \quad dF_t = 15.8\ \text{N}, \quad dF_r = 8.6\ \text{N} \tag{4-11}$$

通过计算可求得此时 $\varphi_j(z)$的近似值为120.6°,代入

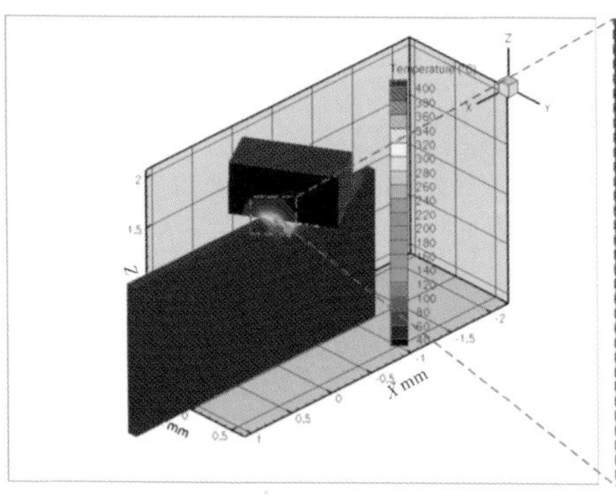
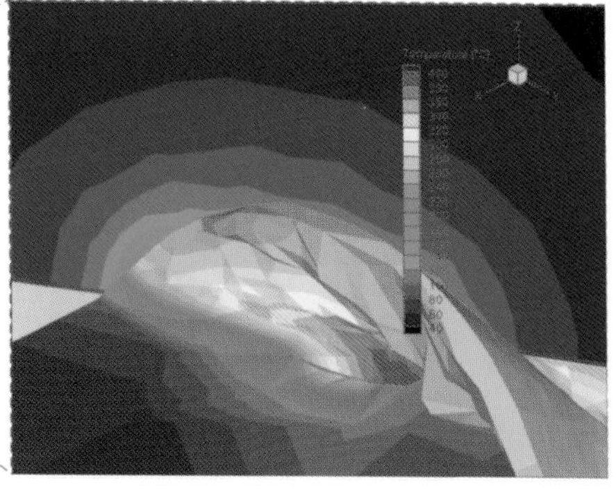

图 4-7 斜角切削粗加工仿真结果

$$\begin{bmatrix} dF_x(\varphi_j(z)) \\ dF_y(\varphi_j(z)) \\ dF_z(\varphi_j(z)) \end{bmatrix} = \begin{bmatrix} -\cos\varphi_j(z) & -\sin\varphi_j(z) & 0 \\ \sin\varphi_j(z) & -\cos\varphi_j(z) & 0 \\ 0 & 0 & 1 \end{bmatrix} \cdot \begin{bmatrix} dF_{t,j}(\varphi,z) \\ dF_{r,j}(\varphi,z) \\ dF_{a,j}(\varphi,z) \end{bmatrix} \tag{4-12}$$

中，即可求得微元在加工坐标系下的三向切削力结果：

$$\begin{bmatrix} dF_x(\varphi_j(z)) \\ dF_y(\varphi_j(z)) \\ dF_z(\varphi_j(z)) \end{bmatrix} \begin{bmatrix} 0.64 \\ 17.98 \\ 5.40 \end{bmatrix} (\mathrm{N}) \tag{4-13}$$

2）精加工仿真结果

图 4-8 为整体叶轮数控铣削精加工应用斜角切削模型后所得的有限元仿真结果，图中给出了切削温度场分布情况。由图可知，切削温度在第Ⅰ变形区，即剪切区内达到最大值，刀尖与切屑接触部位温度亦达到最大值，此时切削区温度峰值约为 347 ℃。根据有限元仿真结果可得到此时斜角切削微元三向切削力的结果。

$$dF_a = 2.5\ \mathrm{N},\quad dF_t = 6.8\ \mathrm{N},\quad dF_r = 5.6\ \mathrm{N} \tag{4-14}$$

通过计算可求得此时 $\varphi_j(z)$ 的近似值149.2°，由此可求得微元在加工坐标系下的三向切削力结果：

$$\begin{bmatrix} dF_x(\varphi_j(z)) \\ dF_y(\varphi_j(z)) \\ dF_z(\varphi_j(z)) \end{bmatrix} = \begin{bmatrix} -\cos\varphi_j(z) & -\sin\varphi_j(z) & 0 \\ \sin\varphi_j(z) & -\cos\varphi_j(z) & 0 \\ 0 & 0 & 1 \end{bmatrix} \cdot \begin{bmatrix} dF_{t,j}(\varphi,z) \\ dF_{r,j}(\varphi,z) \\ dF_{a,j}(\varphi,z) \end{bmatrix} = \begin{bmatrix} 2.97 \\ 8.29 \\ 2.50 \end{bmatrix} \mathrm{N}$$

(4-15)

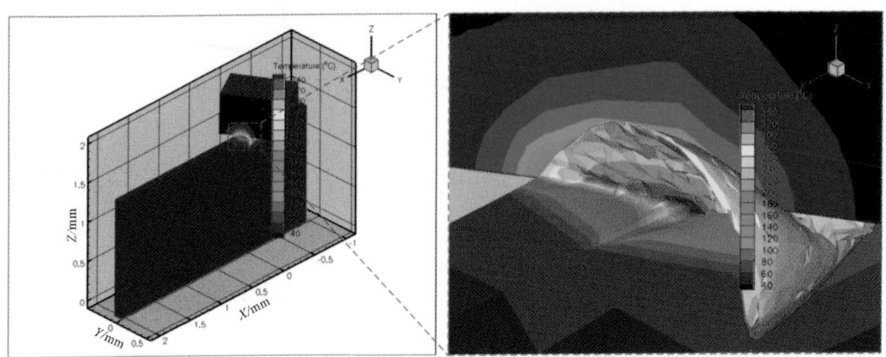

图 4-8　斜角切削精加工仿真结果

4.3.2　虚拟加工过程仿真

1. 工艺系统数字化建模

本小节所用五轴加工中心 HURCO-VMX42 包含 X、Y、Z、A、C 各轴运动部件以及床身和主轴，图 4-9 所示为整体叶轮数控铣削加工工艺系统数字化装配图，由此可建立整体叶轮数控铣削虚拟加工环境。

图 4-9　工艺系统数字化装配图

2. 铣削过程仿真

1）机床模型配置

在建立机床各运动部件模型后，根据 Powermill 所提供的加工环境要求，对本小节中所使用的五轴加工中心 HURCO-VMX42 进行定义，包括对机床各轴运动行程的定义，A、C 轴的定义及其旋转中心坐标的定义等。

2）仿真结果

通过在 Powermill 环境中建立整体叶轮数控铣削虚拟加工工艺系统，可在实际加工前直观地判断工艺系统在加工过程中是否会发生碰撞、机床各轴运动是否超出机床行程以及机床各轴运动是否合理等，达到提高工艺装备利用效率、降低加工成本的目的。

图 4-10 所示为叶片精加工过程中某一时刻机床各轴的运动状态，从图中可以得到机床在实际加工过程中各轴的运动所对应的坐标值，从而对工艺系统状态进行监控。表 4-2 所示为整体叶轮工艺系统全流程铣削虚拟加工仿真结果。为动态描述加工过程中各轴的运动状态，每一工步中截取三个临近位置，从左到右依次排列。在工艺系统加工运动仿真过程中，刀具与机床及夹具等部件之间没有碰撞发生，且机床各轴的运动未超出其固有行程，由此可确定本章中整体叶轮加工工艺系统设计以及刀具路径规划是可行的。

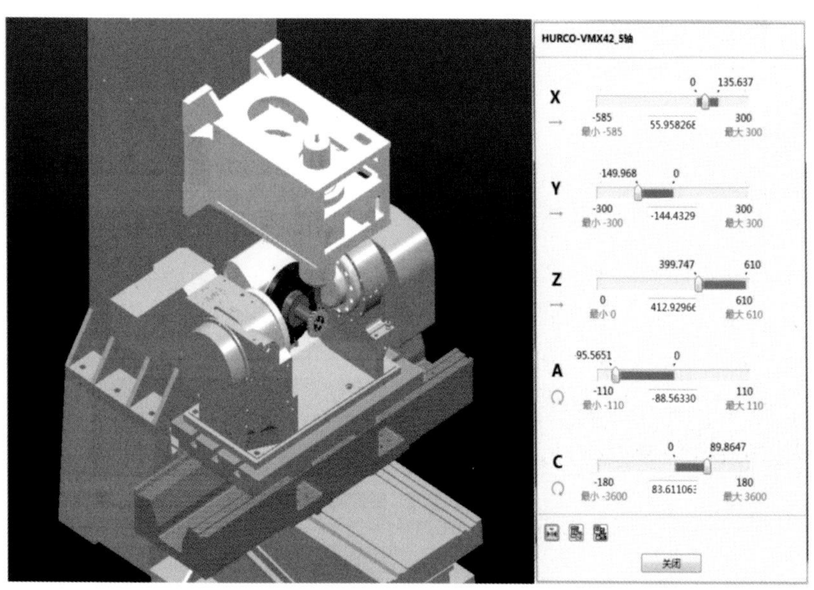

图 4-10　机床各轴运动状态

表 4-2　虚拟加工过程仿真结果

工步	铣削过程数字化仿真
01 流道开槽粗加工Ⅰ	
02 流道开槽粗加工Ⅱ	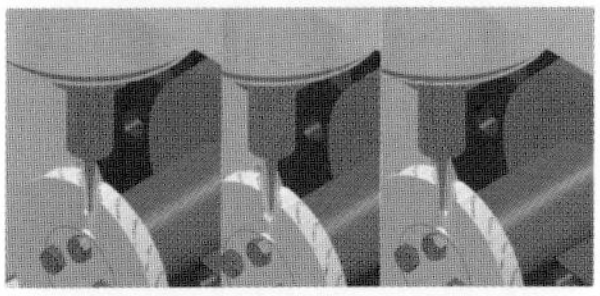
03 叶片半精加工	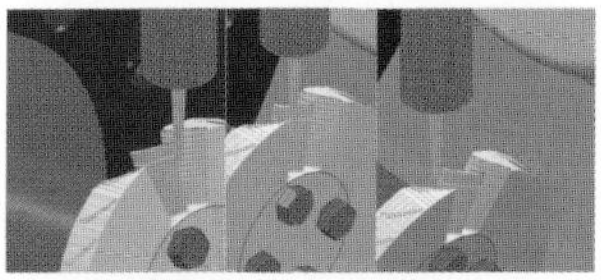
04 叶片精加工	
05 轮毂半精加工	
06 轮毂精加工	
07 叶片根部半精加工	
08 叶片根部精加工	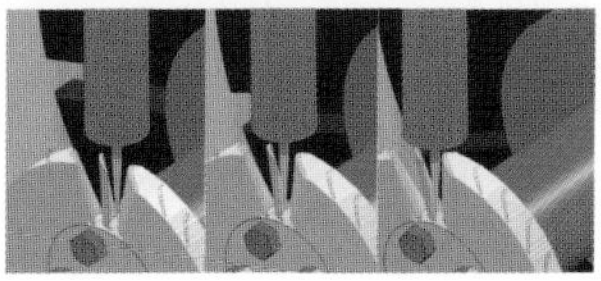

4.4 整体叶轮加工工艺参数优化

4.4.1 工艺参数优化环境建立

整体叶轮数控铣削过程中存在大量四轴或五轴联动切削，其切削力及切削温度动态计算机异常复杂，且数据量非常大，必须借助计算软件或专门的仿真软件完成。本节采用 Third Wave Systems 公司的切削工艺分析软件 Production Module(PM)建立整体叶轮数控铣削参数动态优化环境。PM 通过对工件、刀具、机床及 NC 程序进行综合分析，可得到整个加工过程中的切削力、温度、材料去除率及消耗功率等数据，从而运用于数控(NC)程序中的进给量及切削速度的优化，以达到稳定切削力或切削温度、降低振动及缩短加工周期的目的。PM 中切削力及切削温度计算的基础数据均来自 AdvantEdge FEM 或切削试验，因而保证了切削力及切削温度计算的有效性和准确性。整体叶轮数控铣削参数动态优化环境的建立包括以下步骤：① 机床设置；② 刀具设置；③ 工件设置；④ NC 程序设置。

定义加工坐标系，选择机床控制文件，选择要优化的 NC 程序，以导入刀具路径，设定刀具初始位置，至此就完成了 NC 程序动态优化环境的建立。粗加工参数优化过程如图 4-11 所示。

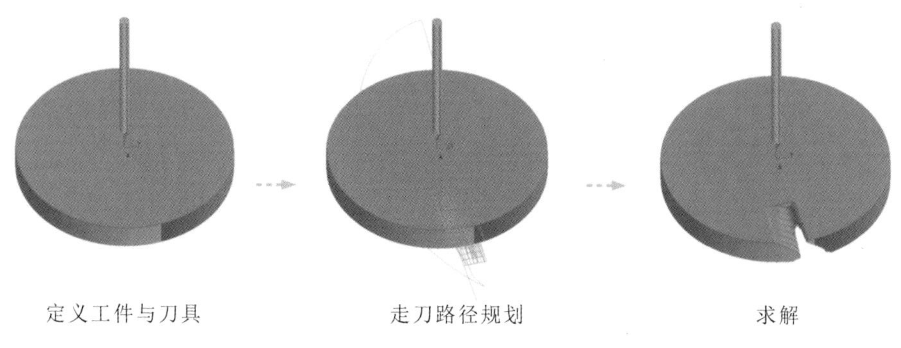

图 4-11 粗加工参数优化过程

4.4.2 粗加工参数优化

为保证粗加工效率，应先根据刀具的几何参数和加工材料特性，选定合适的切削速度和进给率，使得刀具在粗加工过程中不发生断裂失效，而进入稳定磨损状态，从而达到在保证加工效率的前提下尽可能延长刀具寿命的目的。然而，在粗加工过程中，尤其对于整体叶轮类零件的粗加工，在数控编程过程中即使给定统一的切削速度和进给率，由于铣削过程中多轴联动会导致径向切宽和轴向切深的动态变化，从而直接导致切削去除率和切削力及切削温度等的动态波动，因此难以通过统一的加工参数设定达到最优的动态切削效果。为此需要对铣削参数进行动态优化，达到切削过程中稳定切削力或材料去除率的目的。粗加工过程中，切削力是对加工影响最大的因素之一，若切削力过大，则会导致刀具由于强度不够而发生断裂，使得加工过程终止。因此在粗加工过程中，本小节将基于切削力模型进行数控铣削参数动态优化。

图 4-12 所示为整体叶轮在粗加工过程中所求得的进给抗力 F_x 随时间的变化。由图可知，铣削过程中切削力存在剧烈震荡，通过统计分析可得 F_x 的均值为 45.23 N，标准差为 78.73；F_x 的最大值达 293.29 N。

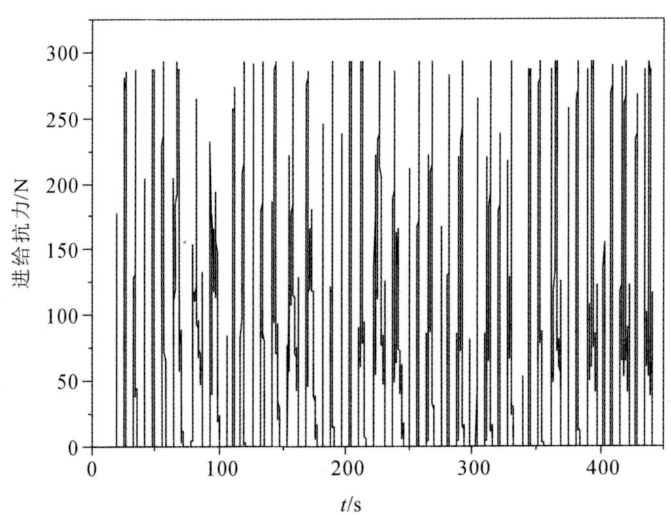

图 4-12　粗加工进给抗力随加工时间的变化

由图 4-12 可知，切削力在达到峰值后迅速下降，这是由于铣削径向切宽变化所直接导致的，且铣削力处于不断波动变化之中。然而，铣削力的波动又制约了粗加工效率的提升，因为切削力峰值严重限制了进给速度的提高，而在整个数控刀具路径中切削区域内的进给速度是统一给定的，且切削力达到峰值的路径占比不到 5%，使得在切削力大幅低于峰值的路径中刀具性能无法充分发挥。

为进行粗加工数控铣削参数优化，设定如下约束条件：

$$\begin{cases}(1)\ v_c = 31.4\ \text{m/min} \\ (2)\ f_{in} \leqslant 300\ \text{mm/min};f_{out} \leqslant 1000\ \text{mm/min} \\ (3)\ 0 \leqslant F_x \leqslant 200\ \text{N}\end{cases} \tag{4-16}$$

约束条件(1)保证数控加工过程中的主轴转速稳定，可避免主轴转速突变而机床响应不及时造成的加工不稳定现象；约束条件(2) 为综合考虑机床、刀具运行时所设定的进给速度的可行域，从而避免进给速度过大的情况，其中 f_{in} 为铣刀去除材料时进给，f_{out} 为刀具空切时进给；约束条件(3) 基于切削力模型对数控参数进行动态优化，当切向铣削力超出约束范围时对进给速度进行调整，以保证切削力满足稳定约束条件(2)。

图 4-13 所示为数控铣削参数优化前后进给抗力的对比结果，由图可知，通过基于动态铣削力的铣削参数动态优化，切削铣削力波动显著减小。优化前后，切削力 F_x 的最大值由 293.01 N 下降为 200.01 N，切削区内部(In-Cut) F_x 稳定在 200 N 左右。为定量分析切削力的波动情况，对切削区内部的 F_x 进行统计分析，可采用变异系数对两组切削力离散程度进行对比，变异系数是用来衡量观测数据变异程度的一个统计量，变异系数越大则数据的离散程度越大，变异系数可用式(4-17)表示。

$$\text{CV} = (\text{SD}/\text{MN}) \times 100\% \tag{4-17}$$

式中：CV 为变异系数；SD 为标准差；MN 为平均值。

根据表 4-3 可求得优化前后进给抗力变异系数分别如式(4-18)所示，由此可知在参数优化后，切削力离散程度减小了 50.05%，即切削力稳定度提升约 1 倍，这对于改善刀具切削状况将起到重要作用。

$$\text{CV}_{pre} = 73.50\%;\text{CV}_{cur} = 36.71\% \tag{4-18}$$

表 4-3 进给抗力统计

	平均值/N	标准差/N	最大值/N
优化前	136.48	100.31	293.01
优化后	153.61	56.39	200.01

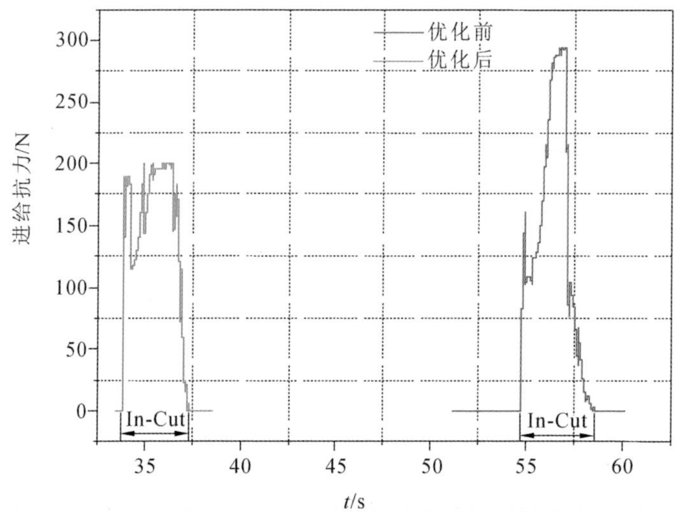

图 4-13　优化前后进给抗力对比

图 4-14 所示为参数优化前后进给速度随加工时间的变化，由图可知，在参数优化前，切削区内部(In-Cut) 使用了单一的进给速度，优化后，进给速度得到了动态调整，从而保证了动态切削力的稳定。在图 4-13 中，切削力 F_x 为零的时间段内刀具处于空切状态(Air-Cut)，此时刀具位于材料外部。此外，根据粗加工数控铣削参数优化的约束条件可知，此时的进给速度应为 f_{out}，其最大值设定为 1000 mm/min，在图 4-14 中，时间段为 33.508～33.875 s 时，进给速度即达到最大值。通过对 f_{out} 的动态优化，大幅提高了刀具在切入、切出及连接移动时的运动速率，从而提高了整个数控程序的运行效率，缩短了加工时间。对于同一段铣削刀具路径，从图 4-13、图 4-14 中可以看出优化后的数控程序比优化之前的提前 21.58 s 运行完成。

图 4-15 所示为粗加工过程全阶段切削力随切削时间的变化关系。由图可知，在切削参数优化之后，切削力基本稳定在 200 N 附近，切削力冲击现象被消除，已满足约束条件要求。这得益于对 f_{in} 及 f_{out} 的综合优化，数控程序运行所需时间理论值由 443.6 s 减少为 237.2 s，加工效率提升约 87%。

为直观描述切削区域内切削力的变化情况，图 4-16 和图 4-17 分别给出了参数优化前后切削力 F_x 在三维空间中的动态变化情况。由图可知，在参数优化后，除在切入、切出及连接等路径上切削力为零外，切削区域内部的切削力分布情况得到明显改善。

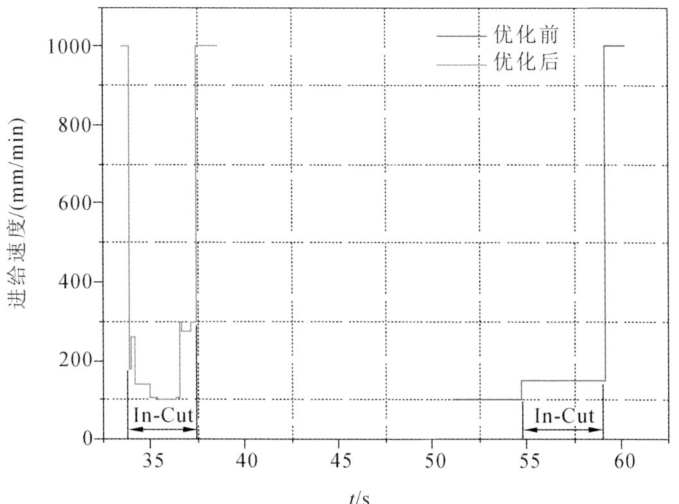

图 4-14　优化前后进给速度对比

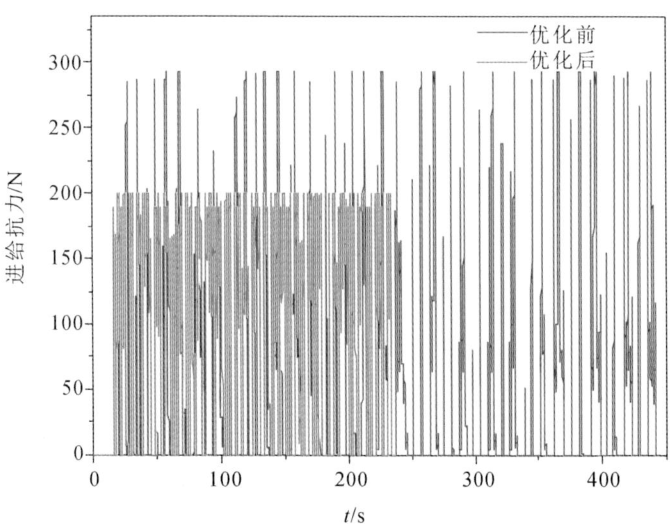

图 4-15　粗加工全阶段进给抗力对比

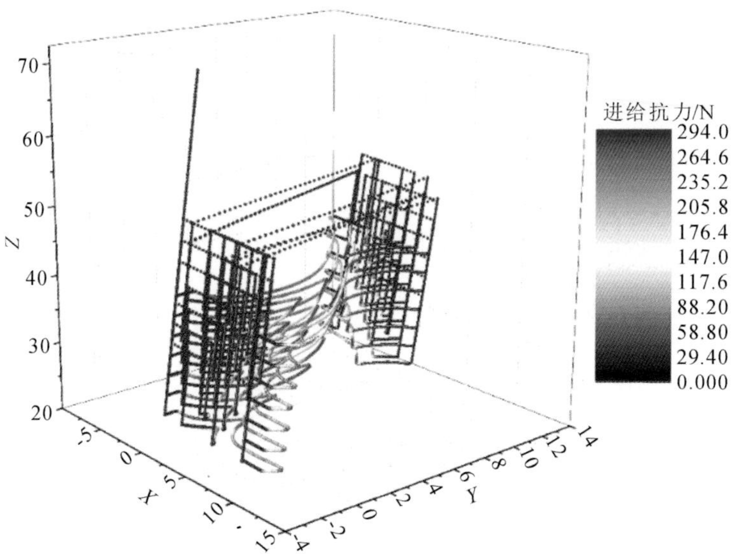

图 4-16　粗加工优化前的进给抗力三维分布

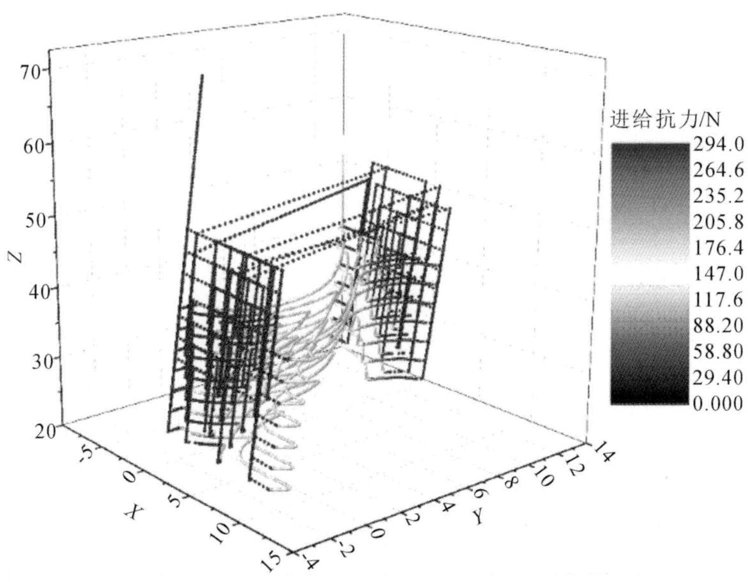

图 4-17　粗加工优化后的进给抗力三维分布图

4.4.3 精加工参数优化

在数控铣削精加工过程中应以保证加工表面的质量为主要目标，加工系统误差的主要来源是刀具磨损以及切削颤振。刀具磨损是切削中一个典型的力热耦合过程，切削颤振主要受到切削力波动的影响，而切削温度本身又与切削力紧密关联，故在精加工过程中应综合考虑切削力及切削温度对加工过程的约束作用。与粗加工过程类似，采用 PM 软件对精加工过程进行工艺分析，图 4-18所示为精加工工艺分析求解过程。

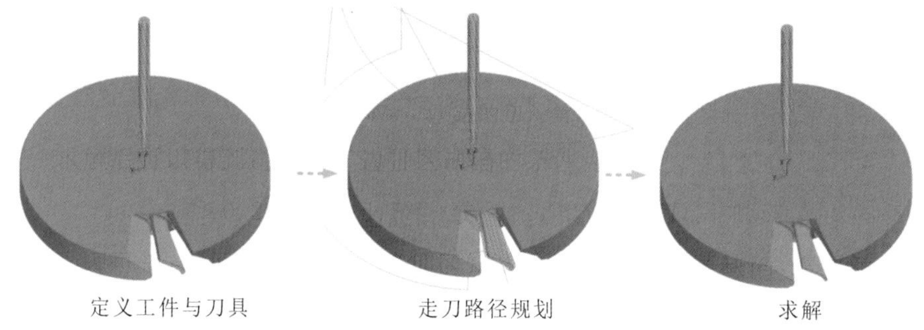

图 4-18　精加工参数优化过程

通过对进给抗力及刀具温度的综合分析，可以得出：在精加工过程中，进给抗力平均波动比达 44.5%，远大于刀具温度平均波动比 0.44%。故在本章中忽略了刀具温度变化对刀具磨损的影响，认为切削力波动是产生刀具磨损以及加工颤振并造成加工误差的主要因素。因此，在精加工参数优化中，仍然以切削力作为主要约束条件，设定约束条件如下：

$$\begin{cases} (1)\ v_c = 37.70\ \text{m/min} \\ (2)\ f_{in} \leqslant 540\ \text{mm/min};\ f_{out} \leqslant 1000\ \text{mm/min} \\ (3)\ 14 \leqslant F_x \leqslant 16\ \text{N} \end{cases} \tag{4-19}$$

约束条件(1)、(2) 与粗加工参数优化设定基本相同；约束条件(3)即基于切削力模型对数控参数进行动态优化，通过将进给抗力限制在均值附近来保证切削力稳定。约束条件(2)、(3)共同决定数控程序中进给速度的最终优化结果。

图 4-19 所示为切削力 F_x 优化后与优化前的对比结果。由图可知，在对

数控程序进行参数优化后，切削力波动幅度明显降低，F_x 稳定在 15 N 附近。通过频谱分析得到优化后的切削力振幅与均值之比为 22.1%，相比优化前的切削力波动程度减轻约 50%。可以看到图中 A(33.732,3.19)、B(35.830,0.98)处的进给抗力达到极小值，此时刀具处于叶片前、后缘处。图 4-20 所示为点 A、B 对应的三维空间坐标系位置。此时，刀具的切深 a_p 及切宽 a_e 均处于极小值状态，且点 A、B 空间位置处于刀具路径上的极值点附近，此时机床系统将对各轴进给进行自动减速调节，确保不产生过切。故此时无法通过对进给量进行优化来改变切削力状态，点 A、B 对应的切削力极小值是客观存在的。

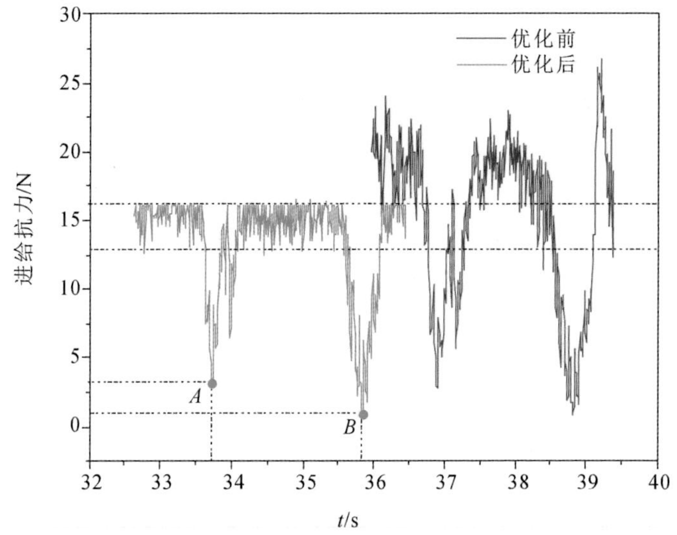

图 4-19　优化前后进给抗力对比结果

图 4-21 所示为叶片精加工全阶段切削力 F_x 随加工时间的变化关系，由图可知，优化后的数控程序切削力更为平稳，且在切削力均值维持不变的前提下，加工时间缩短了 3.8 s。

图 4-22 和图 4-23 所示分别为数控程序优化前后，切削力随三维空间位置的变化关系。数控程序优化后，叶片吸力面及压力面上切削力稳定性明显提高，这对于减小刀具磨损及加工过程中的刀具颤振极为重要，为叶片表面加工质量的提高提供了重要基础。

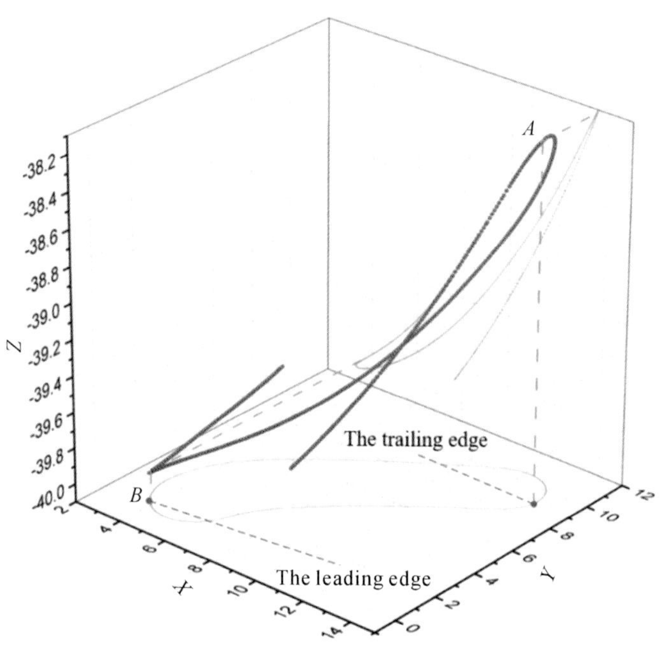

图 4-20　点 A、B 三维空间位置图

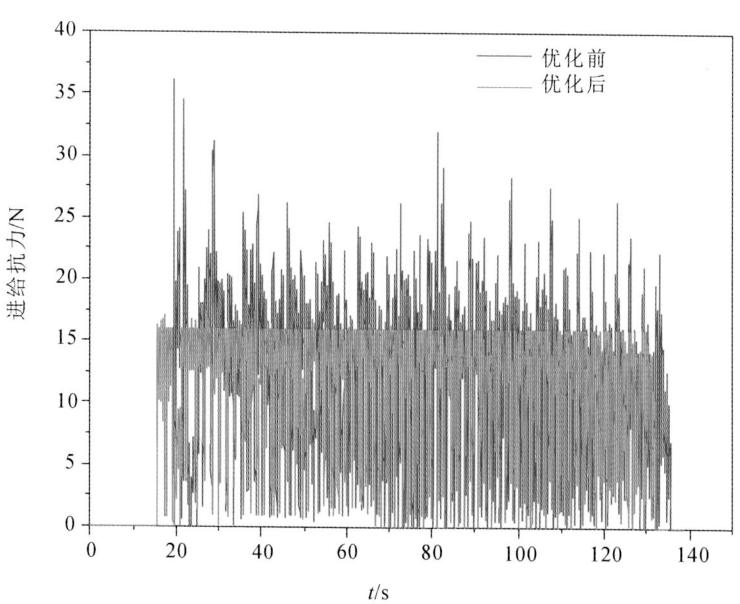

图 4-21　精加工全阶段进给抗力对比结果

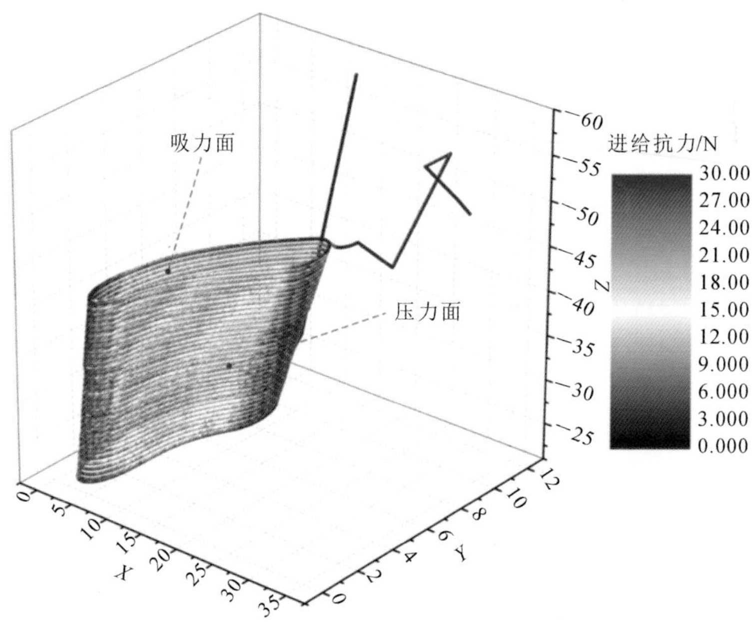

图 4-22　精加工优化前的进给抗力三维分布图

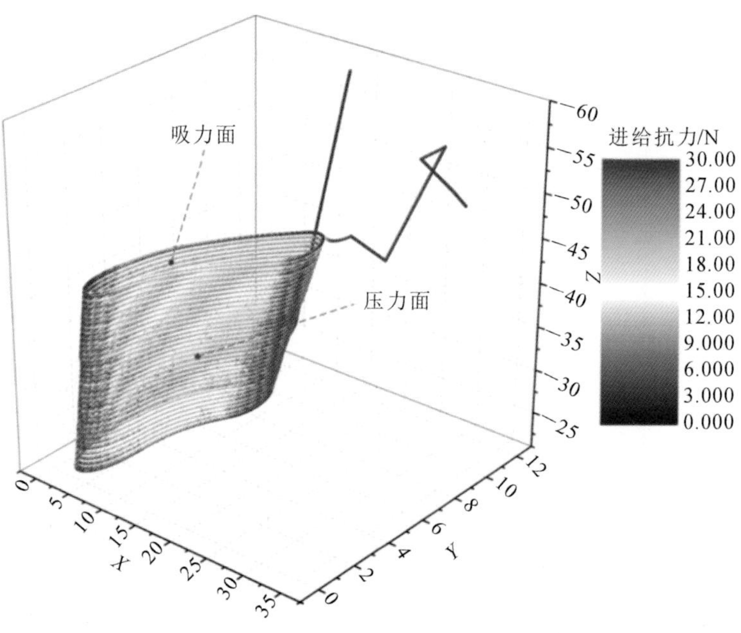

图 4-23　精加工优化后的进给抗力三维分布图

4.5 整体叶轮加工刀具路径优化

4.5.1 刀具路径编程

下面以粗加工刀具路径规划为例，对整体叶轮刀具路径 CAM 编程进行说明，各工步编程思路类似。

在进行粗加工刀具路径规划时，在铣削策略上存在两种方案。

方案一：采用定轴加工策略进行粗加工，此时需要根据整体叶轮结构特征，设定合适的编程坐标系。

方案二：利用 A、C 轴运动进行五轴联动开粗，从而避开加工干涉。

图 4-24(a)所示为采用方案一进行编程所得到的刀具路径求解结果，为提高加工效率将粗加工划分为两个工步，分别采用 $\phi4$ 及 $\phi2$ 端铣刀进行加工；图 4-24(b)所示为方案二所对应的刀具路径求解结果，由于采用五轴联动开粗，故可以采用 $\phi2$ 锥度球头刀一次完成开粗加工，由此体现五轴联动加工的优势。

为对比两个粗加工方案的特点，结合刀具路径图及其统计结果可知，定轴加工方案在加工效率上具有巨大优势，这是由于定轴开粗时切削移动长度远小于五轴联动开粗，且定轴加工时，在切入、切出和连接上可采用快进速度走完提刀过程中产生的刀具路径，故其加工时间大大减少。由统计结果可算得

$$\begin{cases} t_1 = 5\ \text{min}20\ \text{s} + 2\ \text{min}38\ \text{s} = 478\ \text{s} \\ t_2 = 58\ \text{min}32\ \text{s} = 3512\ \text{s} \end{cases} \tag{4-20}$$

t_1 和 t_2 分别为定轴开粗与五轴联动开粗程序估算运行时间，可知，定轴开粗加工效率约为五轴联动开粗效率的 7.34 倍，由此可见，刀具路径规划时切削加工策略的选择对加工效率有很大影响。一般而言，粗加工时应尽量选取定轴加工策略，以保证加工效率；精加工时应采用多轴联动加工策略，以保证加工质量。

由此确定采用定轴开粗策略进行粗加工刀具的路径规划，以保证本节所提出的工艺方案的高效性，整体叶轮各工步数控铣削加工 CAM 编程结果如表4-4所示。

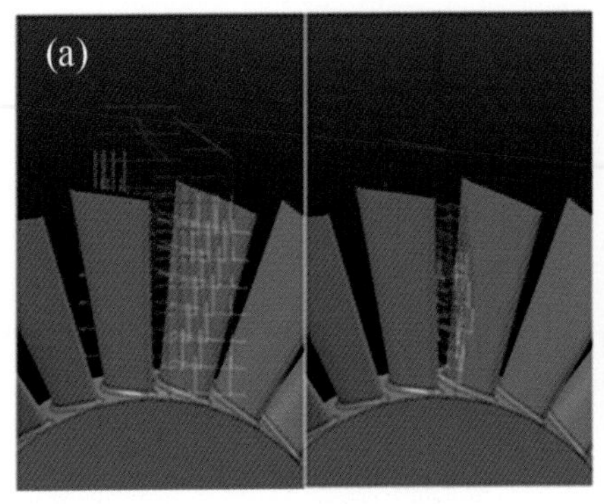

(a) 方案一

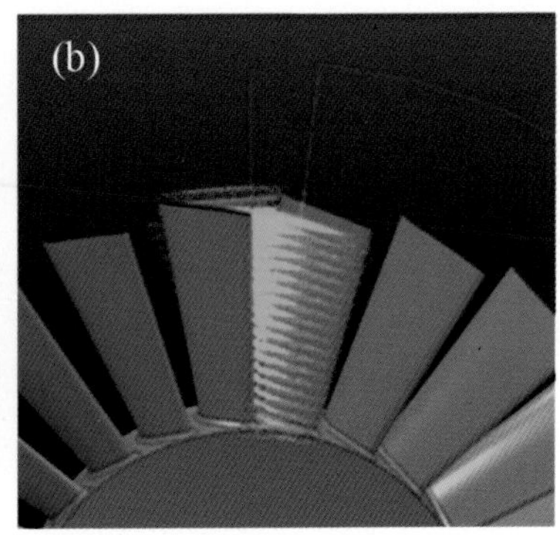

(b) 方案二

图 4-24　开粗刀具路径

表 4-4　刀具路径规划结果

工步	刀具路径	仿真结果	加工参数
01 流道开槽定轴粗加工Ⅰ	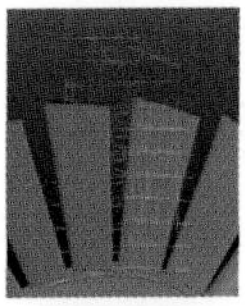	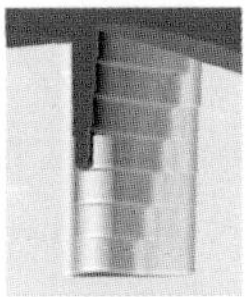	S=2500 r/min f=150 mm/min a_p=3 mm a_e=1 mm 余量:0.3 mm
02 流道开槽定轴粗加工Ⅱ	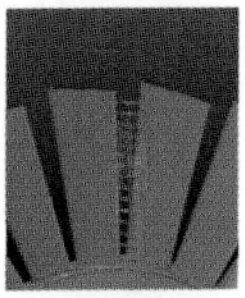	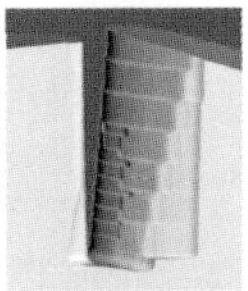	S=4500 r/min f=180 mm/min a_p=1.4 mm a_e=0.5 mm 余量:0.3 mm
03 叶片半精加工	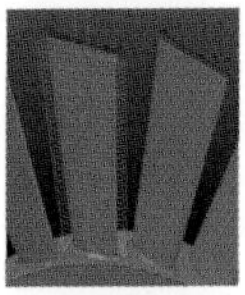	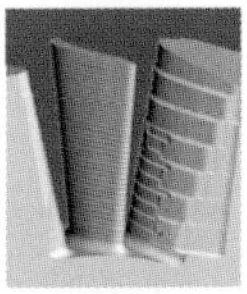	S=6000 r/min f=360 mm/min a_p=0.6 mm a_e=0.15 mm 余量:0.15 mm
04 叶片精加工		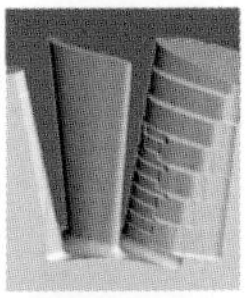	S=6000 r/min f=360 mm/min a_p=0.15 mm a_e=0.15 mm 余量:0.0 mm
05 轮毂半精加工		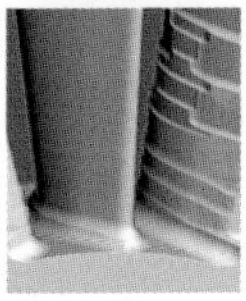	S=6000 r/min f=300 mm/min a_p=0.15 mm a_e=0.6 mm 余量:0.15 mm

续表

工步	刀具路径	仿真结果	加工参数
06 轮毂精加工			S=6000 r/min f=300 mm/min a_p=0.15 mm a_e=0.3 mm 余量:0.0 mm
07 叶片根部半精加工			S=9000 r/min f=360 mm/min a_p=0.12 mm a_e=0.15 mm 余量:0.15 mm
08 叶片根部精加工			S=9000 r/min f=360 mm/min a_p=0.1 mm a_e=0.15 mm 余量:0.0 mm

4.5.2 刀具路径调试与优化

在 CAM 软件环境下进行数控刀具路径仿真可快速获得铣削加工过程中材料的去除状况、机床各轴运动状态以及判断工艺系统内部是否存在碰撞，然而难以通过加工仿真获得材料加工表面的真实形貌。另一方面，对于本章中的加工对象整体叶轮，其流道窄且深，相邻叶片之间的空间非常有限，在实际加工过程中，由于工艺系统内部存在各种系统误差，刀具在运动过程中容易与已加工表面发生干涉，从而影响加工表面质量。通过数控铣削加工试验，可有效地发现这些问题，从而对刀具路径规划作出有效修正，增强刀具路径规划的准确性和宽容度，确保正式铣削加工的顺利进行。为此，在加工镍基高温合金叶轮之前，本小节采用铝合金(6063，LD31)材料毛坯进行样件加工试验，以修正 CAM 刀具路径规划中的不合理几何量。

1. 叶片加工路径调试与优化

图 4-25 所示为锥度铣刀侧铣过程中与加工表面接触区域的示意图，定义刀具与加工表面接触点的法向矢量为 $\boldsymbol{V}_1$，刀轴矢量为 $\boldsymbol{V}_2$，$\boldsymbol{V}_1$ 与 $\boldsymbol{V}_2$ 所形成角度

Ψ为刀具倾角。由图可知，随着刀具倾角Ψ的变化，刀具与工件表面将形成不同的接触区域，且接触区域形状与加工表面曲率相关。若Ψ过大，则由于切削厚度增大，切削过程中将会发生过切；若Ψ过小，则由于切削厚度减小，当切削厚度小于未变形临界切削厚度时，材料表面的滑移力和耕犁力将变大，使切削力增大，毛刺增多，导致工件加工表面质量下降。由于叶片表面为自由曲面，且其表面各点曲率不一致，故在CAM路径规划时难以通过理论计算给定刀具倾角Ψ。在本小节中，将通过切削试验确定出合适的Ψ值。

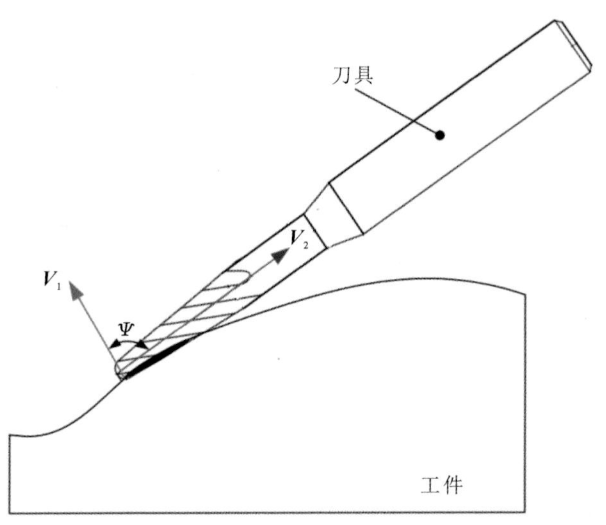

图 4-25　锥度铣刀侧铣过程中与加工表面接触区域示意图

图4-26所示为采用不同刀具倾角Ψ进行叶片加工CAM刀具路径规划所得叶片精加工的表面形貌，由图可知，刀具倾角Ψ对叶片表面的加工质量存在显著影响。当$\Psi=88°$时，叶片加工表面发生明显的过切现象；随着Ψ的减小，加工表面过切减小；当$\Psi=82°$时，叶片表面上部分由于切削厚度过小，表面粗糙度上升。故将Ψ适当增大，通过铣削试验确定最终所选用的刀具倾角$\Psi=84°$。此时叶片加工表面没有过切或表面粗糙度增大的情况发生。

2. 各工步刀具路径调试与优化

在对整体叶轮铣削加工各工步进行CAM编程的过程中，均采用铝合金材料毛坯进行相应的铣削试验，根据铣削加工结果对铣削刀具路径规划几何参量作出相应的反馈调整，使得各工步加工均达到预计效果。图4-27所示为整体叶轮数控铣削刀具路径调试过程中所产生的主要加工缺陷，包括加工过切和加

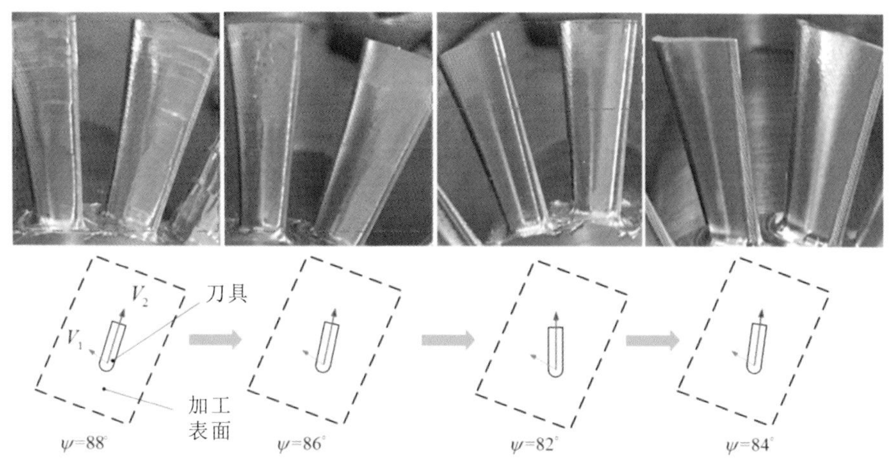

图 4-26　叶片加工刀具路径调试

工干涉。其中:加工过切表现为叶片加工过程中刀具路径起始或终止刀位点设置不合理,导致刀具在叶片表面或轮毂面上发生过切;加工干涉表现为轮毂精加工和倾角精加工过程中刀具倾角设置不合理,导致加工过程中刀具柄部与叶片表面发生滑擦,使叶片加工表面发生损伤。

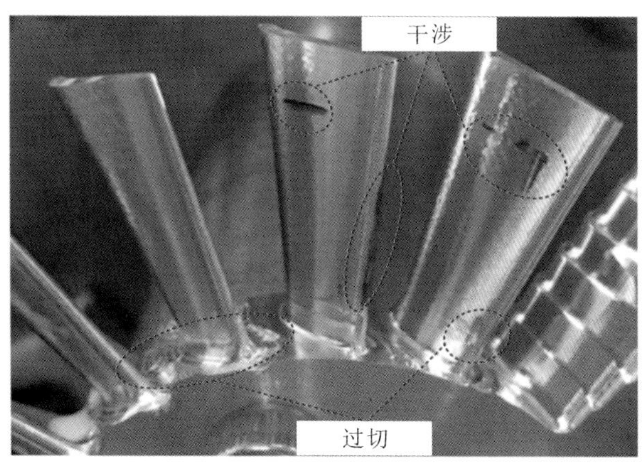

图 4-27　整体叶轮铣削加工缺陷

根据上述铣削试验结果,在整体叶轮 CAM 编程的过程中对各工步刀具路径刀位点以及刀轴矢量进行了相应的调整和约束,并成功解决了微型整体叶轮数控铣削加工过程中的加工过切和加工干涉问题。整体叶轮各工步刀具路径规划在调试结束后的实际加工效果如表 4-5 所示。

表 4-5　刀具路径调试结果

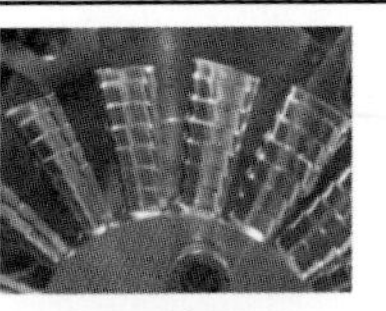 开粗	 叶片半精加工	 叶片精加工
 轮毂精加工	 叶片根部精加工	 倾角精加工

4.6　整体叶轮加工刀具设计与应用

4.6.1　刀具设计与选用

整体叶轮铣削加工刀具的选用应综合考虑毛坯材料、机床结构、切削方式、加工阶段、刀具刚性、刀具耐用度以及刀具成本等因素。例如，粗加工时应以加工效率为主，同时应保证加工过程不断刀，故应选用大直径的刀具，从而保证刀具的强度；而精加工时应以保证加工精度为主要目的，在刀具选用时应注重刀具的耐用度，保证加工过程的稳定性，故应选用抗磨损能力强的刀具。对于结构尺寸比较小的整体叶轮，为避免加工干涉，一般选用整体硬质合金立铣刀完成加工。整体硬质合金立铣刀按其切削刃形状可分为刀尖圆角端铣刀、球头铣刀、插铣刀、环形铣刀、锥度铣刀以及鼓形铣刀等。

由于叶轮结构尺寸小，且相邻叶片之间具有较大锥度，流道呈上宽下窄结构。由于没有标准刀具可供选用，本节对叶轮加工刀具结构进行设计，将流道开槽粗加工划分为两道工步，分别采用 $\phi4$ 及 $\phi2$ 端铣刀进行加工；叶片及流道精加工则采用锥度铣刀。以流道精加工为例进行说明，由于叶片根部圆角半径为 0.55 mm，所用刀具直径为 1 mm，以保证余量能够全部被切削掉，为增强刀具刚性和强度，所用刀具设计有 2°～5°的单边锥度。表 4-6 所示为各工序所用锥度铣刀结构图样及其设计参数。

表 4-6　整体叶轮加工刀具

工步	刀具结构图样
01 流道开槽定轴粗加工Ⅰ	ϕ4h9　ϕ6h6　R0.5±0.05　5(刃长)　25　30　66　Z=2
02 流道开槽定轴粗加工Ⅱ	ϕ2h9　ϕ6h6　R0.25±0.05　3(刃长)　15　30　66　Z=2
03～04 叶片(半)精加工； 05～06 轮毂(半)精加工	2.5°(单边)　ϕ4±0.05　$\phi6h6(^{0}_{-0.008})$　R1±0.05　10(刃长)　23.88　26　30　66　Z=3
07～08 叶片根部(半)精加工	3°(单边)　ϕ3±0.05　$\phi6h6(^{0}_{-0.008})$　R0.5±0.05　6(刃长)　19.57　25　30　66　Z=3

对于刀具夹持系统，由于刀具直径较小，选用液压刀柄(SANDVIK，930-B40-P-12-110)以增强刀具系统的刚性，其最大悬伸为 110 mm，能够有效防止五轴加工过程中机床主轴与工作台发生碰撞。图 4-28 所示为所用刀柄的外形尺寸及实物图，图中各尺寸如表 4-7 所示。

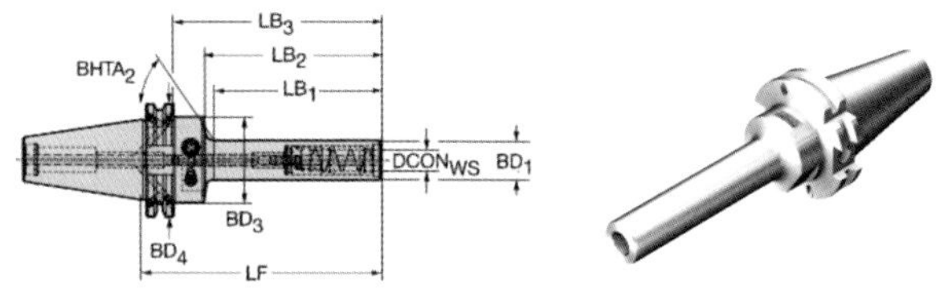

图 4-28　整体叶轮加工刀柄

表 4-7 刀柄尺寸(mm)

LF	BD_1	BD_2	BD_3	BD_4	LB_1	LB_2	LB_3
110	22	22	40	63	60.8	60.4	83

4.6.2 整体叶轮加工刀具切削试验

1. 试验刀具

试验刀具根据前面所述设计结构进行定制，为硬质合金涂层刀具，刀具材料牌号为 K55，采用 PVD 工艺涂层，涂层材料为 TiAlCrN。

2. 工件材料

工件材料采用镍基高温合金，材料牌号为 GH4169。

3. 工艺系统

所用机床为五轴加工中心，如图 4-29 所示，其型号为 Hurco VMX 42，*A*、*C* 轴运动由旋转工作台完成，机床各轴参数如表 4-8 所示。刀具实物如表 4-9 所示。

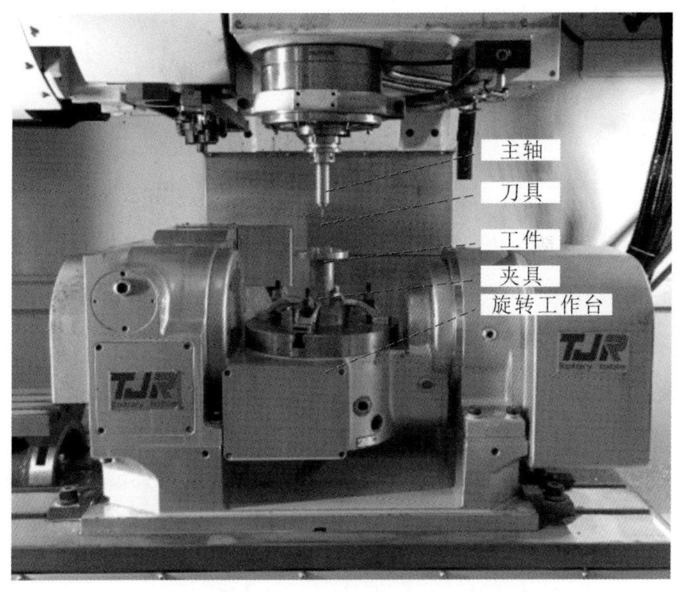

图 4-29 数控铣削加工工艺系统

表 4-8　机床各轴参数

X 行程/mm	Y 行程/mm	Z 行程/mm	A 轴/(°)	C 轴/(°)	最大主轴转速/(r/min)	主轴功率/kW	定位精度/重复定位精度/mm
1067	610	610	±110	±3600	12000	18	0.01/0.005

表 4-9　铣削加工刀具

工步	刀具刃口光学显微图
01 流道开槽定轴粗加工Ⅰ	 2.00 mm
02 流道开槽定轴粗加工Ⅱ	 2.00 mm
03～04 叶片(半)精加工; 05～06 轮毂(半)精加工	 2.00 mm
07～08 叶片根部(半)精加工	 2.00 mm

4. 整体叶轮铣削试验

整体叶轮铣削工艺过程如表 4-10 所示，表中给出了各工步加工图。

表 4-10　镍基高温合金整体叶轮铣削工艺过程

工步	仿真图	加工图
01 流道开槽定轴粗加工 Ⅰ		
02 流道开槽定轴粗加工 Ⅱ	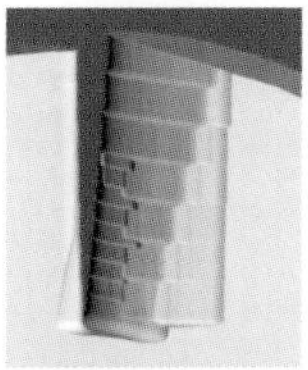	
03 叶片半精加工		
04 叶片精加工		
05 轮毂半精加工		

4.6.3　加工精度检测

1. 轮廓度检测

为检测叶片轮廓精度，采用三坐标测量仪（coordinate measuring machine，

CMM）对叶片加工表面进行检测，所用设备为 THOME-T 系列三坐标测量仪，采用英国雷尼绍（Renishaw）高精度三坐标测头，其最高定位精度为2 μm。图 4-30所示为通过三坐标测量编程对叶轮的三个叶片试样进行检测。

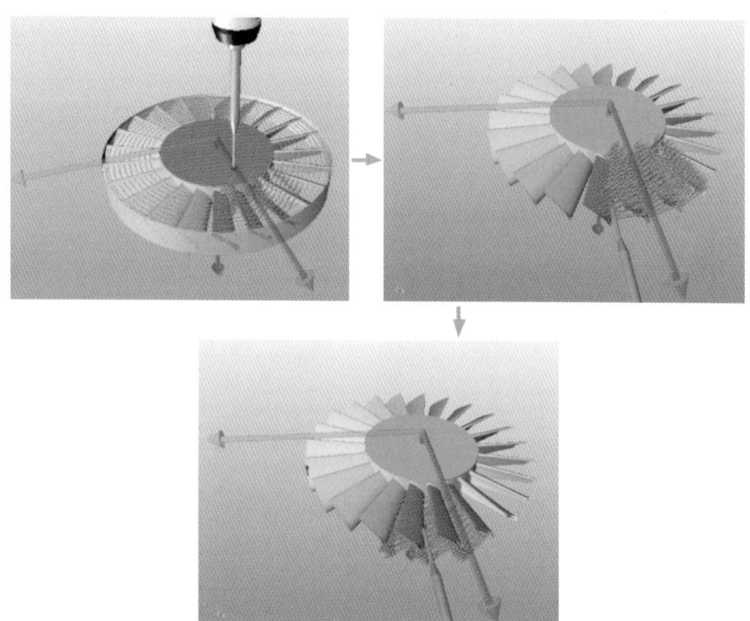

图 4-30　三坐标测量编程

图 4-31 所示为叶片 CMM 测量过程，为完成叶片检测，经过多次调试，对测头进行旋转变换（B、C 轴），以便使得测头在检测过程中沿检测点法向矢量方向，确保测量精度，同时保证测头不与相邻叶片发生干涉。

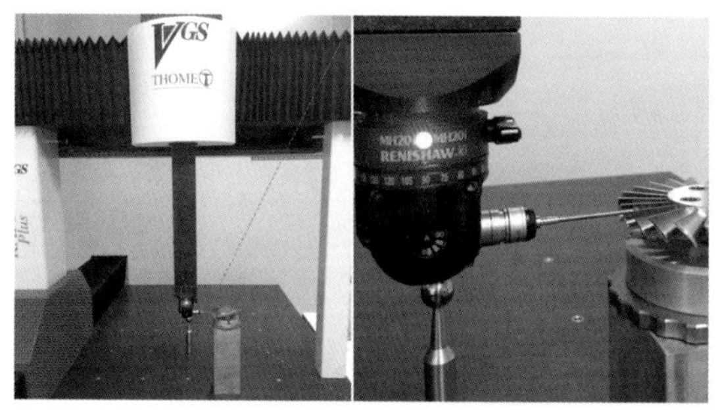

图 4-31　CMM 测量过程

图 4-32 所示为叶片的 CMM 测量结果，由检测结果可知，叶片表面各检测点的面轮廓度误差在±0.087 mm 以内，达到了叶片面轮廓度公差的设计要求。

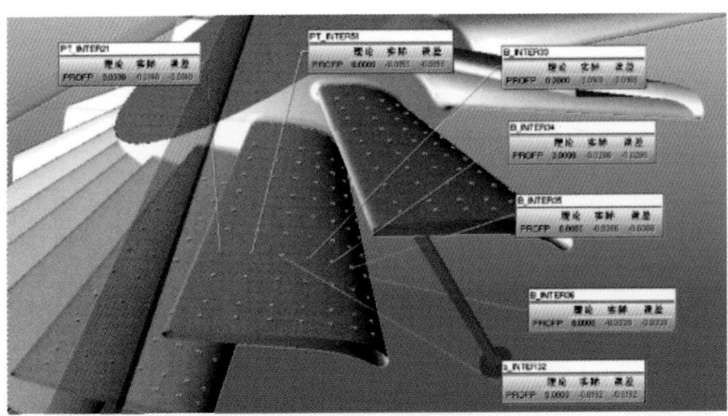

(a) 吸力面检测结果

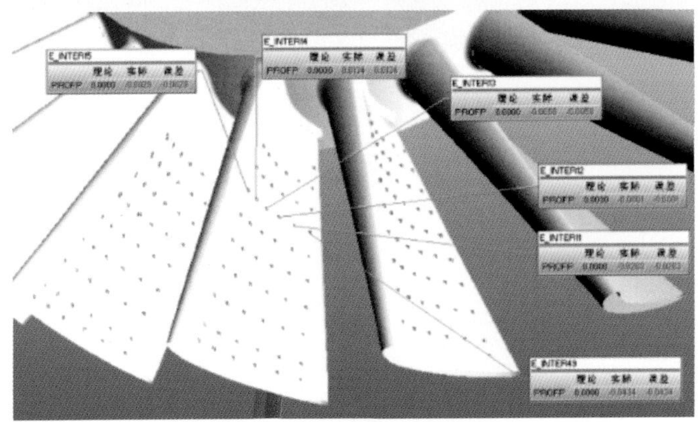

(b) 压力面检测结果

图 4-32　三坐标测量结果

2. 表面粗糙度检测

为了检测叶片加工表面微观几何形状误差，本小节采用 Mitutoyo SJ-210 表面粗糙度测量仪分别对叶片吸力面与压力面的不同位置进行多次测量，测量结果如表 4-11 所示。由测量结果可知，叶片吸力面的表面粗糙度均值为 0.572 μm，叶片压力面表面粗糙度均值为 0.985 μm，叶片压力面表面粗糙度值高于叶片吸力面。叶片表面粗糙度设计要求值为 3.2 μm，叶片加工表面微观几何形状误差完全满足其设计要求。

表 4-11　表面粗糙度测量结果

叶片表面	$Ra/\mu m$					
	测量 1	测量 2	测量 3	测量 4	测量 5	测量 6
吸力面	0.610	0.576	0.544	0.584	0.625	0.490
压力面	0.966	1.046	0.918	0.971	1.127	0.883

图 4-33 所示为叶片表面粗糙度测量时所得到的粗糙度评价曲线及叶片在光学显微镜下所拍摄的典型表面形貌，从图中可直接看出叶片吸力面与压力面表面几何形状误差之间的差异。

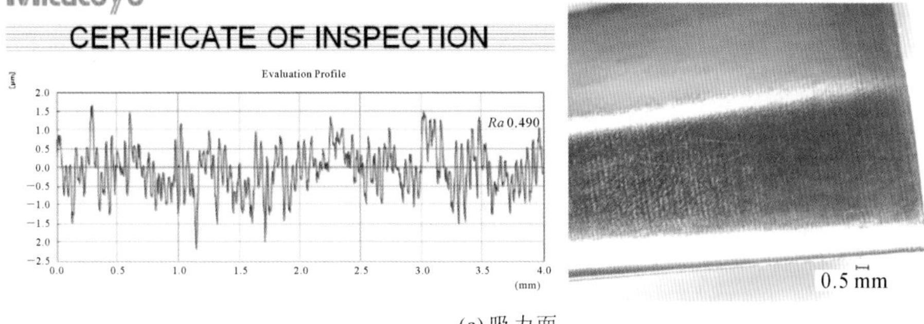

(a) 吸力面

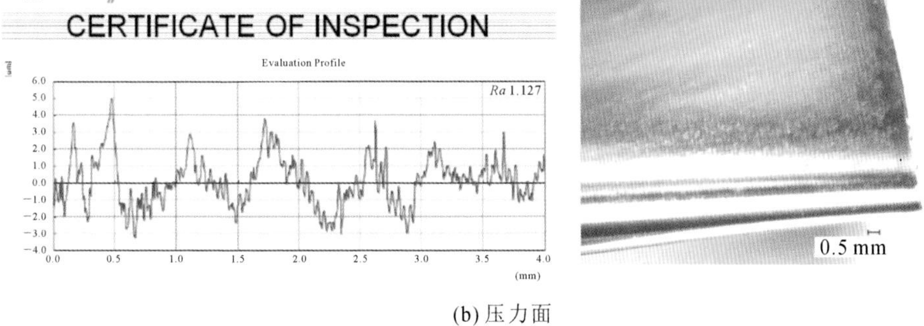

(b) 压力面

图 4-33　叶片表面粗糙度评价曲线及典型表面形貌

4.7　本章小结

本章以微型涡轮喷气发动机中的整体叶轮为研究对象，根据其结构特征和材料特性，对其进行全流程数控铣削加工工艺研究，从加工工艺系统设计、数控铣削工艺流程规划、数控铣削虚拟加工过程仿真、数控铣削加工参数优化以及数控铣削加工试验等方面开展相应的研究工作，提出了基于刀具路径规划的智能选刀与用刀，实现了整体叶轮切削加工全工艺流程优化，主要结论如下。

(1) 对流道圆角半径、上下叶片间的最小间距及叶片倾斜锥度进行了详细分析，按照工序集中的原则将其铣削工艺规划为八个工步，将开粗加工划分为两个工步，采用大小刀结合的加工方案，既提高了数控铣削的加工效率，又确保了铣削刀具的合理使用。

(2) 对整体叶轮数控铣削加工进行了全工艺流程刀具路径规划，采用定轴加工策略进行流道开槽粗加工，相比于采用五轴联动开粗加工，大大减少了刀具路径的数量，开粗加工效率提升了 6 倍以上。

(3) 对整体叶轮数控铣削粗、精加工进行了动态参数优化，通过参数优化大幅降低了切削区域内部切削力的不均匀性，提升了铣削过程的平均进给速度，粗加工过程铣削效率提升了 87%，精加工平均波动降低了 50%。

切削刀具技术基础篇

第5章 汽轮机缸体中分面微量润滑切削刀具磨损机理

5.1 背景介绍

汽轮机作为重要能源装备，长期处于高温潮湿的蒸汽环境，使得汽缸中分面进气口、抽气口转子支撑处容易发生腐蚀和应力开裂，引起转子偏转，造成设备故障。为此，需在汽缸缸体中分面进气口、抽气口表面堆焊一层耐高温、耐腐蚀和抗氧化的堆焊合金。

图5-1所示为某型号汽轮机缸体中分面进气口和抽气口表面涂覆的镍基堆焊合金。为了确保汽轮机上、下半缸体紧密贴合，堆焊完成后需对核电汽轮机缸体中分面进气口、抽气口的高低不平、不规则表面进行铣削加工。镍基合金是一种典型的难加工材料，镍基合金黏结性强，加工过程切削力大、切削温度高，会造成刀具磨损与破损严重，用刀成本居高不下。

鉴于此，本章以核电汽轮机缸体中分面进气口、抽气口处的不规则、非均匀的镍基堆焊合金为对象，分析刀具涂层性能，利用绿色环保的微量润滑(MQL)技术，实时监测铣削特征参量，以此阐明微量润滑下的切削刀具磨损机理。

图 5-1　某型号汽轮机缸体中分面上的镍基堆焊合金

5.2　汽轮机缸体中分面镍基堆焊合金铣削参数优化

5.2.1　镍基堆焊合金性能及堆焊工艺

本节所采用试样的母材材料为 G17CrMo9-10，采用氩弧焊的方法在母材表面堆焊 Inconel 182 材料，堆焊前预热至 400 K，氩弧焊电流为 145 A，电压为 17 V，堆焊速度为 1.4 mm/s，堆焊至厚度为 15 mm，焊接结束后，经过自然时效去除焊接引起的残余应力，得到 80 mm×40 mm×40 mm 的块状堆焊试样，如图 5-2 所示。其母材和堆焊合金的物理力学性能如表 5-1 所示。为了避免堆焊厚度对刀具磨损产生干扰，本节中所有切削试验均保证刀具在堆焊厚度大于 7 mm的材料中进行切削。

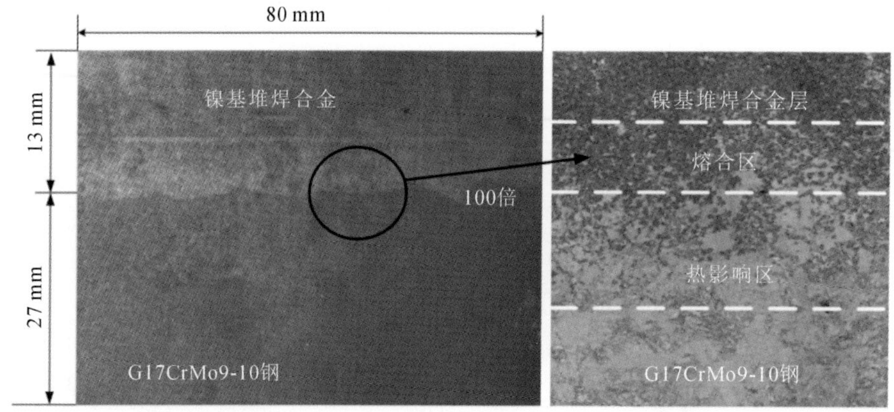

图 5-2　镍基堆焊合金 Inconel 182 块状试样

表 5-1　镍基堆焊合金 Inconel 182 与 G17CrMo9-10 钢力学性能

材料牌号	抗拉强度/MPa	屈服强度/MPa	断裂伸长率/(%)	冲击能量/J
G17CrMo9-10	590～740	400	18	40
Inconel 182	550	220	40	55

5.2.2　镍基堆焊合金铣削参数优选

1. 切削参数优选试验

镍基堆焊合金面铣加工所用机床为 HURCO-VMX42 加工中心，其最大主轴转速为 12000 r/min。如图 5-3 所示，采用 Kistler 9272 测力仪采集切削力信号，配合四通道信号放大器 Kistler 5017B 把切削力信号传输到高频采集卡，最后通过计算机获取实时切削力分量 F_x、F_y 和 F_z。安装时先把测力仪固定在机床工作台上，然后在测力仪上安装虎钳，最后通过虎钳定位并夹紧试样。声发射检测采用美国物理声学公司的声发射传感器，经前置放大器和高频采集卡，把信号传入计算机，并用自带的 AE win 软件进行分析。

切削加工完成后，采用三丰 SJ 210 表面粗糙度仪测量镍基堆焊合金加工后的表面粗糙度。测量长度设定为 0.25 mm，测量三次，取平均值得到最终表面粗糙度值。采用基恩士 VHX-500FE 光学显微镜观察刀具磨损量，以刀具后刀面磨损量 VB 超过 0.3 mm 或刀片发生严重的崩刃作为刀具失效准则。然而，在面铣削加工过程中并不能够准确地判断刀具何时失效，因此，本节观察并记录每一次走刀完成后刀片的磨损量。采用 HITACHI S4800 扫描电子显微镜观测刀具 SEM 形貌，并用配套的能谱分析仪（EDS）分析刀具磨损机理。运用美国 Accu-Lube 公司的 MQL 设备进行润滑。

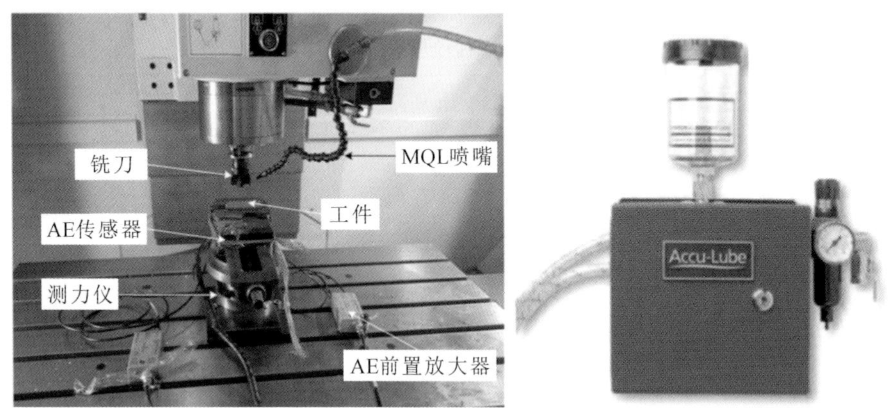

图 5-3　镍基堆焊合金 Inconel 182 面铣磨损试验示意图

试验分为两部分：首先，对镍基堆焊合金进行面铣切削试验，获得最优切削参数。为了减少试验次数，降低试验成本，本节采用三因素三水平正交试验设计。正交试验设计能够全面、科学地对试验进行安排和分析，能够在保证试验有效性和精确性的基础上合理地减少试验次数。切削深度 a_p、刀具每齿进给量 f_z 和切削速度 v_c 作为正交试验设计的三个因素，其因素水平和试验参数如表 5-2 和表 5-3 所示。试验中保证切削宽度为刀盘直径的 3/4，即 $a_e=40$ mm。试验完成后对表面粗糙度进行信噪比分析，优化镍基堆焊合金面铣加工参数。

随后，以试验得到的最优切削参数为刀具磨损试验参数，进行镍基堆焊合金面铣加工刀具磨损试验。

表 5-2　镍基堆焊合金 Inconel 182 面铣加工参数因素水平

水平	因素		
	切削深度 a_p/mm	进给速度 f_z/(mm/z)	切削速度 v_c/(m/min)
1	0.5	0.1	80
2	1	0.2	120
3	1.5	0.3	160

表 5-3　镍基堆焊合金 Inconel 182 面铣正交试验设计

序号	a_p/mm	f_z/(mm/z)	v_c/(m/min)	n/(r/min)	v_f/(mm/min)
1	0.5	0.1	80	510	51
2	0.5	0.2	120	764	153
3	0.5	0.3	160	1019	306
4	1	0.1	120	764	76
5	1	0.2	160	1019	204
6	1	0.3	80	510	153
7	1.5	0.1	160	1019	102
8	1.5	0.2	80	510	102
9	1.5	0.3	120	764	229

2. 铣削参数信噪比优化

信噪比分析计算公式为

$$S/N(\eta) = -10\lg \frac{1}{n}\sum_{i=1}^{n} y_i^2 \tag{5-1}$$

式中：y_i为试验测量的表面粗糙度值；n 为试验次数。

表面粗糙度是衡量加工表面质量高低的重要指标。表面粗糙度越小，被加工表面越平整，加工表面质量也越高。通常，我们希望表面粗糙度越小越好，本节以表面粗糙度值为目标参数，采用“越小越好”的信噪比准则，分析各个切削参数对表面粗糙度的影响程度，最终获得镍基堆焊合金面铣加工的最优切削参数。

对干切削和 MQL 切削条件下顺铣和逆铣获得的表面粗糙度信噪比 S/N值进行主效应分析（见图 5-4），发现无论采用何种切削方式（顺铣或逆铣）及润滑条件（干切削或 MQL 切削），切削深度和每齿进给量主效应图有着相似的变化趋势，即表面粗糙度信噪比 S/N 值随着切削深度和每齿进给量的增大先增大后减小。然而，表面粗糙度信噪比 S/N 值随切削速度的变化取决于铣削方式，顺铣时信噪比 S/N 值随切削速度的增大先减小后增大，逆铣时信噪比 S/N 值随切削速度的变化不明显。由于采用了“越小越好”的信噪比准则，表面粗糙度小时计算获得的信噪比 S/N 值大，因此，较大的信噪比 S/N 值对应的表面质量高，这意味着刀具磨损量小，刀具寿命长。

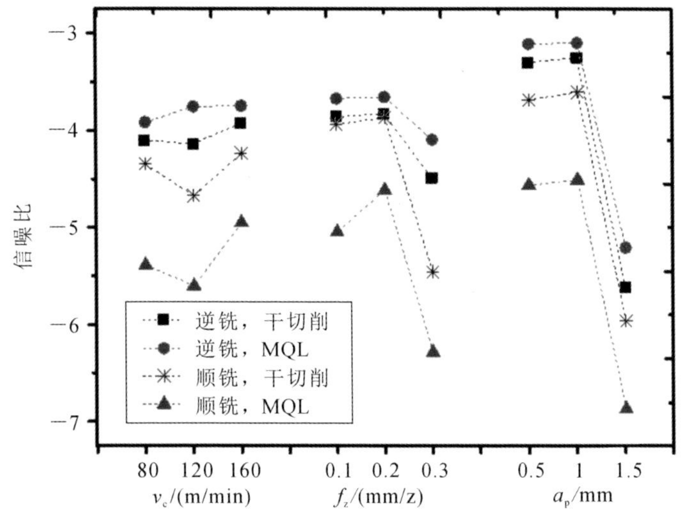

图 5-4 镍基堆焊合金 Inconel 182 面铣表面粗糙度信噪比主效应分析

综上所述，镍基堆焊合金 Inconel 182 面铣的最佳切削参数为切削速度 $v_c=160$ m/min，每齿进给量 $f_z=0.2$ mm/z，切削深度 $a_p=1$ mm。

5.3 干式与微量润滑切削刀具磨损性能对比

5.3.1 干切削条件下的磨损

1. 无涂层刀片

图 5-5 所示为无涂层刀片铣削镍基堆焊合金去除 6.4 cm^3 后刀具前、后刀面形貌，可以看出，对于无涂层刀片来说，由于没有耐磨、耐热涂层的保护，硬质合金刀片直接暴露在切削区域，刀片耐磨性、抗冲击性能差。无涂层刀片在逆铣去除 6.4 cm^3 的镍基堆焊合金后切削刃出现了大块的撕裂，如图 5-5(a)和(b)所示。相比之下，如图 5-5(c)和(d)所示，无涂层刀片在顺铣加工时，未出现大块刀体剥落，但后刀面发生大面积的沟槽磨损，一旦发生沟槽磨损，其加工表面

质量急剧恶化。由于顺铣加工过程中切屑由厚变薄，刀齿在切入工件的瞬间受冲击力大，无涂层刀片的抗冲击性能差，刀片磨损剧烈。此外，无论是顺铣还是逆铣，刀片前刀面都出现了不同程度的粘屑现象，这说明镍基堆焊合金面铣切削热量大，切削温度高。

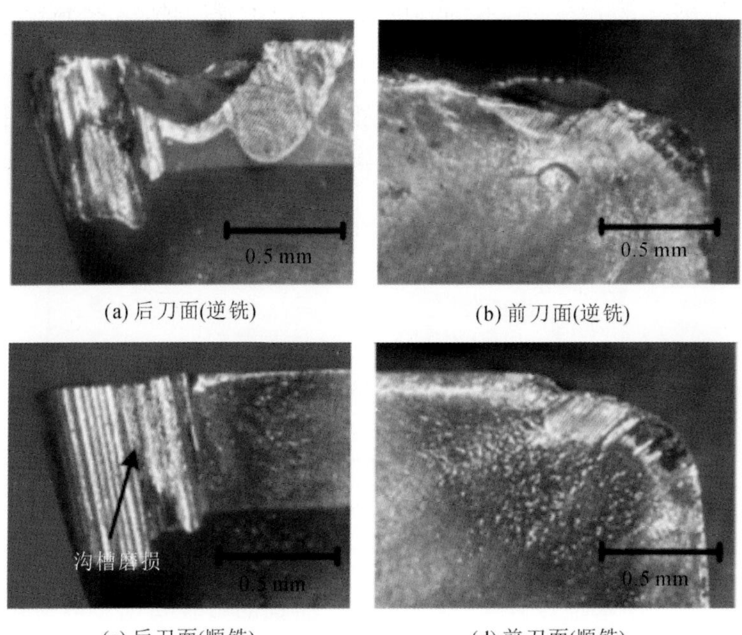

(a) 后刀面(逆铣)　(b) 前刀面(逆铣)

(c) 后刀面(顺铣)　(d) 前刀面(顺铣)

图 5-5　无涂层刀片干切削去除 6.4 cm^3 后磨损形貌

引起顺铣和逆铣时刀片磨损差异的主要原因可归于镍基堆焊合金的强黏结性。逆铣时，刀片切入工件材料的初期，刀片切削刃与工件发生耕犁和划擦，很容易在刀片切削刃处出现微崩刃，随着刀片继续切入，切削厚度逐渐增大，切削负载增大，刀具切削刃上出现的微崩刃在镍基堆焊合金中的黑色块状硬质碳化铬沉淀冲击下加速裂纹扩展，导致崩刃，带走大块刀体材料。顺铣时，刀片寿命主要取决于刀片的抗冲击性能。

仔细观察无涂层刀片顺铣和逆铣的 SEM 形貌和 EDS 能谱(见图 5-6)，可知逆铣时刀片表面出现大块黏结层，其主要成分是 Ni、Cr 和 Mn 等镍基堆焊金属元素，而顺铣时刀片表面发生沟槽磨损处的主要元素是刀片基体 W 和 C 元素，并未出现黏结现象。

因此，对于耐磨损、抗冲击性能差的无涂层刀片来说，逆铣时刀片易发生严

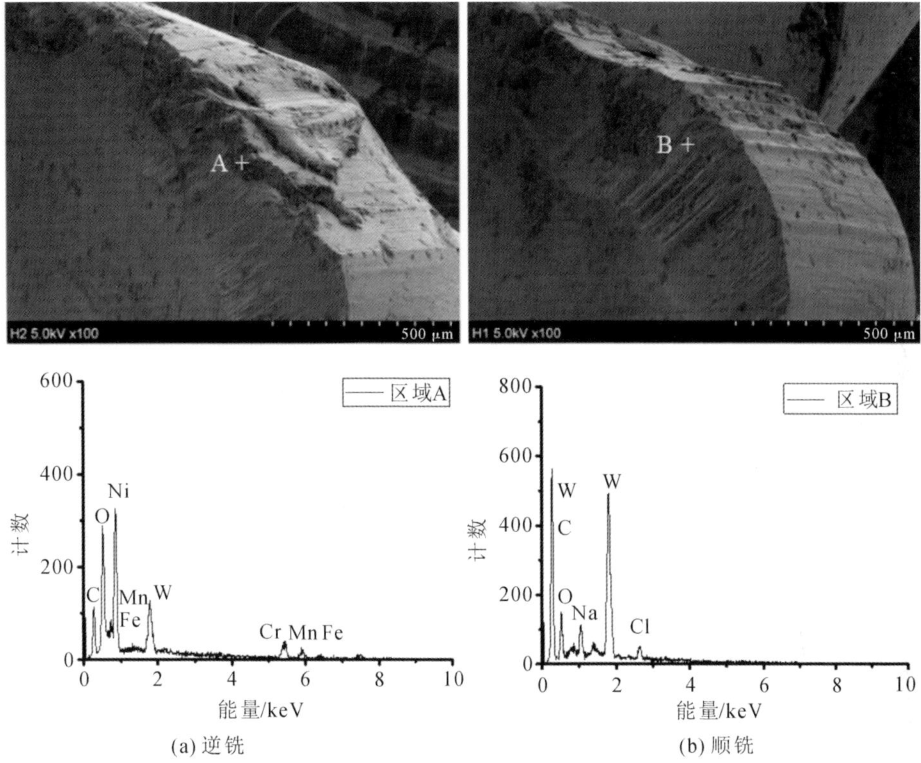

(a) 逆铣 (b) 顺铣

图 5-6　无涂层刀片干切削去除 6.4 cm³ **后的** SEM **形貌和** EDS **能谱**

重崩刃，其失效机理为非正常破损；顺铣时刀片易发生沟槽磨损，其磨损机理为磨料磨损。可见，无论顺铣或逆铣，无涂层硬质合金刀片都不适合在干切削条件下铣削镍基堆焊合金 Inconel 182。

2. TiAlN/TiN **涂层刀片**

图 5-7 所示为 TiAlN/TiN 涂层刀片去除体积 12.8 cm³ 后刀片前、后刀面形貌。可以发现，无论是顺铣还是逆铣，刀片前刀面均产生了不同程度的粘屑，这表明切削热量大，切削温度高。在高温高压状态下，TiAlN/TiN 涂层刀片切削刃在逆铣时同样容易产生崩刃，与无涂层刀片类似。然而，在顺铣时，TiAlN/TiN 涂层刀片耐冲击，耐磨损性能好，并未出现沟槽磨损，后刀面磨损正常。因此，铣削方式对 TiAlN/TiN 涂层刀片的磨损性能有着一定的影响。

如图 5-8 所示为干切削逆铣镍基堆焊合金时刀片的 SEM 形貌和 EDS 能谱，可以看出，刀片切削刃产生了严重崩刃，镍基堆焊合金黏结性强和切削温度

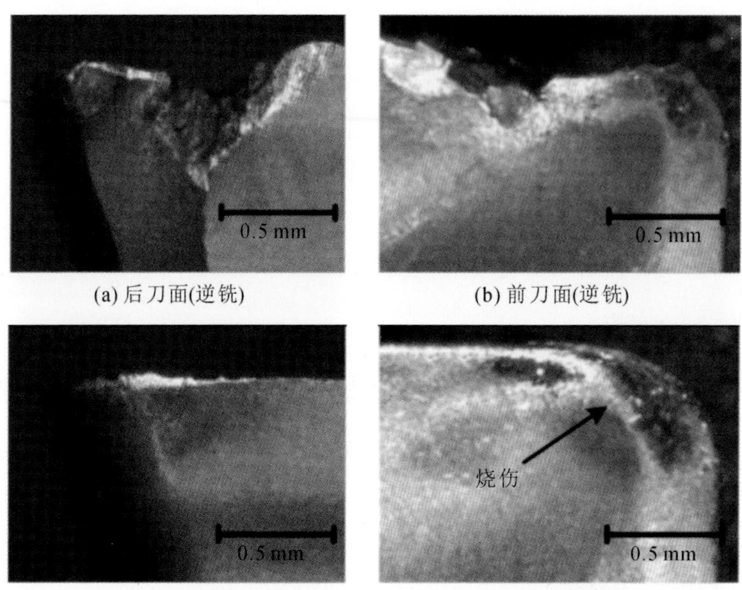

图 5-7 TiAlN/TiN 涂层刀片干切削去除 12.8 cm^3 后磨损形貌

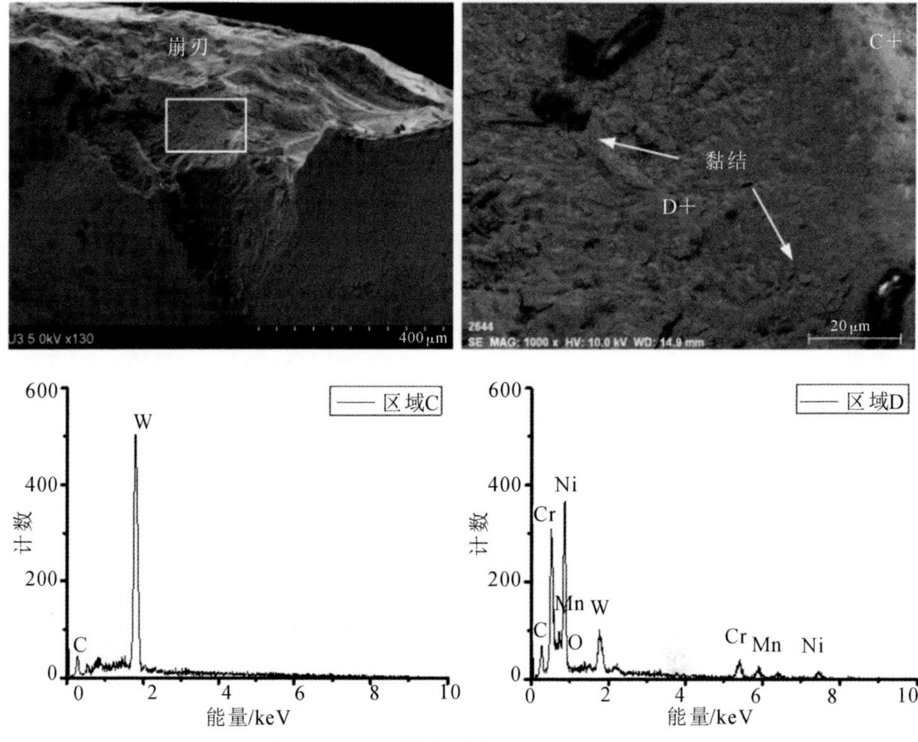

图 5-8 TiAlN/TiN 涂层刀片干切削逆铣去除 12.8 cm^3 后 SEM 形貌和 EDS 能谱

高是引起刀片发生严重崩刃的主要原因。通过对崩刃区域进行 EDS 能谱分析可知,刀片崩刃区能谱可分为两种:

第一种为 C 区,在这个区域内元素主要是 C 元素和 W 元素,这两种元素是刀片硬质合金基体元素。这表明刀片涂层消失,刀片基体材料裸露,继续切削时将发生大块刀体材料剥落的现象。

第二种为 D 区,在这个区域有很明显的块状黏结物。通过 EDS 能谱分析可知,块状黏结物的主要元素为 Ni、Cr、Mn,是镍基堆焊合金 Inconel 182 中的元素。此时切削温度高,镍基堆焊合金 Inconel 182 中的元素在高温高压下黏附在刀片表面形成积屑瘤。Cr 元素的存在表明积屑瘤受到块状碳化铬硬质颗粒的冲击,这是造成刀体材料大块剥落的主要原因。此外,少量 O 元素的存在说明了干切削条件下切削区温度高,刀体材料容易和空气中的氧元素结合,发生氧化磨损。

因此,干切削逆铣镍基堆焊合金 Inconel 182 时,TiAlN/TiN 涂层硬质合金刀片的磨损机理为黏结磨损和轻微氧化磨损。黏结磨损程度大,易形成积屑瘤,并在后续切削中造成刀体大块剥落。

图 5-9 所示为干切削顺铣镍基堆焊合金 Inconel 182 时,TiAlN/TiN 涂层硬质合金刀片的 SEM 形貌和 EDS 能谱,可以看出,干切削顺铣条件下的刀片形貌明显优于干切削逆铣条件下的刀片形貌。此时没有发生严重的崩刃,取而代之的是在切削刃上黏附了 Inconel 182 材料,随着刀片的继续切削,黏附材料很容易长大形成积屑瘤。对黏结物进行 EDS 分析,可知其成分主要为两种:

第一种是 E 区元素,在这个区域主要元素为 Ni、Cr、C、Mn,这表明镍基堆焊合金在高温高压下黏附在刀片切削刃上,刀片继续切削将引起积屑瘤,此外,EDS 能谱上出现了 O 元素,说明已发生氧化磨损。

第二种是 F 区元素,在此区域切削温度略低,刀片涂层上黏附物的主要元素为 Cr、Si、C、Ti、Mn,是镍基堆焊合金在焊接过程中形成的 SiC 和 TiC 硬质颗粒与块状碳化铬硬质颗粒。这两种硬质颗粒在切削过程中扩散迁移至刀片涂层表面。

因此,干切削顺铣镍基堆焊合金 Inconel 182 时刀片的磨损机理为黏结磨损、扩散磨损和氧化磨损。但黏结磨损程度小,未形成明显的积屑瘤。

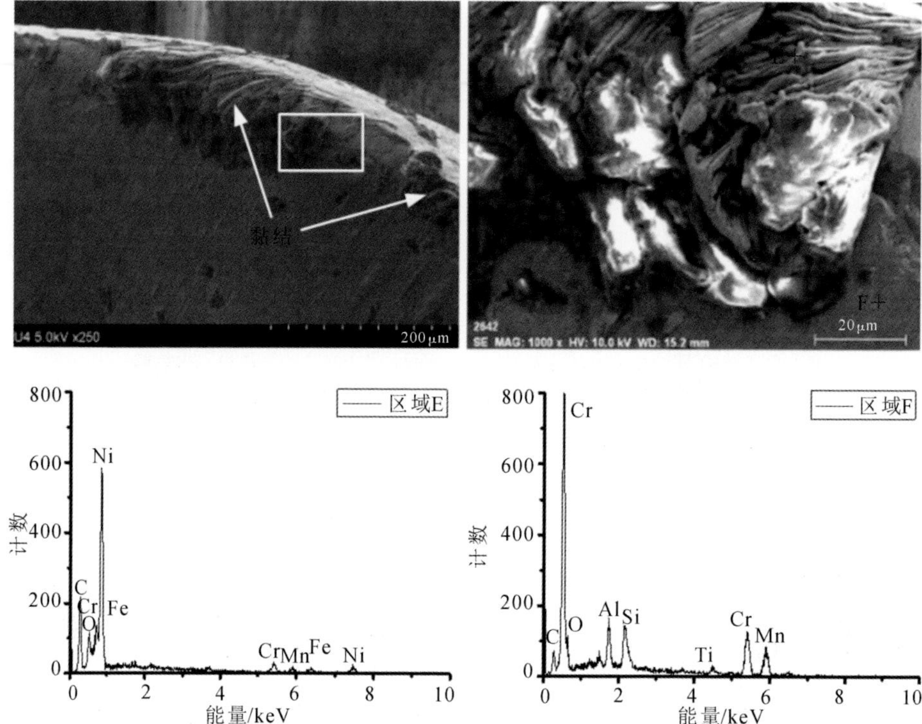

图 5-9 TiAlN/TiN 涂层刀片干切削顺铣去除 12.8 cm^3 后 SEM 形貌和 EDS 能谱

综上，对于耐冲击、耐磨损性能好的 TiAlN/TiN 涂层刀片来说，铣削方式对刀片的磨损影响大，即逆铣时产生严重崩刃，顺铣时刀片正常磨损，顺铣要优于逆铣。

3. TiN/Al_2O_3 涂层铣刀片

相比于无涂层刀片和 TiAlN/TiN 涂层刀片，图 5-10 所示的 TiN/Al_2O_3 涂层刀片干切削顺铣和逆铣镍基堆焊合金去除 16 cm^3 后刀片未发生崩刃，且磨损均匀。这是因为 TiN/Al_2O_3 涂层刀片在表面耐磨 TiN 涂层消失后，Al_2O_3 涂层覆盖在硬质合金表面形成致密的氧化膜，保护刀片，隔绝切削热，该涂层具有耐磨损、耐高温黏结双重功效。然而，刀片前、后刀面出现不同程度的粘屑和涂层剥落现象，逆铣时涂层剥落程度高于顺铣时，但粘屑程度低于顺铣。

TiN/Al_2O_3 涂层刀片干切削条件下顺铣和逆铣去除体积为 16 cm^3 的镍基堆焊合金后刀片的 SEM 形貌和 EDS 能谱如图 5-11 所示。逆铣时，刀片表面出现大量黑色区域 H，其主要元素为刀片基体元素 W 和 C，说明该区域 TiN 和 Al_2O_3 涂层已剥落，发黑是因为在相同的 SEM 视场下，低于聚焦平面的地方，电

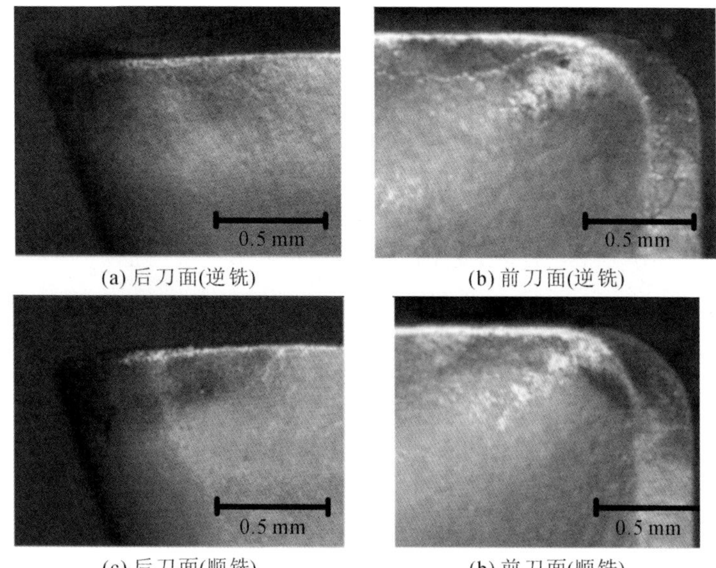

(a) 后刀面(逆铣)　(b) 前刀面(逆铣)

(c) 后刀面(顺铣)　(b) 前刀面(顺铣)

图 5-10　TiN/Al_2O_3 涂层刀片干切削去除 16 cm^3 后的磨损形貌

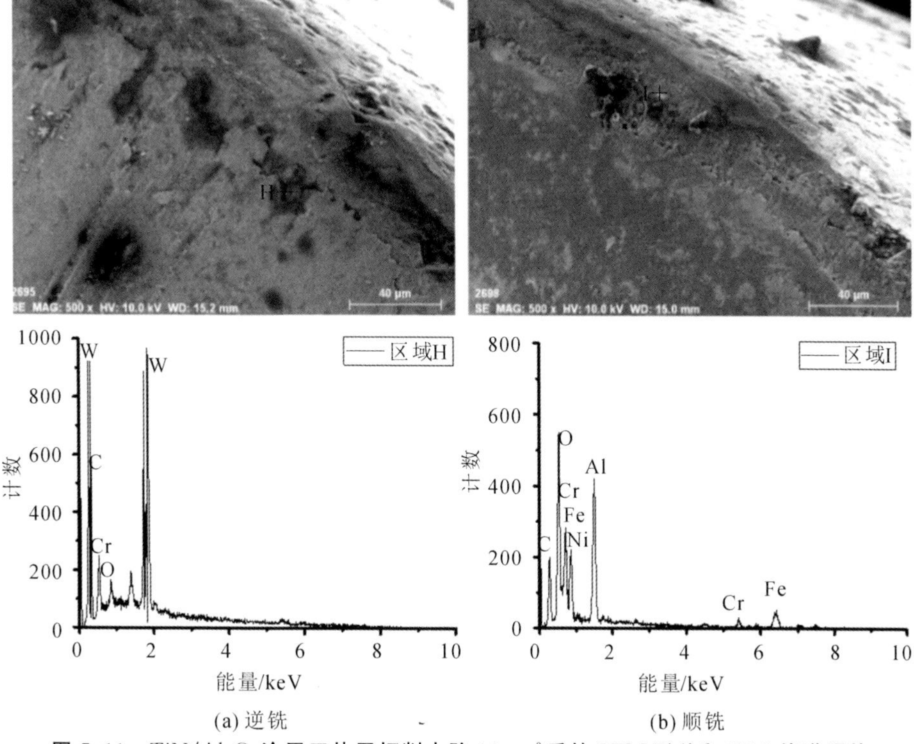

(a) 逆铣　(b) 顺铣

图 5-11　TiN/Al_2O_3 涂层刀片干切削去除 16 cm^3 后的 SEM 形貌和 EDS 能谱照片

子束无法穿透，这往往意味着材料的缺失，此外，Cr 元素的存在说明了有碳化铬硬质颗粒析出，故此黑色区域应为碳化铬硬质颗粒；顺铣时 I 区域元素主要为 Al、O 和少量的工件元素 Ni、Si 和 Cr 等，结合 SEM 形貌，可知 TiN/Al_2O_3涂层刀片表层的 TiN 涂层已经剥落，得益于 Al_2O_3涂层的绝热减磨作用，只有少量镍基合金黏附在刀片表面。因此，在干切削条件下，TiN/Al_2O_3涂层刀片的磨损机理为磨料磨损和轻微黏结磨损。

5.3.2 MQL 条件下的磨损

在干切削条件下，无涂层刀片、TiAlN/TiN 涂层刀片和 TiN/Al_2O_3涂层刀片前、后刀面均发生了不同程度的粘屑，这表明镍基堆焊合金面铣时的切削热量大，切削温度高。因此，有必要采用绿色环保的 MQL 来降低切削区域的切削热，减少刀片和工件接触区的摩擦。

由于镍基堆焊合金面铣采用大直径刀盘(直径为 50 mm)，MQL 喷嘴的位置是否合理直接决定了 MQL 润滑液能否进入切削区域，及时有效地润滑减摩。为了避免刀盘的干扰，MQL 喷嘴放置在两个位置，即在铣刀盘切入工件处和铣刀盘切出工件处，相对于不同的铣削方式，铣刀盘切入和切出的位置也不同，MQL 喷嘴的放置位置共有四种，如图 5-12 所示。

1. 无涂层刀片

无涂层刀片在不同微量润滑喷射位置逆铣去除 6.4 cm^3镍基堆焊合金后的刀片前、后刀面磨损形貌如图 5-13 所示。由图可以发现，无论 MQL 喷射在刀片切入位置还是切出位置，逆铣时无涂层刀片后刀面仍然出现大块剥落，发生严重崩刃，前刀面出现大面积烧损。这表明即便使用了 MQL，刀片切削温度仍然很高，刀片与工件摩擦仍然很严重。然而，在顺铣时(见图 5-14)，当 MQL 切削液喷射切入位置时，无涂层刀片后刀面磨损带深度大幅降低，前刀面出现月牙洼；相比在干切削条件下，当 MQL 切削液喷射在切出位置时，MQL 润滑减摩作用小，无涂层刀片前、后刀面仍然出现大面积沟槽磨损。

因此，无论是顺铣还是逆铣，在 MQL 条件下无涂层刀片的失效形式仍是严重崩刃，前刀面出现月牙洼和严重的烧损，属于非正常破损或剧烈磨损，并不适用于加工镍基堆焊合金。

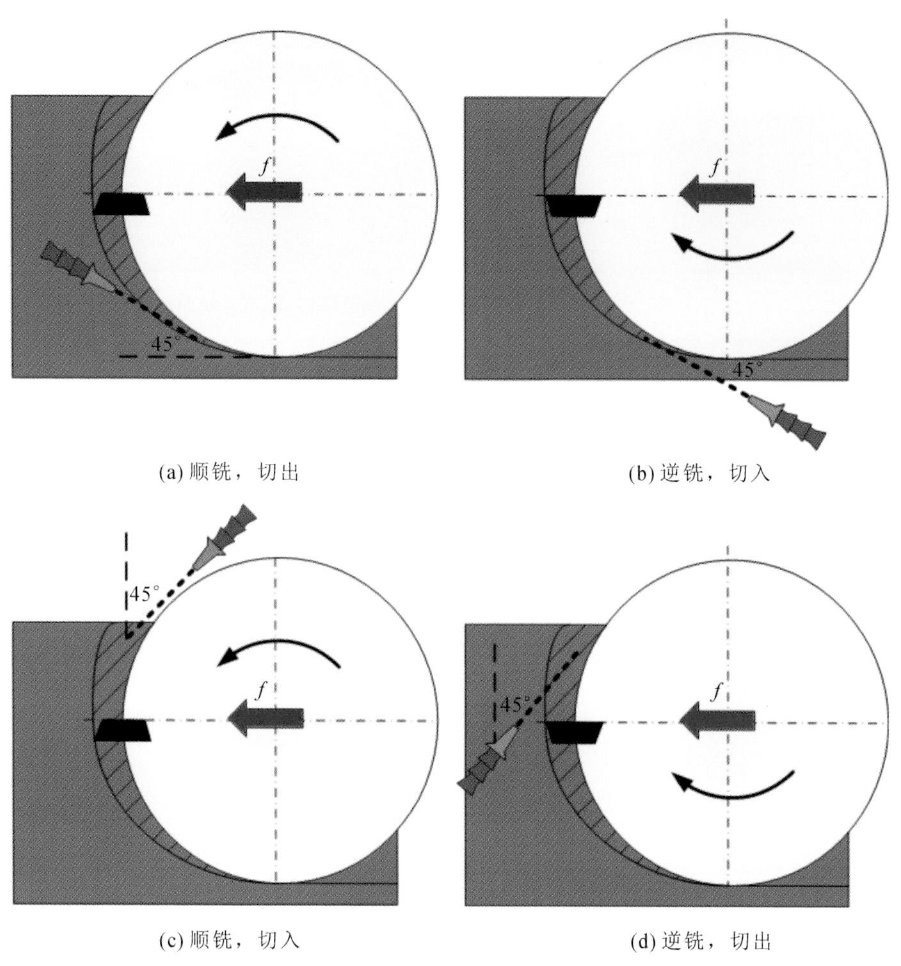

图 5-12　MQL 喷嘴位置示意图

2. TiAlN/TiN 涂层铣刀片

TiAlN/TiN 涂层硬质合金刀片在不同微量润滑喷射位置条件下去除镍基堆焊合金 12.8 cm^3 后的刀片前、后刀面磨损形貌如图 5-15 和图 5-16 所示。由图可以发现，MQL 引入后，刀片前、后刀面磨损形貌受铣削方式影响程度大。逆铣条件下，当 MQL 润滑液喷射在刀片切入位置时，刀片切削刃并未出现干切削时的大块崩刃，刀尖部分出现小块缺口。当 MQL 润滑液喷射在刀片切出位置时，刀片切削刃磨损带宽度小，前刀面出现涂层剥落。这充分说明了，在 MQL 润滑液的帮助下，TiAlN/TiN 涂层刀片能够通过涂层剥落来有效地保护刀片切削刃，降低磨损量。相比之下，在顺铣时，无论是在切入位置还是切出位置，TiAlN/TiN 涂层刀片

(a) 喷射入口(后刀面)

(b) 喷射出口(后刀面)

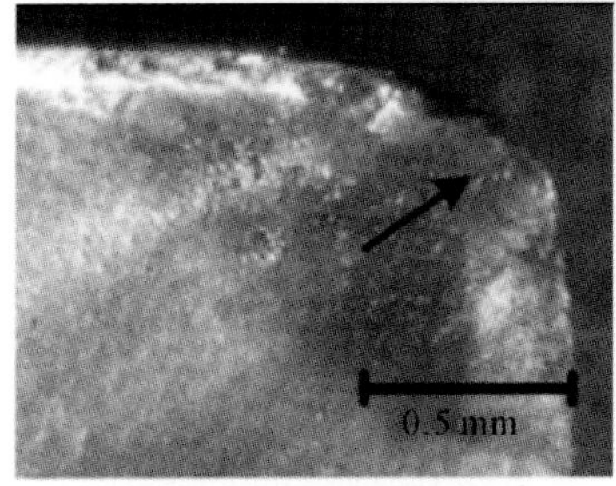

(c) 喷射入口(前刀面)

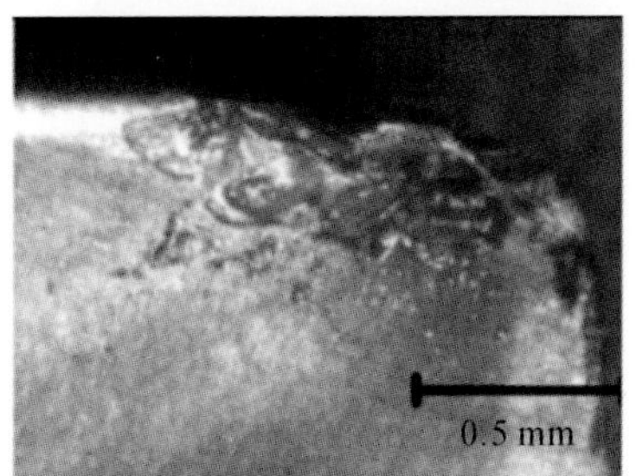

(d) 喷射出口(前刀面)

图 5-13　无涂层刀片 MQL 逆铣去除 6.4 cm^3 后的磨损形貌

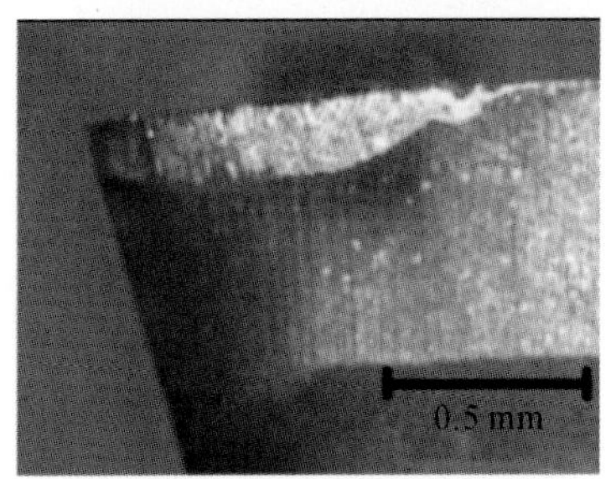

(a) 喷射入口(后刀面)

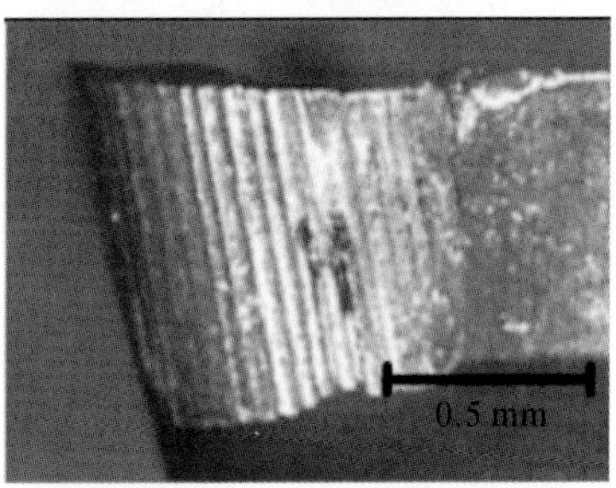

(b) 喷射出口(后刀面)

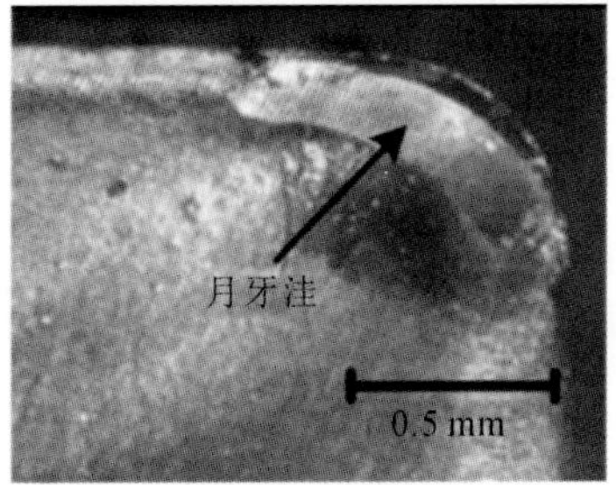

(c) 喷射入口(前刀面)

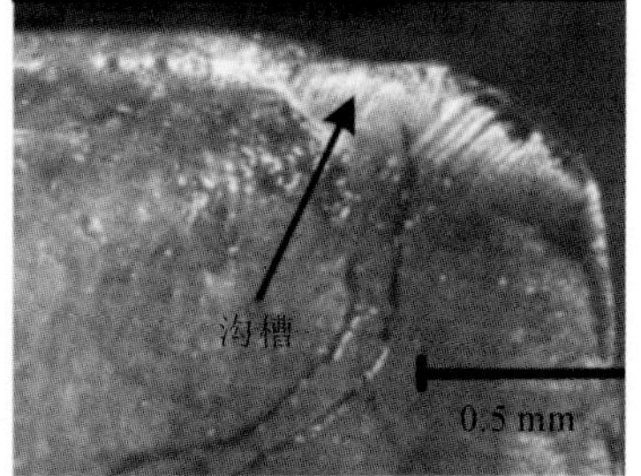

(d) 喷射出口(前刀面)

图 5-14　无涂层刀片 MQL 顺铣去除 6.4 cm^3 后的磨损形貌

后刀面都磨损均匀且磨损带宽度小，前刀面会出现涂层剥落和局部烧损现象。

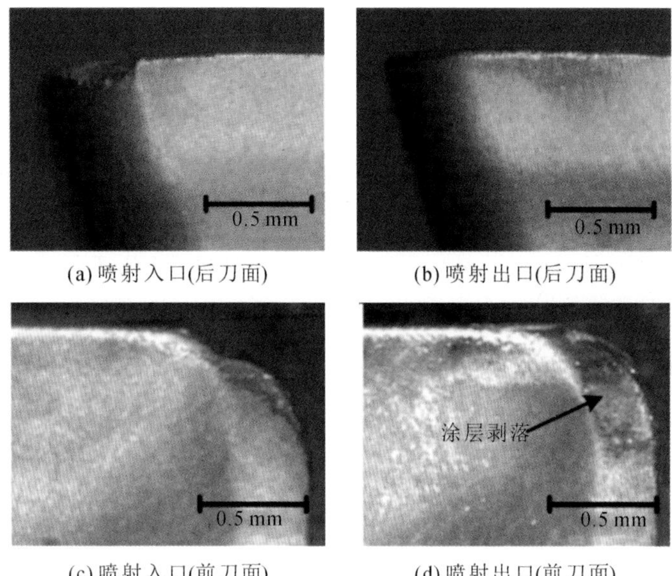

(a) 喷射入口(后刀面)　(b) 喷射出口(后刀面)

(c) 喷射入口(前刀面)　(d) 喷射出口(前刀面)

图 5-15 TiAlN/TiN **涂层刀片** MQL **逆铣去除** 12.8 cm^3**后的磨损形貌**

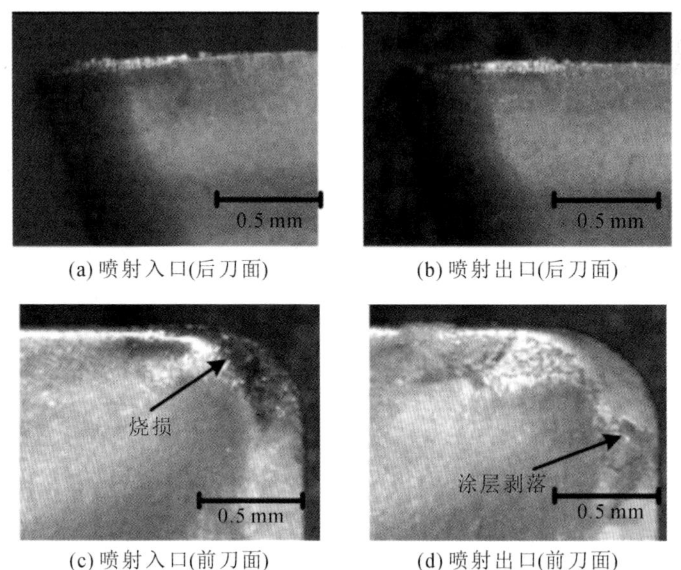

(a) 喷射入口(后刀面)　(b) 喷射出口(后刀面)

(c) 喷射入口(前刀面)　(d) 喷射出口(前刀面)

图 5-16 TiAlN/TiN **涂层刀片** MQL **顺铣去除** 12.8 cm^3**后的磨损形貌**

TiAlN/TiN 涂层刀片的磨损机理受润滑方式和铣削方式的影响大，其刀片在不同切削条件下的磨损机理将在 5.4 节中详细讨论。

3. TiN/Al_2O_3 涂层刀片

TiN/Al_2O_3涂层刀片在 MQL 条件下去除 16 cm^3后的刀片磨损形貌如图 5-17 所示，总体来说刀片磨损形貌要明显优于无涂层刀片和 TiAlN/TiN 涂层刀片。MQL 的引入降低了刀片前、后刀面的烧损程度，但并未减少刀片表面的涂层剥落，且顺铣时刀片后刀面的磨损带宽度略大于逆铣时的后刀面磨损带宽度。

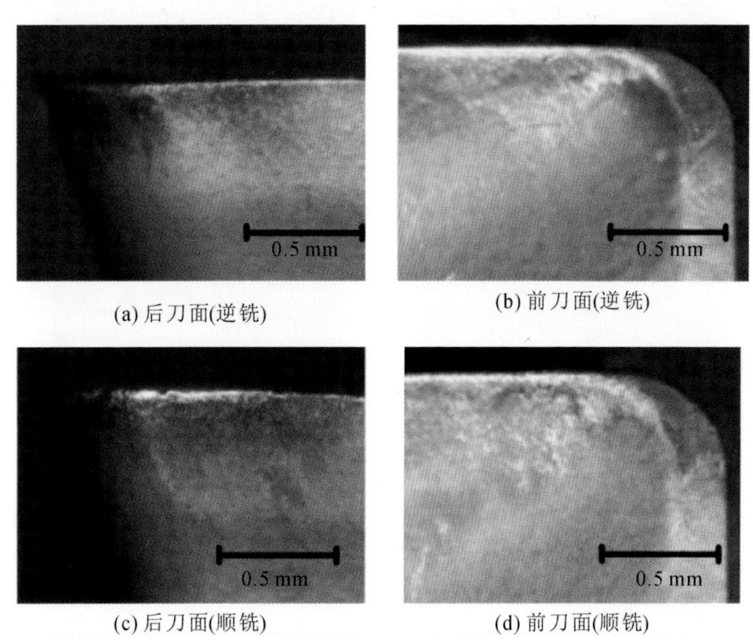

(a) 后刀面(逆铣)　(b) 前刀面(逆铣)

(c) 后刀面(顺铣)　(d) 前刀面(顺铣)

图 5-17　TiN/Al_2O_3涂层刀片 MQL 切削去除 16 cm^3后磨损形貌

TiN/Al_2O_3涂层刀片在 MQL 条件下的磨损机理同样受铣削方式的影响。如图 5-18(a)所示，逆铣时，表层 TiN 涂层首先被磨去，如 L 区域，该区域主要元素为 Ti、O、N 和少量 Al 元素，Al 元素的存在说明此时表层 TiN 涂层开始剥落，逐渐露出下层 Al_2O_3涂层。随着刀片不断发生磨损，刀片切削刃处的表层 TiN 涂层完全剥落，Al_2O_3涂层裸露，如 K 区域仅含有 Al 和 O 元素，且几乎没有镍基合金元素黏附或扩散到刀片表面，这可归因于 MQL 的引入使得刀片-工件接触区的切削温度没有达到发生黏结磨损和扩散磨损的临界切削温度。因此，在逆铣状态下，TiN/Al_2O_3涂层刀片的磨损机理主要是磨料磨损。

顺铣时，TiN/Al_2O_3涂层刀片的磨损机理与逆铣时不同，如图 5-18(b)所示，从其 SEM 形貌照片可以看出，刀片发生磨料磨损并伴有少量的黏结现象。

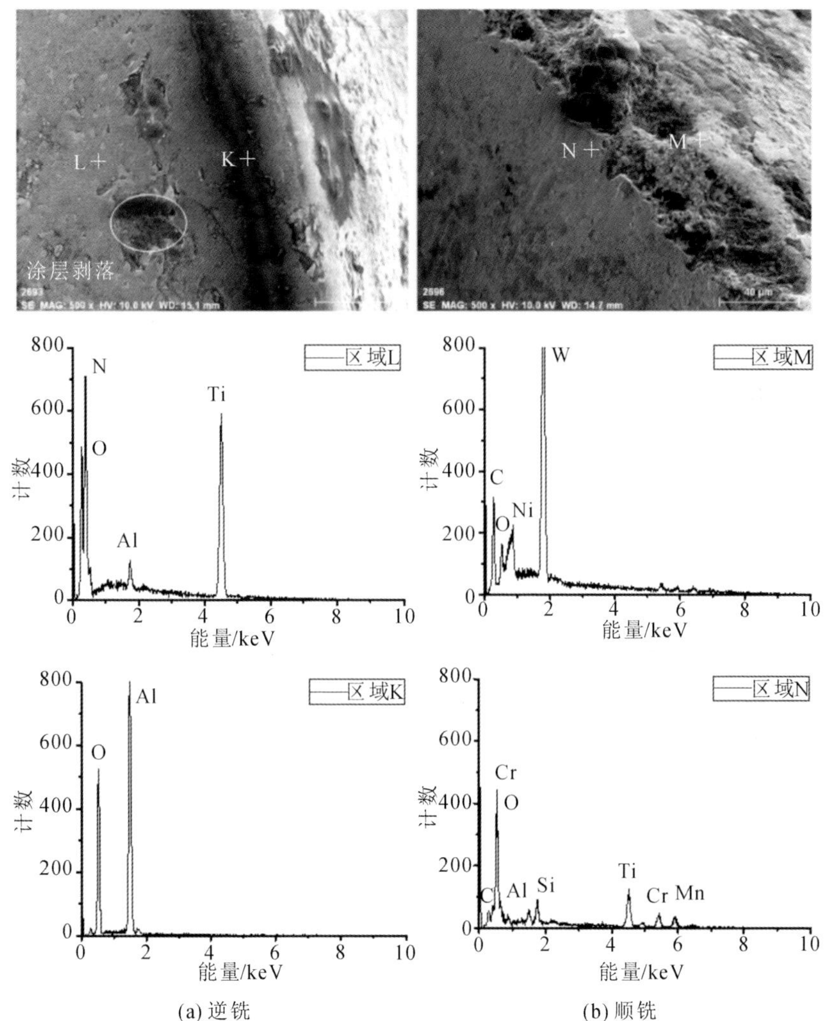

(a) 逆铣　　(b) 顺铣

图 5-18　TiN/Al_2O_3 **涂层刀片** MQL **去除** 16 cm^3 **后** SEM **形貌和** EDS **能谱照片**

通过 EDS 分析可知，M 区域的元素主要是 W、C、O 和 Ni，并不存在 Al 元素，这说明此时里层 Al_2O_3 涂层完全剥落，硬质合金裸露。而 N 区域的元素主要有 Ti、O、Cr、Al、Si 和少量的 Mn，此时刀片 TiN 涂层已剥落，Al_2O_3 涂层在 MQL 的条件下来不及完全裸露就被镍基堆焊合金黏附，避免刀片表面发生黏结。因此，在顺铣状态下，TiN/Al_2O_3 涂层刀片的磨损机理为磨料磨损和黏结磨损。

综上，在 MQL 条件下，TiN/Al_2O_3 涂层刀片的耐磨损性能最优，TiAlN/TiN 涂层刀片的耐磨损性能次之，无涂层硬质合金刀片的耐磨损性能最差。

5.4 微量润滑喷射位置与铣削方式对刀具磨损的影响

5.4.1 喷射位置与铣削方式对刀具磨损的影响

1. 喷射在逆铣切入

首先讨论在逆铣时 MQL 喷射位置对刀片磨损机理的影响。图 5-19 所示为 MQL 切削液喷射在刀齿逆铣切入位置时刀片的 SEM 形貌和 EDS 能谱。由图可以看出，刀片切削刃没有出现在干切削条件下发生的严重崩刃现象，仅发生沟槽磨损。这充分说明了当 MQL 切削液喷射在刀齿逆铣切入位置时，切削液能够进入切削区来润滑和保护刀片，降低切削温度，减少磨损。从 EDS 能谱分析可知，其元素分布主要有两种。

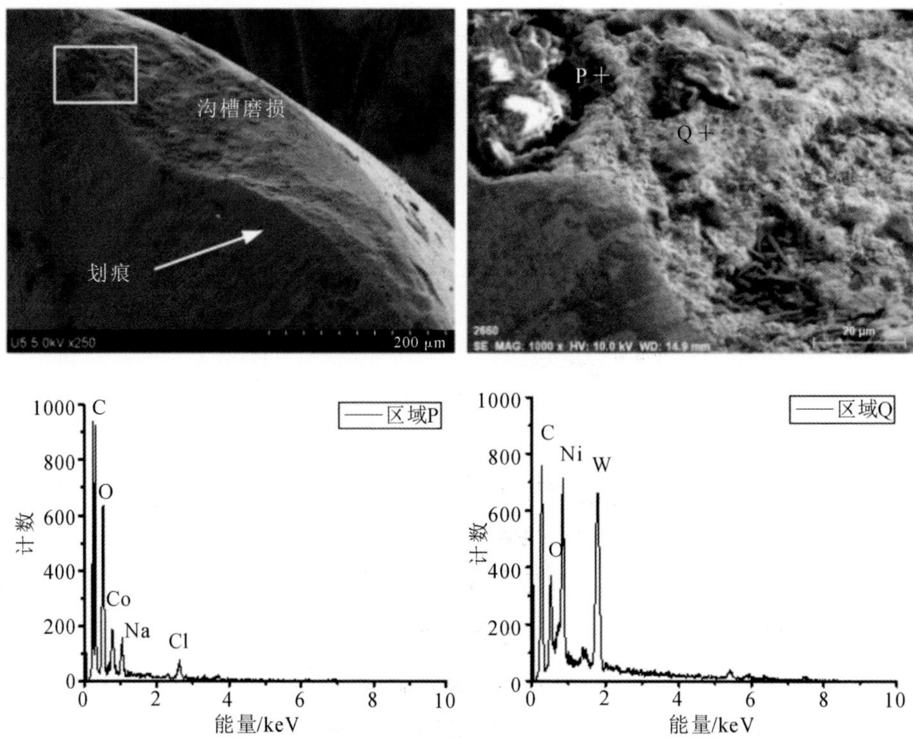

图 5-19 MQL 切削液喷射在逆铣切入位置时 TiAlN/TiN 涂层刀片磨损 SEM 形貌和 EDS 能谱

第一种是 P 区，其主要化学元素为 C、O 和 Co。C 和 Co 主要是刀片基体材料元素，此时，刀片基体暴露在外，在后续的切削中容易引起更大的崩刃。能谱中大量 O 元素比干切削时 O 元素能谱峰值高，说明刀片此时发生了剧烈的氧化磨损。

第二种是 Q 区，其主要化学元素为 W、C、O、Ni。W 和 C 元素为刀片基体元素，O 元素的存在说明了存在氧化磨损，此外 Ni 元素是镍基堆焊合金中的元素，它在切削过程中黏附在刀片基体表面，刀片继续切削时将引起黏结堆积。

因此，逆铣条件下，MQL 切削液喷射在刀齿切入位置时刀片的磨损机理为氧化磨损和黏结磨损。

2. 喷射在逆铣切出

图 5-20 所示为 MQL 切削液喷射在刀齿逆铣切出位置时刀片的 SEM 形貌和 EDS 能谱，可以看出，刀片切削刃没有出现明显的黏附物。整个切削刃呈均匀的磨料磨损。磨料磨损产生的主要原因是刀片和工件产生了剧烈划擦。对典型区域进行 EDS 能谱分析，其元素成分大致可分为两种。

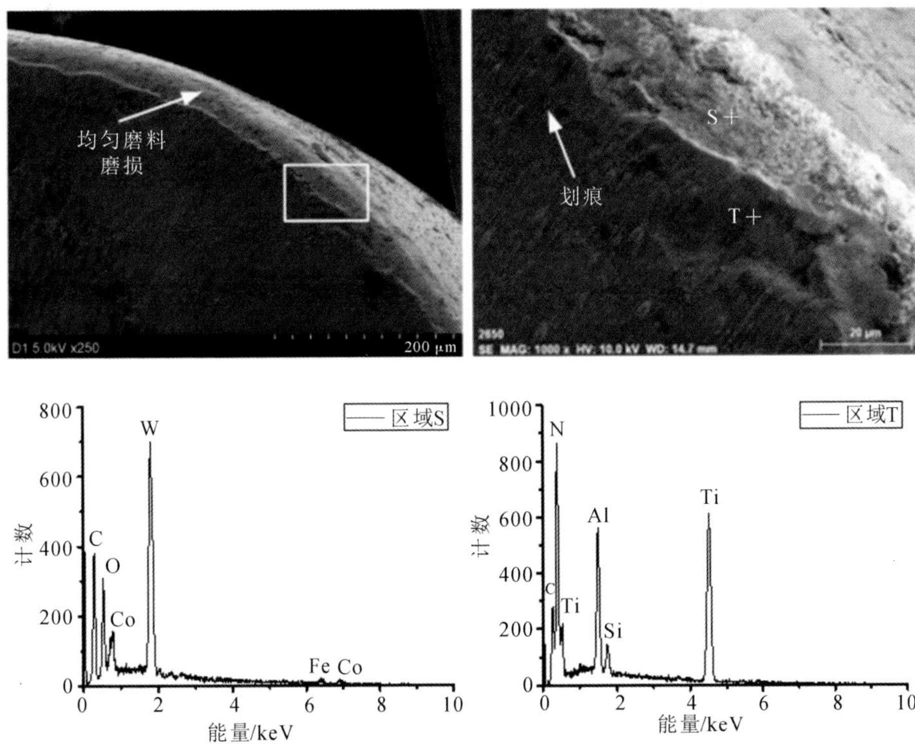

图 5-20　MQL 切削液喷射在逆铣切出位置时 TiAlN/TiN 涂层刀片磨损的 SEM 形貌和 EDS 能谱

第一种是 S 区，这个区域的主要化学元素为 W、C、O 和 Co，并伴有少量的

Fe 元素。W、C 和 Co 为刀片硬质合金元素，这三种元素的出现表明了切削刃处的 TiAlN/TiN 涂层已经剥落。O 元素的存在说明发生了氧化磨损。

第二种是 T 区，这个区域的主要化学元素为 N、Al、Ti、C 和 Si。TiAlN/TiN 涂层在高温时发生氧化。随着切削温度的继续上升，涂层中的 Al 容易和空气中的 O 在刀片涂层表面形成致密的 Al_2O_3 薄膜，其显著特点为耐高温。Al_2O_3 薄膜的出现能够有效阻止或减少氧化磨损和扩散磨损的发生。当温度继续升高时，TiAlN/TiN 涂层结合强度和热硬性降低，Al_2O_3 薄膜剥落并逐渐分解形成较软的 AlN 颗粒。所以在 EDS 能谱中出现 Al 和 N 元素。此外，存在的 Ti 和 Si 表明，镍基堆焊合金中的 Si 和 Ti 元素在高温高压下析出并黏附在涂层表面形成 SiC 和 TiC 硬质颗粒，SiC 和 TiC 硬质颗粒在切削过程中会划擦刀片表面。SiC 和 TiC 硬质颗粒是造成刀片磨料磨损的主要原因。

因此，逆铣条件下，MQL 切削液喷射在刀齿切出位置时刀片的磨损机理为磨料磨损，并伴随部分氧化磨损和黏结磨损。

3. 喷射在顺铣切入

图 5-21 所示为 MQL 切削液喷射在刀齿顺铣切入位置时刀片的 SEM 形貌和 EDS 能谱，可以看出，刀片切削刃呈均匀一致的磨料磨损，虽然在切削刃上没有明显的积屑瘤，但是在刀片前刀面上仍然有块状黏结物，此外，刀片前刀面处的涂层也出现了部分剥落现象。对典型区域进行 EDS 能谱分析，其元素成分大致可分为两类。

第一类分布在 U 区，这部分材料是黏结物，其主要化学元素为 Ni、Cr、C 和少量 Fe，说明镍基堆焊合金中的元素黏附在刀片后刀面上，同时镍基堆焊合金中的碳化铬沉淀也黏附在刀片后刀面，因此能谱中同时出现了 Ni、Cr 和少量 Mn。

第二类分布在 V 区，这部分是刀片基体，其主要化学元素为 W、C、O 和少量的 Ni，O 元素的存在说明发生了氧化磨损，少量 Ni 的存在说明发生了黏结磨损。

因此，顺铣条件下，MQL 切削液喷射在刀齿切入位置时刀片的磨损机理为磨料磨损、黏结磨损和氧化磨损。

4. 喷射在顺铣切出

图 5-22 所示为 MQL 切削液喷射在刀齿顺铣切出位置时刀片的 SEM 形貌

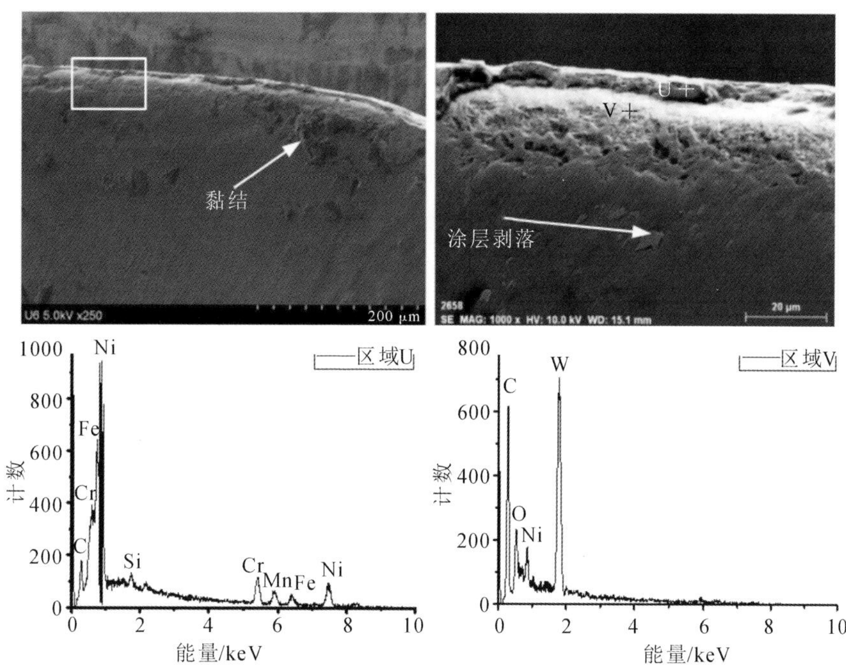

图 5-21　MQL 切削液喷射在顺铣切入位置时 TiAlN/TiN 涂层刀片磨损的 SEM 形貌和 EDS 能谱

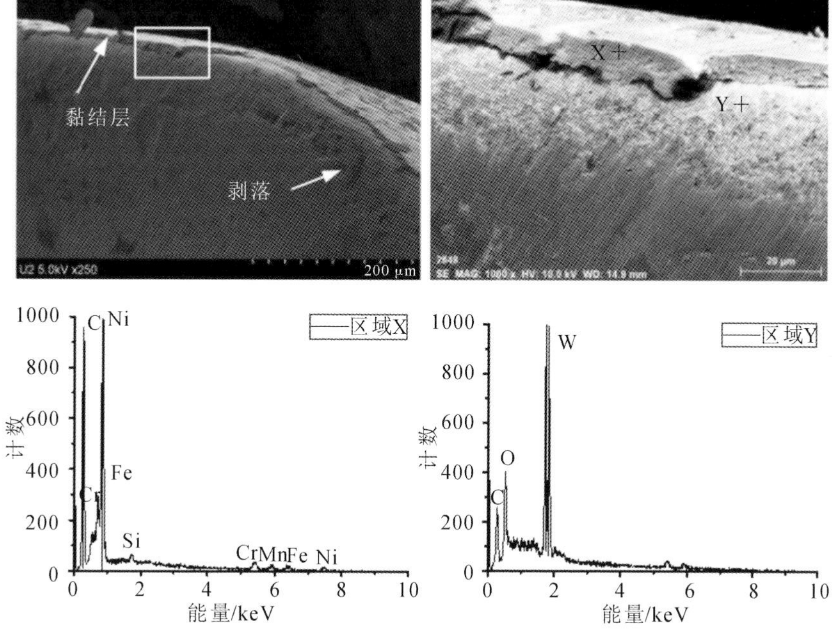

图 5-22　MQL 切削液喷射在顺铣切出位置时 TiAlN/TiN 涂层刀片磨损的 SEM 形貌和 EDS 能谱

和 EDS 能谱，与 MQL 切削液喷射在刀齿切入位置相比，后刀面仍然出现黏结层。对两类典型区域进行 EDS 能谱分析可知：

第一类为 X 区，该区域为黏结层，黏结层主要元素为 C、Ni、Cr、Fe 和少量的 Si 和 Mn，其磨损机理主要是黏结磨损。

第二类为 Y 区，该区域的主要化学元素为 W、C 和 O，刀片基体裸露在外，涂层已经剥落，但未造成明显的磨料磨损，此外该区域也发生了氧化磨损。

因此，顺铣条件下 MQL 切削液喷射在刀齿切出位置时刀片的磨损机理为黏结磨损和氧化磨损。

5.4.2 不同喷射位置与铣削方式下的刀具寿命曲线

镍基堆焊合金铣削刀片的磨损量受铣削方式和润滑方式的影响较大，本小节对镍基堆焊合金铣削刀片在各种切削条件下的磨损曲线进行研究。

图 5-23 所示为镍基堆焊合金逆铣时刀片磨损曲线。无涂层刀片未经历常规磨损阶段便进入剧烈磨损阶段，刀片加工镍基堆焊合金约 6.4 cm^3，磨损量已达到了 0.9 mm，远远超过刀片最大磨损量 0.3 mm，此时无涂层刀片已经完全失效。此外，由于无涂层刀片耐磨损、抗冲击性能差，即便在 MQL 的帮助下逆铣去除镍基堆焊合金 6.4 cm^3 后，刀片仍然发生了严重的崩刃，此时 MQL 不起作用，刀片非正常破损，刀片寿命短。

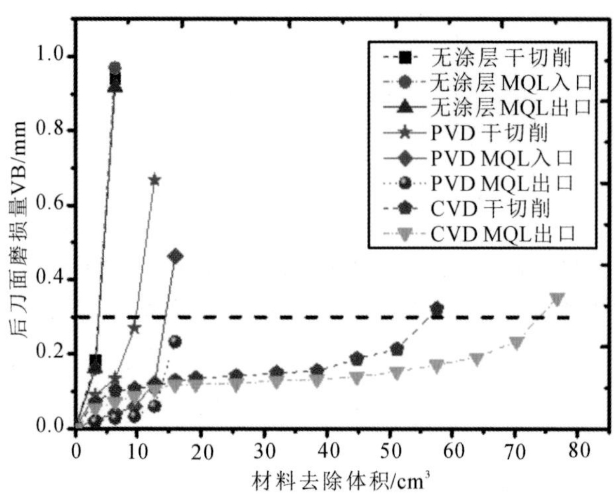

图 5-23 镍基堆焊合金 Inconel 182 逆铣刀片磨损曲线

TiAlN/TiN 涂层刀片(PVD)磨损曲线经历了初期跑合磨损、常规磨损和剧烈磨损,MQL 的引入能够有效地润滑刀片-工件切削区,减少刀片与工件的摩擦,降低切削热,刀片后刀面磨损量大幅减小,逆铣时 MQL 切削液的喷射位置对 TiAlN/TiN 涂层刀片寿命的影响大,MQL 切削液喷射在逆铣刀片切出位置时,TiAlN/TiN 涂层刀片的寿命要高于其喷射在逆铣刀片切入位置时的刀片寿命。

TiN/Al_2O_3涂层刀片(CVD)同样经历了初期跑合磨损、常规磨损和剧烈磨损。由于其表面耐磨 TiN 涂层剥落后,内层 Al_2O_3涂层能够起到隔热作用,保护刀片表面不受镍基堆焊合金黏结和扩散的影响,刀片寿命较 TiAlN/TiN 涂层刀片大幅提高,即刀片到达修磨标准时,可加工约 55.4 cm^3的镍基堆焊合金。当 MQL 切削液喷射在逆铣刀片切出位置时,TiN/Al_2O_3 涂层刀片寿命提升至72.4 cm^3。

镍基堆焊合金顺铣时刀片的磨损曲线与逆铣时不同,如图 5-24 所示,无涂层刀片无论在干切削还是 MQL 条件下的刀片寿命都极短。

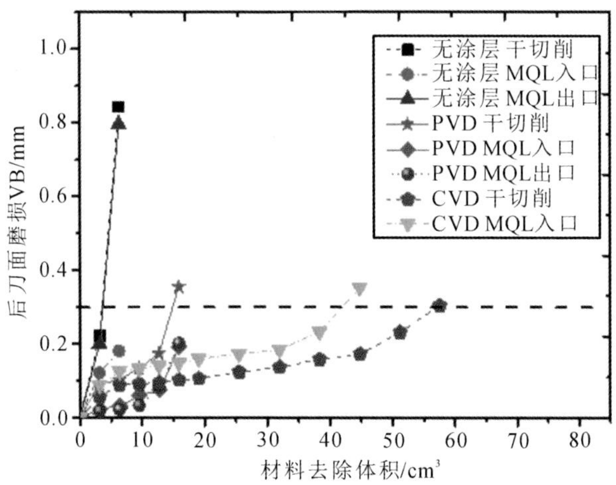

图 5-24　镍基堆焊合金 Inconel 182 顺铣刀片磨损曲线

TiAlN/TiN 涂层刀片同样经历了初期跑合磨损、常规磨损和剧烈磨损。与逆铣不同,顺铣时 MQL 切削液喷射在刀片切入位置和切出位置对刀片寿命的影响不大,表明 MQL 切削液喷射位置对刀片磨损量的影响在一定程度上取决于铣削方式。

TiN/Al_2O_3涂层刀片在干切削和 MQL 条件下,顺铣镍基堆焊合金的刀片寿命远小于逆铣时的刀片寿命。值得注意的是,MQL 的引入使得TiN/Al_2O_3

涂层刀片的寿命从约 57.8 cm^3缩短至约 42.1 cm^3。

通过镍基堆焊合金逆铣和顺铣时的刀片磨损量分析可知，无论采用哪种铣削方式，无涂层刀片的耐磨损和抗冲击性能都较差，即便在微量润滑的帮助下，刀片寿命并未得到明显提升，这充分说明无涂层刀片并不适合加工镍基堆焊合金。耐磨损、抗冲击性能相对较好的 TiAlN/TiN 涂层刀片，在应用 MQL 时，刀片的磨损程度大幅改善。微量润滑对刀片的润滑减摩效果主要取决于铣削方式和 MQL 切削液的喷射位置。TiN/Al_2O_3涂层刀片除了表层耐磨的 TiN 涂层能够减少刀片表面磨损以外，内层 Al_2O_3隔热涂层也能够很好地保护刀片，防止镍基堆焊合金元素黏附在刀片表面形成积屑瘤，造成崩刃，因此刀片的寿命大幅提高。然而值得注意的是，TiN/Al_2O_3涂层刀片顺铣时在 MQL 介入后寿命反而缩短。

5.5 微量润滑切削过程信号检测与分析

本节对 MQL 条件下镍基堆焊合金铣削加工特征信号进行监测，探讨 MQL 引入前后铣削力信号、声发射信号等特征参量的变化规律。

5.5.1 铣削力信号监测

铣削力是铣削过程的重要特征参量，它对表面质量、刀具磨损和加工效率起决定性作用。然而，采用铣削力峰值或者平均值并不能准确地反映切削力的变化规律，特别是周期性铣削力的变化规律。图 5-25 所示是各组铣削参数下得到的 TiN/Al_2O_3涂层铣刀片应用 MQL 前后铣削力峰值和表面粗糙度增量的趋势。MQL 前后的增量可表示为

$$\Delta G = \frac{G_{\text{干切削}} - G_{\text{MQL}}}{G_{\text{干切削}}} \times 100\% \tag{5-2}$$

式中：ΔG 为应用 MQL 前后的增量值，ΔG 为正值表示应用 MQL 可润滑减摩，有利于铣削加工；反之，ΔG 为负值表示应用 MQL 不起作用。

如图 5-25 所示，MQL 使用前后各组切削参数所得到的峰值铣削力变化不明显，但表面粗糙度在 MQL 使用前后差别较大，即逆铣时在 MQL 使用后表面粗糙度降低，而顺铣时表面粗糙度在 MQL 使用后非正常增大。此时用峰值铣削力来评价刀具磨损和加工表面质量准确度低。故采用稳态周期性铣削力信

号来分析刀具磨损和加工质量会更准确。本小节以前面获得的镍基堆焊合金最优切削参数，即切削速度为 160 m/min，每齿进给量为 0.2 mm/z，切削深度为 1 mm，切削宽度为 40 mm，来讨论干切削和 MQL 条件下的面铣加工镍基堆焊合金的铣削力变化，评价微量润滑在顺铣和逆铣过程中的作用，提取切削力信号，建立镍基堆焊合金铣削刀具磨损模型。

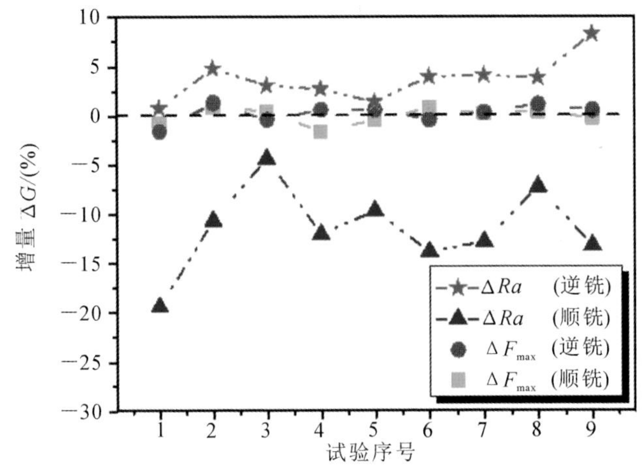

图 5-25　TiN/Al_2O_3 涂层铣刀片应用 MQL 前后的峰值铣削力和表面粗糙度增量

1. 时域信号

铣削是断续切削过程，在整个铣削周期内按铣刀是否与工件接触可分为切削阶段和非切削阶段。在切削阶段，铣刀与工件发生挤压、剪切和滑移，切削力从零增大至峰值，随后逐渐减小。在非切削阶段，铣刀不与工件发生接触，若不存在自激振动，切削力逐渐衰减至零，完成一个铣削周期。

无涂层刀片、TiAlN/TiN 涂层刀片(PVD)和 TiN/Al_2O_3 涂层刀片(CVD)在干切削和 MQL 条件下垂直于进给方向的切削力分量 F_y 的时域信号曲线如图 5-26 所示。MQL 条件下的切削力的大小同样取决于铣削方式。逆铣时，切削厚度由薄变厚，在逆铣初期，刀具在工件表面发生滑移、挤压且不存在剪切，此时 MQL 对切削力影响不大；随着切削厚度不断增加，刀具负载急剧上升，镍基堆焊合金很容易黏结在刀具表面形成积屑瘤，此时 MQL 能够有效地降低切削力，表现为切削阶段末尾的切削力时域信号在应用 MQL 后显著降低。顺铣时，切削力分量 F_y 时域信号容易波动，这是由顺铣的特点所决定的。在顺铣初期铣刀切入工件时易产生瞬时冲击振动，随着切削厚度逐渐减小，负载逐渐降低，瞬时冲击振动极易变成自激振动或系统共振[87]，表现为图 5-26 所示的非切削阶段的非常规振荡，这将对刀具磨损产生巨大影响，不能作为噪声信号而忽视。当使用 MQL 后，这种振荡非但没有减小反而增大了。因此，在非切削阶段产生的振荡可以用来准确地描述系统共振或自激振动，需要对其进行频谱分析。

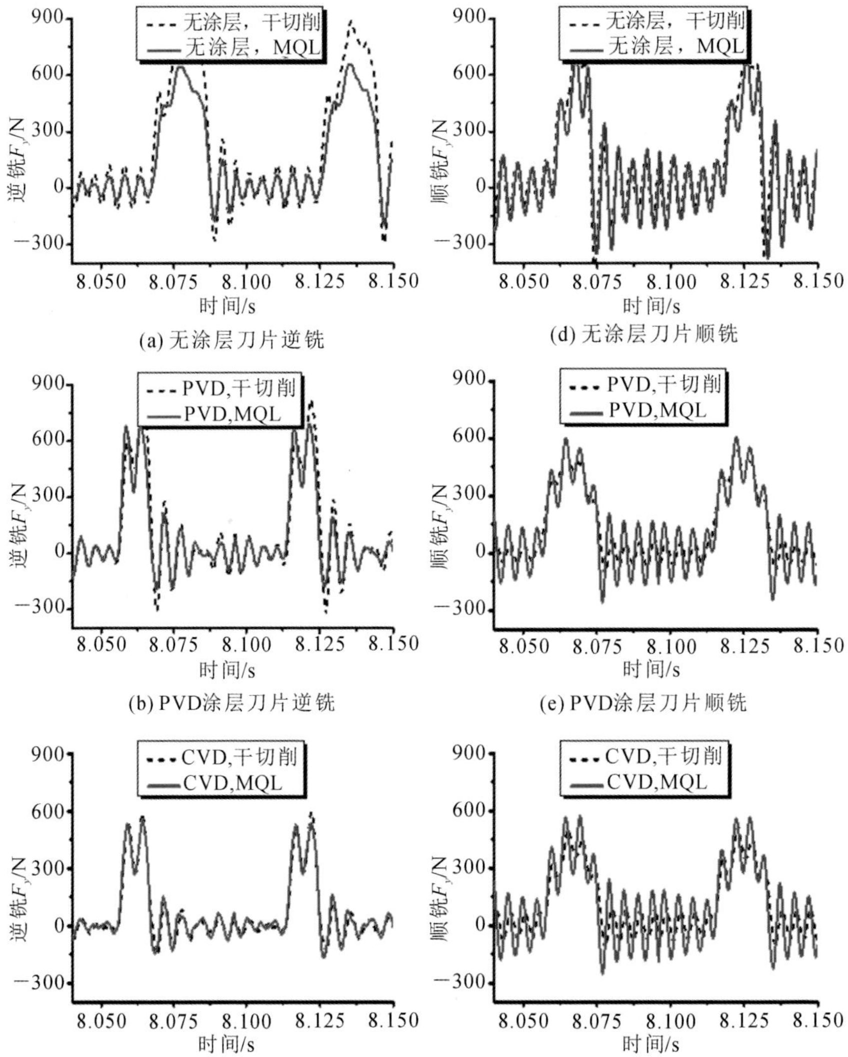

(a) 无涂层刀片逆铣

(d) 无涂层刀片顺铣

(b) PVD涂层刀片逆铣

(e) PVD涂层刀片顺铣

(c) CVD涂层刀片逆铣

(f) CVD涂层刀片顺铣

图 5-26 $v_c=160$ m/min，$f_z=0.2$ mm/z，$a_p=1$ mm **的切削力分量** F_y **的时域信号**

当使用 MQL 后，铣刀表面得到了润滑液的保护，刀具与工件之间的摩擦大幅减小，表现为切削力的降低。然而，MQL 对切削力的影响效果取决于刀片的耐磨损性能。在一定范围内，刀片耐磨损性能越好，应用 MQL 的润滑减摩的效果越差，切削力减少量越小；反之，刀片耐磨损性能越差，应用 MQL 的润滑减摩效果越好，切削力减少量越大。即无涂层刀片耐磨损性能差，应用 MQL 后的峰值切削力大幅减小；PVD 涂层刀片的耐磨损性能相对较好，应用 MQL 后的切削力小幅降低；CVD 涂层刀片耐磨损性能最好，应用 MQL 后的切削力几乎不发生变化。此外，MQL 对切削力的影响还取决于铣削方式。逆铣时，应用 MQL 能够均匀地降低无涂层刀片和 PVD 涂层刀片在切削阶段的切削力。顺铣时，应用 MQL 只对无涂层刀片和 PVD 涂层刀片的峰值切削力产生影响。应用 MQL 对耐磨损性能优秀的 CVD 涂层刀片铣削时的切削力影响不大。

2. 频域信号

铣削是断续切削，铣削力的时域信号可通过傅里叶级数转化为基频和各阶倍频：

$$F_j(t) = a_0 + \sum_{n=1}^{\infty}\left[a_n \cos\left(n\frac{2\pi}{T_r}t\right) + b_n \sin\left(n\frac{2\pi}{T_r}t\right)\right] \tag{5-3}$$

式中：T_r 是主轴旋转周期，傅里叶变换常数 a_0、a_n 和 b_n 可表示为

$$\begin{cases} a_0 = \dfrac{1}{T_r}\displaystyle\int_0^{T_r} F_j(t)\mathrm{d}t \\ a_n = \dfrac{2}{T_r}\displaystyle\int_0^{T_r} F_j(t)\cdot\cos\left(n\frac{2\pi}{T_r}t\right)\mathrm{d}t \quad n = 1,2,3,\cdots \\ b_n = \dfrac{2}{T_r}\displaystyle\int_0^{T_r} F_j(t)\cdot\sin\left(n\frac{2\pi}{T_r}t\right)\mathrm{d}t \quad n = 1,2,3,\cdots \end{cases} \tag{5-4}$$

在切削力频域信号中第 n 阶倍频 c_n 可表示为

$$c_n = \sqrt{a_n^2 + b_n^2} \tag{5-5}$$

假定集合 A 是铣削力信号频谱的基频和倍频集，则集合 A 可表示为

$$A = \{c_1, c_2, c_3, \cdots, c_n\} \tag{5-6}$$

一般来说，铣削可分为稳态铣削和非稳态铣削，稳态铣削时切削力信号频谱由机床主轴转动频率 SF、刀具走刀频率 TPF 及其倍频构成。主轴转动频率和刀具走刀频率可表示为[88]

$$\begin{cases} \mathrm{SF} = \dfrac{kn}{60} & k = 0, \pm 1, \pm 2, \cdots \\ \mathrm{TPF} = \dfrac{knz}{60} & k = 0, \pm 1, \pm 2, \cdots \end{cases} \tag{5-7}$$

式中：n 是主轴转速；z 是铣刀齿数。本小节中只有一个刀齿装在铣刀盘上，此时主轴转动频率等于刀具走刀频率，即

$$\mathrm{SF} = \mathrm{TPF} = \frac{1 \times 1020}{60}\ \mathrm{Hz} = 17\ \mathrm{Hz} \tag{5-8}$$

然而，非稳态铣削时，切削力信号频谱除了主轴频率、走刀频率及其倍频以外，还有系统共振频率和自激振动频率。系统共振频率是指机床、夹具、工件和刀具的固有自然频率，而自激振动频率与铣削再生颤振以及刀具崩刃紧密相关[89,90]。

图 5-27 所示为无涂层刀片、TiAlN/TiN 涂层刀片(PVD)和 TiN/Al_2O_3 涂层刀片(CVD)的动态切削力 F_y 的频域信号。由于采用非对称面铣削，切削力分量 F_y 和 F_x 的频谱差异大。切削力分量 F_y 的频谱线主要可分为三种：第一种是 1、2 和 3 阶走刀频率的频谱线；第二种是固有频率 153 Hz 的频谱线，值得注意的是，由于无涂层刀片发生崩刃，其系统共振频率漂移至高频，且幅值增大；第三种是 204 Hz的高幅值频谱线，正好对应第 12 阶走刀频率，属于自激振动频率。自激振动是由周期性铣削引起的，通常在垂直于铣削进给方向上的幅值较大，而沿铣削进给方向的幅值相对较小。虽然自激振动仅出现在垂直于进给方向上，但整个工艺系统处于非稳态。

进一步观察可以发现，顺铣和逆铣时产生的自激振动幅值差异大。逆铣时自激振动幅值比第 1～3 阶走刀频率的幅值小，且随刀具耐磨损性能的增强而逐渐降低，说明此时刀具磨损占主导地位，自激振动幅值小，不足以引起颤振，整个工艺系统处于稳态。然而，顺铣时刀齿切入工件初期造成的冲击振动容易引起自激振动，在一定条件下引起再生颤振，此时颤振频率占主导地位，整个工艺系统处于非稳态。使用 MQL 后工件和刀具之间的摩擦能量降低，顺铣和逆铣的 1～3 阶走刀频率幅值降低，即铣削更轻快。但是 MQL 非但不能降低颤振频率幅值，反而在顺铣过程中颤振频率幅值得以增强。因此，需对比 MQL 使用前后铣削力的各阶频谱线。

3. MQL 对铣削力频谱的影响

为了进一步分析 MQL 造成颤振频率幅值增大的原因，本节对比分析 MQL

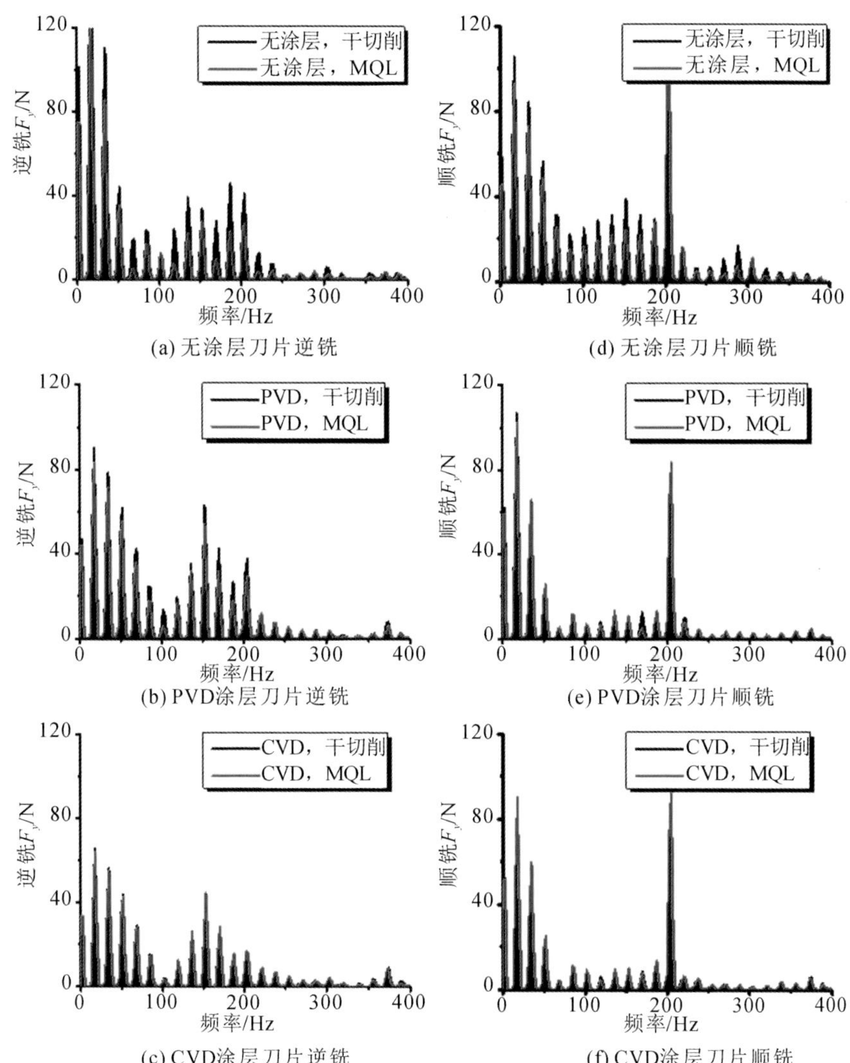

(a) 无涂层刀片逆铣　(d) 无涂层刀片顺铣
(b) PVD涂层刀片逆铣　(e) PVD涂层刀片顺铣
(c) CVD涂层刀片逆铣　(f) CVD涂层刀片顺铣

图 5-27　$v_c=160$ m/min，$f_z=0.2$ mm/z，$a_p=1$ mm **时切削力分量** F_y **的频域信号**

使用前后的走刀频率基频和 30 阶倍频的幅值差。

如图 5-28 所示，逆铣时无涂层刀片和 PVD 涂层刀片的幅值差 ΔA 为正值，说明 MQL 能够显著降低各阶走刀频率的倍频，其中进给 X 方向上的第 3、6、9、12、18 阶走刀频率的倍频和 Y 方向上的第 6、9 和 15 阶走刀频率的倍频的幅值差 ΔA 为负值，走刀频率正好是 MQL 喷射频率 3 Hz 的整倍数，表明应用 MQL 会引起局部共振。然而，对于 CVD 涂层刀片来说，除了 X 方向第 17、18

阶和 Y 方向第 12 阶走刀倍频（分别对应于整个工艺系统的固有频率 306 Hz 和自激振动频率204 Hz）的幅值差 ΔA 为负值外，其他各阶频率的幅值差 ΔA 几乎为零，这说明在逆铣时，应用 MQL 虽然引起了局部共振，但其振幅远小于系统固有频率振幅，此时刀具磨损占主导地位，铣削过程处于稳态。

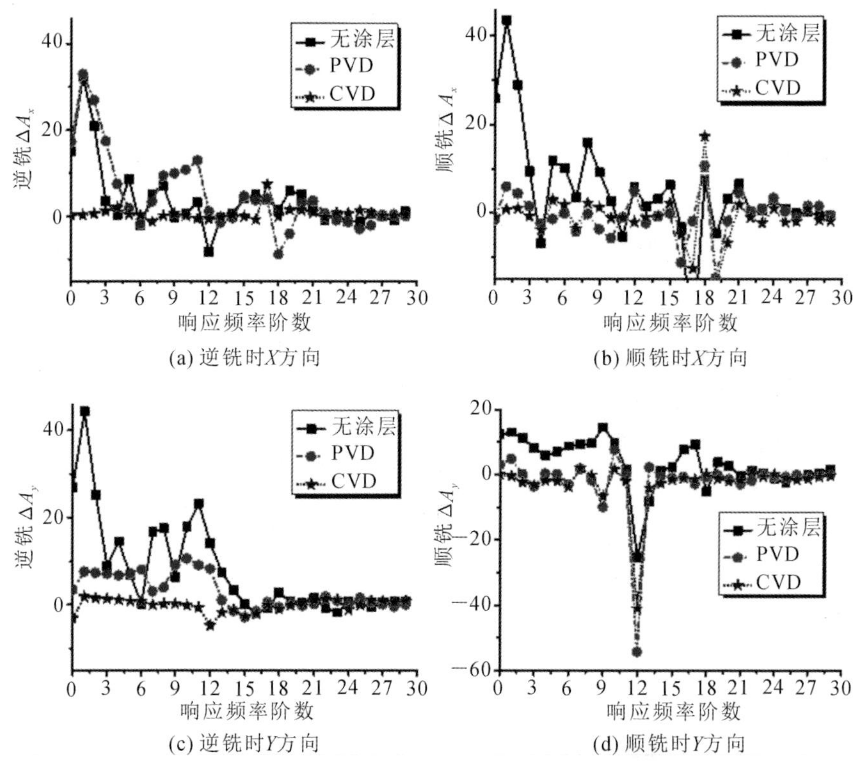

图 5-28　应用 MQL 前后走刀基频及其 30 阶倍频的幅值差 ΔA

顺铣时铣刀切入工件的冲击振动会使 MQL 引起的局部共振频率漂移至高频，即在 X 方向上第 3、6、9、12、18 阶频率漂移至第 4、7、11、17 和 19 阶频率，其幅值差 ΔA 为负。在 Y 方向上第 12 阶频率在 MQL 后幅值差 ΔA 达到约 60，引起的局部共振频率幅值远超过系统固有频率和铣削频率的幅值，此时局部共振发展为系统颤振，铣削过程处于非稳态。

为了验证铣削力信号的有效性，选取 CVD 涂层刀片为对象，讨论 MQL 下顺铣和逆铣的刀具磨损形貌。顺铣时 MQL 切削液喷射在刀齿切入位置，逆铣时 MQL 切削液喷射在刀齿切出位置。如图 5-29 所示，其刀片磨损形貌各不相同。逆铣干切削时刀片的主要磨损形式为磨料磨损、涂层剥落和热裂纹（见图

5-29(a))。磨料磨损是由工件和刀具间的剧烈摩擦产生的,而涂层剥落通常是由积屑瘤周期性黏结和剥落产生的,热裂纹则是由铣削周期性载荷引起的[91]。热裂纹的形成机理具体为:在逆铣初期,铣刀滑移和刮擦工件表面而非剪切,在刀具切削刃和前刀面热疲劳稳定性差的区域容易萌生微裂纹,引起微崩刃,随着铣刀持续切入和切出工件,微裂纹能量聚集,聚集的能量一旦超过裂纹扩展的门槛值,这些微裂纹就迅速扩展成热裂纹[92]。最终,它会降低涂层黏结强度,加速涂层剥落。逆铣时 MQL 铣削刀片磨料磨损和热裂纹消失了(见图 5-29(b)),涂层剥落程度降低,刀具磨损程度得以改善,刀具寿命大幅延长。对比切削力频谱,此时刀具磨损占主导地位,铣削处于稳态,MQL 润滑减摩效果明显。

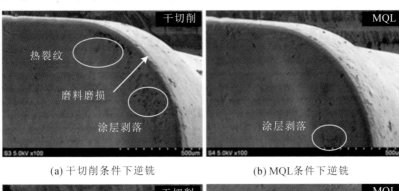

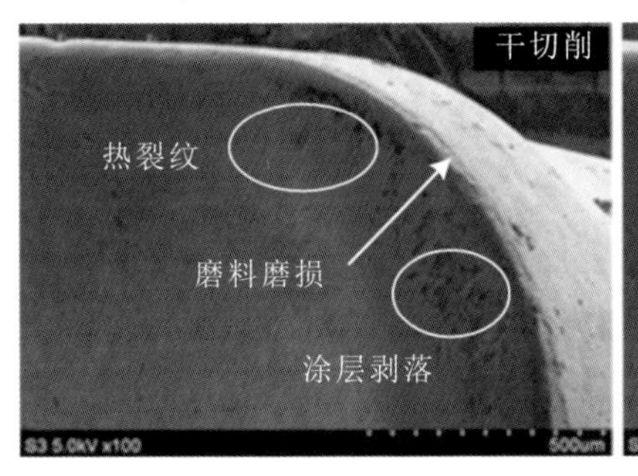

(a) 干切削条件下逆铣

MQL
涂层剥落

(b) MQL条件下逆铣

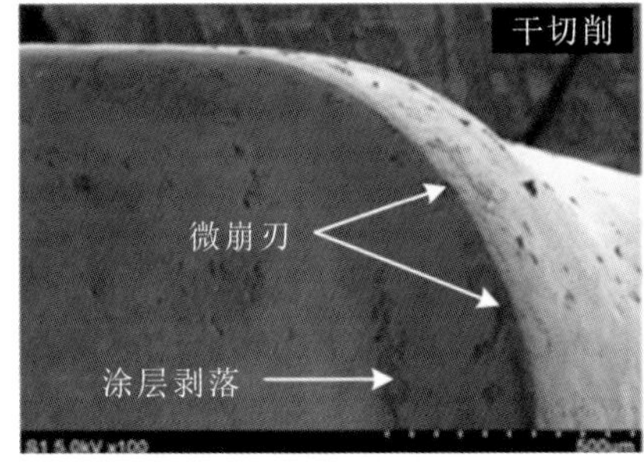

(c) 干切削条件下顺铣

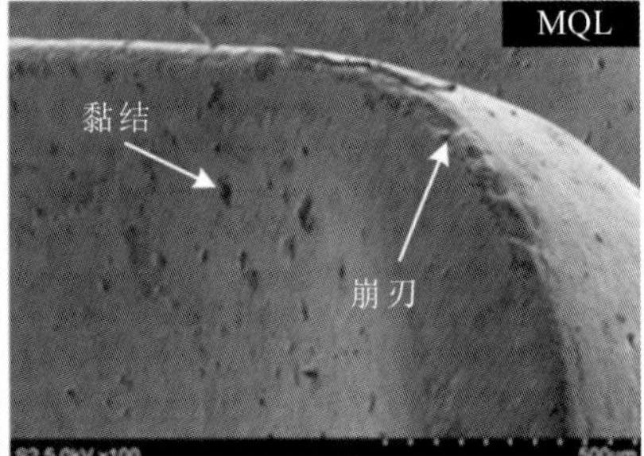

(d) MQL条件下顺铣

5-29　应用 MQL 切削液前后 TiN/Al_2O_3 涂层刀片去除 3.2 cm^3 后的磨损 SEM 形貌

相对而言,顺铣时的刀具磨损形貌与逆铣时存在较大差异。如图 5-29(c)所示,顺铣干切削时刀具失效机理为涂层剥落和微崩刃,微崩刃是由顺铣初期的瞬时冲击振动引起的。如图 5-29(d)所示,当 MQL 引入后,润滑油滴高速喷射在刀具表面,加剧自激振动,使微崩刃转变成崩刃[93]。此外,自激振动增大了铣刀盘端面跳动量,致使刀盘阻碍 MQL 油滴进入切削区,故而在远离切削刃的局部区域发生黏结磨损。此时,刀具的失效机理为崩刃和少量的黏结磨损。因此,纵使应用 MQL 能够润滑减摩，抑制刀具表面涂层剥落，但 MQL 油滴的高速冲击会加剧顺铣初期的自激振动，使其在特定条件下转变为铣削颤振，导致铣削加工处于非稳态。

综上所述，采用切削力时域和频域信号来描述刀具磨损是一种快速有效的刀具磨损在线监测的方法。

5.5.2 声发射信号监测

1. 声发射信号定征

金属切削加工时被切削金属材料的剪切滑移、弹性变形、塑性变形、刀具摩擦和磨损等都会引起突发型声发射（AE）信号[94,95]。此外，MQL 的高频喷射也会产生声发射信号。虽然设定合理的声发射信号门槛值能够排除大部分干扰信号，但由于被加工镍基堆焊合金的特殊性和铣削加工的复杂性，仍存在部分干扰信号[96]。因此，必须排除干扰信号。本小节中的铣削方式为逆铣，刀片为 TiN/Al_2O_3涂层刀片。

图 5-30 所示为声发射干扰信号和有效信号。干扰信号的上升时间大于 0.5 s，持续时间大于 1.5 s，即在时域视场内其信号无法完全显示就被截断。相比之下，有效信号属于典型的突发型信号，即波形的上升时间短，幅值大，持续时间短，衰减迅速。为了排除干扰信号，设定滤波器的持续时间和上升时间为

$$\begin{cases} 5\ \text{ms} < \text{持续时间} < 1500\ \text{ms} \\ 3\ \text{ms} < \text{上升时间} < 300\ \text{ms} \end{cases}$$

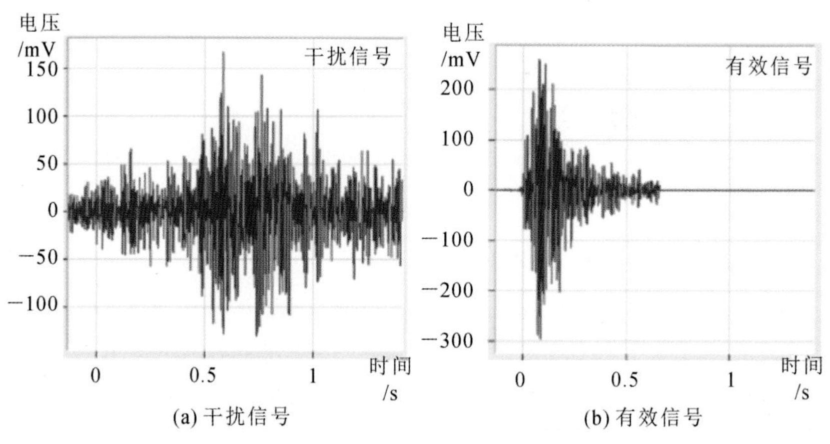

图 5-30 声发射干扰信号和有效信号

声发射干扰信号排除后，可对其进行定征。TiN/Al_2O_3涂层刀片在切削参

数为$a_e=40$ mm，$a_p=1$ mm，$f_z=0.2$ mm/z，$v_c=160$ m/min 时，在干切削和 MQL 条件下单齿铣削的突发型声发射信号如图 5-31 所示，其横坐标为持续时间，纵坐标为能量。可以发现新刀片和旧刀片的声发射信号差别较大，旧刀片引起的持续时间在 600～800 ms 的声发射信号显著减少。此外，MQL 也会增加持续时间在 1100～1400 ms 范围内的声发射信号。

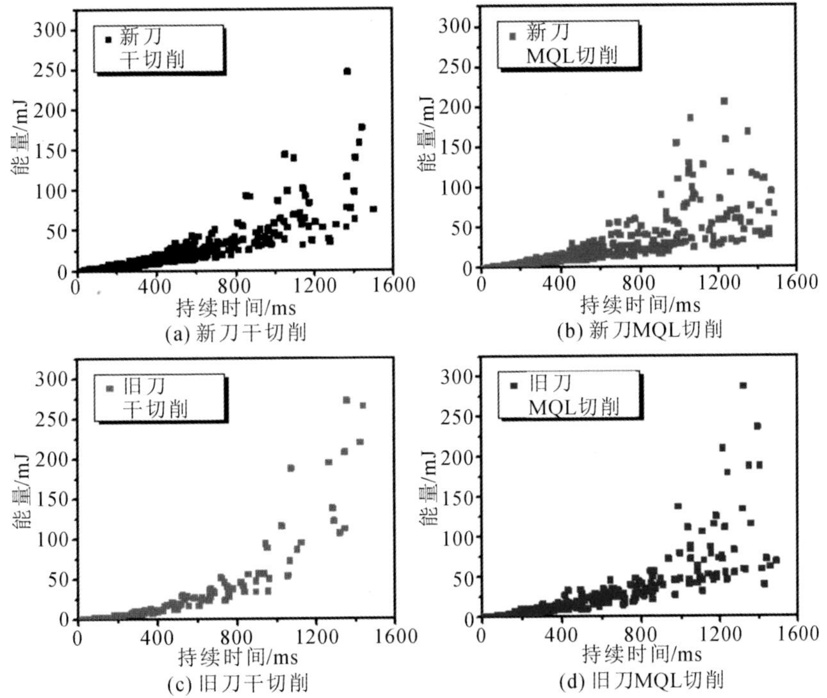

(a) 新刀干切削　(b) 新刀MQL切削　(c) 旧刀干切削　(d) 旧刀MQL切削

图 5-31　新、旧刀片在干切削和 MQL 条件下声发射信号的能量变化规律

由声发射信号产生的原理可知，金属切削加工时被切削金属材料剪切滑移、弹性变形、塑性变形、断裂和刀具磨损产生的声发射信号的频率各不相同[97]。因此，上升时间、持续时间、峰值频率和能量可作为声发射信号定征的特征参数。

已磨损的 TiN/Al_2O_3 涂层刀片单齿铣削时的声发射信号如图 5-32 所示，以此作为示例来描述声发射信号定征。由图可知，按峰值频率，可把有效声发射信号分为三类：第一类是频率在 60～80 kHz 内的声发射信号，MQL 的高频喷射会增加该频段内的高能量信号点，即 A 区域，观察单个时域信号可知，MQL 引起的声发射信号的持续时间长，能量大，电压高。第二类是频率在 100～120 kHz 内的声发射信号，即 B 区域，该区域内的声发射信号持续时间短，能

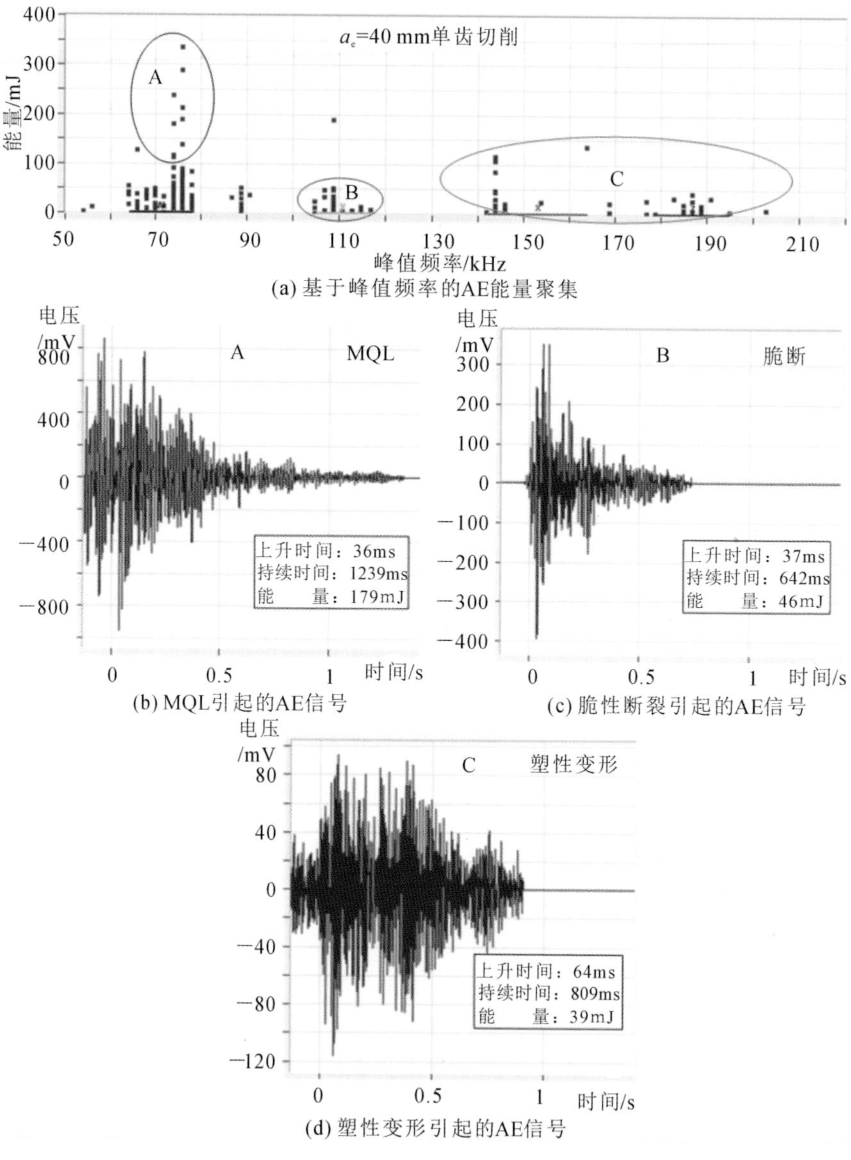

(a) 基于峰值频率的AE能量聚集

(b) MQL引起的AE信号

(c) 脆性断裂引起的AE信号

(d) 塑性变形引起的AE信号

图 5-32 已磨损的 TiN/Al_2O_3 涂层刀片单齿铣削时的声发射信号

量小，电压低，信号波形短，属于典型的由脆断引起的声发射信号。最后一类是频率在 140～200 kHz 范围内的声发射信号，即 C 区域，该区域内的声发射信号持续时间略长，但电压极低，是由材料塑性变形引起的。

2. 新刀的声发射信号及其聚类

金属切削产生的塑性变形、剪切滑移和断裂在瞬间产生大量突发型声发射信号，每一个超过门槛值的突发型声发射信号就是一次有效计数。此外，MQL油滴的高频喷射产生的声发射信号若超过门槛值也会产生有效计数。再者，当刀具磨损时，刀具挤压和划擦造成的塑性变形及刀具磨损会改变声发射信号的能量和峰值频率。因此，可通过基于能量和峰值频率的声发射信号聚类这一方法来分析 MQL 对刀具磨损的影响[98,99]。

无磨损的 TiN/Al_2O_3新刀在应用 MQL 前后铣削时的声发射信号如图5-33所示，观察声发射信号散点分布规律，可设定聚类准则，即峰值频率 20 个点，能量 150 点为一类，并根据声发射信号定征结果合并相同类别，得 A、B 和 C 三个聚类，分别对应 MQL、脆性断裂和塑性变形。为了明确 MQL 的作用，如表 5-4所示，统计分析了新刀片干切削和 MQL 切削条件下声发射信号的能量和计数聚类，可知，峰值频率为 60～80 kHz 的 A 类在 MQL 的高频喷射作用下的计数增大了 1148，能量增大了 2382 mJ。峰值频率为 100～120 kHz 的 B 类在 MQL引入后声发射信号计数增大了 132，能量增大了 17 mJ，说明 MQL 加速了材料的脆性断裂。峰值频率为 140～200 kHz 的 C 类在 MQL 引入后的计数和能量反而减少了 125 和 50 mJ，说明 MQL 降低了材料的塑性变形。

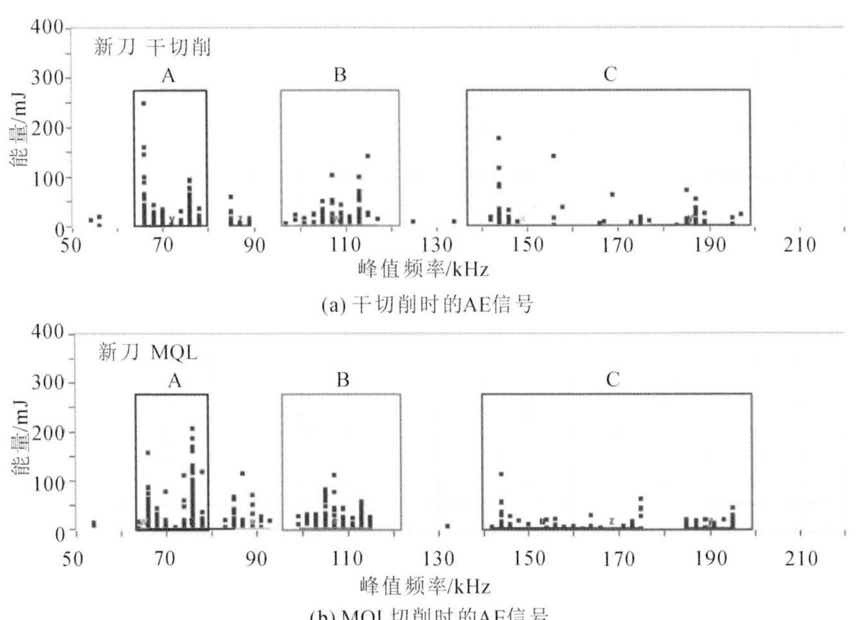

图 5-33　新刀片铣削时基于能量和峰值频率的声发射信号聚类

表 5-4　新刀干切削和 MQL 切削条件下声发射信号的能量和计数聚类

能量聚类/mJ	A	B	C	计数聚类	A	B	C
干切削	5573	2273	1294	干切削	7538	3666	1946
MQL	7955	2290	1244	MQL	8686	3798	1821
Δ	2382	17	−50	Δ	1148	132	−125

综上，对于无磨损的 TiN/Al_2O_3 涂层新刀来说，应用 MQL 前后的声发射信号可以通过聚类方法进行监测和分析。

3. 已磨损旧刀的声发射信号及其聚类

已磨损(VB=0.2 μm)的 TiN/Al_2O_3涂层旧刀应用 MQL 前后铣削时的声发射信号如图 5-34 所示，聚类准则仍为峰值频率 20 个点，能量 150 点为一类。

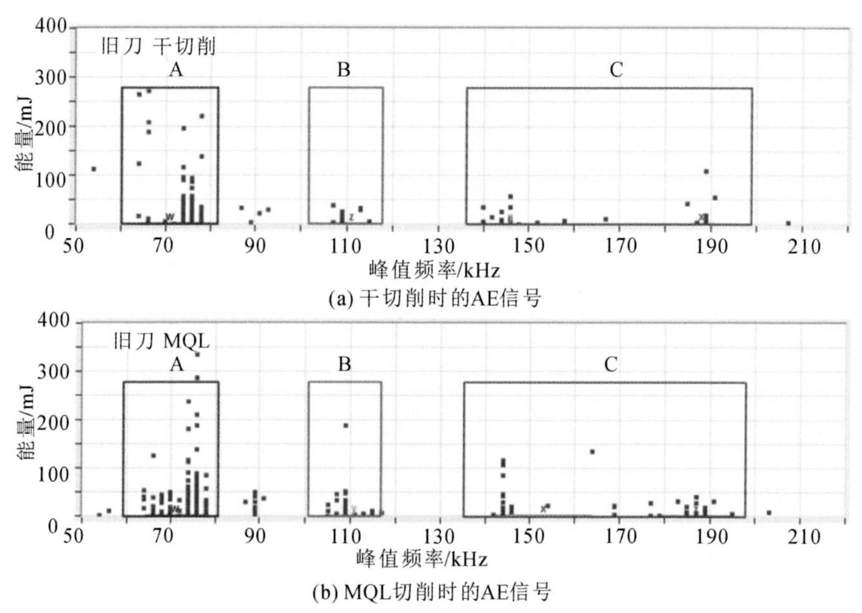

图 5-34　旧刀铣削时基于能量和峰值频率的声发射信号聚类

由聚类结果可知，突发型声发射信号按峰值频率和能量仍可分为 A、B 和 C 三大类，分别对应着 MQL、脆性断裂和塑性变形。每个大类内部的声发射信号点数远小于新刀产生的声发射信号点数。这充分说明了刀具一旦发生磨损，刀具刃口变钝，刀具挤压和划擦作用明显，切削效果差。由表 5-5 可知，旧刀片干切削时的 A、B 和 C 聚类计数仅为 2991、295 和 887，能量仅为 3268 mJ、

172 mJ和503 mJ。相比新刀，已磨损旧刀切削时材料脆性断裂(B聚类)引起的声发射信号计数从3666减少至295，能量从2273 mJ减少至172 mJ；塑性变形(C聚类)引起的声发射信号计数从1946减少至887，能量从1294 mJ减少至503 mJ，这充分说明已磨损旧刀在干切削条件下的切削效果极差。

表5-5 旧刀干切削和MQL切削条件下声发射信号的能量和计数聚类

能量聚类/mJ	A	B	C	计数聚类	A	B	C
干切削	3268	172	503	干切削	2991	295	887
MQL	6676	543	968	MQL	7578	743	1567
Δ	3408	371	465	Δ	4587	448	680

引入MQL后，同样会增加A聚类的声发射信号的计数和能量，如表5-5所示。值得注意的是，引入MQL后，脆性断裂(B聚类)引起的声发射信号计数增加至743，比干切削时提升了152%，这充分说明切削过程中的耕犁与划擦在MQL的作用下导致材料断裂的现象加重，故声发射信号计数大幅增加。同理，引入MQL后能量增加至543 mJ，比干切削时提升了216%。塑性变形(C聚类)引起的声发射信号计数增加至1567，比干切削时提升了77%，能量增加至968 mJ，比干切削时提升了92%。这表明MQL能够减少刀具和工件材料的摩擦，增加材料塑性变形和脆性断裂，改善已磨损刀具的切削状态，从而使得切削更为轻快。

综上，基于峰值频率和能量的声发射信号聚类分析能够揭示MQL状态下的刀具磨损，但数据量大，且需二次处理。

5.5.3 铣削功率、能量与经济效益

1. 功率和能量

低功耗、高效率是切削加工的目标之一[100]。本小节以耐磨损性能优秀的TiN/Al_2O_3涂层刀片为对象，分析镍基堆焊合金铣削功率和铣削能量。

通常，铣削功率可以通过主切削力和切削速度计算得到

$$P_w = \frac{v_c F_c}{60000}(\text{kW}) \tag{5-9}$$

式中：P_w是铣削功率；v_c是切削速度；F_c为主切削力。

图5-35所示为TiN/Al_2O_3涂层刀片加工镍基堆焊合金时的铣削功率和能量消耗。可以发现，逆铣时MQL使用前后的铣削功率并没有发生明显变化，但

顺铣时应用 MQL 后的铣削功率略高于干切削时的最大铣削功率。

功率对时间的积分就是能量。因此，图 5-35 中的功率谱所围曲线的面积就是铣削能量，可通过下式计算得到：

$$E_{\mathrm{r}}=\frac{1}{r}\int_{0}^{rT_{\mathrm{r}}}P_{\mathrm{w}}w(x)\mathrm{d}x \tag{5-10}$$

式中：E_{r} 为一个铣削周期内的铣削能量；r 为完整的峰值信号个数；T_{r} 为铣刀旋转周期。

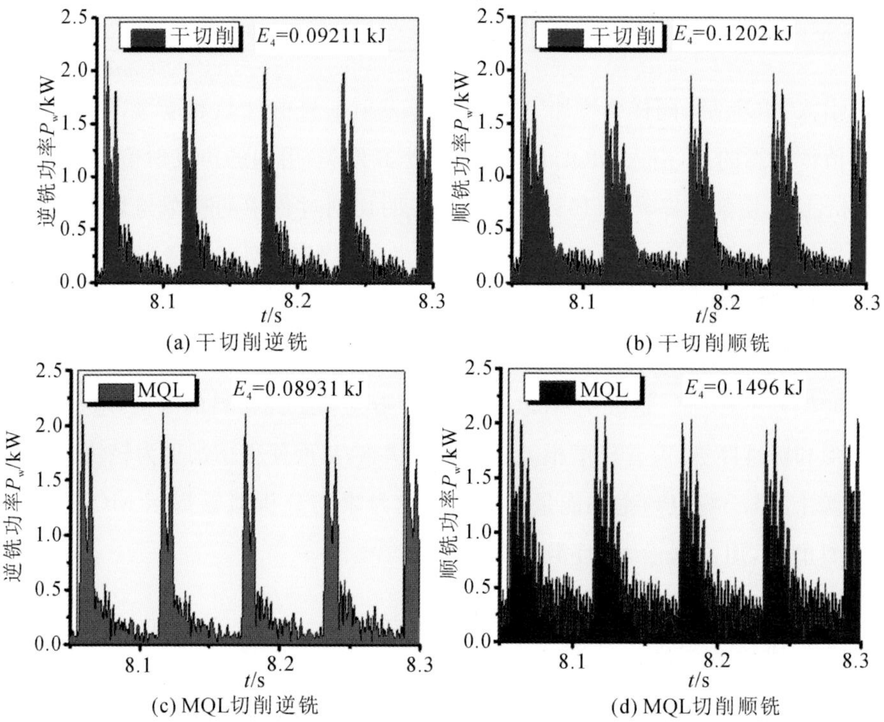

图 5-35 TiN/Al_2O_3**涂层刀片面铣镍基堆焊合金** Inconel 182 **时的铣削功率谱**

故铣削总能量 E 可根据下式求得：

$$\begin{cases}\mathrm{MMR}=\dfrac{a_{\mathrm{p}}a_{\mathrm{e}}v_{\mathrm{f}}}{1000}=\dfrac{a_{\mathrm{p}}a_{\mathrm{e}}fzn}{1000}(\mathrm{cm^3/min})\\ t=\dfrac{V}{\mathrm{MMR}}=\dfrac{1000V}{a_{\mathrm{p}}a_{\mathrm{e}}fzn}(\mathrm{min})\\ E=n\cdot E_{\mathrm{r}}\cdot t=1020E_{\mathrm{r}}\dfrac{V}{\mathrm{MRR}}=\dfrac{1020000V}{a_{\mathrm{p}}a_{\mathrm{e}}fzn}E_{\mathrm{r}}(\mathrm{kJ})\end{cases} \tag{5-11}$$

式中：MRR 为金属去除率；t 为有效切削时间；n 为主轴转速；V 为待加工镍基

堆焊合金的总体积。

根据式(5-11)计算得到的在干切削和 MQL 条件下顺铣和逆铣核电缸体中分面镍基堆焊合金所消耗的总能量如表 5-6 所示，可以看出，加工单个核电缸体中分面镍基堆焊层，干切削逆铣共消耗 19343 kJ 的能量，MQL 逆铣共消耗 18755 kJ 的能量，引入微量润滑后减少了 588 kJ 的能量，减少约 3%。相比之下，干切削顺铣共消耗 25242 kJ 的能量，引入 MQL 后共消耗 31416 kJ 的能量，引入微量润滑后消耗的能量反而增加了 6174 kJ，增加约 24%，自激振动消耗的这部分能量，使得顺铣消耗的能量远大于逆铣的。

表 5-6 单个汽轮机缸体中分面镍基堆焊合金层铣削去除消耗总能量

铣削方式	$E_{干切削}$/kJ	E_{MQL}/kJ	ΔE/kJ	$\Delta E/E_{干切削}$/(%)
逆铣	19343	18755	−588	−3%
顺铣	25242	31416	+6174	+24%

2. 经济效益

单个汽轮机缸体中分面镍基堆焊合金层铣削刀具的成本可通过下式计算得到：

$$C_{total} = pC_{unit} \tag{5-12}$$

式中：C_{unit}为单个刀片成本；p 为刀片总数；C_{total}为刀片总花费。

应用 MQL 前后的刀具使用数量和总花费如表 5-7 所示。可以发现，铣削方式对微量润滑效果影响大。干切削逆铣时总共消耗了 485 片刀片，使用微量润滑后共消耗 371 片刀片，节约 114 片，降低用刀成本共计 1025.4 美元。然而，干切削顺铣时总共消耗 465 片刀片，使用微量润滑后共消耗 638 片刀片，增加 173 片，用刀成本增加共计 1560.9 美元。

表 5-7 单个核电缸体中分面镍基堆焊合金层铣削刀片使用数量和成本增减额

铣削方式	$p_{干切削}$	p_{MQL}	Δp	ΔC_{total}
逆铣	485	371	−114	−1025.4 美元
顺铣	465	638	+173	+1560.9 美元

综上所述，考虑刀具成本和经济效益，在 MQL 条件下逆铣镍基堆焊合金能够大幅降低 TiN/Al_2O_3 涂层刀片的使用成本。

5.6 本章小结

本章针对汽轮机缸体中分面进气口、抽气口处的不规则、非均匀的镍基堆焊合金，开展镍基堆焊合金面铣参数优化，对比分析了无涂层硬质合金刀片、TiAlN/TiN 涂层刀片(PVD)和 TiN/Al_2O_3涂层刀片(CVD)在干切削和 MQL 切削条件下顺铣与逆铣时的磨损量和磨损机理，监测 MQL 切削过程的切削力、声发射、切削功率特征信号，据此提出汽轮机缸体镍基堆焊合金的微量润滑切削刀具应用准则。主要结论如下：

(1) 对比分析了无涂层硬质合金刀片、TiAlN/TiN 涂层刀片和 TiN/Al_2O_3 涂层刀片在干切削和 MQL 切削条件下顺铣与逆铣时的磨损量和磨损机理，重点探讨了 MQL 切削液喷射位置对刀具磨损的影响。结果表明，即使在 MQL 的帮助下，无涂层硬质合金刀片仍会发生严重的崩刃破坏或剧烈磨损，不适用于加工镍基堆焊合金；TiAlN/TiN 涂层刀片的磨损性能取决于铣削方式与润滑方式，逆铣时 MQL 切削液喷射在刀齿切出位置，顺铣时 MQL 切削液喷射在刀齿切入和切出位置均能大幅降低刀具磨损；TiN/Al_2O_3 涂层刀片表现出了最优的耐磨损性能，在 MQL 切削液的帮助下其最大去除体积为 76.8 cm^3，远高于无涂层硬质合金刀片的3.5 cm^3 和 TiAlN/TiN 涂层硬质合金刀片的 18.1 cm^3，最佳切削方式为逆铣且 MQL 切削液喷射在刀齿切出位置。

(2) 对镍基堆焊合金铣削力、声发射和铣削功率等特征信号进行监测，通过分析 MQL 切削液引入前后的铣削特征参量变化，确定 MQL 切削液对铣削刀具磨损的影响。结果表明，铣削力信号垂直于进给方向的法向分量能够准确用于评价 MQL 切削液条件下的刀具磨损。此外，顺铣时当走刀频率为 MQL 切削液喷射频率的倍数时容易引起自激振动，使铣削处于非稳态，故采用逆铣方式更为妥当。

(3) 当使用 TiN/Al_2O_3涂层刀片在最优铣削参数条件下加工单个核电汽轮机缸体中分面镍基堆焊合金时，MQL 切削液逆铣能减少约 3%的铣削能耗，节约 114 片刀片，降低用刀成本共计 1025.4 美元。

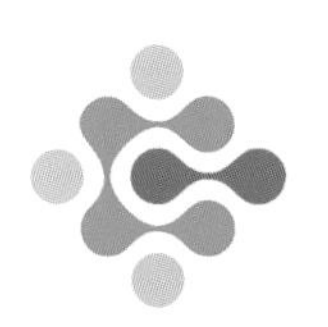

第6章 汽轮机零件加工刀具磨损模型与寿命管理

6.1 背景介绍

随着我国能源与电力需求的不断攀升，重大装备服役条件极端化已成为趋势。作为电力核心装备，汽轮机已从传统 300 MW 逐步提升至当前主流的百万千瓦级。最新一代百万千瓦级汽轮机最大功率甚至达到 1500 MW，转子质量达 267 t，主蒸汽温度从 290 ℃提升至 625 ℃，主蒸汽压力从 7.5 MPa 提升至 25 MPa，即工作温度、工作压力、饱和湿蒸汽流量、转子质量均远超上一代。

缸体与叶片是汽轮机的重要部件，铣削是满足汽轮机缸体中分面进气口、抽气口处的不规则、非均匀的镍基堆焊合金加工和叶片气道、叶冠、叶身、叶根曲面加工的重要方法。然而，缸体中分面和叶片形状极其复杂，加上材料导热性能差、黏附性强、加工硬化严重，因此刀具磨损剧烈。铣刀一旦在中途发生非正常的剧烈磨损，势必严重破坏被加工表面的完整性与一致性，致使汽轮机缸体气密配合表面遭受难以修复的损伤，增加缸体零件整体报废的风险。可见，有效地解决铣刀耐用度过低问题，实现铣刀长寿命服役，对保证汽轮机上、下半缸气密配合表面及叶片型面的精度与表面质量，满足电力重大装备的极端化服役要求，具有重要意义。

为此，本章针对汽轮机缸体中分面进气口、抽气口处的不规则、非均匀的镍基堆焊合金，建立镍基堆焊合金铣削加工刀具磨损模型，开展基于刀具磨损模型的铣刀涂层选型工作。随后，以汽轮机叶片铣削加工刀具为对象，开展刀具寿命管理研究，以实现汽轮机重要部件的降本增效。

6.2 汽轮机缸体中分面镍基堆焊合金铣削刀具磨损解析建模

6.2.1 铣削刀具磨损解析建模

1. 磨料磨损和黏结磨损模型

Luo 的模型是在 Childs 磨料、黏结磨损模型和 Schmidt 扩散磨损模型的基础上发展起来的，把它们两项相加[63]而得

$$w = w_M + w_T \tag{6-1}$$

式中：w 为总磨损带宽度；w_M 为机械磨损引起的磨损带宽度；w_T 为热磨损引起的磨损带宽度。

$$\frac{dw}{dt} = \frac{dw_M}{dt} + \frac{dw_T}{dt} = \frac{A}{H}\frac{F_n}{v_c f}v_s + B\exp\left(-\frac{Q}{RT}\right) \tag{6-2}$$

式中：F_n 为法向正压力；v_s 为剪切滑移速度；f 为进给量；H 为刀具硬度；v_c 为切削速度；R 为通用气体常数；T 为温度；Q 为激活能；A 和 B 为材料常数。

由直角自由切削时切削力和角度的关系示意图 6-1，可知

$$v_s = v_c \cos\varphi \tag{6-3}$$

式中：φ 为剪切角。

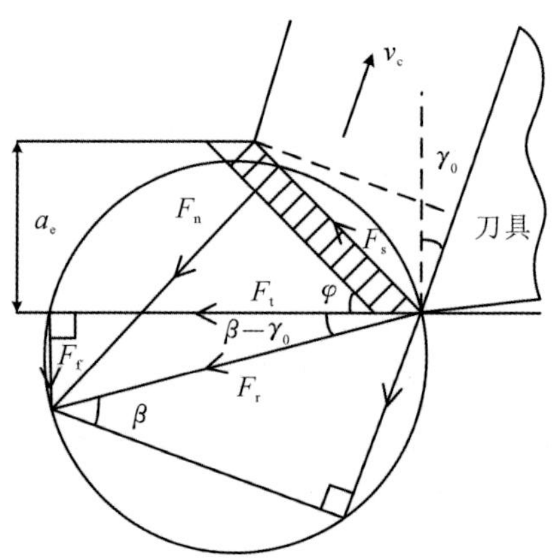

图 6-1　直角自由切削时的切削力与角度关系示意图

剪切力可表示为

$$F_s = \tau A_s = \tau \frac{A_c}{\sin\varphi} = \tau \frac{a_c a_w}{\sin\varphi} \tag{6-4}$$

式中：τ 为剪切面上的切应力；a_c 为切削厚度；a_w 为切削宽度；A_s 为剪切面的剖面积；A_c 为切屑面积。

因此可获得径向力、法向力和切向力的表达式为

$$\begin{cases} F_r = \dfrac{F_s}{\cos(\varphi+\beta-\gamma_0)} = \dfrac{\tau a_c a_w}{\sin\varphi\cos(\varphi+\beta-\gamma_0)} \\ F_f = F_r\sin(\beta-\gamma_0) = \dfrac{\tau a_c a_w \sin(\beta-\gamma_0)}{\sin\varphi\cos(\varphi+\beta-\gamma_0)} \\ F_t = F_r\cos(\beta-\gamma_0) = \dfrac{\tau a_c a_w \cos(\beta-\gamma_0)}{\sin\varphi\cos(\varphi+\beta-\gamma_0)} \end{cases} \tag{6-5}$$

摩擦角和刀具前角的关系可表示为

$$\frac{F_f}{F_t} = \tan(\beta-\gamma_0) \tag{6-6}$$

根据 Boothroyd 直线滑移理论场推出剪切角公式[101]，可得剪切角为

$$\varphi = \frac{\pi}{4} - (\beta-\gamma_0) = \frac{\pi}{4} - \arctan\frac{F_f}{F_t} \tag{6-7}$$

由于铣削为断续切削，刀具周期性地切入和切出工件，致使 F_f 和 F_t 随相位角 θ 的变化而变化。测力仪所测得的铣削力必须经过坐标转换，转变成沿刀齿进给切向、法向和轴向的力，从而确定其法向切削力分量 F_f 和切向切削力分量 F_t。根据 Altintas 铣削力模型[102]可知

$$\begin{cases} F_x(\theta) = -F_t\cos\theta - F_f\sin\theta \\ F_y(\theta) = +F_t\sin\theta - F_f\cos\theta \quad (\theta_{start} \leqslant \theta \leqslant \theta_{exit}) \\ F_z(\theta) = +F_a \end{cases} \tag{6-8}$$

对其进行求解，得

$$\begin{cases} F_f(\theta) = -F_x\sin\theta - F_y\cos\theta \\ F_t(\theta) = -F_x\cos\theta + F_y\sin\theta \quad (\theta_{start} \leqslant \theta \leqslant \theta_{exit}) \\ F_a(\theta) = +F_z \end{cases} \tag{6-9}$$

图 6-2 所示为刀具后刀面磨损示意图，后刀面磨损值可以用式(6-10)表示：

$$VB = \frac{w}{1-\tan\gamma_0\tan\alpha_0} \tag{6-10}$$

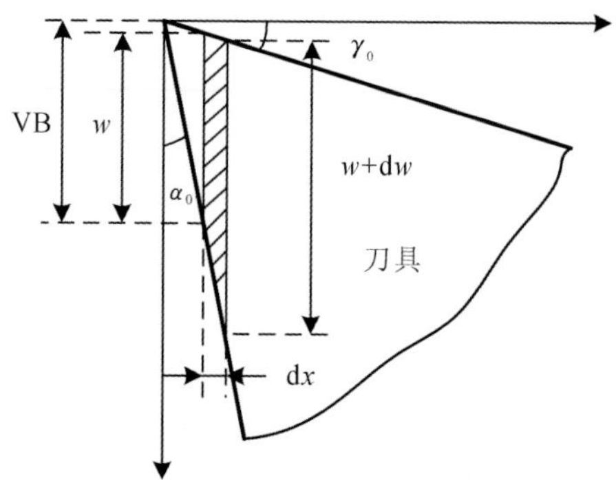

图 6-2　刀具后刀面磨损示意图

由于 $\tan\gamma_0\tan\alpha_0$ 值很小，在通常情况下，w 和 VB 的偏差在 1%～2%，因此，VB 值可用磨损带宽度 w 近似表达。故而，由切削力引起的刀具磨料磨损和黏结磨损可表示为

$$\frac{\mathrm{d}w_{\mathrm{M}}}{\mathrm{d}t}=\frac{A}{H}\frac{F_{\mathrm{n}}}{v_{\mathrm{c}}f}v_{\mathrm{s}}=\frac{A}{3\sigma_{\mathrm{s}}}\frac{F_{\mathrm{n}}}{v_{\mathrm{c}}f}v_{\mathrm{c}}\cos\varphi=\frac{A}{3\sigma_{\mathrm{s}}}\frac{F_{\mathrm{n}}}{f}\cos\left[\frac{\pi}{4}-\arctan\left(\frac{F_x\sin\theta+F_y\cos\theta}{F_x\cos\theta-F_y\sin\theta}\right)\right] \tag{6-11}$$

式中：θ 为铣削相位角；σ_{s} 为刀具材料的屈服强度，其值约为刀具硬度 H 的 1/3；F_{n} 为法向正压力；f 为切削进给量。

为了便于计算，采用铣削最大法向力来代替 F_{n}。同时，由于刀具的磨损将会引起切削力增大，反之，切削力增大又会加速刀具磨损。因此，根据铣削试验获得的 Taylor 经验公式，刀具后刀面法向力可表示为

$$F_{\mathrm{n}}=k_1v_{\mathrm{c}}^af^bw^c \tag{6-12}$$

因此

$$\frac{\mathrm{d}w_{\mathrm{M}}}{\mathrm{d}t}=\frac{A}{3\sigma_{\mathrm{s}}}k_1v_{\mathrm{c}}^af^{b-1}w_{\mathrm{M}}^c\cos\left[\frac{\pi}{4}-\arctan\left(\frac{F_x\sin\theta+F_y\cos\theta}{F_x\cos\theta-F_y\sin\theta}\right)\right](\theta_{\mathrm{start}}\leqslant\theta\leqslant\theta_{\mathrm{exit}}) \tag{6-13}$$

Acchar 等人通过大量切削试验研究得出刀具硬质合金材料的屈服强度随温度变化的关系[103]。在此基础上，哈尔滨工业大学郝兆朋、高栋等人对曲线进行拟合，得到硬质合金屈服强度随温度变化的关系式[104]为

$$\sigma_{\mathrm{s}}=f(T)=371+\frac{1766}{1+\mathrm{e}^{\frac{T-788}{54}}} \tag{6-14}$$

式中：T 为切削温度(K)。

将 σ_s 代入式(6-13)并对两端积分得

$$\frac{w_M^{-c+1}}{-c+1}=\frac{1}{3}\times\frac{A}{371+\dfrac{1766}{1+e^{\frac{T-788}{54}}}}k_1 v_c^a f^{b-1}\cos\left[\frac{\pi}{4}-\arctan\left(\frac{F_x\sin\theta+F_y\cos\theta}{F_x\cos\theta-F_y\sin\theta}\right)\right]\cdot t+C_1 \tag{6-15}$$

当切削时间 $t=0$ 时,刀具磨损 $w_M=0$,因此常数 $C_1=0$,故

$$w_M=\left\{\frac{1-c}{3}\cdot\frac{A}{371+\dfrac{1766}{1+e^{\frac{T-788}{54}}}}k_1 v_c^a f^{b-1}\cos\left[\frac{\pi}{4}-\arctan\left(\frac{F_x\sin\theta+F_y\cos\theta}{F_x\cos\theta-F_y\sin\theta}\right)\right]\cdot t\right\}^{\frac{1}{1-c}} \tag{6-16}$$

令 $k_M=\left(\frac{1-c}{3}Ak_1\right)^{\frac{1}{1-c}}$ 为常数,则由磨料磨损和黏结磨损引起的刀具后刀面的磨损量为

$$w_M=k_M\left\{\frac{v_c^a f^{b-1} t}{371+\dfrac{1766}{1+e^{\frac{T-788}{54}}}}\cos\left[\frac{\pi}{4}-\arctan\left(\frac{F_x\sin\theta+F_y\cos\theta}{F_x\cos\theta-F_y\sin\theta}\right)\right]\right\}^{\frac{1}{1-c}}\ (\theta_{start}\leqslant\theta\leqslant\theta_{exit}) \tag{6-17}$$

式中:k_M 为常数,可通过试验确定。

2. 扩散磨损模型

1855 年 Fick 推导出了热力学扩散第一定律,即

$$J=-D\frac{\partial C}{\partial\psi}=-\frac{\partial C}{\partial\psi}D_0\exp\left(-\frac{Q}{RT_{flank}}\right) \tag{6-18}$$

式中:J 为扩散通量,指单位时间、单位面积内扩散的物质流量($1/(m^2\cdot s)$);C 为体积浓度;$\frac{\partial C}{\partial\psi}$为浓度梯度($1/m^4$);$R$ 为通用气体常数,等于 8.314 J/(mol·K);Q 为扩散激活能。

在此基础上,Schmidt 推导出了刀具扩散磨损模型[62],可表示为

$$\frac{dw_T}{dt}=B\exp\left(-\frac{Q}{RT_{flank}}\right) \tag{6-19}$$

可见,扩散磨损主要由刀具后刀面温度决定。Oxley 通过试验得出刀具后刀面的温度为切削温度的 0.89,即 $T_{flank}=0.89T$[105]。Komanduri 和 Jiang 等人确定了硬质合金材料的激活能 $Q=114.4\times10^3$ J/mol,通用气体常数为 $R=$

8.314 J/(mol·K)[106,107]。

所以式(6-19)可写为

$$\frac{\mathrm{d}w_{\mathrm{T}}}{\mathrm{d}t}=B\exp\left(-\frac{114.4\times10^{3}}{8.314\times0.89T}\right)=B\exp\left(-\frac{1.54\times10^{4}}{T}\right) \tag{6-20}$$

由于扩散磨损引起的切削温度的变化很小，同时，铣削过程中，刀齿切入和切出时间间隔相对较短，刀具并不能在铣削空行程及时进行热交换，铣削温度在铣削周期内的波动并不会引起扩散磨损量的变化。因此，刀具切削温度可用Taylor经验公式表达为

$$T=k_2 v_c^m f^n \tag{6-21}$$

代入式(6-20)并对两端积分得

$$w_{\mathrm{T}}=B\exp\left(-\frac{1.54\times10^{4}}{k_2 v_c^m f^n}\right)t+C_2 \tag{6-22}$$

同理：当切削时间 $t=0$ 时，刀具磨损量 $w_{\mathrm{T}}=0$，常数 $C_2=0$，令 $k_{\mathrm{T}}=B$，则

$$w_{\mathrm{T}}=k_{\mathrm{T}}\exp\left(-\frac{1.54\times10^{4}}{k_2 v_c^m f^n}\right)t \tag{6-23}$$

则铣削刀具后刀面的总磨损带宽度为

$$w=k_{\mathrm{M}}\left\{\frac{v_c^a f^{b-1}t}{371+\dfrac{1766}{1+\mathrm{e}^{\frac{k_2 v_c^m f^n-788}{54}}}}\cos\left[\frac{\pi}{4}-\arctan\left(\frac{F_x\sin\theta+F_y\cos\theta}{F_x\cos\theta-F_y\sin\theta}\right)\right]\right\}^{\frac{1}{1-c}}+k_{\mathrm{T}}\exp\left(-\frac{1.54\times10^{4}}{k_2 v_c^m f^n}\right)t \tag{6-24}$$

该模型能够反映在力-热耦合条件下，周期性铣削刀具磨损量 w 随切削时间 t 的变化规律。其中：

(1) k_{M} 和 k_{T} 为修正系数，可通过试验求得；

(2) θ 为铣削相位角，且 $\theta_{\mathrm{start}}\leqslant\theta\leqslant\theta_{\mathrm{exit}}$；

(3) a,b,c 为 Taylor 切削力经验系数，可通过铣削力回归求得；k_2,m,n 为 Taylor 切削温度经验系数，可通过铣削温度回归求得。

6.2.2 铣削刀具磨损解析模型验证

1. 验证试验设计

铣削刀具磨损模型中的系数可通过切削试验数据回归求得，本小节以切削

速度、每齿进给量和切削时间为三因素，各取三水平进行全因素试验设计，如表 6-1 所示。

表 6-1 MQL 下镍基堆焊合金 Inconel 182 铣削试验数据

序号	v_c/(m/min)	f_z/(mm/z)	t/min	T/℃	w/mm	max F_f/N
1	80	0.1	5	243	0.02	487
2	80	0.2	15	277	0.09	1087
3	80	0.3	25	299	0.18	1687
4	120	0.1	15	257	0.16	553
5	120	0.2	25	289	0.29	1285
6	120	0.3	5	312	0.04	2067
7	160	0.1	25	268	0.35	748
8	160	0.2	5	302	0.08	1495
9	160	0.3	15	363	0.18	2332

铣削刀具采用耐磨损性能好的 TiN/Al_2O_3 涂层刀片，切削环境为 MQL，铣削方式为逆铣。试验时用红外热像仪记录切削温度，用采集卡获取整个铣削周期内的切削力信号，并通过坐标转换求得最大法向力 F_f，试验完成后，用光学显微镜测量铣削刀具的后刀面磨损带平均宽度，以此确定镍基堆焊合金铣削刀具的后刀面磨损量。

2. 模型数据分析与处理

通过对切削力回归，法向铣削力可表示为

$$F_n = \max F_f = 729.4 v_c^{0.5008} f^{1.1219} w^{0.0057} \tag{6-25}$$

即 $k_1=729.4, a=0.5008, b=1.1219, c=0.0057$。

同理，切削温度的回归方程可表示为

$$T = 177.3 v_c^{0.1776} f^{0.2098} \tag{6-26}$$

即 $k_2=177.3, m=0.1776, n=0.2098$。

把所求得的刀具磨损模型常数 k_1, k_2, a, b, c, m, n 代入式(6-24)，根据刀具磨损分析结果可知，TiN/Al_2O_3 涂层硬质合金刀片在切削温度小于 600 ℃时不会发生扩散磨损，故刀具的磨损量为

$$w = 241.7A\left\{\frac{v_c^{0.5008} f^{0.1219} t}{371+\dfrac{1766}{1+e^{\frac{177.3v_c^{0.1776} f^{0.2098}-788}{54}}}}\cos\left[\frac{\pi}{4}-\arctan\left(\frac{F_x\sin\theta+F_y\cos\theta}{F_x\cos\theta-F_y\sin\theta}\right)\right]\right\}^{1.006} \tag{6-27}$$

为了计算材料常数 A，首先要计算式(6-28)的值域

$$y=\cos\left[\frac{\pi}{4}-\arctan(x)\right] \tag{6-28}$$

由图6-3所示函数曲线可知，当 $x\in[1,+\infty)$ 时，其值域为 $y\in(0.7,1]$。此外，当进行回归计算时，F_n 取法向力最大值，此时 y 可取其最大值1，即

$$y=\cos\left[\frac{\pi}{4}-\arctan\left(\frac{F_x\sin\theta+F_y\cos\theta}{F_x\cos\theta-F_y\sin\theta}\right)\right]=1 \tag{6-29}$$

则 w 可表示为

$$w\approx 241.7A\left\{\frac{v_c^{0.5008}f^{0.1219}t}{371+\dfrac{1766}{1+\mathrm{e}^{\frac{177.3v_c^{0.1776}f^{0.2098}-788}{54}}}}\right\}^{1.006} \tag{6-30}$$

以表6-1中的磨损量 w 为目标值，切削速度 v_c、每齿进给量 f_z 和切削时间 t 为已知值，代入式(6-30)计算材料常数 A，并取其平均值，可得材料常数 $A=0.01$。

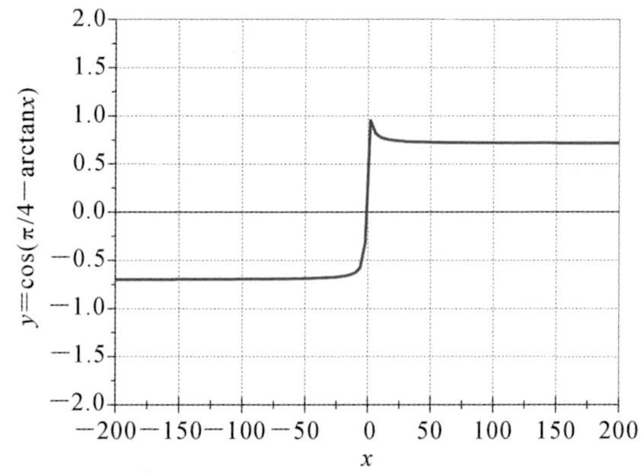

图6-3　$y=\cos(\pi/4-\arctan x)$ 函数曲线

3. 铣刀寿命预测与验证

用 TiN/Al_2O_3 涂层刀片以切削速度150 m/min，每齿进给量0.15 mm/z，在MQL条件下逆铣加工镍基堆焊合金20 min，预测铣刀后刀面磨损量。

根据实时测得的铣削力，通过Matlab程序对实时铣削力进行坐标转换与极值求取。可知此时，$0.7872\leqslant y\leqslant 0.9909$，将其代入式(6-30)，可得铣刀后刀面磨损量范围。

$$2.417\left\{\frac{0.7872v_c^{0.5008}f^{0.1219}t}{371+\dfrac{1766}{1+e^{\frac{177.3v_c^{0.1776}f^{0.2098}-788}{54}}}}\right\}^{1.006}\leqslant w\leqslant 2.417\left\{\frac{0.9909v_c^{0.5008}f^{0.1219}t}{371+\dfrac{1766}{1+e^{\frac{177.3v_c^{0.1776}f^{0.2098}-788}{54}}}}\right\}^{1.006} \tag{6-31}$$

计算得 0.171 mm$\leqslant w\leqslant$0.216 mm。

为了验证不同切削参数条件下的铣削刀具磨损预测值的准确性，如表 6-2 所示，对刀具磨损模型预测值与试验值进行对比。结果表明，该试验值在预测值范围之内，所推导的铣削刀具后刀面磨损模型准确度高。

表 6-2 铣刀磨损量预测值与试验值对比

v_c/(m/min)	f_z/(mm/z)	t/min	min $w_{预测}$/mm	max $w_{预测}$/mm	$w_{试验}$/mm
50	0.2	35	0.179	0.225	0.194
100	0.1	15	0.099	0.125	0.105
150	0.3	5	0.046	0.058	0.052
150	0.15	20	0.171	0.216	0.206

6.3 铣削刀具摩擦磨损性能分析与刀具涂层选型

6.3.1 铣削刀具涂层摩擦磨损性能分析

镍基堆焊合金是一种典型的难加工材料，在高温高压环境下极易黏附在硬质合金刀具表面，形成积屑瘤，加剧磨损，降低切削刀具的使用寿命。涂层的选用对刀具寿命起到至关重要的影响。

本节以刀具材料硬质合金作为销试样，镍基堆焊合金作为盘试样，进行销盘式摩擦磨损试验。在摩擦磨损试验参数优选的基础上，分析温度对摩擦系数和磨损率的影响，着重讨论无涂层、TiAlN 涂层和 TiN 涂层硬质合金销试样在不同温度下的磨面形貌特征、元素化合物的物相组成和磨损机理，进而选择镍基堆焊合金铣削刀具涂层。

1. 摩擦磨损试验

1）试样制备

本节中的摩擦磨损试验的摩擦副为销盘式。硬质合金采用国产自主制备的牌号为 ST10F 的棒料，其物理性能如表 6-3 所示。硬质合金棒料经线切割加工成尺寸为 ϕ4 mm×15 mm 的销试样，随后在销端部倒角，最后对销试样的侧面和端面进行打磨，确保其表面粗糙度为 0.8 μm(见图 6-4)。硬质合金销试样加工完成后，在其表面涂覆微米级的 TiAlN 涂层和 TiN 涂层。将镍基堆焊合金 Inconel 182 线切割加工成 40 mm×40 mm 的方形块，作为盘试样。试验前将销、盘试样放入丙酮中进行超声清洗，并自然吹干。

表 6-3　硬质合金棒料物理性能

牌号	W_C 晶粒度/μm	钴含量/(%)	硬度/HV	密度/(g/cm^3)	抗弯强度/MPa	弹性模量/GPa	热胀系数/(10^{-6}/℃)
ST10F	0.6	6	1850	14.8	3300	530	4.9

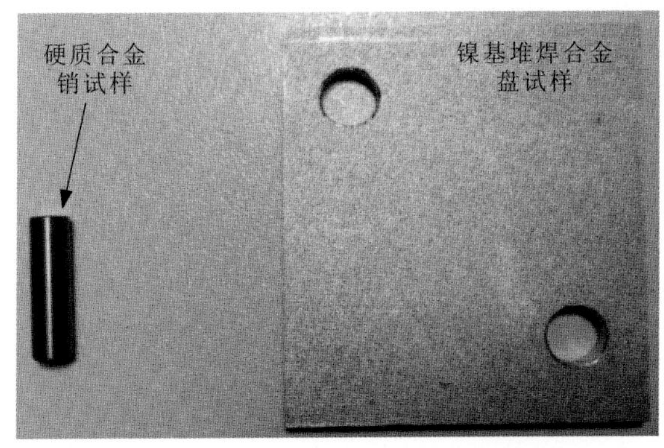

图 6-4　摩擦磨损试验所用销盘式摩擦副

2) 试验设备与检测仪器

摩擦磨损试验在国产超高温材料耐磨性能试验机上进行，其外形如图 6-5 所示。该设备的最大功率为 3 kW，最大试验力为 5 kN，主轴转速范围为 1～2000 r/min，配有功率为 2 kW 的电阻炉，最高可加热至 1100 ℃。

在试验过程中，采用设备自带的高精度负荷传感器实时测量摩擦力和摩擦力矩。摩擦系数可按下式计算：

$$\mu = \frac{M}{rP} \tag{6-32}$$

式中：μ 是摩擦系数；M 为摩擦力矩；r 为销试样沿中心的滑动半径；P 为法向载荷。

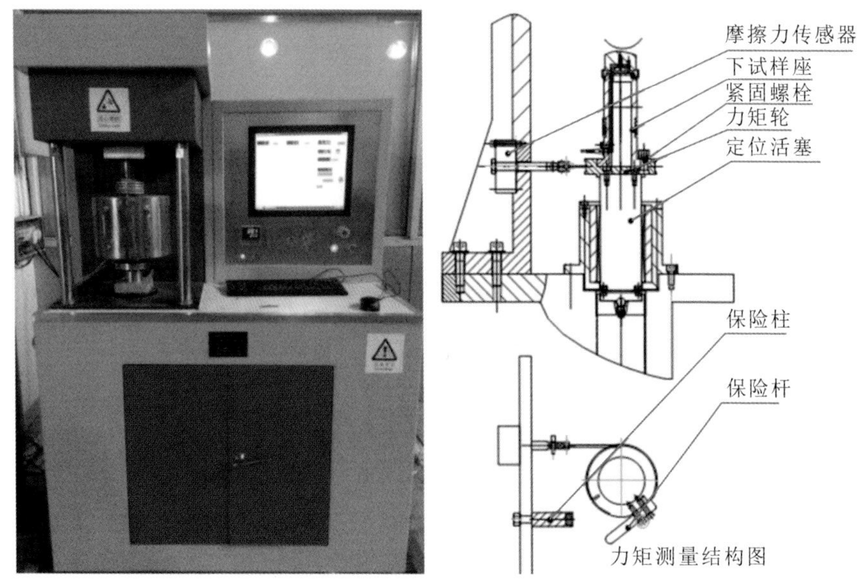

图6-5　国产超高温材料耐磨性能试验机

试验结束后，用量程为220 g、精度为0.1 mg的电子分析天平称取硬质合金销试样在摩擦磨损前后的质量，测量三次取平均值，将前后质量差值作为磨损量。磨损率可按式(6-33)计算：

$$W_r = \frac{\Delta V}{LP} = \frac{\Delta m}{\rho LP} \tag{6-33}$$

式中：W_r是磨损率，单位为$mm^3/(N \cdot m)$；ΔV是磨损前后体积差；Δm是磨损前后质量差；L为滑动距离；P为法向载荷；ρ为密度。实验中设置载荷为100 N，主轴转速为100 r/min。

采用基恩士VHX-500FE光学显微镜观察硬质合金销和镍基堆焊合金盘表面的宏观形貌。用日本电子超高分辨率场发射扫描电镜JSM-7800F观察销试样的磨面形貌，并用设备自带的EDS能谱分析仪确定销试样的磨面元素。用Bruker公司的多功能X射线衍射仪确定硬质合金磨面的物相组成。

2. 无涂层硬质合金摩擦磨损性能分析

不同温度下的无涂层硬质合金磨面形貌如图6-6所示，无涂层硬质合金磨面形貌受温度的影响大。室温时，由于镍基合金硬度远低于硬质合金，硬质合金磨损率低，磨损量少，硬质合金磨面出现均匀的粗磨痕；200 ℃时，硬质合金磨面外缘处出现了明显的粗磨痕；400 ℃时，磨面圆周部分出现了细磨痕，且其亮度较高。此外，硬质合金磨面残留大量深而粗的磨痕，但随着摩擦磨损试验的持续进行，该磨痕最终会被磨去，整个试样端面最终呈现出高亮度、细纹理的磨痕；600 ℃时，磨面呈现出比 400 ℃时更亮更细腻的表面，但仍存在少量的深而粗的磨痕。此外，在磨面外缘处出现了亮白色凹坑，说明硬质合金在 600 ℃开始出现大块崩碎和剥落现象，磨损剧烈；800 ℃时，硬质合金磨面磨痕严重，并伴有大块崩碎剥落。此外，如图 6-7 所示，销试样侧面夹持部分和端面局部区域都覆盖着淡蓝色的氧化物，从非夹持部分直径小于夹持部分的直径可以看出，硬质合金在 800 ℃时磨损十分严重，在此温度下材料的耐磨损性能差。

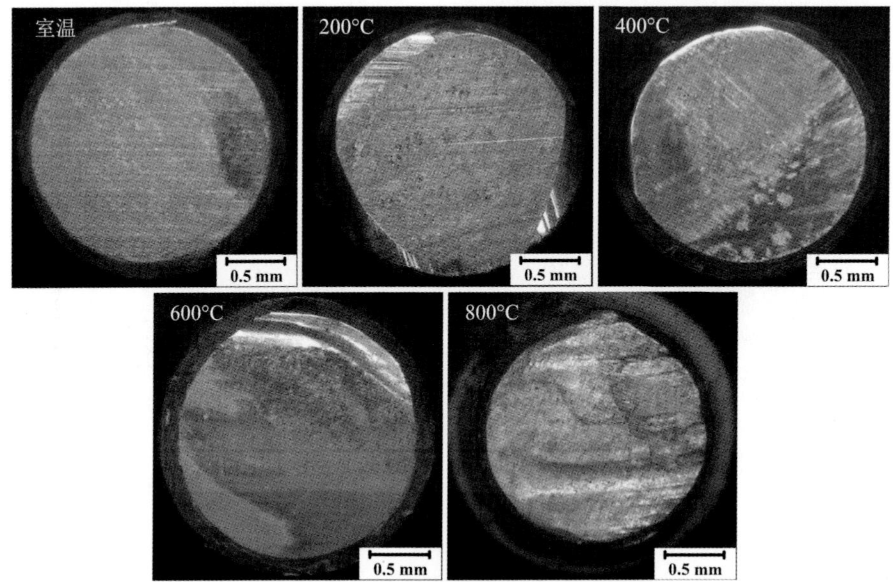

图 6-6　不同温度下无涂层硬质合金销摩擦磨损 60 min 后的磨面形貌

图 6-7　800 ℃时无涂层硬质合金销摩擦磨损 60 min 后的侧面形貌

无涂层硬质合金磨面在不同温度下的 SEM 形貌如图 6-8 所示，磨面出现黑色条状初始磨痕，由 EDS 能谱定量分析表 6-4 可知，无涂层硬质合金在摩擦磨损试验前的主要成分是质量分数为 10%的 C 元素，6%的 Co 元素和 84%的 W 元素，是典型的钨钴类硬质合金元素。室温时硬质合金的磨损率极小，此时的磨损机理主要为轻微黏结磨损。

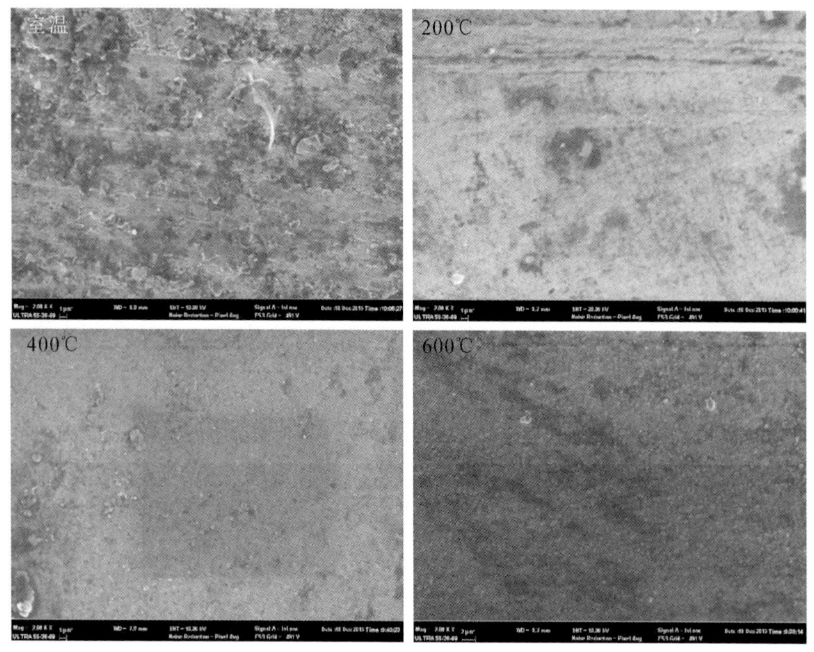

图 6-8　室温、200 ℃、400 ℃和 600 ℃时无涂层硬质合金磨面的 SEM 形貌

表 6-4　无涂层硬质合金在不同温度下的磨面元素质量分数统计

温度	无涂层合金元素质量分数/(%)						
	C	Co	O	Cr	Ni	W	其余
室温	7	5	—	2	5	80	1
200 ℃	10	5	—	—	—	84	1
400 ℃	5	3	—	4	2	85	1
600 ℃	6	6	21	—	1	65	1
800 ℃(b)	6	5	22	—	—	66	1
800 ℃(c)	8	6	10	—	—	75	1
800 ℃(d)	50	2	37	0.3	0.5	9	1.2
800 ℃(e)	6	7	24	—	—	62	1
800 ℃(f)	7	7	5	—	—	80.7	0.3

200 ℃时无涂层硬质合金销试样磨面形貌最为光滑，这是因为温度升高使得摩擦系数降低，摩擦能量降低，因而获得的表面最为光滑。由表 6-4 的 EDS 能谱定量分析可知，其主要成分为 10%的 C、5%的 Co 和 84%的 W，即 200 ℃时材料发生软化，摩擦系数降低的同时并没有出现黏结磨损，因此，其主要磨损机理为轻微磨料磨损。

400 ℃时无涂层硬质合金销试样磨面形貌较为平整，并伴有少量大块黏结物。其表面主要成分为 5%的 C 元素、4%的 Cr 元素、3%的 Co 元素、2%的 Ni 元素和 85%的 W 元素。大块黏结物的主要成分为 8%的 C 元素、35%的 O 元素、5%的 Co 元素、24%的 Ni 元素和 27%的 W 元素。由 24%的 Ni 元素和 35%的 O 元素可以推断大块黏结物为磨屑。所以 400 ℃时硬质合金的主要磨损机理为黏结磨损和磨料磨损。

600 ℃无涂层硬质合金磨面存在大量黑色细颗粒，其主要成分为 6%的 C 元素、21%的 O 元素、6%的 Co 元素、65%的 W 元素、1%的 Ni 元素和其他元素。这充分说明硬质合金表面在 600 ℃时会发生氧化磨损，并伴有扩散磨损和黏结磨损。

无涂层硬质合金销试样磨面在 800 ℃时的 SEM 形貌如图 6-9(a)所示，其磨面呈现出不同的形貌，大致可分为五个区域。

第一个：如图 6-9(d)所示，中部区域出现大块状黏结，由表 6-4 的 EDS 能谱定量分析结果可知该黏结物成分为 50%的 C 元素、37%的 O 元素、9%的 W 元素、2%的 Co 元素以及不到 1%的 Cr 和 Ni 元素。该区域内的 O 元素含量极高，说明此时已发生剧烈的氧化磨损，除此以外，少量的 Cr 和 Ni 元素说明镍基堆焊合金已经扩散到硬质合金的基体表面，表明出现了黏结磨损或扩散磨损。

第二个：如图 6-9(b)所示，紧挨的深色区域内的主要成分为 6%的 C 元素、22%的 O 元素、5%的 Co 元素和 66%的 W 元素，说明该区域内的硬质合金部分发生了氧化磨损。

第三个：如图 6-9(c)所示，深色区域内主要成分是 8%的 C 元素、10%的 O 元素、6%的 Co 元素和 75%的 W 元素，说明深色区域仍是硬质合金，然而，值得注意的是存在着弥散分布的亮白色圆形颗粒，其主要成分为 16%的 C 元素、

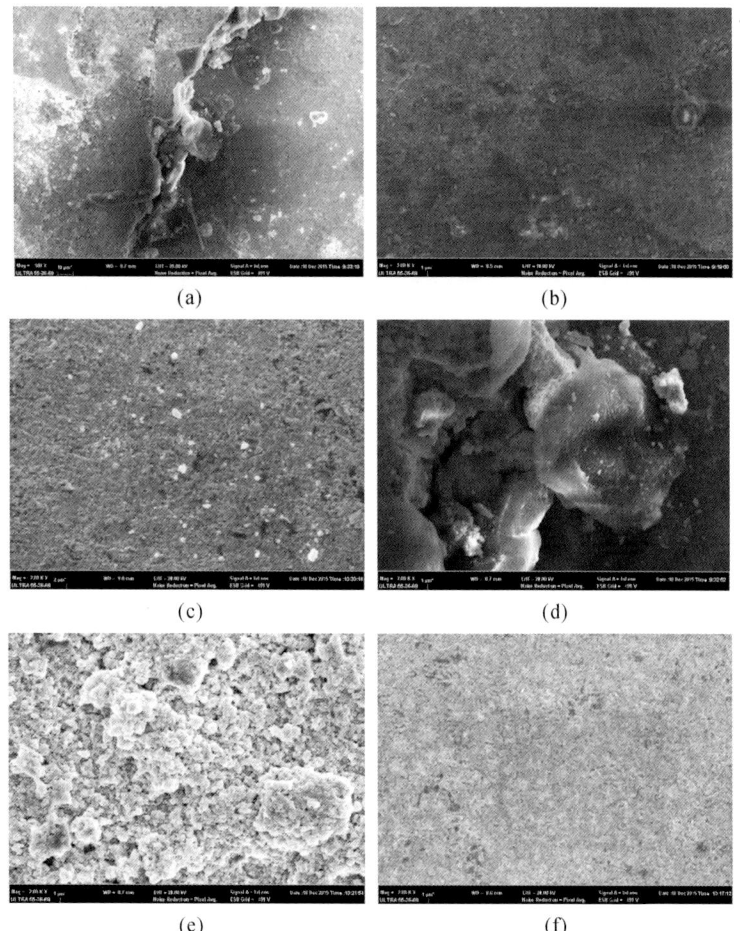

(a) (b)

(c) (d)

(e) (f)

图 6-9 800 ℃**时无涂层硬质合金销试样磨面** SEM **形貌**

14%的 O 元素、8%的 Cr 元素、38%的 Ni 元素、21%的 W 元素和少量的 Si 元素，这是镍基堆焊合金元素的主要成分。由此可见，亮白色弥散分布的圆形颗粒为镍基堆焊合金磨屑，磨屑在 800 ℃时氧化为亮白色，即宏观形貌表现为黏附在硬质合金销试样磨面上的淡蓝色氧化物。

第四个：图 6-9(e)所示为均匀分布的亮白色粗颗粒，其主要成分为 6%的 C 元素、24%的 O 元素、7%的 Co 元素、62%的 W 元素，可见该区域内发生了氧化磨损和扩散磨损。

第五个：如图 6-9(f)所示，该区域呈细颗粒状，其主要元素为 7%的 C 元素、5%的 O 元素、7%的 Co 元素和 80.7%的 W 元素，该区域内的 O 元素含量小，氧化磨损现象不严重。

由此可见,800 ℃时的无涂层硬质合金的磨损机理主要是氧化磨损,同时伴有黏结磨损和扩散磨损,温度对硬质合金的磨损机理影响程度大。室温时,无涂层硬质合金与镍基堆焊合金对磨的主要磨损机理为黏结磨损;200 ℃时无涂层硬质合金与镍基堆焊合金对磨的磨损机理为轻微磨料磨损,此时磨损程度小;400 ℃时无涂层硬质合金与镍基堆焊合金对磨的磨损机理为黏结磨损和磨料磨损;600 ℃时无涂层硬质合金与镍基堆焊合金对磨的磨损机理为氧化磨损,并伴有黏结磨损和扩散磨损;800 ℃时无涂层硬质合金的氧化磨损程度进一步加剧,并出现了严重的黏结磨损和扩散磨损。

3. TiAlN 涂层摩擦磨损性能分析

不同温度下 TiAlN 涂层硬质合金销试样摩擦 60 min 后的磨面形貌如图 6-10 所示,TiAlN 涂层硬质合金磨面形貌受温度的影响大。室温时,TiAlN 涂层硬质合金磨面平整,磨痕细而密,并未发现明显黏结现象;200 ℃时,磨面出现粗磨痕;400 ℃时,磨面磨痕加粗,且出现局部黏结现象;600 ℃时,磨面磨痕进一步变粗,黏结程度加剧;800 ℃时,磨面块状黏结物减少,TiAlN 涂层仍覆盖在硬质合金基体表面,未出现由氧化磨损造成的大面积坑洼。

图 6-10　不同温度下 TiAlN 涂层硬质合金销试样摩擦 60 min 后的磨面形貌

TiAlN涂层硬质合金销试样磨面在室温、200 ℃、400 ℃和600 ℃时的SEM形貌如图6-11所示。在不同的温度条件下TiAlN涂层硬质合金销试样磨面差异大，呈现出不同的形貌。

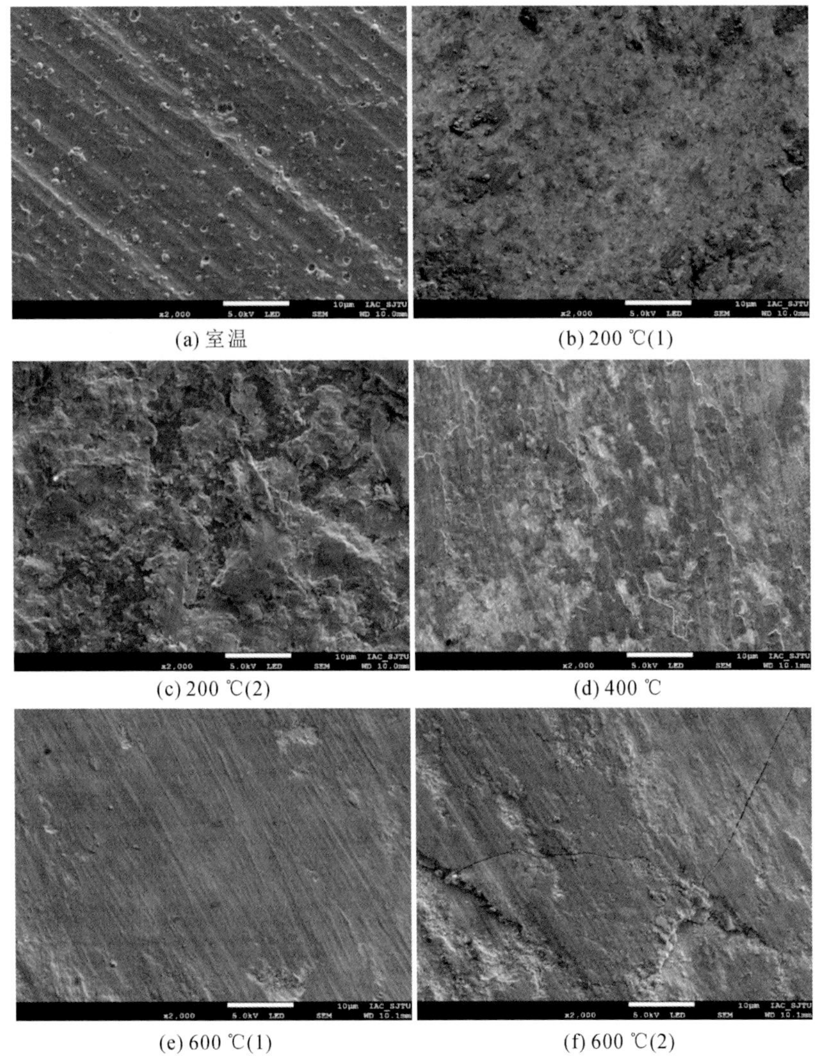

(a) 室温　(b) 200 ℃(1)　(c) 200 ℃(2)　(d) 400 ℃　(e) 600 ℃(1)　(f) 600 ℃(2)

图6-11　TiAlN涂层硬质合金销试样磨面SEM形貌

室温时，TiAlN涂层硬质合金销试样磨面呈现出规则的划痕，如图6-11(a)所示，该划痕属于硬质合金切割时产生的划痕，由能谱分析结果并参照表6-5可知其成分主要为50%的Ti元素、29%的Al元素和20.7%的N元素，即该表面是 TiAlN 涂层，说明室温时并未出现黏结现象，其主要磨损机理为轻微磨料磨损。

200 ℃时 TiAlN 涂层硬质合金销试样磨面呈现出两种不同的形貌。第一种如图 6-11(b)所示，主要为亮白色细磨痕，由表 6-5 可知亮白色细磨痕主要成分为 49%的 Ti、29%的 Al 和 21%的 N，即 TiAlN 涂层；第二种如图 6-11(c)所示，呈现大块层片状黏结物，块状黏结物的主要成分为 60%的 N 元素，16%的 O 元素，11%的 Cr 元素，6%的 Mn 元素和少量的 Fe、Si、Ti 等元素，O 元素的存在充分说明了此时 TiAlN 涂层中的 Al 元素已和 O 元素形成 Al_2O_3，黏结物 N 元素含量高充分说明此时的主要磨损机理为黏结磨损。

400 ℃时 TiAlN 涂层硬质合金销试样磨面仍存在着大量黏结物，如图 6-11(d)所示，但黏结程度较 200 ℃时有所减轻，范围有所减小，由表 6-5 可知其 O 元素的含量上升到 19%。

600 ℃时，TiAlN 涂层硬质合金销试样磨面划痕更细，如图 6-11(e)和(f)所示，由表 6-5 可知其 O 元素的含量上升至 25%，这足以说明，TiAlN 涂层中的 Al 元素随温度的升高而逐渐氧化，在硬质合金表面形成致密的氧化膜，黏结减少，磨损率降低。

表 6-5　TiAlN 涂层硬质合金销试样在不同温度下磨面元素质量分数统计

TiAlN 涂层元素质量分数/(%)	O	Cr	Ni	Mn	Fe	Ti	Al	N	其余
室温	—	—	—	—	—	50	29	20.7	0.3
200 ℃(b)	—	—	—	—	—	49	29	21	1
200 ℃(c)	16	11	—	6	—	—	—	60	7
400 ℃	19	12	—	7	—	—	—	58	4
600 ℃(e)	22	11	—	6	—	—	—	57	4
600 ℃(f)	25	11	—	5	—	—	—	54	5
800 ℃(b)	—	13	67	8	10	—	—	—	2
800 ℃(c)	10	—	—	—	—	37	32	17	4

800 ℃时 TiAlN 涂层硬质合金销试样磨面形貌如图 6-12(a)所示，大致包括三种：第一种如图 6-12(b)所示，呈现大块黏结层，黏结层的主要成分是镍基堆焊合金元素，此外黏结层中间存在裂纹预示着该黏结层即将发生整体剥落；第二种为图 6-12(c)所示的均匀条状划痕，此时黏结物已整体剥落，由表 6-5 可知裸露表面的主要成分为 37%的 Ti 元素、32%的 Al 元素、17%的 N 元素和 10%的 O 元素，说明 TiAlN 涂层在 800 ℃下并未遭到破坏，即便在黏结物整体剥落的情况下仍能保护硬质合金基体；第三种如图 6-12(d)所示，黏结物剥落后裸露出的表面在后续的摩擦磨损试验中逐渐被黏附。由此可见，800 ℃镍基堆焊合金黏附并剥落，但 TiAlN 涂层形成的氧化膜仍能保护硬质合金基体，具有较强的耐高温性能。

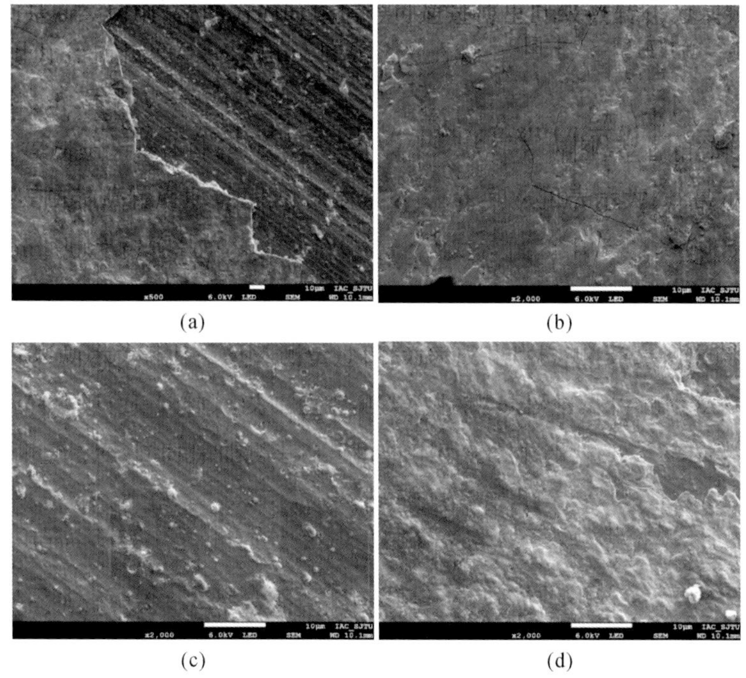

图 6-12　800 ℃时 TiAlN 涂层硬质合金销试样磨面的 SEM 形貌

4. TiN 涂层摩擦磨损性能分析

不同温度下 TiN 涂层硬质合金销试样磨面形貌如图 6-13 所示。TiN 涂层硬质合金销试样磨面形貌受温度的影响大。

室温时，TiN 涂层硬质合金销试样摩擦磨损 60 min 后，金黄色 TiN 涂层开

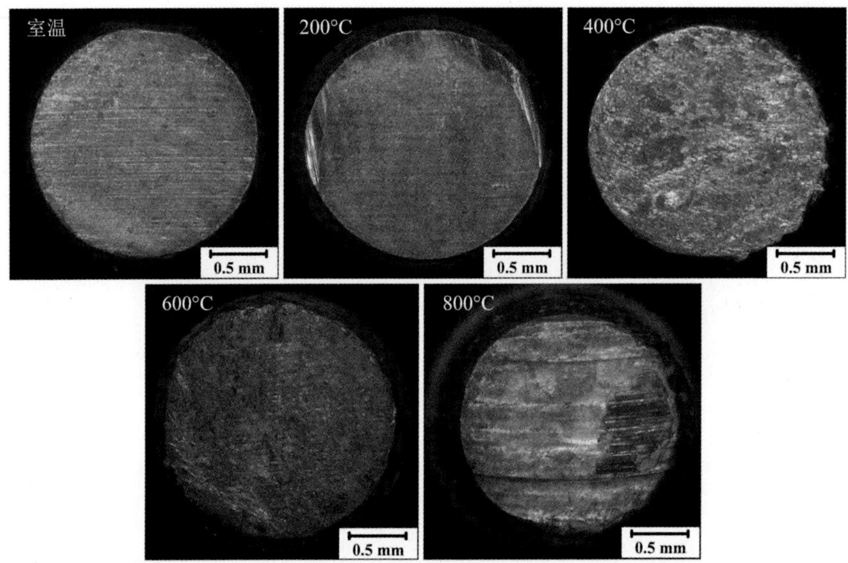

图 6-13　不同温度下 TiN 涂层硬质合金销试样摩擦磨损 60 min 后的磨面形貌

始剥落，呈现出较细的磨痕；200 ℃时，TiN 涂层硬质合金销试样磨面外缘处出现了明显的粗磨痕，并呈现亮白色，说明外缘处的 TiN 涂层已完全剥落，硬质合金基体裸露；400 ℃时，硬质合金销试样磨面呈黄色，说明此时 TiN 涂层仍覆盖在硬质合金基体表面，但在 400 ℃时出现了大面积黏结现象；600 ℃时，磨面呈亮紫色，说明 TiN 涂层已被氧化；800 ℃时，磨面磨痕严重，并伴有大块崩碎剥落，此外，销试样侧面夹持部分和端面局部区域都覆盖着如图 6-7 所示的淡蓝色氧化物，这说明即便在硬质合金表面涂覆了 TiN 涂层，硬质合金在 800 ℃时的磨损仍十分严重，会发生剧烈氧化。

TiN 涂层硬质合金销试样磨面在室温、200 ℃、400 ℃和 600 ℃时的 SEM 形貌如图 6-14 所示。磨面在不同的摩擦磨损温度条件下呈现出不同的形貌。

室温时磨面形貌如图 6-14(a)所示，通过能谱分析，由表 6-6 可知其主要元素为 Ti、N、Co、W 和 C 元素，黑色块状物的主要成分是 Ni、Cr、Fe 和 Mn，是镍基堆焊合金磨屑元素，虽然黑色磨屑发生了局部黏结，但并不会对 TiN 涂层硬质合金磨损性能造成影响，磨损机理为磨料磨损。

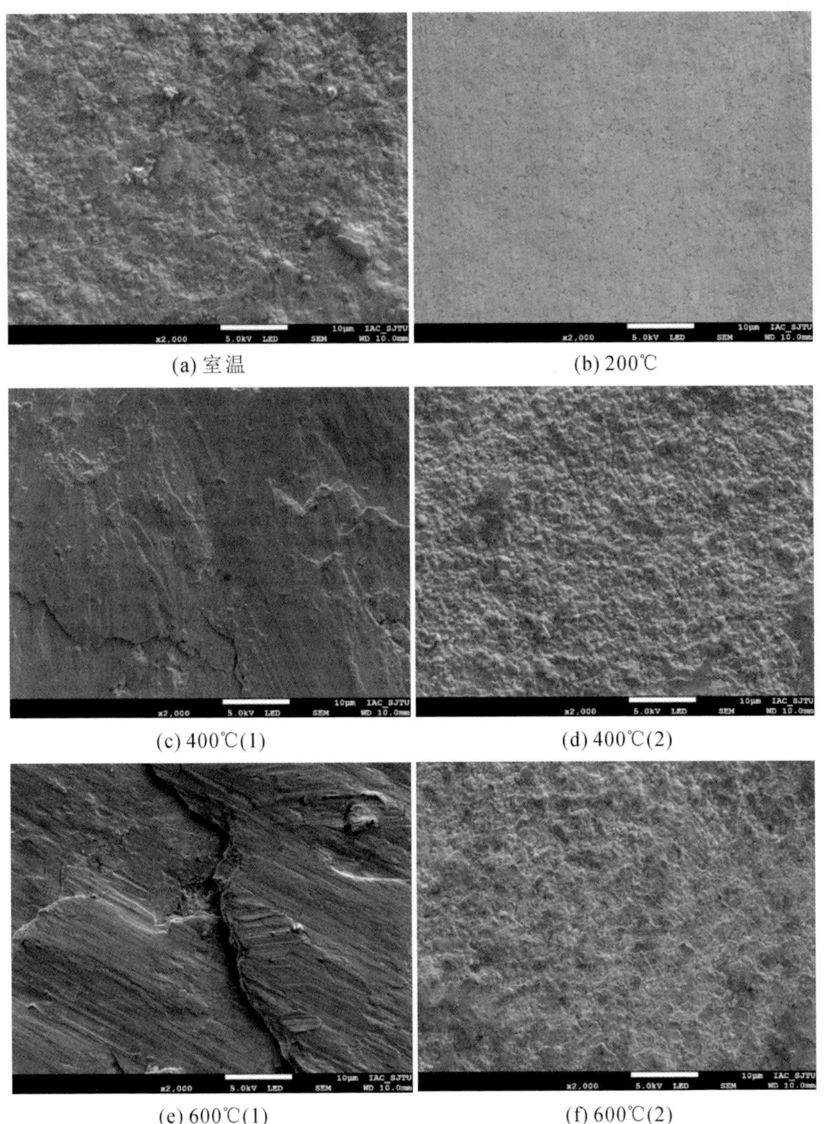

(a) 室温　(b) 200℃

(c) 400℃(1)　(d) 400℃(2)

(e) 600℃(1)　(f) 600℃(2)

图 6-14　TiN 涂层硬质合金销试样磨面 SEM 形貌

表 6-6 TiN 涂层硬质合金在不同温度下磨面元素质量分数统计

温度	TiN 涂层元素质量分数/(%)										
	C	Co	O	Cr	Ni	Mn	Fe	W	Ti	N	其余
室温	6	4	—	—	—	—	—	42	35	12	1
200 ℃	11	6	—	—	—	—	—	82	—	—	1
400 ℃(c)	—	—	—	13	71	8	6	—	—	—	2
400 ℃(d)	—	—	—	—	—	—	—	—	67	32	1
600 ℃(f)	10	5	—	—	—	—	—	84	—	—	1
800 ℃(c)	—	8	23	1.4	3	—	—	63	—	—	1.6
800 ℃(d)	4	6	10	—	—	—	—	78	—	—	2

200 ℃时，TiN 涂层硬质合金局部磨面已被完全磨平，如图 6-14(b)所示，由表 6-6 可知，其主要成分为 W、C 和 Co 元素，为硬质合金成分，说明该区域涂层已完全剥落，其磨损机理仍为磨料磨损。

400 ℃时，TiN 涂层硬质合金磨面呈现两种形貌：第一种为图 6-14(c)所示的大块黏结，由表 6-6 可知其元素成分主要为 71%的 Ni 元素、13%的 Cr 元素、8%的 Mn 元素和 6%的 Fe 元素，即镍基堆焊合金元素；另一种如图 6-14(d)所示，其主要元素为 Ti 和 N，是 TiN 涂层，此时的主要磨损机理为磨料磨损和黏结磨损。

600 ℃时，TiN 涂层硬质合金磨面出现层片状黏结物，此外，未黏结区域 TiN 涂层在 600 ℃时逐渐剥落，裸露出硬质合金基体，如图 6-14(e)和(f)所示，由表 6-6 可知其主要成分为 W、C 和 Co。因此，TiN 涂层硬质合金在 600 ℃时的主要磨损机理为磨料磨损和严重的黏结磨损。

800 ℃时，TiN 涂层硬质合金磨面形貌如图 6-15 所示，其主要呈现两种形貌：第一种为图 6-15(b)(c)所示的呈层片状，并伴有粗裂纹的形貌，由表 6-6 可知其主要成分为 63%的 W 元素、23%的 O 元素、8%的 Co 元素、3%的 Ni 元素和 1.4%的 Cr 元素，说明该层片为硬质合金基体，此时 TiN 涂层已经完全剥落，硬质合金基体在高温状态下也容易发生整体剥落，是造成磨损率急剧升高的主要原因，少量存在的 Ni、Cr 和 Mn 元素说明发生了扩散磨损；另一种如图 6-15(d)所示，形貌呈细颗粒状，其元素主要为 W、Co、O 和 C。因此，在 800 ℃

时，TiN 涂层已完全剥落，其耐高温性能较差，此时的主要磨损机理为磨料磨损、扩散磨损和氧化磨损。

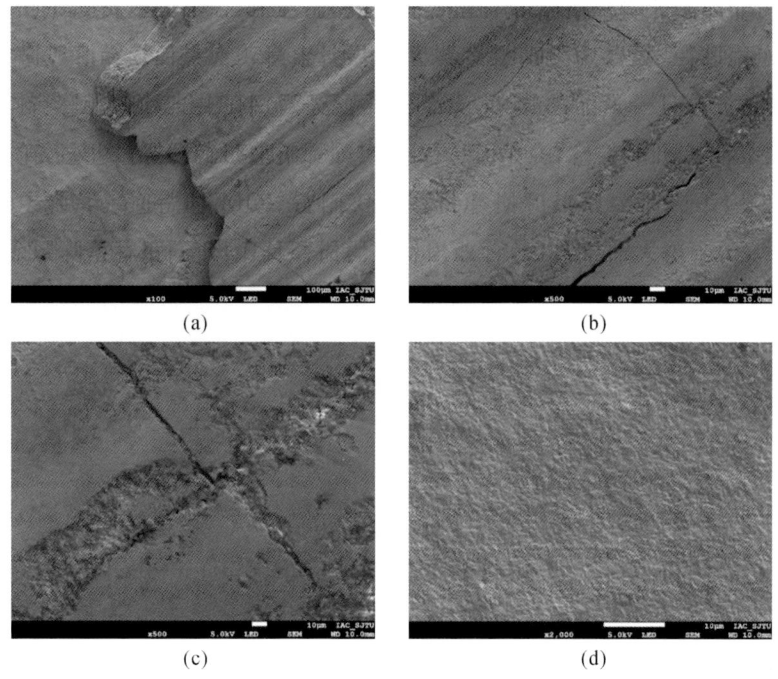

图 6-15　800 ℃时 TiN 涂层硬质合金销试样磨面 SEM 形貌

可见 TiN 涂层在室温、200 ℃时非常稳定，400 ℃时开始发生黏结，600 ℃时黏结剧烈，800 ℃时镍基堆焊合金中的 Ni 元素发生氧化，并黏附在硬质合金基体表面，但黏结磨损程度低。

6.3.2　基于磨损性能的铣削刀具涂层选型

基于上述研究，针对镍基堆焊合金，本小节选取图 6-16 所示的心轴式盘铣刀，其直径为 50 mm，允许最大切深为 15.7 mm，设计图 6-17 所示的后角为 19°，刃口半径为 0.8 mm，修光刃长为 1.5 mm 的刀片。选择涂层时兼顾 TiAlN 涂层的耐高温性和 TiN 涂层的耐磨性，即 Sandvik S40T，由检测结果（见图 6-18 和表 6-7）可知其主要成分为 TiN/Al_2O_3。润滑方式为微量润滑，铣削方式采用逆铣。

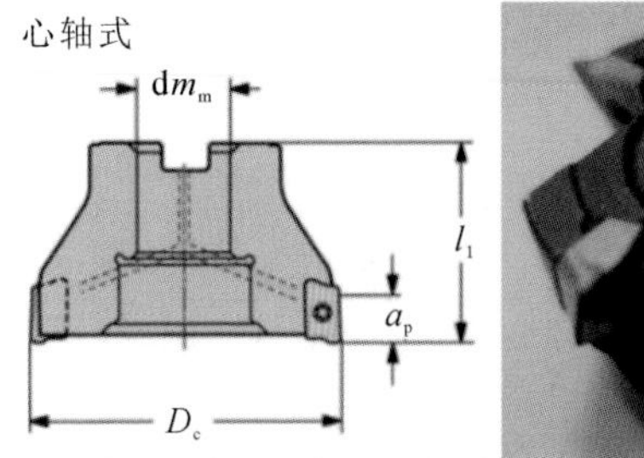

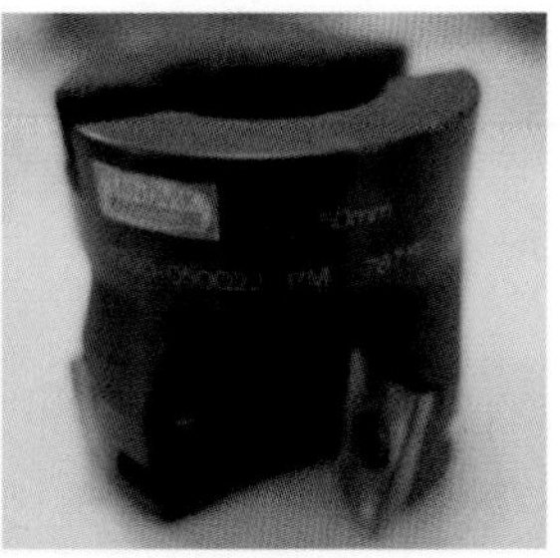

图 6-16　面铣刀盘几何结构示意图

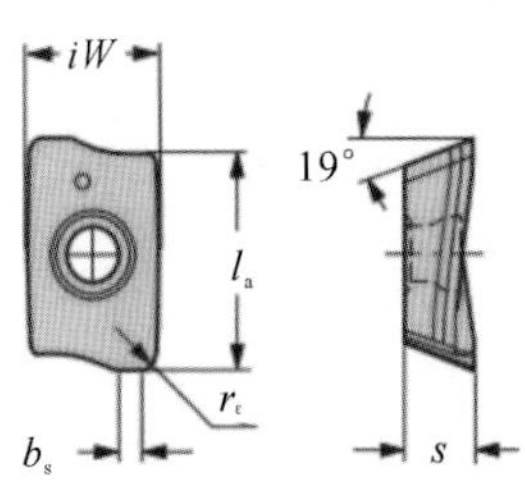

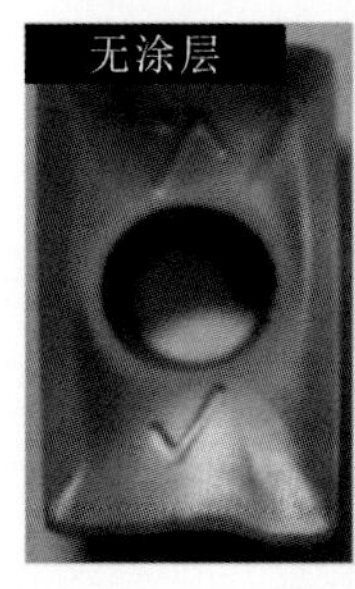

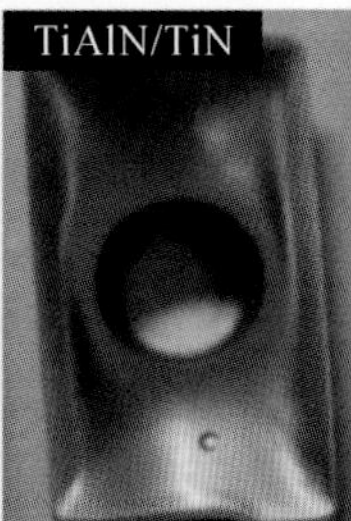

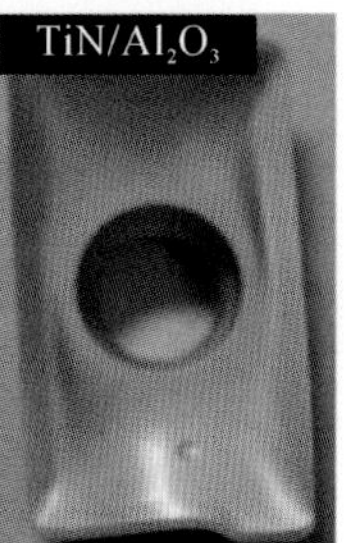

图 6-17　刀片几何结构示意图

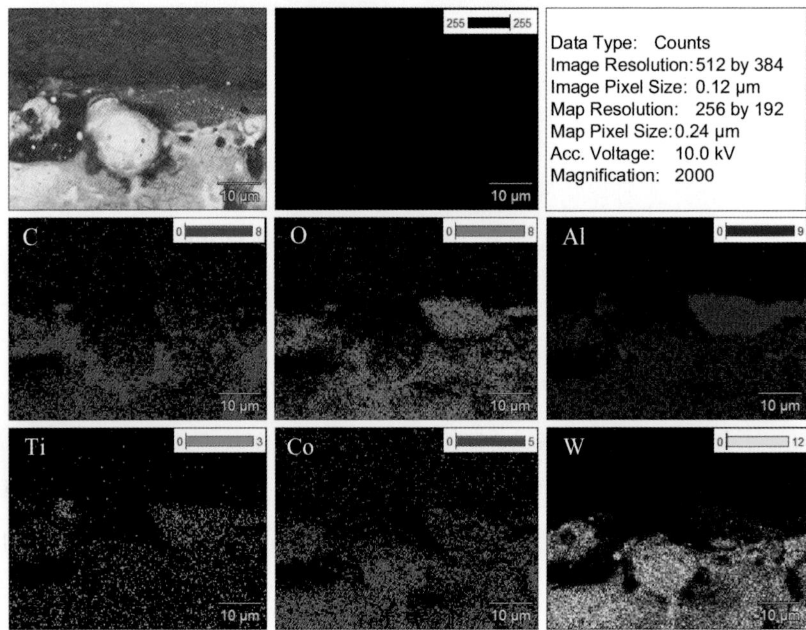

图 6-18　TiN/Al_2O_3 涂层刀片纵截面 SEM 面扫描元素分布图

表 6-7　TiN/Al_2O_3涂层刀片 EDS 能谱元素的质量分数

元素符号	原子量[C]	实际质量分数/(%)	名义质量分数/(%)	误差/(%)
N	7	31.77	29.44	20.3
Ti	22	67.16	70.56	2.6

6.4　汽轮机叶片加工物理仿真与参数优化

6.4.1　汽轮机叶片加工工况

叶片是汽轮机的核心关键零件，汽轮机叶片可分为动叶片和静叶片两种，动叶片安装在转子叶轮或转鼓上，接受喷嘴叶栅射出的高速气流，把蒸汽的动能转换为机械能，使转子旋转。动叶片与汽轮机转子相连接并随转子一起转动，它是将气流的动能转换为有用功的零件；静叶片（又称导叶）与汽轮机静子相连接，处于不动状态，作导向叶片，其主要作用是改变气流方向，引导蒸汽进入下一列动叶片。

叶片加工质量的好坏直接影响到汽轮机的工作效率以及可靠性。本小节针对汽轮机和燃气轮机核心部件叶片的制造，开展球头刀具磨损性能研究，建立专用球头刀具寿命管理技术规范。

1. 高压动叶片型面加工刀具磨损工况

汽轮机高压末级叶片工作在湿蒸汽区。高速运行的叶片长期受湿蒸汽中的水滴冲刷，致使叶顶处的进气侧产生严重水蚀，使高压末级叶片成为影响汽轮机可靠性的关键零件。

1）工件材料

在某类汽轮机改造项目中的高压末级动叶片上，采用了新型的 X22CrMoV12-1-5 钢材，且要求叶顶处的进气侧采取高频淬硬的防水蚀措施，以提高叶片的工作寿命。X22CrMoV12-1-5 作为汽轮机叶片高频淬硬的新型材料，其力学性能和化学成分如表 6-8 和表 6-9 所示。方钢规格为 45 mm×99 mm×174 mm。叶片的方钢毛坯与成品如图 6-19 所示。

表 6-8　X22CrMoV12-1-5 力学性能

叶片材料	σ_b/MPa	$\sigma_{0.2}$/MPa	δ_s/(%)	ψ/(%)	A_{kv}/J	硬度/HB
X22CrMoV12-1-5	796～811	943～950	16～17.4	49.7	22	295

表 6-9　X22CrMoV12-1-5 化学成分

叶片材料	成分质量分数/(%)									
	C	Si	Mn	S	P	Cr	Ni	Mo	V	Fe
X22CrMoV12-1-5	0.21	0.11	0.61	0.002	0.014	11.65	0.69	0.99	0.31	85.414

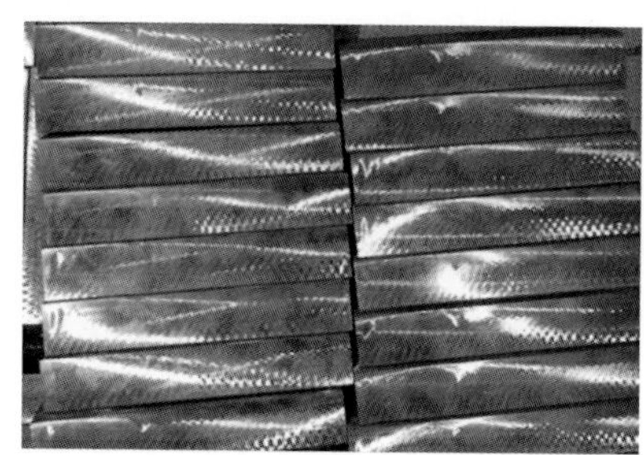
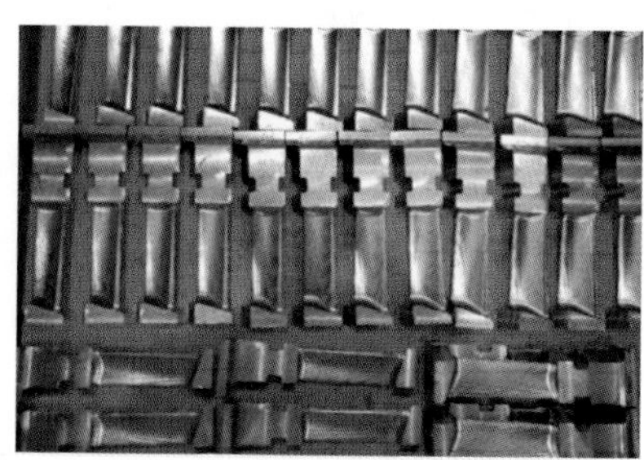

图 6-19　高压第 13 级动叶片毛坯(方钢)与成品

2）叶片型面加工刀具

叶片内弧和背弧(型面)加工，总共需要五把刀具，其中 1# 和 2# 为可转位端铣刀，3# ～5# 为整体式球头铣刀。刀具信息如图 6-20 所示。其中：3# $R5$ 球头刀尺寸为 $R5\times4°\times D16\times120L$；4# $R3$ 球头刀尺寸为 $R3\times8°\times D12\times110L$；粗刀切宽(步距)为 0.06 mm，精刀尺寸为 0.02 mm。刀具均有涂层，涂层成分未知。

3）叶片型面加工工艺

叶片型面加工的主要工序如图 6-21 所示，具体共有 16 个工步，由五把刀具完成粗加工和精加工。毛坯装夹后，需完成粗铣背弧侧、粗铣内弧侧、粗铣内弧和背弧叶根连接处(面)等工步。刀具的工况直接影响叶片的表面质量。

2. 叶片型面粗加工球头刀具磨损

图 6-22 所示为叶片型面加工难点示意图，从图中可以看出，3# 粗加工刀具(4°锥角 $R5$ 球头铣刀)和 4# 精加工刀具(8°锥角 $R3$ 球头铣刀)的实际工况直接决定了最终叶片成品围带、叶根连接处(面)的加工表面质量。

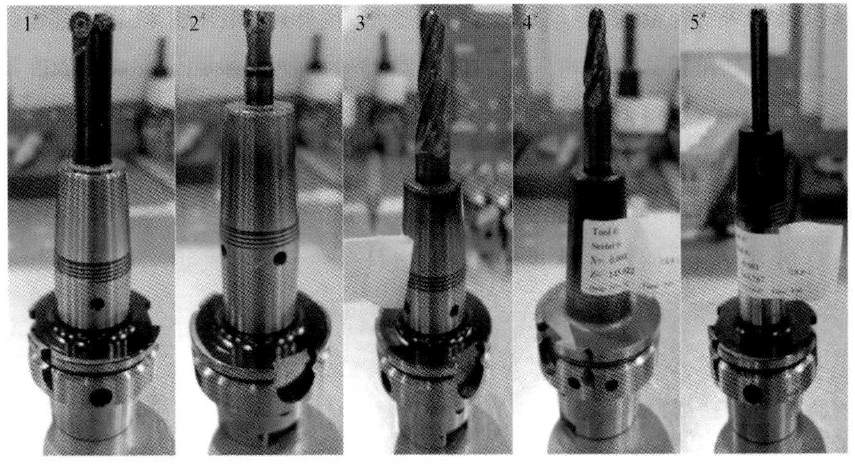

图 6-20　某型号高压动叶片型面加工刀具

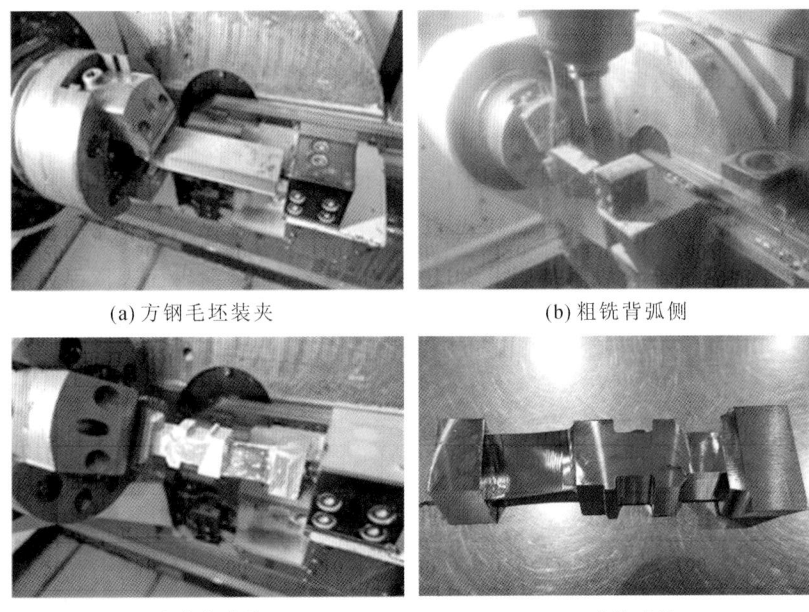

(a) 方钢毛坯装夹　　(b) 粗铣背弧侧

(c) 叶片半成品　　(d) 叶片成品

图 6-21　叶片型面加工主要工序

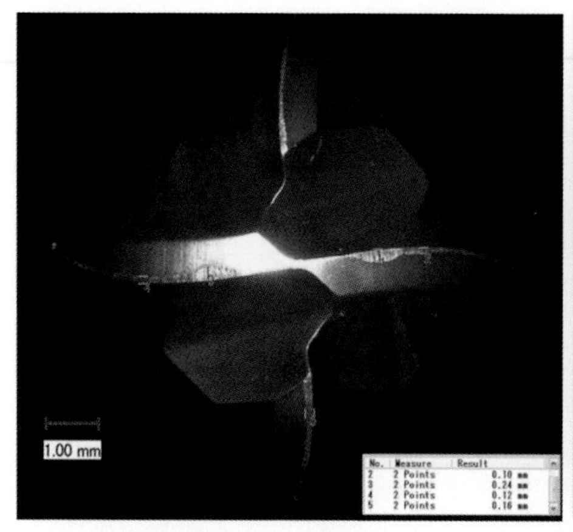

(a) 3#粗加工*R*5球头刀

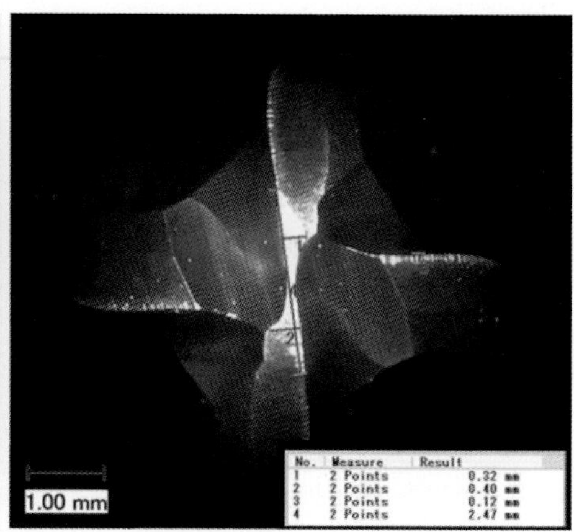

(b) 4#精加工*R*3球头刀

图 6-22 叶片型面加工难点示意图

在现场加工过程中发现，加工约 100 个动叶片后，3# 粗加工球头铣刀侧刃无磨损，而端部刃口出现轻微磨损。用显微镜观察可知，后刀面最大磨损量 VB=0.26 mm。4# 精加工球头刀侧刃同样无磨损，端刃后刀面最大磨损量 VB 达到 0.4 mm。

3# 粗加工刀具一旦发生磨损将造成围带、叶根连接处（面）切削余量增大，从而增大了 4# 精加工刀具的切削负荷，使精加工刀具磨损急剧增大，最终表现为叶片成品围带、叶根连接处（面）的加工表面粗糙度过大。高压第 13 级动叶片型面周长小，3# 和 4# 刀具实际的加工长度短。现场加工约 100 个叶片时换刀，换刀全凭经验（手摸或三坐标检测围带、叶根连接处（面）的表面粗糙度），费时费力，缺乏系统、有效的刀具磨损检测和刀具寿命管理。因此，急需一种面向高效加工的刀具寿命预测与管理方法。

6.4.2 球头铣刀切削加工动力学仿真

1. 铣削动力学建模

本小节中，仿真研究使用的软件为美国 Malinc 公司的切削过程专用动力学分析软件 Cutpro。

1）刀具和刀片选择

刀具和刀片模块下可选择圆柱立铣刀、球头铣刀、通用螺旋铣刀和可转位铣刀，为了与现场采用的刀具一致，此处采用球头铣刀，如图 6-23 所示。

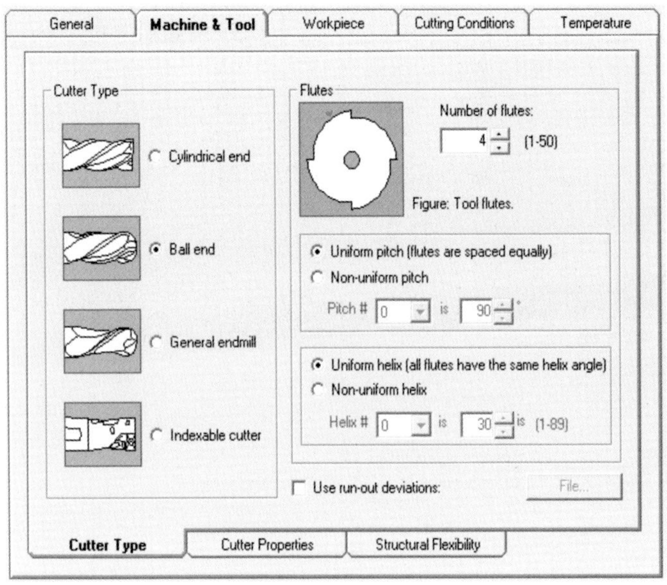

图 6-23　刀具和刀片类型选择

选择刀片材料为硬质合金，刀具直径为 10 mm，刀片伸出量为 120 mm，球头刀具螺旋角为 50°，轴向前角为 5°，主偏角为 5°，如图 6-24 所示。

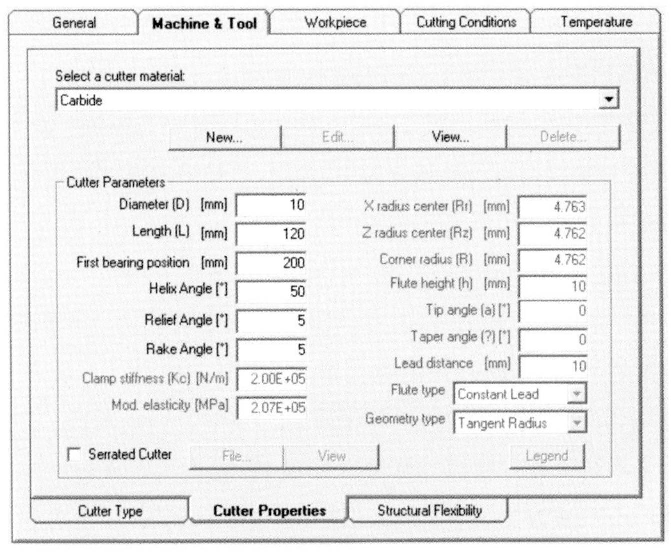

图 6-24　刀片参数选择

2）工件材料选择

如图 6-25 所示，由于工件材料库中没有合金堆焊层不锈钢 X22CrMoV12-1-5，因此选用材料性能相近的不锈钢 X160CrMoV12 作为工件材料进行铣削过程仿真分析。该材料性能如下：密度为 7.5 g/cm^3，硬度为 245 HB。

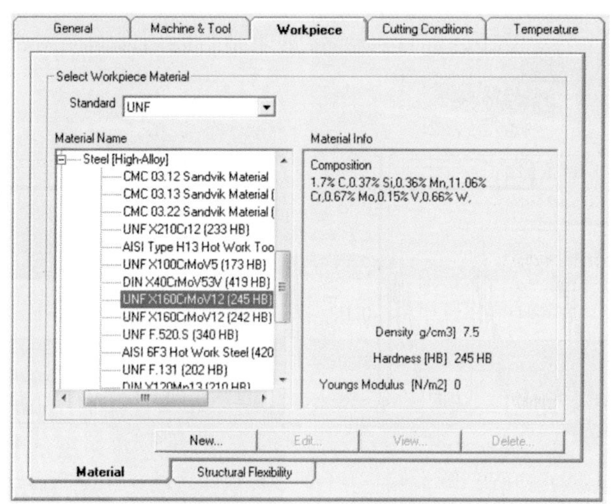

图 6-25 工件材料选择

3）铣削参数设置

采用与铣削现场一致的参数，即主轴转速 $n=3800$ r/min，进给速度 $f_z=0.1$ mm/z，轴向切深为 $a_p=0.8$ mm，采样比率为 10，切削速度为 119.381 m/min，记录 5 个周期内的铣削工况。图 6-26 所示的铣削方式为顺铣。图 6-27 为模拟参数设置，设置刀具沿切屑长度划分为 10 等份，刀具沿角度方向划分为 10 等份。

2. 铣削颤振分析

图 6-28 所示为现场工况（$n=3800$ r/min，$f_z=0.1$ mm/z，$a_p=0.8$ mm）下的切削力仿真结果，可以看出，切削力呈明显的周期性波动。在顺铣过程中，切削厚度一开始达到最大，此时切削负荷最大，切削力也最大。随着切削厚度的逐渐减小，切削负荷降低，切削力也逐渐降低。

对这个仿真结果进行频谱分析可以发现，转速 $n=3800$ r/min，4 个刀齿同时切削时的走刀频率为 253.3 Hz，从图 6-29 中可以发现，切削力频率出现波峰的位置为 253.3 Hz 的倍数。253.3 Hz 为基频，基频峰值达到最大，谐振倍频逐渐衰减。

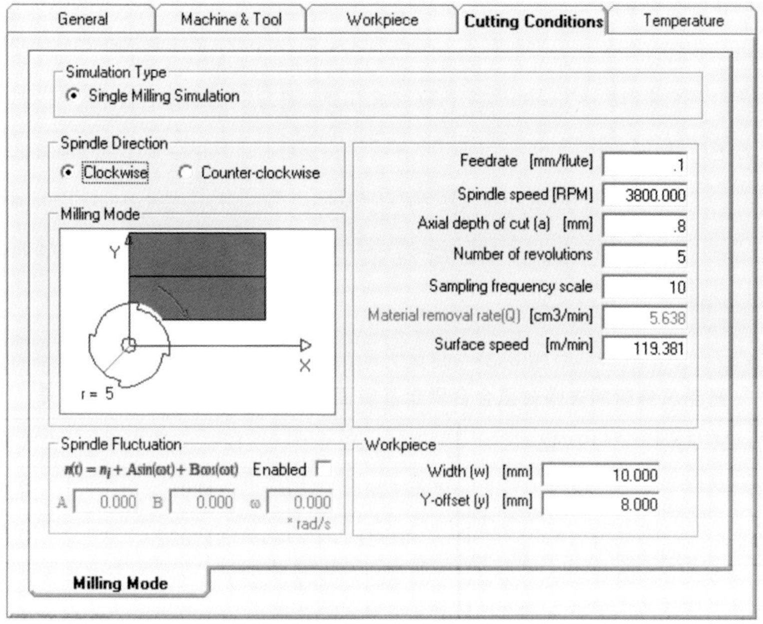

图 6-26 铣削参数设置(顺铣)

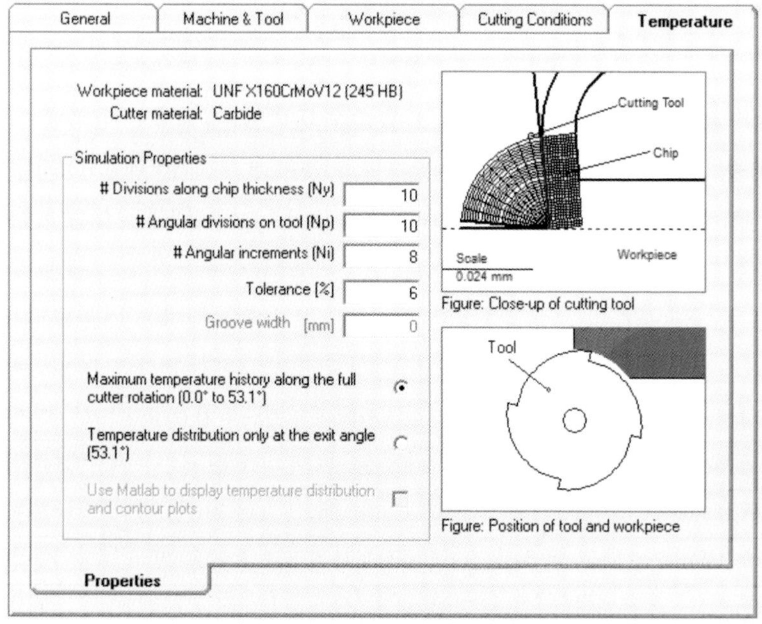

图 6-27 模拟参数设置

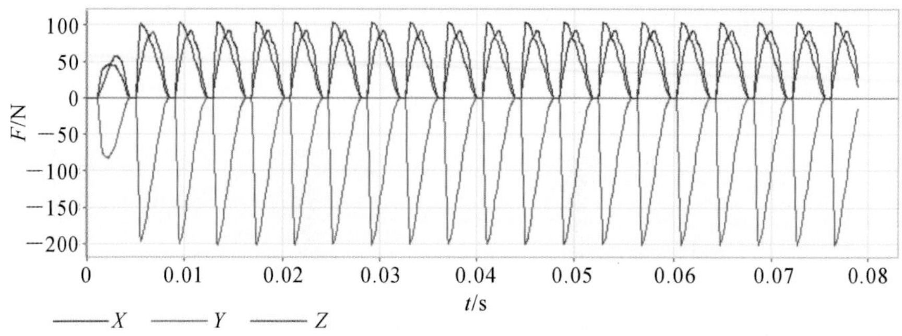

图 6-28　切削力动力学仿真结果

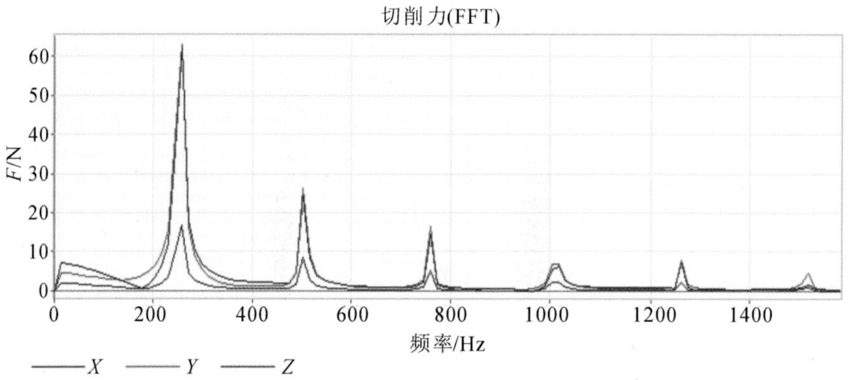

图 6-29　切削力频谱分析

图 6-30 所示为切削厚度随时间变化的示意图，从中可以看出，4 个球头刀齿轮流切削，各个刀齿形成的切屑厚度相同，即先逐渐增大到 0.1 mm 然后逐渐减小，这充分说明切削是稳定的，并无颤振发生。

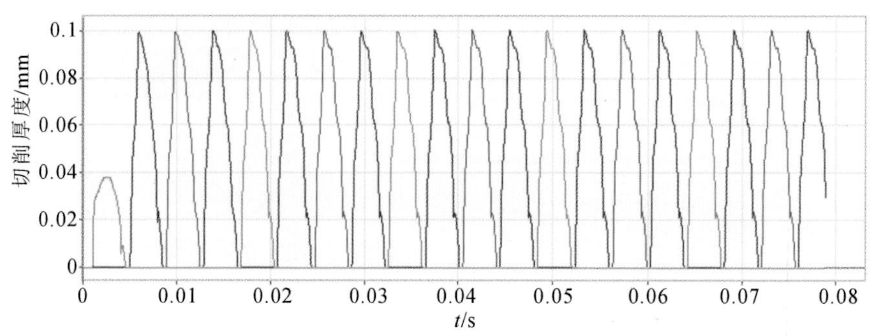

图 6-30　切削厚度分析

对机床主轴功率进行分析，如图 6-31 所示，在切削刚开始时，由于刀齿刚切入工件，主轴功率小且不稳定。随着刀齿完全切入工件，工艺系统达到稳定状态，此时主轴功率也趋于稳定，平均功率维持在 0.8 kW。

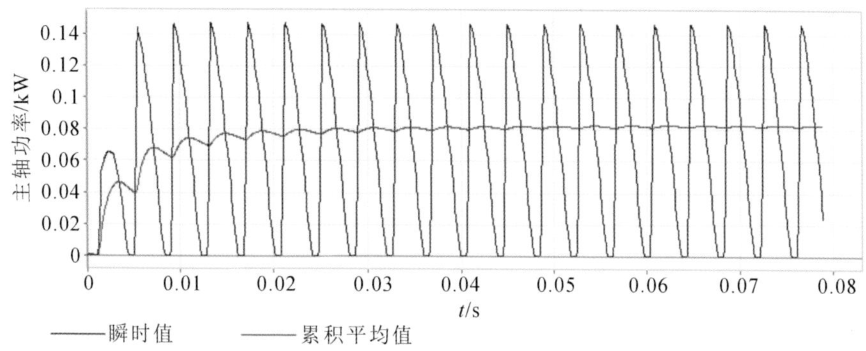

图 6-31 机床主轴功率分析

切削稳定性与切削参数中的主轴转速和轴向切深密切相关。图 6-32 所示为球头铣刀铣削过程中的切削稳定 Lobes 图，从中可以看出，主轴转速 $n=3800$ r/min、切深 $a_p=0.8$ mm 处于曲线包络的下方，为稳定切削状态。主轴转速 $n=3000$ r/min，切深 $a_p=0.8$ mm 处于曲线上方，为不稳定切削状态，容易引起颤振。主轴转速 $n=4600$ r/min、切深 $a_p=0.8$ mm 虽然处于曲线包络下方，但曲线在该处附近存在波动，且不满足 Lobes 逐渐增大的趋势。因此，在这一切削参数下的稳定性还需通过试验来验证。主轴转速 $n=5400$ r/min、切深 $a_p=0.8$ mm 处于 Lobes 曲线的边缘，因此也需要通过试验来确定其是否处于稳定切削状态。

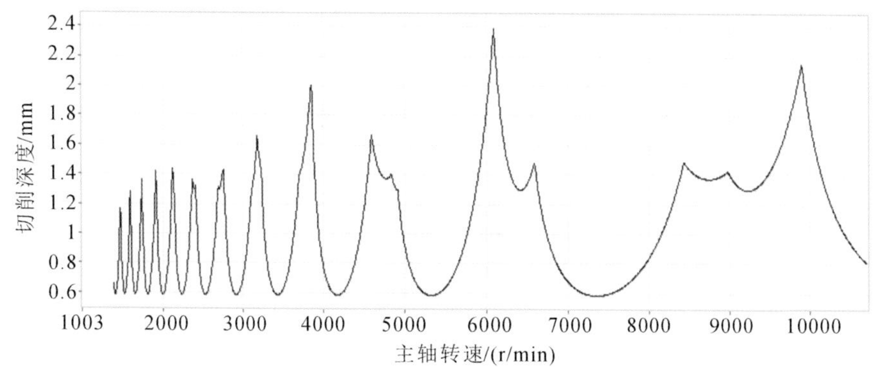

图 6-32 理论计算的稳定 Lobes 曲线

6.5 球头铣刀剩余寿命与刀具管理

难加工材料加工中的刀具磨损较快，会影响零件的表面完整性，频繁换刀会降低生产效率，增加制造成本。因此，研究难加工材料加工刀具的磨损机理，预测刀具寿命，可以促进刀具优化设计，改善零件加工质量，对提升难加工零件的加工水平具有重要意义。

6.5.1 刀具磨损形貌

1. 正常磨损

由刀具磨损曲线可知，刀具在正常磨损阶段经历时间的长短决定了刀具的寿命。刀具设计制造的重要目标就是尽可能延长刀具在正常磨损阶段的时间。图 6-33 所示为 $R5$ 球头铣刀在切削 1427 m 后的刀具磨损形貌，可以发现，刀具后刀面磨损带平均宽度约为 0.082 mm，最大微崩刃宽度达到 0.115 mm。随着切削的进行，当切削长度为 3239 m 时，$R5$ 球头铣刀四个刃后刀面磨损宽度分别为 0.095 mm、0.101 mm、0.121 mm 和 0.146 mm。右侧刃上的微崩刃宽度为 0.146 mm。

由此可以看出，在正常磨损阶段，当切削长度从 1427 m 增大到 3239 m 时，即刀具切削长度增加了1812 m，铣刀后刀面的磨损带宽度增加了约 0.034 mm，微崩刃宽度增加了约 0.031 mm，这表明了刀具在正常磨损阶段磨损得非常缓慢。

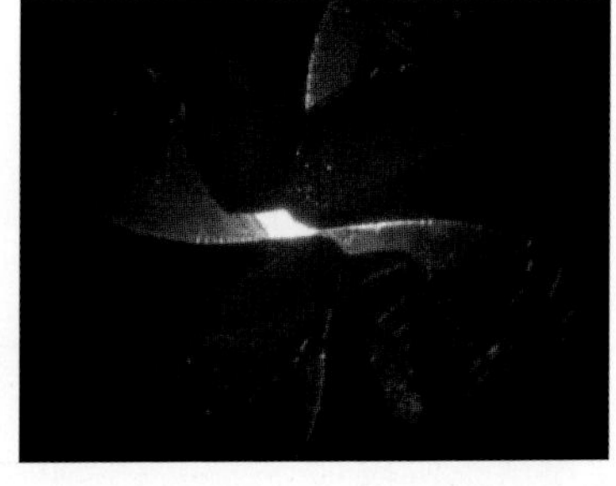

图 6-33 球头铣刀切削 1427 m(左)的磨损和切削 3239 m(右)的磨损形貌

2. 急剧磨损

图 6-34 所示为 $R5$ 球头铣刀切削加工 4145 m 后刀具急剧磨损的形貌，从中可以看出有一个刃产生了严重的崩刃现象。随着刀具的逐渐磨损，先前发生微崩刃的切削刃负荷急剧增大，产生严重的崩刃。其他刀刃的后刀面磨损量 VB 分别为 0.186 mm、0.171 mm 和 0.12 mm，此时刀具已破损，并且不能修磨。这将大幅增大企业的用刀成本，因比，刀具破损应当避免。

图 6-34　$R5$ 球头铣刀切削 4145 m 后的刀具磨损形貌

6.5.2　刀具寿命管理及预测

1. 刀具磨损曲线

在完成刀具磨损量分析的基础上，本小节给出了刀具在现场工况切削参数条件（$n=3800$ r/min，$F=1520$ mm/min，$a_p=0.8$ mm 和 $a_e=0.06$ mm）下的寿命曲线。

图 6-35 所示为 $R5$ 球头铣刀寿命曲线，以后刀面 VB=0.2 mm 为刀具失效修磨标准，可以看出，当磨损量大于 0.2 mm 时，刀具容易破损。$R5$ 球头铣刀的整体寿命为切削长度 4200 m 左右。当切削长度小于 834 m 时，刀具处于初期磨损阶段；当切削长度大于 834 m 小于 3645 m 时，刀具处于正常磨损阶段，由图 6-35 可知，该区域占刀具全寿命的 70%左右；当切削长度大于 3645 m 时，刀具进入急剧磨损阶段，此时，若继续使用刀具，将可能出现严重的崩刃和破损现象。因此，为了有效避免刀具破损引起无法修磨并报废，常将安全切削长度设定为 3600 m，即 $S=3600$ m，对应的极限切削长度为 4228 m。

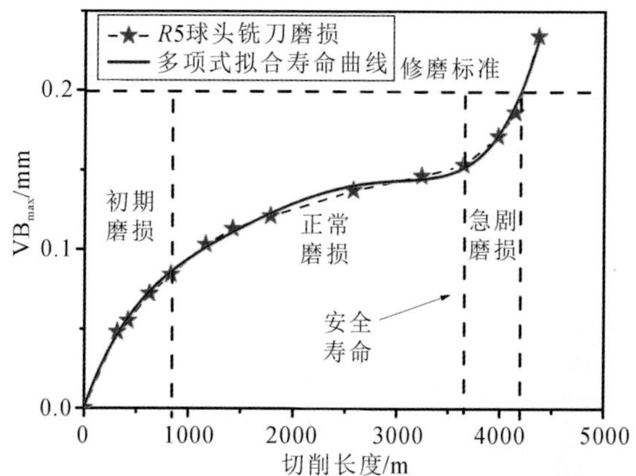

图 6-35 *R*5 **球头刀具寿命**(n=3800 r/min,f=1520 mm/min,a_p=0.8 mm)

为了进行刀具寿命预测,对刀具磨损曲线进行拟合,得到如下公式:

$$VB = A + Bx + Cx^2 + Dx^3 + Ex^4 + Fx^5 \tag{6-34}$$

式中:VB为后刀面磨损量(mm);x为切削长度(m)。

A、B、C、D、E、F为常数,$A=-1.19\times10^{-4}$,$B=1.85\times10^{-4}$,$C=-1.52\times10^{-7}$,$D=7.87\times10^{-11}$,$E=-2.06\times10^{-14}$,$F=2.05\times10^{-18}$。对其进行方差分析,其F值达到1176.671,表6-10表明拟合曲线准确率高。

表 6-10　VB 曲线拟合方差分析

来源	自由度	Seq$_{SS}$	MS	F
回归	5	0.04946	0.00989	1176.671
误差	8	0.00672	0.00861	
合计	13	0.04952		

2. 加工刀具剩余寿命预测

现场每个叶片*R*5球头铣刀的切削加工时间为3 min,进给量为1520 mm/min,可算得每个叶片*R*5球头铣刀的切削长度为4.56 m。

表6-11所示是现场加工条件下四把*R*5球头铣刀修磨时的后刀面磨损量,其磨损形貌如图6-36所示。现场认定“失效”的三把铣刀的四个刃磨损均匀,磨损机理为磨料磨损。

表6-11　现场加工 $R5$ 球头铣刀修磨时后刀面磨损量(mm)

编号	VB_1	VB_2	VB_3	VB_4	VB_{max}
1	0.133	0.134	0.071	0.094	0.134
2	0.095	0.082	0.071	0.076	0.095
3	0.038	0.063	0.089	0.077	0.089

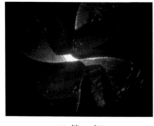

(a) 第一把　　(b) 第二把

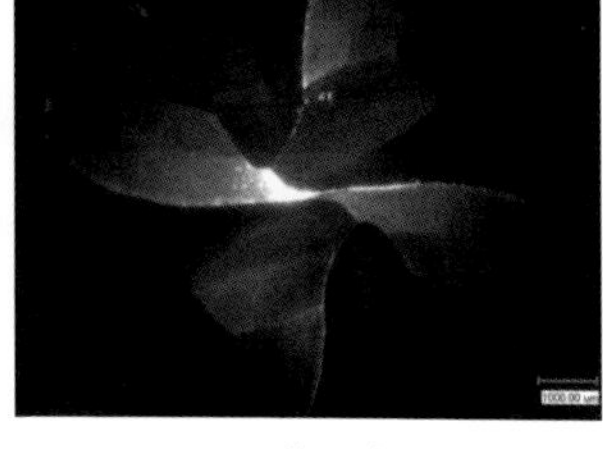

(c) 第三把

图6-36　$R5$ 球头铣刀现场加工换刀时的磨损形貌

要对现场加工刀具进行剩余寿命计算，必须对刀具已加工寿命进行计算。把现场加工三把刀具的最大磨损量(见表6-11)代入式(6-34)中，可得已使用寿命，如表6-12所示。以 $S=3600$ m 为不崩刃的最大许用寿命，计算剩余使用寿命，从而计算出剩余可加工的叶片数量，最终乘以安全系数0.7，可得到三把刀最终剩余可加工的叶片数量分别为202个、392个和412个。以现场平均加工130个叶片就进行换刀的情形来计算，刀具利用率可分别提高56%、202%和217%。

表6-12　刀具剩余寿命计算

项目	第一把	第二把	第三把
VB/mm	0.134	0.095	0.089
已使用寿命/m	2283	1044	913
剩余寿命/m	1317	2556	2687
理论剩余可加工叶片数	289	561	589
实际剩余可加工叶片数	202	392	412
提高利用率	56%	202%	217%

3. 刀具寿命管理

由前面的分析结果可知，当主轴转速 $n=5400$ r/min 时，切削相较于现场工况 $n=3800$ r/min 更为稳定。因此，对主轴转速 $n=5400$ r/min，进给量 $F=1520$ mm/min，$a_p=0.8$ mm 和 $a_e=0.06$ mm 做刀具寿命对比试验。

图 6-37 所示为主轴转速 $n=5400$ r/min 和 $n=3800$ r/min 时刀具寿命曲线，从中可以看出，当转速从 3800 r/min 提高到 5400 r/min 时，刀具在初期磨损阶段磨损剧烈，这是由于在铣削过程中提高转速增加了单位时间内的切削冲击次数，因此刀具磨损剧烈；当刀具进入正常磨损阶段时，由于 X22CrMoV12-1-5 钢的切削性能优良，因此，刀具磨损并没有像初期磨损那样剧烈，而是发生均匀磨损，相比主轴转速为 3800 r/min 时的刀具磨损量，主轴转速为 5400 r/min 时并没有发生磨损量急剧升高的现象；值得注意的是，刀具急剧磨损时间非常短。这是因为在切削刃口出现了崩刃，如果继续使用该刀具，则将发生严重的破损，可以判定，此时刀具已经失效。因此，当主轴转速 $n=5400$ r/min，进给量 $F=1520$ mm/min 时，$R5$ 球头铣刀的安全加工距离，仍可以设定为 $S=3600$ m，极限寿命为 4026 m。

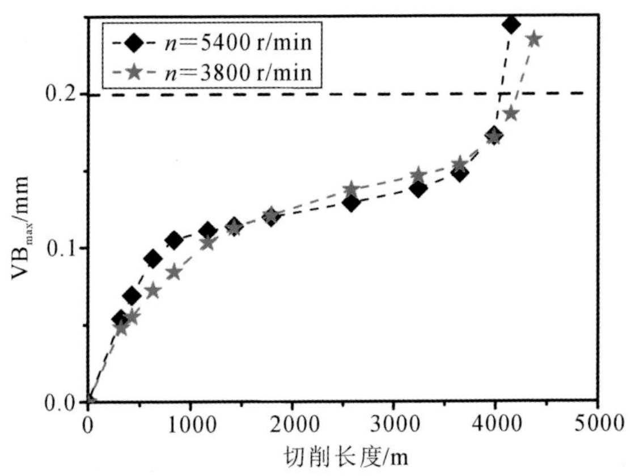

图 6-37 $R5$ **球头刀具寿命**($n=5400$ r/min，$f=1520$ mm/min，$a_p=0.8$ mm)

根据 $n=5400$ r/min，极限寿命为 4026 m，$n=3800$ r/min，极限寿命为 4228 m，以及泰勒公式，参照国际标准 ISO8688，在双对数坐标系下建立如图 6-38所示的刀具全寿命曲线。该曲线可在双对数坐标系下描述铣刀主轴转速与刀具寿命的线性关系，即铣削主轴转速一旦确定，便可计算出对应的刀具寿命，实现铣削刀具全寿命管控。

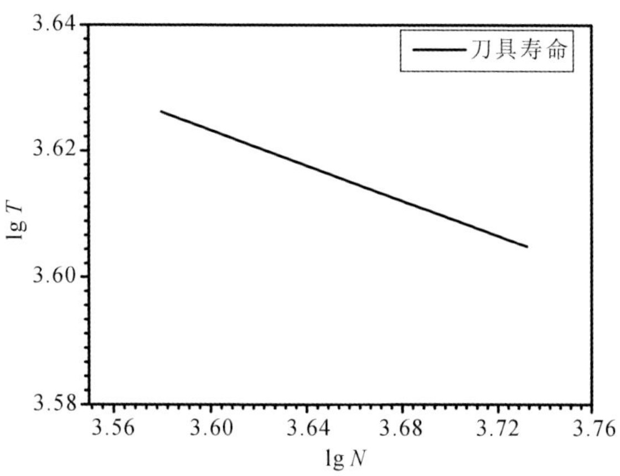

图 6-38　双对数坐标系下铣刀主轴转速与刀具寿命的线性关系

6.6　本章小结

首先，针对某型号汽轮机缸体中分面进气口、抽气口处的不规则、非均匀的镍基堆焊合金，建立适用于磨料磨损、黏结磨损与扩散磨损机理的解析模型，通过摩擦磨损试验对比分析了刀具涂层、润滑方式、铣削方式对刀具磨损的影响，进而给出铣削加工刀具涂层的选型方法。然后，以汽轮机叶片铣削加工刀具为案例，分析了叶片型面加工球头刀具的切削动力学特性。在此基础上，开展球头刀具磨损特性研究，建立球头刀具寿命模型，实现叶片加工球头铣刀的剩余寿命预测，为汽轮机铣削刀具寿命管理提供指导。

(1) 提出面向铣刀的刀具磨损模型，预测精度高达 95%，在此基础上，讨论无涂层和涂层硬质合金在不同温度下的磨面形貌特征、物相组成和磨损机理。结果表明，温度对摩擦系数、磨损率、磨面形貌与磨损机理影响程度大。当温度小于 600 ℃时主要的磨损机理为黏结磨损和磨料磨损，当温度高于 600 ℃时开始出现氧化磨损。TiAlN 涂层高温抗氧化性能强，但低温耐磨损、抗黏结性能差。TiN 涂层低温耐磨损性能强，但高温抗氧化性能差。

(2) 通过对某叶片型面加工工艺进行现场调研，指出叶片型面粗加工球头铣刀的磨损将会对叶片的最终精加工工序造成影响，从而影响制造精度，在最优切削工艺参数为主轴转速 3800 r/min 和 5400 r/min，每齿进给量 0.1 mm/z，

即 $F=1520$ mm/min 条件下，球头刀具磨损机理主要是磨料磨损，并伴随崩刃。初步设定刀具的安全许用寿命为 $S=3600$ m，计算现场加工刀具的剩余寿命。结果表明，现场加工刀具的使用远没有达到其刀具寿命。最后，作出刀具在不同主轴转速下的全寿命曲线，实现对刀具的全寿命管理。

综　合　篇

第 7 章 涡轮盘榫槽智能切削工艺与刀具

7.1 背景介绍

重型燃气轮机压气轮盘和透平涡轮盘的榫槽拉削加工是燃气轮机制造中的关键质量控制工序，其加工质量直接影响轮盘承受复杂热力交变工作载荷的能力。透平涡轮盘的枞树型榫槽型线复杂、尺寸精度和加工表面质量要求高，给榫槽拉刀国产化带来了极大的挑战。当前，缺少枞树型榫槽拉刀的精准化设计依据，榫槽加工精度与表面完整性难以保证，亟待提高拉刀耐磨性及刀具寿命。本章针对重型燃气轮机转子的压气级和透平级的轮盘连接榫槽，采用拉床进行拉削加工的基础研究，通过分析轮盘榫槽型线的特征及控制方法，开展多约束下的精拉刀参数化设计、制备与应用，检测拉刀磨损历程，提出一种基于形性一体化控制的智能切削工艺。

7.1.1 涡轮盘榫槽典型结构形式

燃气轮机转子由拉杆、压气端轮盘、透平端涡轮盘、叶片等组成，叶片通过叶根榫齿(榫头)与轮盘榫槽连接。如图 7-1 所示，叶片与转子轮盘之间广泛采用榫接形式连接。榫槽需要在高温高压及复杂交变动载荷下高速旋转，且承受热载荷和机械载荷的交互作用。轮盘榫槽沿着圆周分布，截面形式通常采用 T 型、双 T 型、菌型、叉型、燕尾型、枞树型等，槽厚方向通常有直槽、斜槽和圆弧槽等三种形式[108]。

由于透平端的涡轮盘(也称透平轮盘)运行工况比压气端轮盘榫槽更为恶劣，因此其榫槽的传递载荷要求、质量要求均高于压气端轮盘榫槽。如图 7-2 所示，F 级重型燃气轮机的透平涡轮端均采用截面形式为枞树型的榫槽，由承

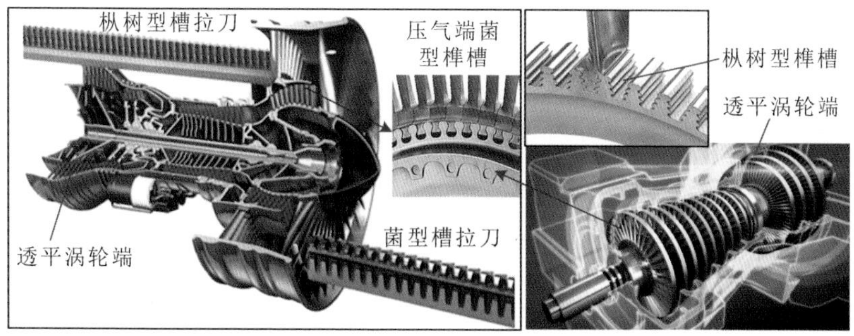

图 7-1　叶片-轮盘连接的榫齿-榫槽结构

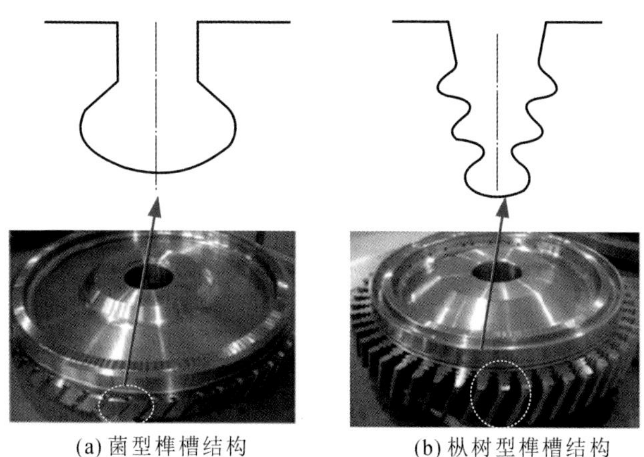

(a) 菌型榫槽结构　　(b) 枞树型榫槽结构

图 7-2　燃气轮机轮盘榫槽

载工作面、非承载工作面和过渡圆弧组成高阶曲面。枞树型榫槽齿面逐对配合，可均匀承受叶片惯性载荷，通过调节齿数和尺寸规格可适应不同的载荷传递要求，具有传力可靠稳定、适应性好、承载面逐步缩小、同等载荷条件下轮缘尺寸小的优点，因此常被用作离心力载荷较大的场合的连接叶片。然而，枞树型榫槽存在扭角，曲面构型突变大，轮廓外形复杂，装配面多，以及榫槽齿廓、齿距等尺寸和形状公差范围窄的特点[109]，使得榫槽加工难度极大。F 级重型燃气轮机涡轮盘枞树型榫槽加工要求为工作面轮廓度尺寸精度误差 ±0.0025 mm、齿距误差 ±0.02 mm、跳动量 0.05 mm，榫槽与端面的过渡圆角设计要求为 $R0.4$ mm～$R0.6$ mm，表面粗糙度要求为 Ra 0.8 μm。

7.1.2 涡轮盘榫槽型线表征

如图 7-3 和图 7-4 所示，燃气轮机轮盘榫槽尺寸可分为以下六个部分。

1. 节距尺寸

节距尺寸“A1”和“A2”是关键尺寸，控制着叶片与轮槽工作面的配合精度。对拉刀而言，由于铲磨后角的存在，节距尺寸不会随着刀具的修磨发生改变，所以在拉刀制造过程中，必须严格控制节距尺寸。

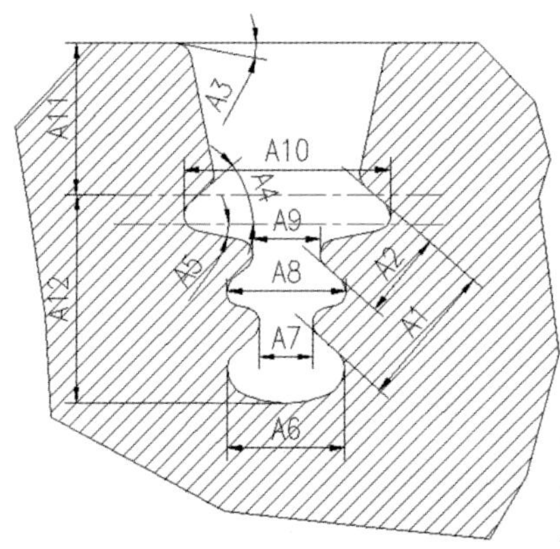

图 7-3 涡轮盘榫槽型尺寸示意图

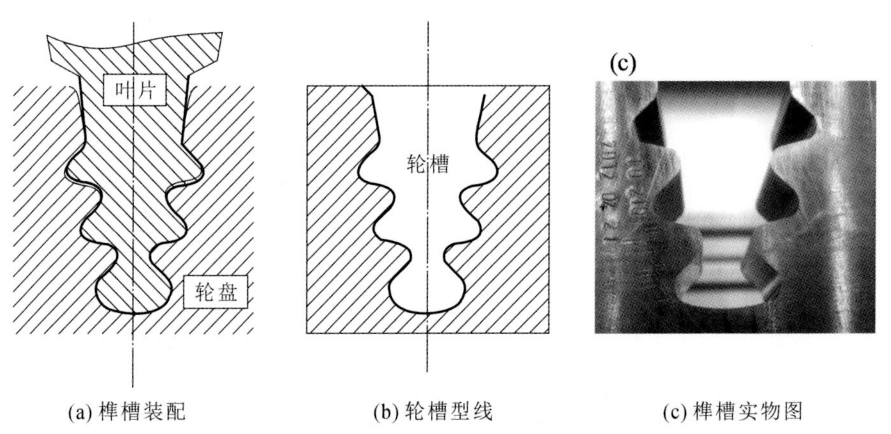

(a) 榫槽装配 (b) 轮槽型线 (c) 榫槽实物图

图 7-4 F 级重型燃气轮机第三级透平轮盘(叶根型线)

2. 角度尺寸

角度尺寸“A3”“A4”和“A5”与装配精度相关，特别是与工作面相关的四个角度尺寸(A4)，其会影响叶片与轮槽的受力，进而影响整个燃气轮机的运行。

3. 开口尺寸

开口尺寸“A6”“A7”“A8”“A9”和“A10”均有 0.2 mm 的上公差，对装配影响较小，但是与拉刀寿命关系密切。轮槽最终尺寸完全由精拉刀的尺寸决定，而拉刀每次修磨后，开口尺寸都会相应减小，当超出公差范围后，该精拉刀寿命终止，进入报废流程。所以应尽量保证新制造的精拉刀尺寸公差接近上公差，并且各尺寸公差值较均匀，才能达到拉刀寿命的最大化。

4. 深度尺寸

深度尺寸“A11”和“A12”与整条精拉刀的高度尺寸相关，一般情况下，可以通过增加垫片的方式，调整深度尺寸值。同时，深度尺寸值与拉床程序中 Y 方向的补偿量相关，在制造过程中，应当尽量保证尺寸精确。

5. 几何公差

平行度要求也是轮槽尺寸控制中的一个重要要求，反映的是整个轮槽型线的对称度。与旋转刀具不同，拉削加工有左右两刃，所以有对称度的要求。如果拉刀对称度差，将直接影响叶根与轮槽受力，造成叶片损坏等事故。

6. 其他尺寸

其他尺寸由以上尺寸计算得到，是轮槽设计的理论尺寸值，对拉刀的设计、制造而言，仅存在参考价值。

目前，大余量拉削大多采用组合拉刀。组合拉刀采用分组分段设计，然后组合起来按照时间前后顺序依次进行拉削。重型燃气轮机转子轮盘榫槽在成形拉削过程中，从毛坯到最终零件，去除余量大，加工精度要求高，在整个拉削过程中，需大致按照从粗加工→半精加工→精加工成形三个阶段安排拉削工艺。

7.1.3 涡轮盘榫槽加工方式

轮盘榫槽加工主要有铣削[110,111]、拉削[112]、电火花特种加工[113-118]等方式，图 7-5 所示为典型的枞树型榫槽的加工刀具。榫槽加工方式的选择需综合考虑设计精度和表面质量要求、轮盘材料加工难易程度、加工效率和加工成本等因素。此外还要考虑榫槽的截面和槽厚走向。比如，超临界汽轮机的转子轮盘榫槽沿槽厚方向是圆弧槽形式，通常不能采用拉削，只能采用较低成本的成形铣削加工方式。对于轻型燃气轮机采用的小规格轮盘榫槽，有时采用插削或铣削粗加工、成形铣削精加工。然而，榫槽成形铣削时的槽廓型线精度容易超差，因此加工大规格轮盘榫槽或者设计要求较高的榫槽时，通常采用拉削加工方式[108,119-125]。拉削适用于燃气轮机榫槽的槽厚方向是直槽或者斜槽的形式。

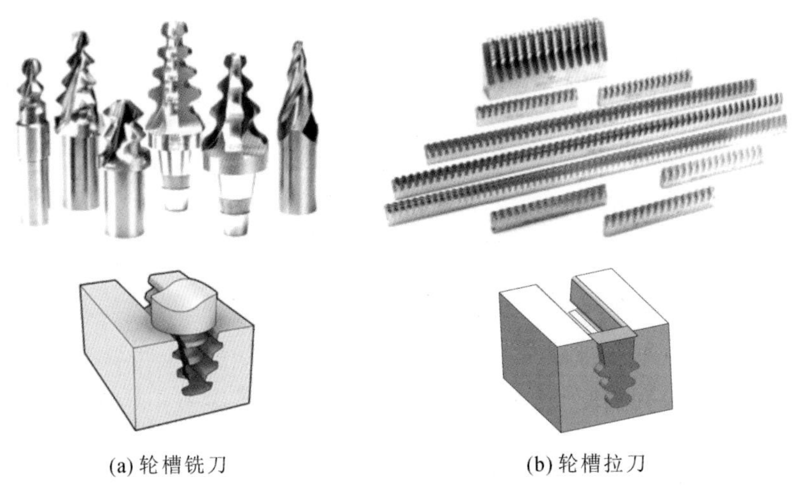

(a) 轮槽铣刀　　(b) 轮槽拉刀

图 7-5　枞树型榫槽典型加工刀具

拉削加工属于成形加工，明显的特征之一是切削深度、切削宽度等工艺参数都固化在刀具结构的设计参数中[108,119-125]。榫槽成形过程中，从毛坯到最终成品，去除余量大，加工精度要求高。采用的拉刀是非标准的个性化定制刀具，通常根据被加工零件的材料、结构形状和尺寸特征进行定制化匹配设计。

拉削加工通常分为分层拉削方式、成组拉削方式和组合拉削方式等成形方式。分层拉削又分为同廓式和渐成式两种形式，其具有拉刀尺寸大、拉削力与功率大的特点，适合于小规格尺寸的榫槽加工。成组拉削（也称分块拉削），常为轮切式成组形式，其具有切削宽度小、切削厚度大、拉削力和功率小、拉刀尺寸小的特点，适合于粗拉削，以提高加工效率。由于机床负载或刀具强度的限制，大规格尺寸的榫槽通常综合运用分层和成组拉削两种方式的优点，在粗加工阶段常采用成组拉削方式，在精加工阶段采用分层拉削方式。如图 7-6 所示，燕尾型榫槽拉削工艺已趋于成熟。当槽深 H 小于 10 mm，表面粗糙度 Ra 不小于 6.3 μm 时，通常使用渐成分层式拉刀加工(见图 7-6(a))。当槽深 H 大于 10 mm 或者对表面粗糙度要求较高时，采用成套分组拉刀，先用渐成式拉刀拉出矩形槽，再切除左右两侧区域，最后使用成组分块式拉刀，如图 7-6(b)所示。区域 1 和 2 的切除方式有两种：当 $l>H$ 时，用水平配置的切削刃分层切削；当 $l<H$ 时，用竖直配置的切削刃分层切削。

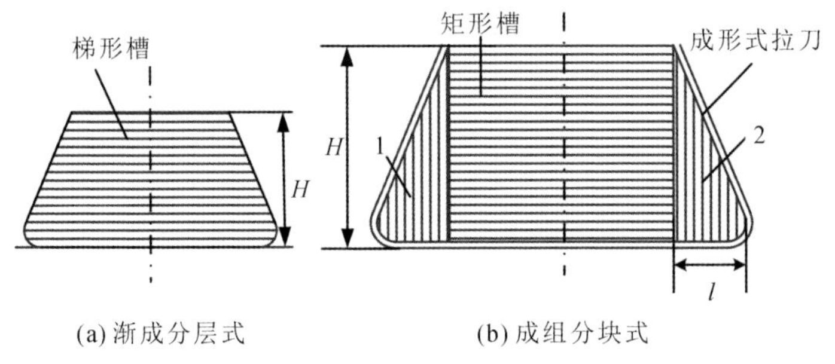

图 7-6　燕尾型榫槽的拉削加工方式

相较于燕尾槽拉削，枞树型轮盘榫槽的拉削方式选择更为复杂。图 7-7 所示为典型小规格(50 mm 槽深以内)枞树型轮槽拉削方式[108]，榫槽按照工序由序列化组合刀具依次拉削而成。每个工序中的相邻刀齿一般有齿升量，按序完成拉削余量的去除。其中第 1、2、4 步采用渐成式粗拉削，以去除大部分材料为目标。第 3、5 步采用精拉削，以保证槽廓成形精度和表面质量。

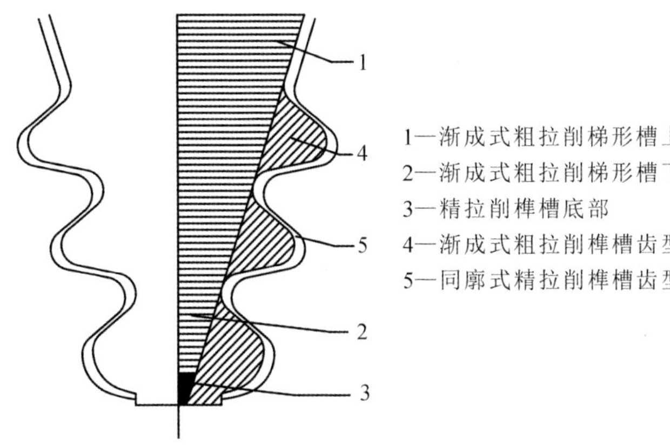

图 7-7　小尺寸枞树型轮槽拉削方式

图 7-8 所示为大尺寸(50 mm 槽深以上)枞树型榫槽拉削方式示意图。目前,大余量粗拉削通常采用分组分段设计的组合拉刀按顺序依次拉削的方式。整个拉削过程可看成粗拉削非型线部分、半精拉削榫槽齿形、精拉削榫槽齿形等三个阶段[126-130]。重型燃气轮机采用的榫槽型线周长尺寸和截面宽度、深度等均较大,粗拉削阶段一般采用成组拉削方式,精拉削阶段采用同廓式拉削来保证精度和表面质量。粗拉削非型线阶段的目的是尽可能多地去除切削余量,为后续的半精拉削和精拉削做准备。粗拉削余量可采用矩形分配方式或梯形分配方式。一般地,在齿升量取值相同的情况下,矩形余量分配方式比梯形余量分配方式的拉削量大。此外,梯形余量分配方式具有切削力大、刀刃易断裂或变形、刀具制造复杂、成本高等缺点。精拉削阶段则采用同廓式拉削,其型线和被加工零件型线一致,设计和制造较为复杂。

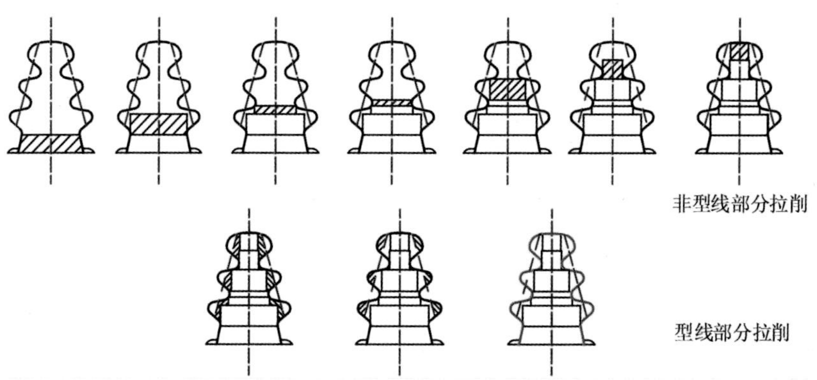

图 7-8　大尺寸枞树型榫槽拉削方式

拉刀是一种多齿刀具,借助后一刀齿对前一刀齿增加齿高或齿宽来实现切削加工,一次直线或螺旋运动即可完成加工,生产效率高,精度高,故在汽车、汽轮机等工业中得到广泛应用。德国霍夫曼公司的立式拉床和拉刀如图 7-9 所示。生产线拉刀属于组合式外拉刀,由拉刀块和刀盒两部分构成,拉刀块由高速钢 CPM Rex 15 制造,刀盒则由结构钢制造。大尺寸的复杂型线需要用多把拉刀组合加工。以透平三级轮盘为例,分粗精拉刀共七把。拉刀切削速度在粗加工时选用 8000 mm/min,精加工时选用 3000 mm/min。拉削时,需监测机床的工作状况,一旦出现机床振动、功率过高等情况,则需暂停拉削,检查机床及拉刀,确保正常后再继续拉削。

图7-9 霍夫曼公司的拉床和拉刀

7.1.4 涡轮盘榫槽拉削加工难点

涡轮盘枞树型榫槽拉削研究需要直面难加工耐热合金材料、枞树型齿廓复杂曲面、较大规格型线负载匹配等特点。目前在燃气轮机制造企业的实际生产中，榫槽拉削加工存在的问题与面临的挑战如下：

F级重型燃气轮端涡轮盘采用耐热合金X12CrMoWVNbN10-1-1制造，具备高强度和高韧性的难加工特点，对拉刀的强度、拉刀耐磨性及精度保持能力、断屑性能等带来了挑战。

F级重型燃气轮机涡轮盘采用枞树型榫槽形式，轮廓曲面为高阶自由曲面，加工要求高，对拉刀设计制备提出了苛刻的要求。拉刀需要高度定制，拉刀应用过程中常出现耐磨性差、刀具寿命不稳定和拉刀崩刃及磨损现象（见图7-10），导致拉刀成本占燃气轮机制造成本的比例较高。这对基于切削基础理论开展拉刀的精准化设计，并完成拉刀高质量的制备提出了迫切要求。

图7-10 榫槽拉刀崩刃和磨损现象

枞树型轮盘榫槽拉削过程中常出现榫槽精度超差、加工表面质量差的现象，导致轮盘榫槽连接的服役性能达不到预期要求或使榫槽成为残次品。

1. 表面鳞刺

表面鳞刺会导致表面粗糙度变大，表层产生不均匀内应力、微裂纹，严重影响加工表面质量，降低榫槽的抗疲劳性能。如图 7-11 所示，榫槽表面出现鱼鳞状剧烈凸凹不规则的鳞刺，特别是在榫槽齿形尖角处。鳞刺会导致轮盘与叶片装配后的实际接触表面减小、接触刚度降低，影响榫槽的工作精度与轮盘寿命。鳞刺随着齿升量、拉刀前角、工件硬度、拉削速度而改变[131,132]，因此，如何有效避免被加工表面出现鳞刺是难点所在。

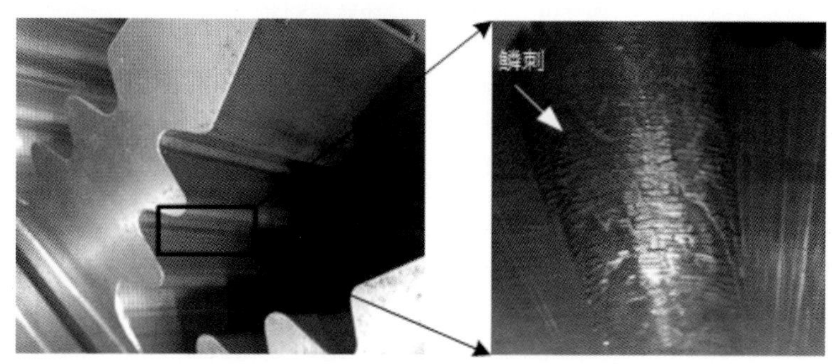

图 7-11　榫槽表面鳞刺

2. 横向波纹和纵向沟状划痕

如图 7-12 所示，在榫槽拉削表面会出现横向条纹和沟状划痕。其中横向条纹通常是由刀齿交替工作产生的周期性变化拉削力及拉削工艺系统产生的强迫振动所导致的。减少振动、提高拉削工艺系统稳定性可以减少横向条纹的产生。优化齿距、同时工作齿数、前角、齿升量等可以提高工艺系统稳定性，并且需要优化匹配拉削速度与齿距，提高拉削系统稳定性。在拉削榫槽时，榫槽表面常出现沿着拉削速度方向的沟纹划痕。拉刀制备或应用过程中产生的刃口损伤缺陷(微崩刃等)，易导致严重的局部形状不规则的积屑瘤。刀刃边缘存在不规则的积屑瘤，像锯齿一样在加工表面划出沟状条纹。因此，减少拉刀刃口缺陷、保持刃口结构完整是消除沟状划痕的关键。而刃口制造缺陷与拉刀制备工艺密切相关，应用过程中产生的刃口损伤与制备后的残余应力状态等密切相关，这需要优化拉刀的表层应力状态，提高磨制后的表面质量。

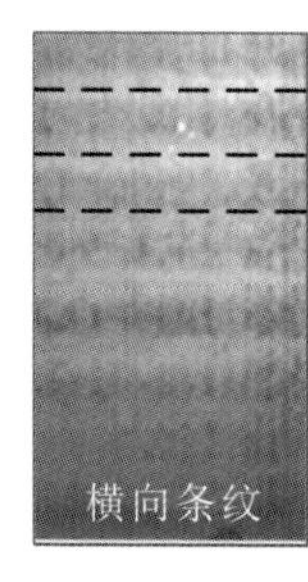

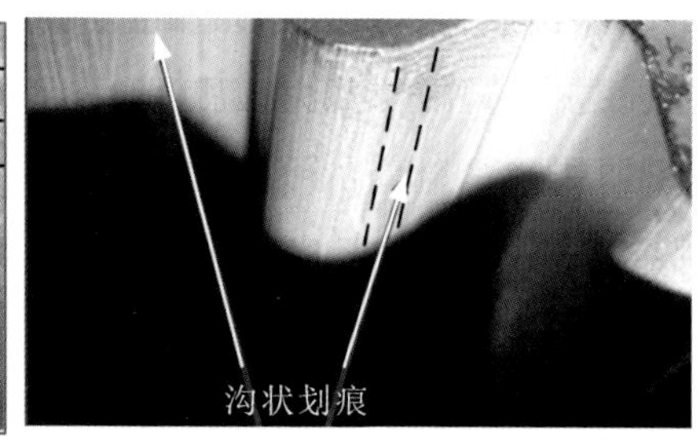

图7-12　榫槽表面横向波纹和纵向沟痕

7.2　基于涡轮盘材料本构模型的拉削仿真分析

某型号重型燃气轮机涡轮盘用的耐热材料为高铬合金钢X12CrMoWVNbN-10-1-1，属于马氏体耐热合金钢，化学组分与力学性能如表7-1和表7-2所示。

表7-1　耐热材料X12CrMoWVNbN-10-1-1组分

Cr	Mo	N	Si	P	S	C
10.0～11.0	0.8～1.1	0.045～0.065	0.20～0.50	≤0.02	≤0.01	0.10～0.14
Ni	V	Cu	W	Nb	Ti	Mn
0.8～1.0	0.15～0.25	≤0.10	0.90～1.1	0.04～0.10	≤0.005	0.4～0.8

注：元素含量(%)为质量分数，其他元素为Fe。

表7-2　材料X12CrMoWVNbN-10-1-1力学性能

屈服强度$\sigma_{0.2}$/MPa		抗拉强度σ_b/MPa		延伸率/(%)		断面收缩率/(%)		硬度/HB	
室温	600 ℃	室温	600 ℃	室温	600 ℃	室温	600 ℃	室温	600 ℃
700～800	≥620	≤1000	≥700	≥13	≥28.5	≥40	≥89	≥278	≥200

由表7-1可知，与普通的9%～10%(质量分数)Cr钢相比，X12CrMoWVNbN-10-1-1增加了约1%的钼和1%的钨，以及少量的钒、铌合金元素，从而在高温持久性能、耐腐蚀性能及抗氧化性能等方面表现更为优异。与传统的耐高温钢相比，X12CrMoWVNbN-10-1-1的组分分配更为合理，可显著提高材料的力学性能。作为强化合金元素的Cr含量达到了10%～11%(质量分数)，提高了淬透性和硬化性能。提高Mo、N的合金元素含量，降低有害元素(C、Si、P、S)的含量，可提高合金材料的抗高温蠕变性能，增强了高温耐久强度，延长了服役寿命。由表7-2可以看出，该材料在600 ℃时仍能保持600 MPa以上的屈服强度和700 MPa以上的抗

拉强度，具有良好的持久强度。

7.2.1　分离式霍普金森压杆实验装置及方案

1. 实验工况与方案

采用分离式霍普金森压杆技术对工件试样的动态力学行为进行实验研究。应变率取 3000 s^{-1}、5000 s^{-1}、8000 s^{-1}、10000 s^{-1}。每种应变率均在五个实验温度（室温 20 ℃、150 ℃、300 ℃、500 ℃和 700 ℃）下进行，共 20 组(5×4) 单因素动态压缩实验。需要说明的是，涡轮盘采用低速拉削，拉削温度通常低于 700 ℃，因此在研究动态力学行为时，以工件拉削温度范围为背景，而不注重其服役时的工作环境温度。同时，应变率则考虑拉削的高应变率特点。为减少波传动的损失，试件做成圆柱形短试样(ϕ2 mm×2 mm)，两端经砂纸抛光处理以减少实验误差。

2. 实验装置与原理

图 7-13 所示为 SHPB 实验所采用的 Hopkinson 实验装置。其中，A、B 和 C 分别为入射杆、透射杆（长度 400 mm，直径 5 mm）和试样。试件放置于入射杆和透射杆之间，气动活塞推动撞击杆撞击入射杆，从而完成对试件纵向脉冲式加载。在入射杆和透射杆上各贴有两片串联的应变片，高速数据系统实时采集动态的压应变信号。实验中采用短试样(ϕ2 mm×2 mm)的目的是保证波的传播效应可以被忽略，试件中的应力、应变和应变率可以通过各应变信号计算。采用环状可控直流电源加热炉对试件加热，并通过热电偶丝测量试件的温度。电热炉最高温度可达 1473 K，由闭环控制器控制内嵌电热丝加热调控，可实现与设定温度相差±5 K 以内的误差。

试件两端的载荷分别为 F_a 和 F_b，即

$$F_a = EA(\varepsilon_{ai} + \varepsilon_{ar}) \tag{7-1}$$

$$F_b = EA\varepsilon_{bt} \tag{7-2}$$

式中：A 为入射杆和透射杆的截面面积；E 为弹性模量；ε_{ai}为入射应变测量信号；ε_{ar}为反射应变测量信号；ε_{bt}为透射应变测量信号。

由于试件的厚度（2 mm）很小，通过假设材料均匀性和试件受力平衡，试件两端面的应变相等，可得到的试件的压应变为

$$\varepsilon_{ai} + \varepsilon_{ar} = \varepsilon_{bt} \tag{7-3}$$

因此，压杆之间的试件应力 σ_c 为

$$\sigma_c = \frac{F_a + F_b}{2A_t} = \frac{EA(\varepsilon_{ai} + \varepsilon_{ar} + \varepsilon_{bt})}{2A_t} = \frac{EA\varepsilon_{bt}}{A_t} \tag{7-4}$$

式中：A_t 为试件的横截面积。计算得到工程应力和应变后，进一步可转化计算出真实的应力和应变。

实验中的应变率 $\dot{\varepsilon}$ 可通过撞击杆的撞击速度 V 和试样长度 L_t 估算，即

$$\dot{\varepsilon} = \frac{V}{L_t} \tag{7-5}$$

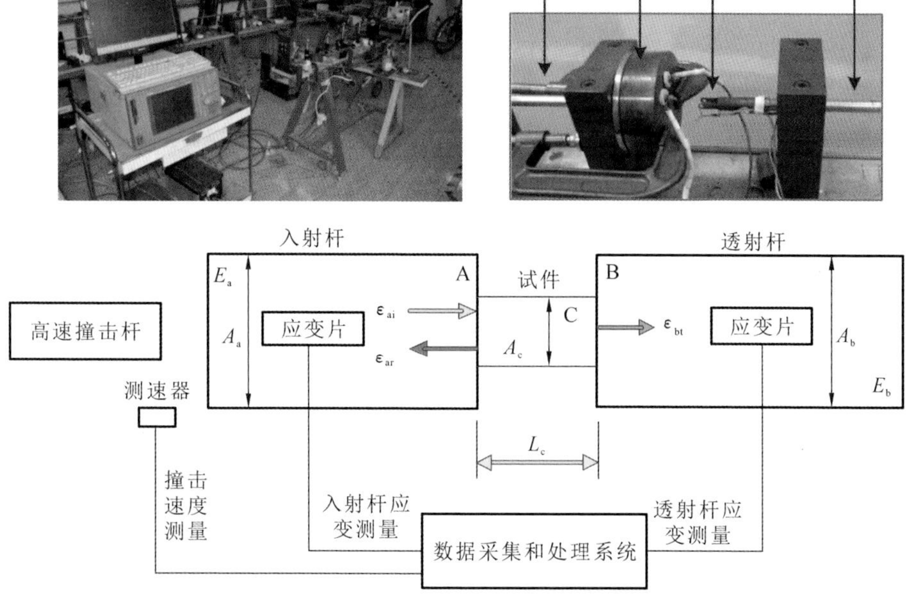

图 7-13　SHPB 压杆实验装置和实验原理

7.2.2　耐热合金钢动态流变应力演变规律

如图 7-14 所示，实验选取四种应变率（3000 s^{-1}、5000 s^{-1}、8000 s^{-1}、10000 s^{-1}），获得每种应变率下耐热合金钢 X12CrMoWVNbN-10-1-1 对应各温度（20 ℃、150 ℃、300 ℃、500 ℃和 700 ℃）的动态真实应力（流变应力）-真实应变曲线。在应变率为定值的情况下，动态的流变应力随着应变的增加而增大，随着温度的升高而减小。在温度为定值的情况下，动态的流变应力随着应变的增加而增大，随着应变率的增加而增大。

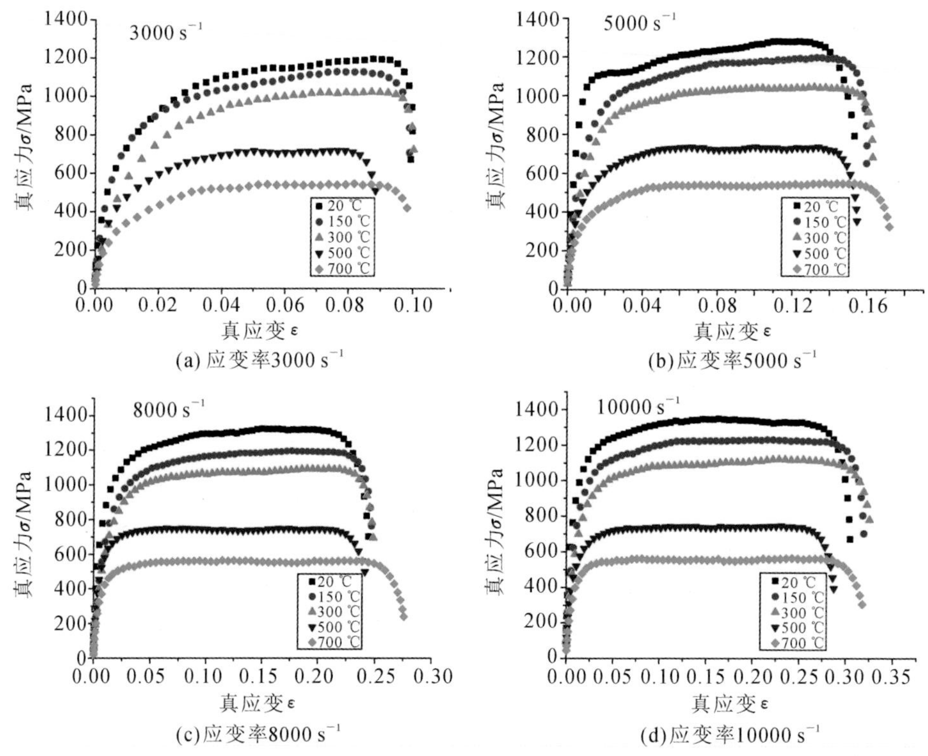

(a) 应变率3000 s^{-1}　(b) 应变率5000 s^{-1}

(c) 应变率8000 s^{-1}　(d) 应变率10000 s^{-1}

图 7-14　不同应变率下的真应力-真应变曲线

流变应力的变化趋势大致呈现出三个阶段的动态特征。第一阶段，变形的初始阶段动态曲线斜率较大，流变应力急剧增加，这是由于初始变形阶段，变形硬化作用占主导位置，大于热软化作用；应变 $\varepsilon<0.07$ 时，流变应力曲线整体呈平滑上升，表明在变形初期阶段具有明显的应变硬化（变形硬化）效应。第二阶段，随着变形量的增加，材料组织中的动态再结晶程度逐渐提高[133]，软化效应逐渐体现。特别是在高应变率（8000 s^{-1}、10000 s^{-1}）和高温度（500 ℃、700 ℃）情况下，流变应力在达到峰值后逐渐平缓或呈略下降趋势。比如应变率 8000 s^{-1}时对应的两个实验温度（500 ℃、700 ℃），应变 $\varepsilon=0.02\sim0.03$ 附近应力达到最大峰值 710 MPa、498 MPa 后，流变应力曲线先平稳后略下降，这是由于应变硬化和热软化效应同时作用，基本呈现等效作用而导致的平稳。此阶段软化效应逐渐占主导位置，流变应力呈现下降趋势。第三阶段，材料变形过程与动态再结晶过程交替出现，导致流变应力曲线呈现一定的起伏波动。

同时可以看出，通过 SHPB 实验技术获得的实验数据可以较为清晰地反映不同温度、不同应变率的变化。当应变率为 3000 s^{-1} 和 5000 s^{-1} 时，材料呈现比较明显的应变硬化效应。由此可以得出在应变率比较低时，应变硬化现象显著，这也正是材料加工中容易出现硬化现象的内在原因。后续将分析应变率敏感性和温度敏感性。

7.2.3 应变率强化效应及热软化效应

图 7-15 所示为不同温度条件下耐热合金钢 X12CrMoWVNbN-10-1-1 的

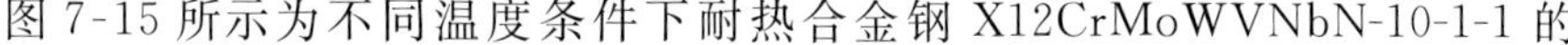

(a) 20 ℃

(b) 150 ℃

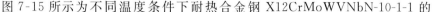

(c) 300 ℃

(d) 500 ℃

(e) 700 ℃

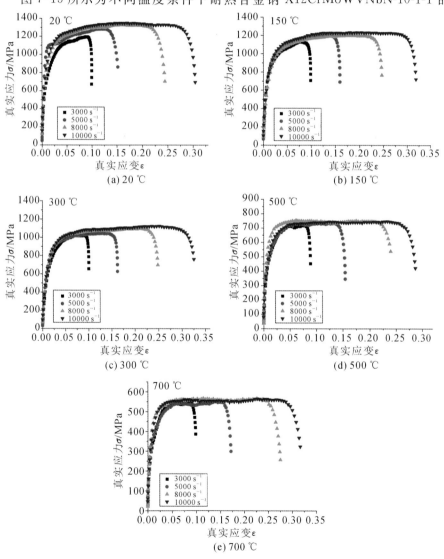

图 7-15　不同温度下的真实应力-真实应变曲线

真实应力-真实应变曲线。为了便于对比分析应变率敏感性，将真实应力-真实应变曲线转为定变形温度的条件下，不同应变率下流变应力动态曲线。从图 7-15 中可以看出，在同一温度下，真实应力随着应变率的增加而增大，并且随着应变率增加，塑性变形段历程显著较长，这表明该工件材料存在应变率强化效应，应变率敏感性较高。如图 7-16(a)所示，取应变 $\varepsilon=0.07$ 时建立真应力随应变率变化的趋势图，可看出同一温度下，真实应力随应变有增加的趋势。

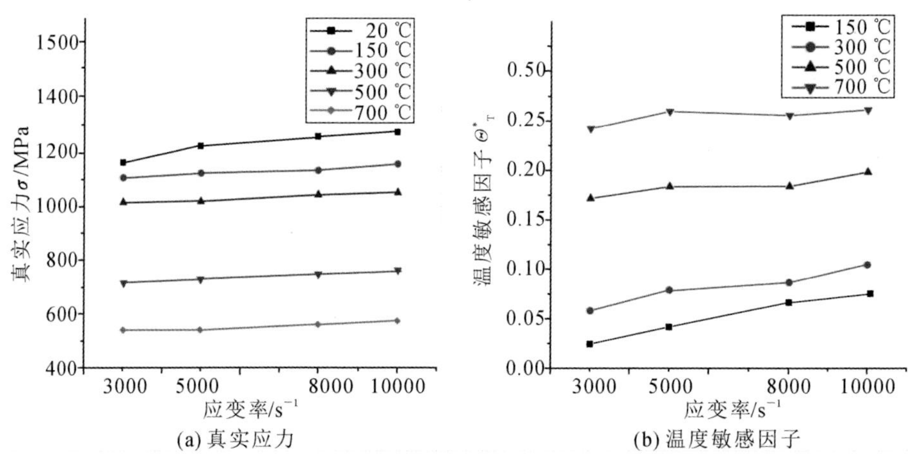

图 7-16　真实应力和温度敏感因子随应变率变化的趋势

常温时应变率的影响较为明显，材料的应变率敏感性较高。同时，在同一应变率情况下，材料流变应力随着温度升高均呈现减小的趋势，减少的幅度均较为明显。这表明在塑性变形阶段，材料的热软化效应更为显著。为了量化分析热软化敏感性，引入温度敏感因子。

采用热软化效应温度敏感因子，按式(7-6)定量分析流变应力的温度敏感性[131,133,134]。

$$\Theta_{\mathrm{T}}^{*}=-\frac{\ln\dfrac{\sigma}{\sigma_{\mathrm{m}}}}{\ln\dfrac{T}{T_{\mathrm{m}}}} \tag{7-6}$$

式中：T_{m} 为参考温度(室温 20 ℃)；σ_{m} 为实际温度参考流变应力；σ 为对应温度下的流变应力。参考真实应力 σ_{m} 取真实应变 $\varepsilon=0.07$ 时对应的应力。

将计算结果列入图 7-16(b)。由结果可见，材料的温度敏感因子随温度的变化波动较大，同时，随着应变率的增加而逐渐增大。因此，该材料的热效应明显，温度敏感性较强。结合图 7-14，在高应变率（8000 s^{-1}、10000 s^{-1}）条件下，材料的塑性变形阶段会同时存在应变硬化效应和热软化效应。应变率热软化效应本质是材料塑性变形过程中热黏塑性状态失稳。当材料的热软化效应大于材料的应变硬化效应与应变率强化效应时，热软化效应呈现主导作用。热黏塑性失稳存在的临界判断条件为当热软化效应与应变硬化效应及应变率强化效应相当，即可采用热黏塑性失稳时临界温升的表达式为[131,133,134]

$$\Delta T(\varepsilon) = \frac{\eta}{\rho C_{\mathrm{p}}} \int_{0}^{\varepsilon} \sigma \mathrm{d}\varepsilon \tag{7-7}$$

式中：η、ρ、σ、ε、C_{p} 分别为热转换效率、密度（7.79×10^3 kg/m^3）、应力、应变和比热容（0.546 kJ/(kg·K)）。此处假定试件材料塑性变形所做的功全部转换为热量，即 $\eta=1$。

图 7-17 所示为计算出的试件失稳时的真实应力与临界温升对应关系。从

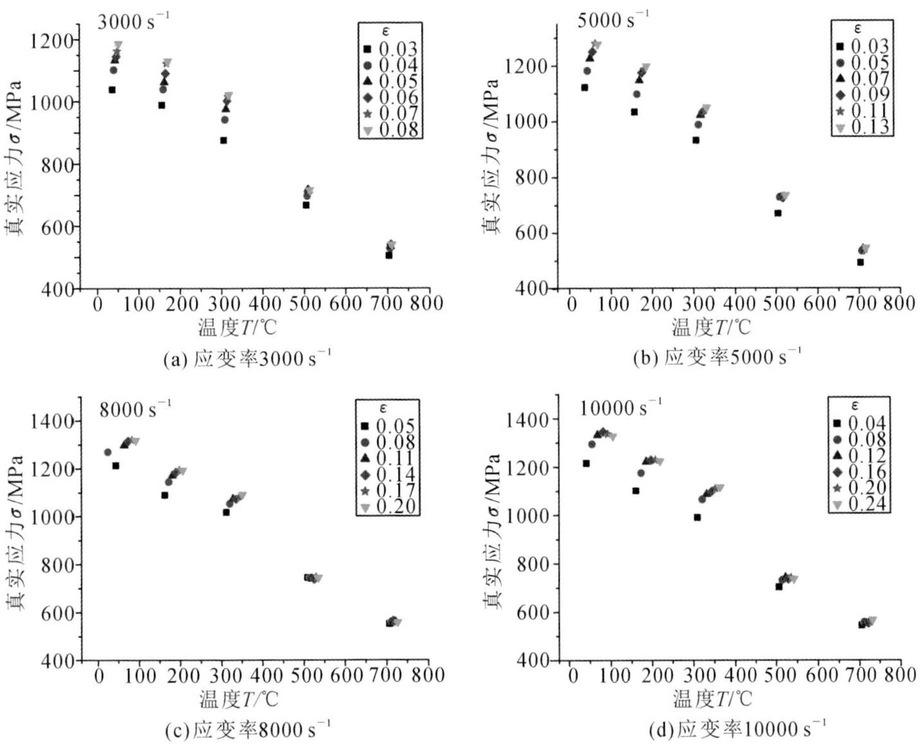

图 7-17 真实应力与临界温升对应数值

低应变率 3000 s^{-1} 工况变动到高应变率 10000 s^{-1} 工况时，临界温升数值从 $\Delta T=22.3$ ℃变动到 $\Delta T=74.9$ ℃。说明低应变率下的失稳热软化效应对材料流变应力产生的影响有限，主要是变形硬化带来的应变硬化效应起主导作用，而高应变率下材料的热软化效应更为显著。

7.2.4 材料本构模型的建立与误差分析

从分析 SHPB 动态力学实验获得的真实应力-真实应变数据曲线中可以看出试件材料变形包括弹性变形阶段与塑性变形阶段，变形过程中真实应力直接受应变硬化效应、应变率强化效应、热软化效应的影响。在一定的微观组织下，通常材料在高应变率下的塑性行为可以用材料的本构模型来定量描述。材料的本构模型定量化反映了材料的真实应力与温度、应变、应变率等热力学状态参数的关系。针对工件材料在高温、大应变和高应变率下的塑性变形机理，国内外学者提出了多种本构关系模型：Johnson-Cook（J-C）模型、Power-Law 模型、Zerilli-Armstrong 模型、Follansbee-Kocks 模型等。材料本构模型可为切削过程中应力-应变状态分析及切削加工过程的物理仿真提供基础模型。其中 Power-Law 模型综合反映了金属材料的应变硬化效应、应变率强化效应和热软化效应，与实验结果吻合得较好。

Power-Law 模型是切削加工领域常用的本构模型，AdvantEdge 专用切削有限元仿真软件是基于幂函数 Power-Law 本构模型进行仿真的。Power-Law 模型为了扩展适应范围，对应变硬化项、应变率强化效应项和热软化效应项均进行了分段函数表达。同时，对热软化项采用多项式表达，大幅减少了模型误差。为了便于后续切削仿真分析，本章对 Power-Law 本构模型的方程参数进行了拟合分析。与 Johnson-Cook 模型类似，Power-law 模型也可由应变硬化项 $g(\varepsilon^{p})$、应变率强化效应项 $\Gamma(\dot{\varepsilon})$ 和热软化效应项 $\Theta(T)$ 表达，如式(7-8)所示。

$$\sigma = g(\varepsilon^{p})\Gamma(\dot{\varepsilon})\Theta(T) \tag{7-8}$$

应变硬化项定义为式(7-9)，应变率强化项定义为式(7-10)，热软化效应项定义为式(7-11)。

$$\begin{cases} g(\varepsilon^{\mathrm{p}}) = \sigma_0 \left(1 + \dfrac{\varepsilon^{\mathrm{p}}}{\varepsilon_0^{\mathrm{p}}}\right) & (\varepsilon^{\mathrm{p}} \leqslant \varepsilon_{\mathrm{cut}}^{\mathrm{p}}) \\ g(\varepsilon^{\mathrm{p}}) = \sigma_0 \left(1 + \dfrac{\varepsilon_{\mathrm{cut}}^{\mathrm{p}}}{\varepsilon_0^{p}}\right)^{1/n} & (\varepsilon^{\mathrm{p}} > \varepsilon_{\mathrm{cut}}^{\mathrm{p}}) \end{cases} \tag{7-9}$$

式中：σ_0 为初始屈服应力；ε_0^p 为参考塑性应变；$\varepsilon_{\mathrm{cut}}^p$ 为截止应变；n 为应变硬化指数。

$$\begin{cases} \Gamma(\varepsilon) = \left(1 + \dfrac{\dot{\varepsilon}}{\varepsilon_0}\right)^{\frac{1}{m_1}} & (\dot{\varepsilon} \leqslant \dot{\varepsilon}_{\mathrm{cut}}) \\ \Gamma(\varepsilon) = \left(1 + \dfrac{\dot{\varepsilon}}{\varepsilon_0}\right)^{\frac{1}{m_2}} \left(1 + \dfrac{\dot{\varepsilon}_{\mathrm{cut}}}{\dot{\varepsilon}_0}\right)^{\left(\frac{1}{m_1} - \frac{1}{m_2}\right)} & (\dot{\varepsilon} > \dot{\varepsilon}_{\mathrm{cut}}) \end{cases} \tag{7-10}$$

式中：$\dot{\varepsilon}$ 为应变率；$\dot{\varepsilon}_0$ 为参考塑性应变率；$\dot{\varepsilon}_{\mathrm{cut}}$ 为截止应变率；m_1 为低应变率敏感系数；m_2 为高应变率敏感系数。

$$\begin{cases} \Theta(T) = C_0 + C_1 T + C_2 T^2 + C_3 T^3 + C_4 T^4 + C_5 T^5 & (T \leqslant T_{\mathrm{cut}}) \\ \Theta(T) = \Theta(T_{\mathrm{cut}}) \left(1 - \dfrac{T - T_{\mathrm{cut}}}{T_{\mathrm{melt}} - T_{\mathrm{cut}}}\right) & (T > T_{\mathrm{cut}}) \end{cases} \tag{7-11}$$

式中：$C_0 \sim C_5$ 为多项式拟合系数；T_{melt} 为熔化温度；T_{cut} 为截止温度。

Power-Law 本构模型应变硬化项、应变率强化项的拟合方法与 Johnson-Cook 模型拟合方法类似，经拟合得应变硬化项为

$$\begin{cases} g(\varepsilon^{\mathrm{p}}) = 700 \left(1 + \dfrac{\varepsilon^{\mathrm{p}}}{0.001}\right)^{1/25} & (\varepsilon^{\mathrm{p}} \leqslant 0.18) \\ g(\varepsilon^{\mathrm{p}}) = 700 \left(1 + \dfrac{0.18}{0.001}\right)^{1/25} = 838.4 & (\varepsilon^{p} > 0.18) \end{cases} \tag{7-12}$$

应变率强化项为

$$\begin{cases} \Gamma(\varepsilon) = \left(1 + \dfrac{\dot{\varepsilon}}{10^{-3}}\right)^{\frac{1}{58}} & (\dot{\varepsilon} \leqslant 10^2) \\ \Gamma(\varepsilon) = \left(1 + \dfrac{\dot{\varepsilon}}{10^{-3}}\right)^{\frac{1}{17}} \left(1 + \dfrac{10^2}{10^{-3}}\right)^{\left(\frac{1}{58} - \frac{1}{17}\right)} & (\dot{\varepsilon} > 10^2) \end{cases} \tag{7-13}$$

采用类似 Johnson-Cook 模型的拟合方法，取出不同温度下的屈服强度；对所取的屈服强度做处理，除去应变率效应项和初始屈服强度，得到热软化系数特征曲线，如图 7-18(a)所示。从图中可以看出，热软化的趋势并非完全符合线性规律，包含了线性部分与非线性部分，该材料的温度敏感性较强，温度效应明显。截止转变温度 T_{cut} 的范围在 500 ℃到 700 ℃；临界转变温度 $T = T_{\mathrm{cut}}$，利用

参数识别法可拟合得出各系数值($C_0=1.027$,$C_1=-1.462\times10^{-3}$,$C_2=7.568\times10^{-6}$,$C_3=-2.176\times10^{-8}$,$C_4=1.734\times10^{-11}$,$C_5=0$)。$T=700$ ℃满足 $T>T_{cut}$条件,代入可得式(7-15)。

$$\Theta(T_{cut})=C_0+C_1T_{cut}+C_2T_{cut}{}^2+C_3T_{cut}{}^3+C_4T_{cut}{}^4+C_5T_{cut}{}^5 \tag{7-14}$$

$$\Theta(700)=\Theta(T_{cut})\left(1-\frac{700-T_{cut}}{T_{melt}-T_{cut}}\right) \tag{7-15}$$

已知 $\Theta(700)=0.48$,$T_{melt}=1500$ ℃,将式(7-14)、式(7-15)联立成关于截止转变温度 T_{cut}的多项式方程可解出对应数值 $\Theta(T_{cut})$及 T_{cut}。这是一个关于 T_{cut}的多项式方程,求出该方程在[500 ℃,700 ℃]内的根即可。于是得 $T_{cut}=538$ ℃,$\Theta(T_{cut})=0.4952$。则本构模型热软化项拟合结果如下。

$$\begin{cases}\Theta(T)=1.027-1.462\times10^{-3}T+7.568\times10^{-6}T^2 \\ \qquad\qquad -2.176\times10^{-8}T^3+1.734\times10^{-11}T^4 & (T\leqslant 538\ ℃) \\ \Theta(T)=0.4952\left(1-\dfrac{T-538}{1500-538}\right) & (T>538\ ℃)\end{cases} \tag{7-16}$$

Power-Law 本构模型拟合后的参数如表 7-3、表 7-4 和表 7-5 所示。本构模型拟合曲线与 SHPB 实验数据对比如图 7-18(b)所示。类似地,计算出平均绝对误差(AARE)和均方差(RMSE)分别为 5.15%和 24.5 MPa。该拟合方法准确度高,可以用于后续的切削机理仿真分析。

表 7-3　应变硬化参数

初始应力 σ_0	参考塑性应变 ε_0^p	截止应变 ε_{cut}^p	应变硬化指数 n
7×10^8	0.002	0.18	25.13

表 7-4　应变率硬化项系数

m_1	m_2	$\dot{\varepsilon}_0$	$\dot{\varepsilon}_{cut}$
58	17	0.001	100

表 7-5 热软化效应系数

C_0	C_1	C_2	C_3	C_4	C_5	T_{melt}	T_{cut}
1.027	-1.462×10^{-3}	7.568×10^{-6}	-2.176×10^{-8}	1.734×10^{-11}	0	1500	538

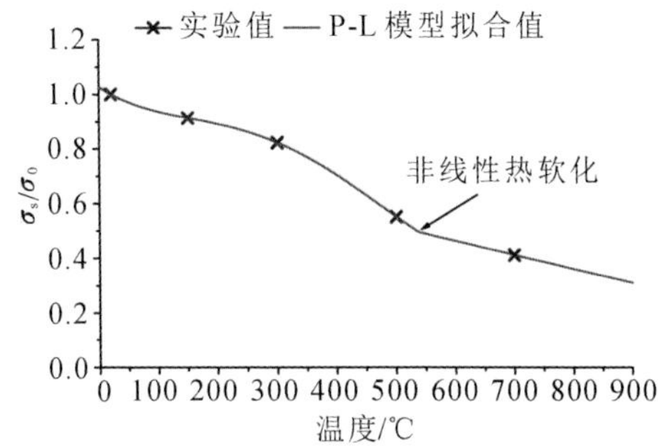

(a) 热软化项分析图 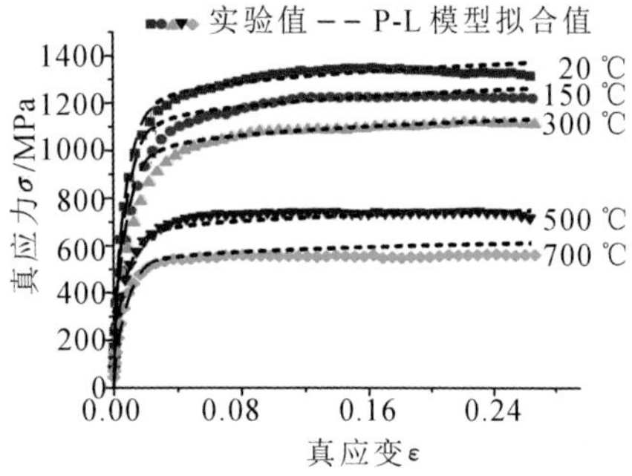 (b) 本构模型拟合值与SHPB实验数据对比

图 7-18 热软化拟合分析及本构模型拟合曲线对比

7.3 涡轮盘耐热合金材料切削物理仿真与实验验证

7.3.1 直角切削仿真与材料本构参数影响分析

金属切削过程包括了弹性变形、热塑性变形到切屑断裂分离的过程，其中热塑性变形阶段包括滑移、孪生、晶界滑动、扩散性蠕变等动态力学行为。热塑性变形阶段的动态力学行为可用 7.2 节拟合的材料本构模型来表达。

如图 7-19 所示，榫槽粗拉削阶段采用刃倾角 $\lambda_s=0°$ 的平面拉刀。拉刀的切削刃与切削速度方向垂直，因此单个切削刃可等效为直角切削。而曲线轮廓精拉刀或者刃倾角不为 0°的平面拉刀，仍然可以沿刃口微元离散为单元刀具，每个单元刀具均可以近似看成直角切削进行处理。此后，再将微元刀具沿着刃口曲线重构，借助直角切削同样可辅助分析得到切削力、切削温度分布等响应值。对于拉削过程，通过刀具任一中剖面可表示为二维直角切削过程。

如图 7-20 所示，应用有限元软件建立切削有限元物理仿真模型，建模过程包括前处理、求解、后处理三个阶段。其中前处理阶段包括建立刀具结构几何模型、材料本构模型、将刀具和工件离散划分为单元网格、确定切屑分离准则、

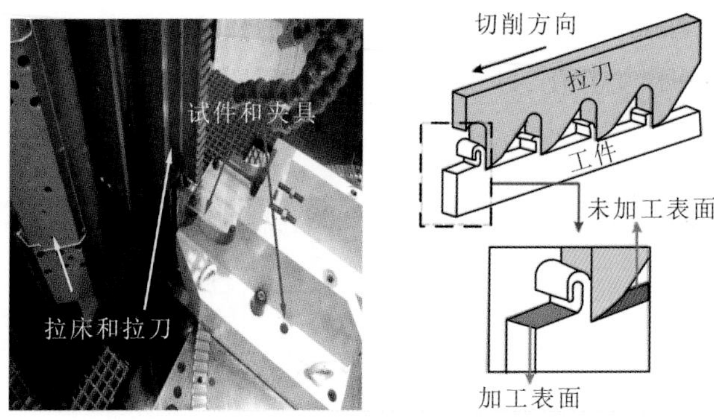

图 7-19　榫槽拉削加工现场和平面拉削示意图

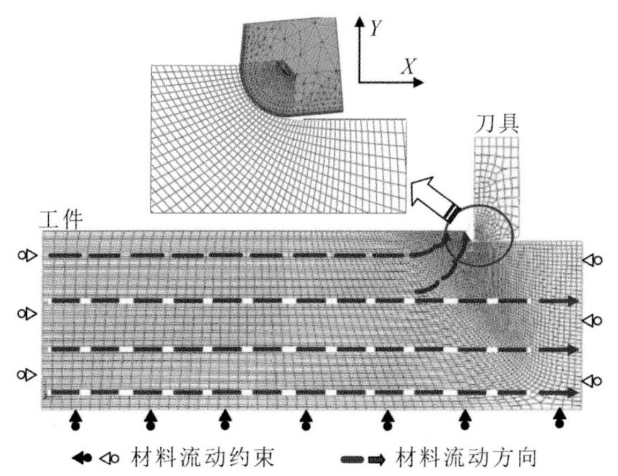

图 7-20　切削有限元模型示意图

施加边界条件。施加边界条件包括载荷(加工工艺参数)和工件形状约束,然后进行求解计算、分析后处理结果。在切削有限元分析领域,常用的分析软件有ABAQUS、Deform、AdvantEdge 等,其中 AdvantEdge 软件的前处理、解算器及后处理等模块专门针对切削仿真而开发,已被国内外广泛采用[135,136]。

由于涡轮盘采用的工件材料 X12CrMoWVNbN-10-1-1 为非常用材料,切削有限元分析软件中没有预先给出。因此,切削物理仿真时首先需要根据前面拟合的材料本构模型进行自定义。本章涉及的拉削过程为低速拉削,应变率和温度范围可选用 Power-Law 本构模型的低应变、低应变率和低温段的分段函数。如采用热成像仪测出涡轮盘榫槽拉削温度均低于 500 ℃,则热软化项取 $T \leqslant 538$ ℃的工况。将工件材料 X12CrMoWVNbN-10-1-1 对应的流变应力

Power-Law 的本构模型输入到有限元软件 AdvantEdge FEM 中，自定义切削工件材料，切削仿真所需的其他性能参数如表 7-6 所示。

表 7-6 其他材料特性参数

比热容 C_p/[J/(kg·℃)]	热导率 K/[W/(m·℃)]	密度 ρ/(kg/m^3)	杨氏模量 E/Pa	泊松比 ν
546	26.1	7790	2.1×10^{11}	0.3

$$\sigma(\varepsilon^p,\dot{\varepsilon},T)=g(\varepsilon^p)\Gamma(\dot{\varepsilon})\Theta(T)=700\times\left(1+\frac{\varepsilon^p}{0.001}\right)^{1/25}\times\left(1+\frac{\dot{\varepsilon}}{1000}\right)^{1/58}$$
$$\times(1.027-1.462\times10^{-3}T+7.568\times10^{-6}T^2-2.176\times10^{-8}T^3+1.734\times10^{-11}T^4) \tag{7-17}$$

此外，切屑分离准则通常采用断裂标准衡量参数 w 来定义：

$$w=(\bar{\varepsilon}_0^{\ pl}+\sum\bar{\varepsilon}^{pl})/\bar{\varepsilon}_f^{\ pl} \tag{7-18}$$

式中：$\bar{\varepsilon}_0^{\ pl}$为初始参考值；$\bar{\varepsilon}^{pl}$为等效塑性应变瞬态增量；$\bar{\varepsilon}_f^{\ pl}$为断裂时瞬时等效塑性应变值。$w$ 值达到 1 时，发生断裂行为。

表 7-7 给出了材料本构模型参数波动值，通过改变材料本构参数值可以分析材料发生硬化或软化时切削应力、切削温度的影响。图 7-21 给出了本构参数波动对切削应力、切削温度的影响。图 7-22 和图 7-23 给出了改变应变硬化系数后，切削应力分布和切削温度场的分布。

表 7-7 本构模型参数波动

材料参数波动	−40%	−20%	0%	20%	40%
初始应力 σ_0	4.2×10^8	5.6×10^8	7×10^8	8.4×10^8	9.8×10^8
应变硬化指数 n	15.078	20.104	25.13	30.156	35.182
应变率系数 m	34.8	46.4	58	69.6	81.2
热软化系数 C_0	0.6162	0.8216	1.027	1.2324	1.4378

由图 7-21 可知，切削应力和切削温度随应变硬化系数及应变率系数的增加而相应减小；通过本构模型可以看出，随着应变硬化系数、应变率系数的增加，材料的流动应力减小，切削应力和切削温度相应减小。反之，随着应变硬化

系数、应变率系数的减小，材料的应变硬化、应变率强化效应增大，切削应力和切削温度相应增加。类似地，可以分析出切削应力和切削温度随热软化系数及初始应力的增加而增大。这与本构方程模型的表达趋势一致。随着材料流变应力的增加，第一变形区的切削应力也呈现出增大的趋势，切削应力逐渐从刀尖处向后刀面接触区扩散。

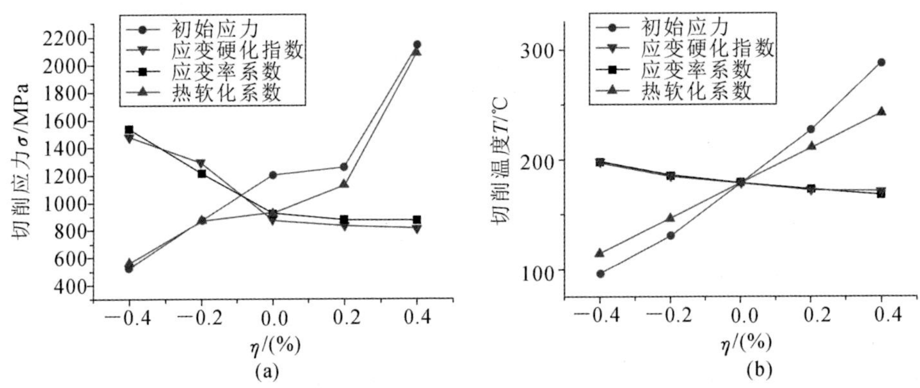

图 7-21　本构参数波动对切削应力、切削温度的影响

从图 7-22 可知，第一变形区及刀尖处呈现为高应力区，应变硬化情况的改变对应力影响比较明显，且刀尖处存在较为明显的应力集中。随着应变硬化系数的增加，最大应力值逐渐减小，而当应变硬化系数减少 40%时，最大应力值增加约 12.5%，且高应力区从刀尖向周围扩散。由图 7-23 可知，随着应变硬化系数的增加，刀具和切屑的温度会降低。应变率系数的变化对应力和刀尖温度的影响较小，当应变率系数增加时，刀尖处应力会降低，在第一变形区的应力随之减小，高应力区开始从后刀面向刀尖处收缩；同时，最高温度出现在切屑与前刀面的接触区，这主要是由刀屑之间的摩擦导致的。可见，本构模型对切削仿真的影响呈现非线性特征，其中初始应力和热软化影响最为显著。

7.3.2　切削力及切削温度的仿真与实验分析

为了进一步验证切削仿真模型的准确性，本小节通过拉削实验与仿真结果，选择切削过程中两个最重要的物理量（切削力和切削温度）进行对比分析。针对 F 级重型燃气轮机涡轮盘耐热合金材料的拉削，实验和仿真采用相同的条

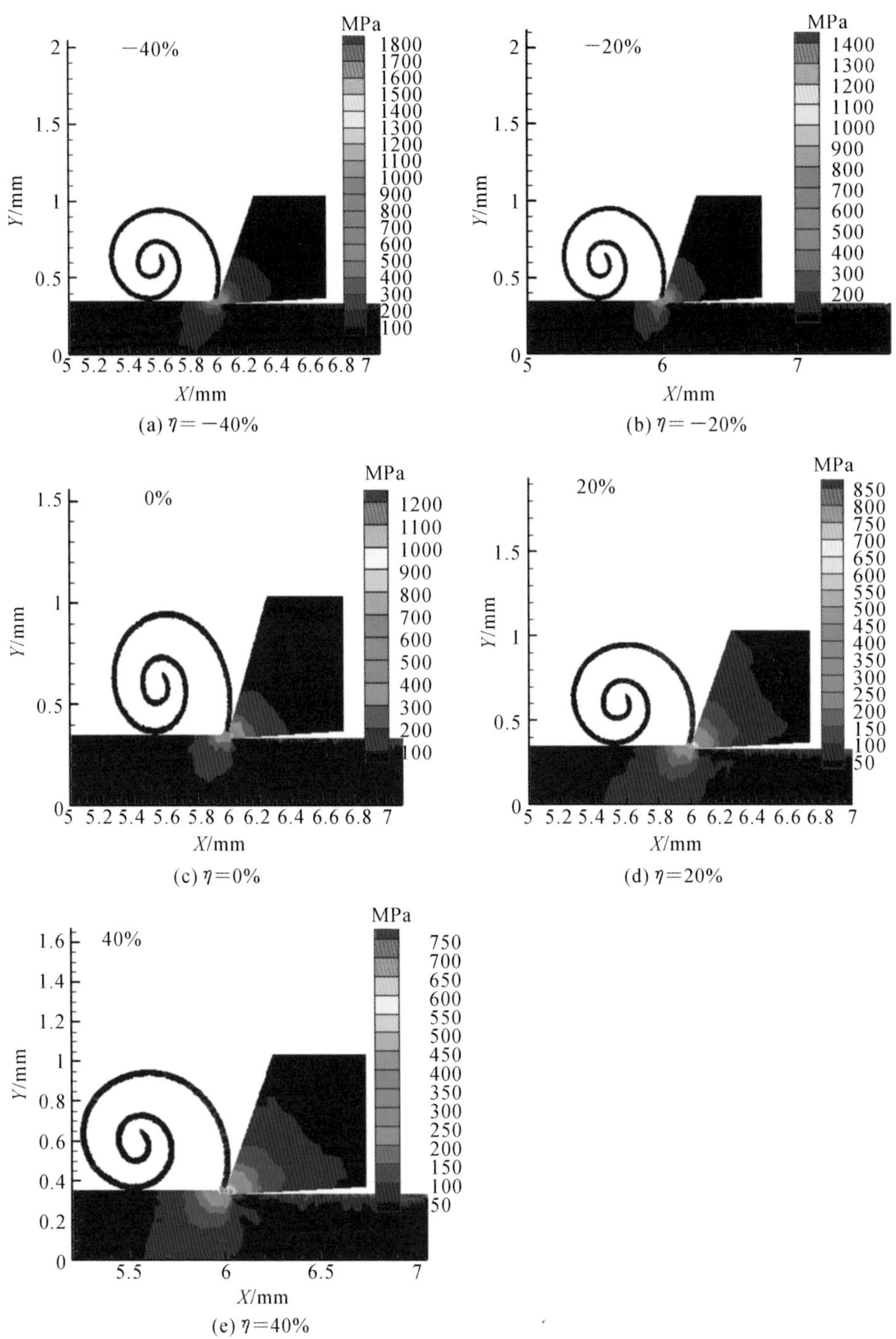

(a) $\eta=-40\%$

(b) $\eta=-20\%$

(c) $\eta=0\%$

(d) $\eta=20\%$

(e) $\eta=40\%$

图 7-22　改变应变硬化系数对切削应力分布的影响

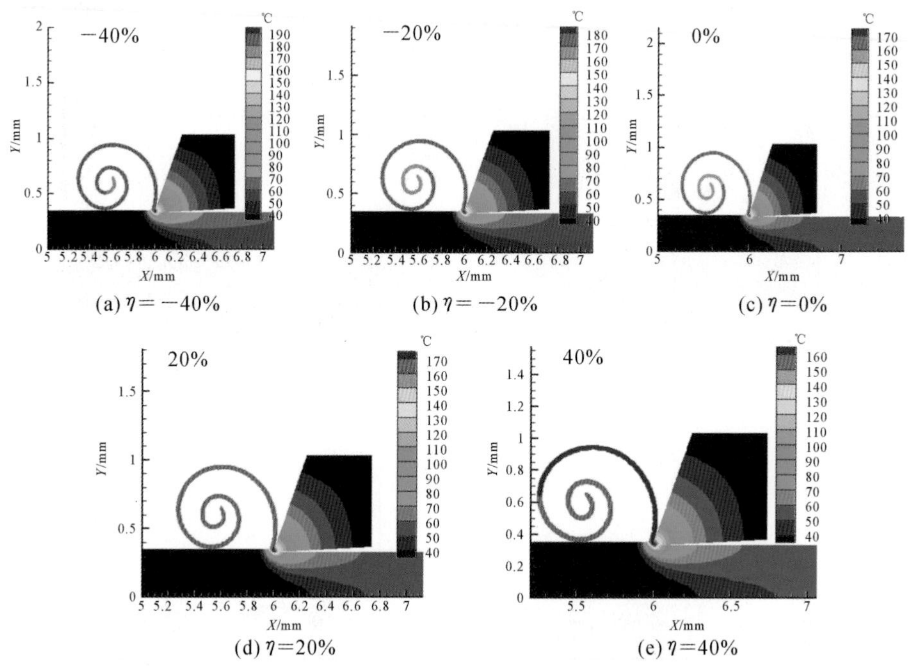

图 7-23 改变应变硬化系数对温度分布的影响

件。实验采用国产 20 t 拉力的卧式拉床，实验示意图和实验现场如图 7-24 所示。实验采用热电偶与热成像仪同步测试切削温度，采用两方向应变传感器测量应变，经标定后可转换为切削力。实验条件：工件材料为 X12CrMoWVNbN-10-1-1，切削工件的部位为中间宽度为 15 mm 的凸台，拉削速度为 10 m/min，齿升量为 0.02～0.08 mm，刀具前角为 10°～40°，刀具后角为 1°～5°。实验中为了便于比较分析刀具参数，分析不同前角、后角及齿升量对切削力和切削温度的影响，选用多齿平面拉刀，每个齿具有独立的刃口参数。为了降低相邻齿的干扰，方便处理单齿的切削力和切削温度，选用两齿之间的齿距大于被切工件厚度的拉刀，这样每次测力仪测出的切削力就为单齿的切削力；切削温度也做类似处理。

表 7-8 给出了不同前角情况下的切削力仿真值和实验结果，其中两齿之间的齿升量(相当于切深)为 0.04 mm，前角为 10°～40°，后角为 3°。对比分析沿着拉削方向力的误差最大为 11.08%，切削深度方向的拉削力最大误差为 10.08%，总切削力最大误差为 10.34%。

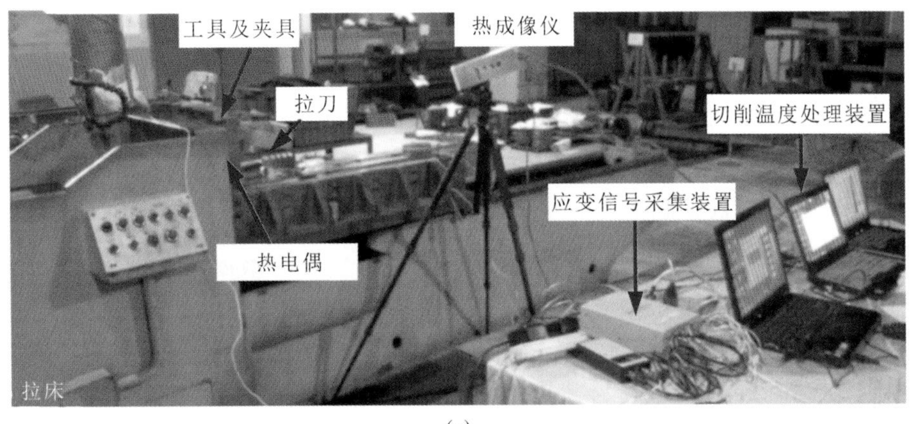

(a)

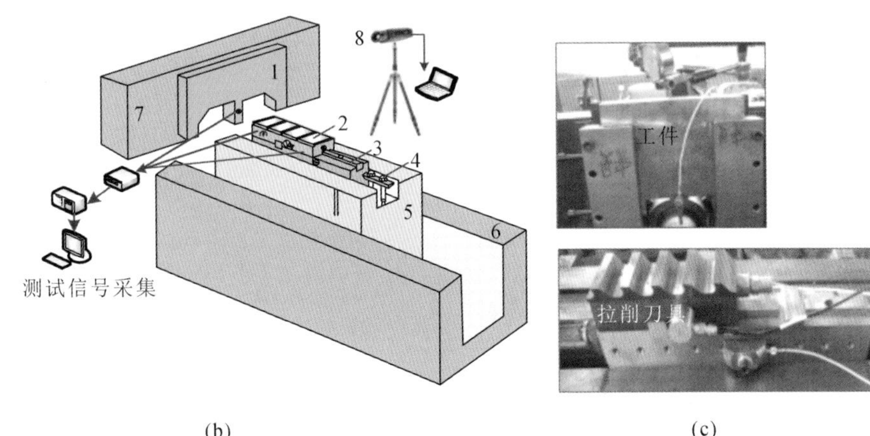

(b) (c)

图 7-24 拉削实验现场及示意图

1—工件;2—刀具;3—刀具基座;4—固定压条;5—滑动导轨;6—固定导轨;7—固定底板;8—热成像仪

表 7-8 切削力仿真值与实验结果对比

前角	拉削方向的切削力 F_x			切深方向的切削力 F_y			总切削力 F_R		
	仿真值/N	实验值/N	误差/(%)	仿真值/N	实验值/N	误差/(%)	仿真值/N	实验值/N	误差/(%)
10°	1703	1621	5.05	704	783	−10.08	1843	1801	2.33
20°	1507	1554	−3.02	753	773	−2.59	1685	1735	−2.88
30°	1356	1525	−11.08	909	996	−9.51	1633	1821	−10.34
40°	1126	1230	−8.45	1031	1101	6.35	1527	1651	−7.51

切削力和切削温度产生误差的主要原因是：

(1) 环境因素是对温度影响较大的因素，切削仿真在干切削室温条件下进行，而实验过程中切削温度受环境传热、室温波动、刀具磨损的影响较大。

(2) 本构模型是基于材料动态压缩塑性变形条件建立的，而切削过程是剪切塑性变形过程，二者之间的差异是导致产生误差的因素之一。

(3) 切削力测量值受切削工艺系统的稳定性影响较大。随着前角增加，切削力的误差也增加。刀具前角增加，则振动增加，切削过程中的不平稳现象对切削力实验测量值的影响则增大。

(4) 本构模型建模是采用有限的离散数据点拟合而成的，将其应用在连续函数中不可避免地会带来误差。同时，对于不在实验范围内的应变、应变率情况，本构模型采用外延法扩展带来的误差也相应地会较大。

尽管切削仿真和实验结果对比存在一定的误差，但是误差在可接受的范围内，且切削力和切削温度的仿真结果(见图 7-25)呈现的总体趋势是正确的。图 7-26 给出了不同前角 γ、后角 α、切削深度(齿升量 h_{fi})条件下的切削力仿真数值。

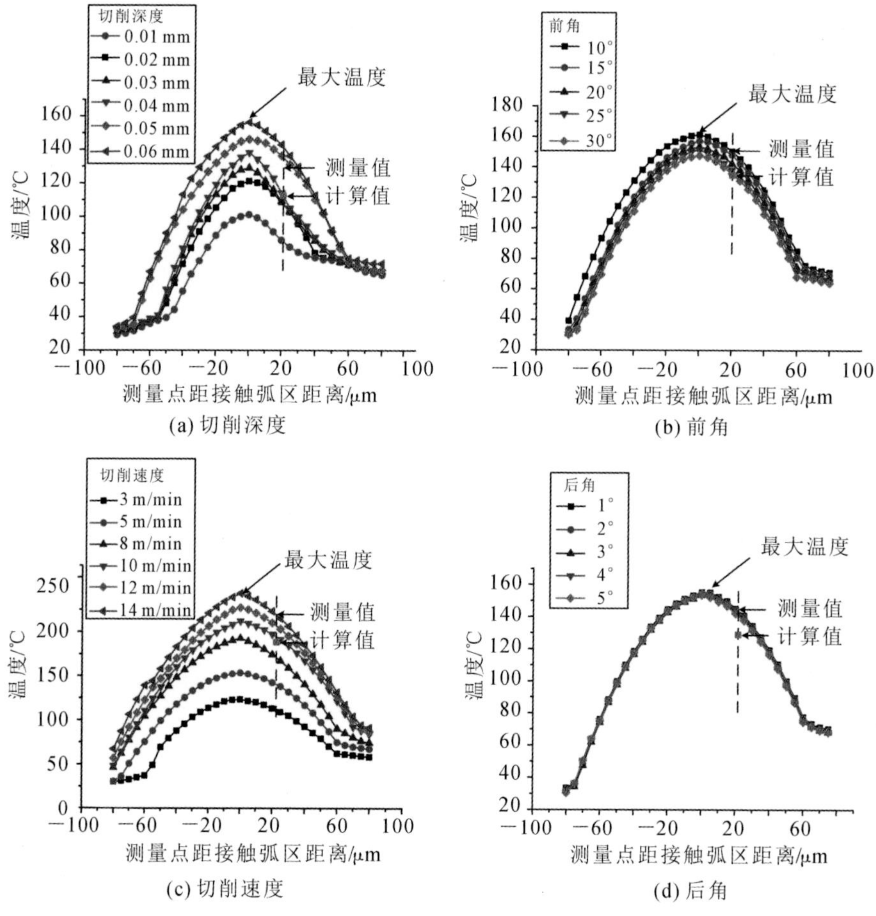

(a) 切削深度

(b) 前角

(c) 切削速度

(d) 后角

图 7-25 切削参数对切削温度的影响

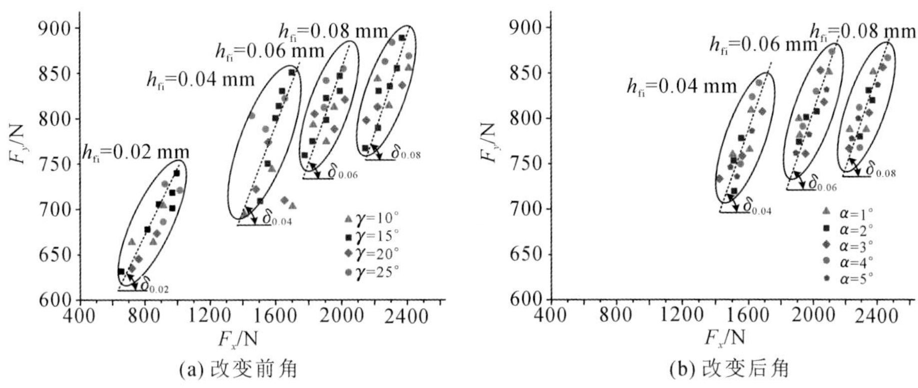

(a) 改变前角　　(b) 改变后角

图 7-26　不同条件下的切削力仿真数值

从图 7-26 中可以看出，随着切削深度的增加，总体趋势倾向于回归到同一斜率的直线上，回归直线的斜率为切削力比值，两个方向的切削力的关系近似为：$F_y = F_x \tan(\beta - \gamma)$。其中 β 为摩擦角，γ 为刀具前角。为了方便表达切削力，对切削力进行归一化处理，假定切削力沿着刀具宽度方向均布，则可采用平均处理方式计算得出单位切削宽度上的切削力系数。于是，切削力可表达为切削力系数与切削宽度的乘积。直角切削的两个方向的切削力分量可以表达为

$$F_x = \sum_{i=1}^{m} L_i (K_{te} \cdot h_{fi}{}^{K_{tc}}) \tag{7-19}$$

$$F_y = \sum_{i=1}^{m} L_i (K_{fe} \cdot h_{fi}{}^{K_{fc}}) \tag{7-20}$$

式中：L_i 为刀具宽度；F_x 为沿着拉削方向的进给方向切削力；F_y 为垂直于拉削方向的法向切削力；K_{tc} 和 K_{te} 为切削速度方向的切削力系数；K_{fc} 和 K_{fe} 为垂直于切削速度方向的切削力系数。以刀具前角 20°和后角 3°的刀具为例，通过直角切削求得的切削力系数为：$K_{tc} = 0.523$，$K_{te} = 10^{3.65}$，$K_{fc} = 0.188$，$K_{fe} = 10^{2.81}$。

7.3.3　切屑成形规律及剪切角的仿真与实验分析

切削深度与刀具刃口钝圆半径影响切屑的成形，但是刀具刃口的钝圆半径在制备刀具过程中具有一定的随机性，较难精确控制。本节认为钝圆半径不

变，通过改变切削深度（相当于拉刀刀齿的齿升量）分析切屑成形规律。通过刃磨的方式改变齿升量，进行拉削实验，并与切削仿真进行对比分析。因为对于拉刀，切削深度和钝圆半径比值是影响临界剪切与挤压的关键参数。为了更好地分析成屑的临界齿升量，定义无量纲参数

$$\xi = \frac{h_{\mathrm{fi}}}{r_{\mathrm{o}}} \tag{7-21}$$

式中：h_{fi}、r_{o} 分别是切削深度（相当于拉刀刀齿的齿升量）和刀齿刃口钝圆半径。图 7-27(a)给出了不同齿升量对切屑成形的影响规律，图 7-27(b)(c)所示为在 $\xi=0.16$、$\xi=7.25$ 两种条件下实验获得的切屑形貌。

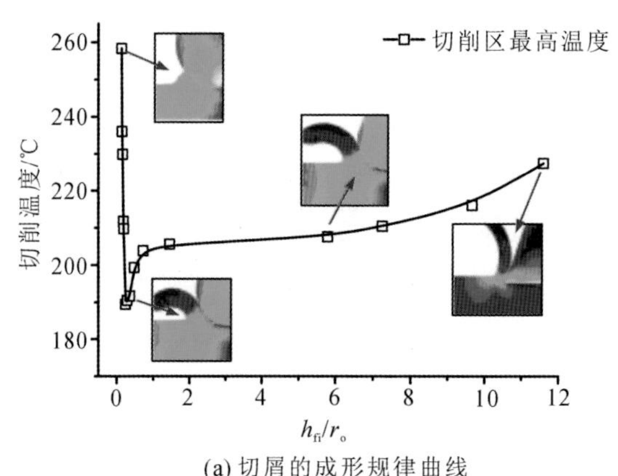

(a) 切屑的成形规律曲线

(b) ξ=0.16时的切屑形貌

(c) ξ=7.25时的切屑形貌

图 7-27　切屑成形结果对比

由图 7-27 可以看出，在齿升量较小及刀具钝圆的作用下，工件材料不能被完全剪切，难以形成完整的切屑，此时挤压变形起主导作用。当齿升量小到一定数值($\xi=0.13$) 时，工件材料会受到刀具刃口的强烈挤压，产生塑性变形。同时，刀具与材料产生剧烈的摩擦，从而产生比正常切削状态更多的热量，使切削温度较高。通过实验测得类似的切屑形态，当 $\xi=0.16$ 时，切屑不是完整的形态，表面有明显的撕裂现象。根据仿真分析的结果，当齿升量增加到一定程度时，开始形成完整的切屑，出现挤压及摩擦减缓现象，剪切逐渐起主导作用，切削温度反而有所下降。当齿升量进一步增加时，所需的切削能量也相应地增大，从而切削温度逐渐升高。

剪切角是度量切削过程的一个重要的参考物理量，通常用剪切面与切削速

度方向之间的夹角表示。图7-28(a)所示为刀具的齿升量 $h_{fi}=0.058$ mm时的切屑形态，相当于切削深度 $t=0.058$ mm。实验测得的平均切屑厚度 $t_c=0.062$ mm，则切削的剪切角 ϕ 可通过式(7-22)计算。图7-28(b)所示的仿真分析结果显示剪切角约为50.5°，误差约为3.44%。

由

$$\tan\phi=\frac{(t/t_c)\cos\gamma}{1-(t/t_c)\sin\gamma}=1.29 \tag{7-22}$$

可得

$$\phi=52.3^\circ$$

(a) 切屑形貌

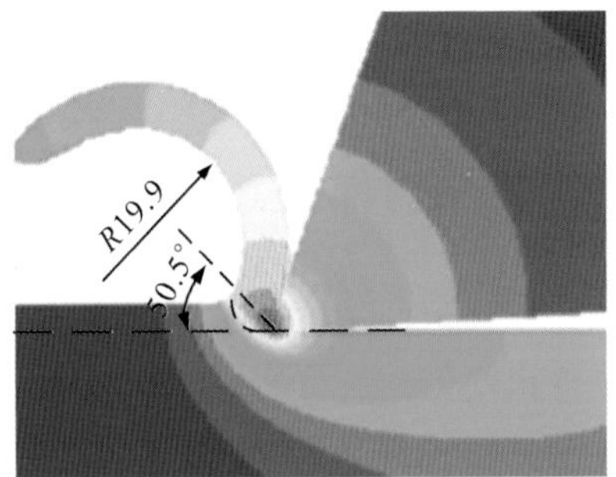

(b) 剪切角测量

图7-28 切屑形貌及剪切角

表7-9给出了不同切削参数对应的剪切角模拟仿真值，通过分析可知，剪切角随着前角的增加而增加。可见在拉削过程中，增加刀具前角的大小，有利于减少切削变形，但是刀具前角的选择还受到切削刃强度的限制，并非越大越好。经典的Merchant直角切削理论认为剪切角取决于前角和前刀面的摩擦角。由表7-9可以看出，后角对剪切角的影响不显著，这与Merchant理论相符。传统的剪切角理论包括Merchant理论、Lee-Shaffer理论、Shaw理论和Oxley理论等。这些理论通常都假定切削速度不变。但是，由表7-9可以看出，剪切角与切削速度密切相关。于是，本节对剪切角的经典理论模型进行修正，引入切削速度影响项，为 $\varphi=\frac{\pi}{4}-\frac{\beta}{2}+\frac{\gamma}{2}+c(V_c)$，进一步回归分析可得 $\varphi=\frac{\pi}{4}-\frac{\beta}{2}+\frac{\gamma}{2}+(-12.25+4.201V_c-0.0743V_c^2)$。切削速度越大，剪切角也越大。

表 7-9　剪切角模拟分析数值

后角	对应剪切角	前角	对应剪切角	切削速度/(m/min)	对应剪切角
1°	37.98°	10°	31.09°	3	28.27°
2°	37.82°	15°	36.03°	5	33.37°
3°	37.92°	20°	38.80°	8	38.61°
4°	38.16°	25°	40.48°	10	58.33°
5°	38.91°	30°	45.69°	12	51.35°

7.4　涡轮盘榫槽拉削刀具刃口廓型设计方法

7.4.1　榫槽组合拉刀工作时序特征

转子是燃气轮机的核心部件，其中，叶片通过叶根榫槽与压气机轮盘、透平轮盘相连。轮盘与叶片连接的榫槽形式大致可以分为燕尾型、菌型、枞树型等。其中承载力较大的连接榫槽通常采用枞树型。本小节主要对枞树型榫槽的成形拉削进行研究。重型燃气轮机涡轮盘采用图 7-3 所示的复杂的枞树型榫槽。

在拉削重型燃气轮机转子轮盘榫槽的过程中，从毛坯到最终成形枞树型榫槽零件，材料的去除余量大，加工精度要求高。一般拉削分为非型线部分、型线部分，大致包括从粗加工到精加工阶段(没有严格划分出半精加工阶段)。图 7-29 给出了枞树型榫槽拉削序列化拉刀的工作过程。非型线部分拉削的主要任务是去除大部分的切削余量，是矩形式拉削，且余量大，属于粗加工；型线部分精加工的切削余量小，其任务是形成和保证廓形精度，保证加工表面质量。透平轮盘枞树型型线榫槽加工为精拉削方式，其中精拉刀型线和被加工零件型线一致，较为复杂。

F 级重型燃气轮机轮盘叶根榫槽采用的组合拉刀，其主切削刃和副切削刃的刃口形式主要为单直线刃口、多段直线组合刃口、多段曲线组合刃口、多段直线-曲线组合刃口等。如图 7-30 和图 7-31 所示，在粗拉削阶段，轮盘榫槽中间余量按照矩形余量分配方式去除，榫槽齿形余量按照梯形余量分配方式去除。图 7-32 所示的槽底精拉刀以直线-圆弧曲线多段组合刃口为主，图 7-33所示的槽廓精拉

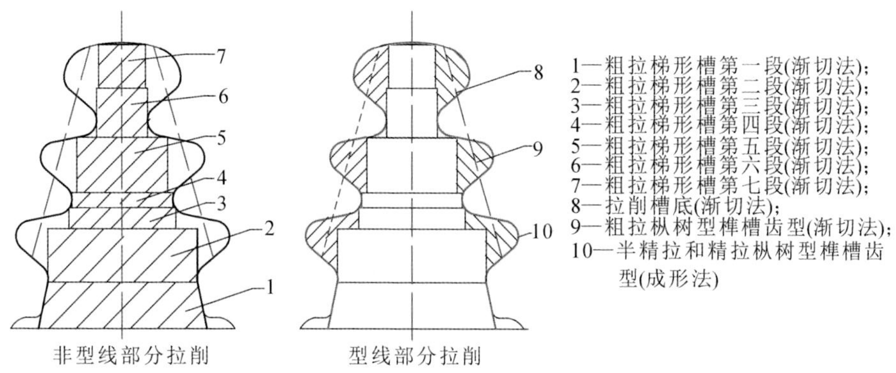

图 7-29　枞树型轮槽成形拉削工艺

刀采用与最终轮盘叶根榫槽型线同廓的多段曲线组合刃口。

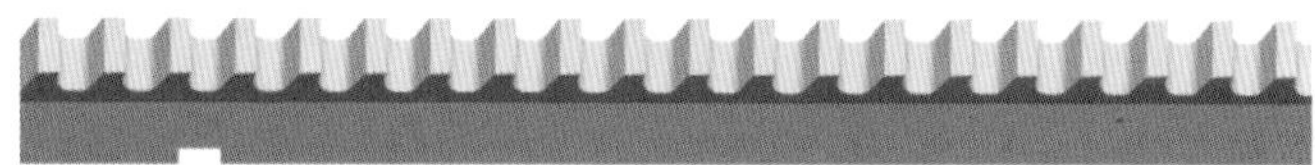

图 7-30　透平轮盘榫槽典型平面粗拉刀

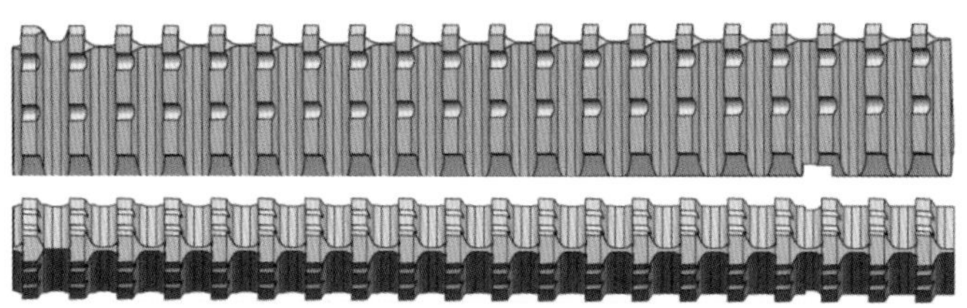

图 7-31　榫槽侧面去除材料用的粗拉刀

图 7-32　槽底精拉刀

7.4.2　枞树型榫槽型线与精拉刀刃口曲线映射方法

精拉刀的刃口曲线是保证榫槽型面精度的关键，本小节将研究从榫槽的枞树型曲线中得到精拉刀的刃口曲线的映射方法。如图 7-34 所示，红色投影线为最终需要成形加工的榫槽轮廓线，蓝色线为对应的精拉刀刃口轮廓线。由于拉削过程是直线运动，刃口曲线在榫槽所在平面内的投影曲线，与枞树型榫槽轮廓型线是重合的。

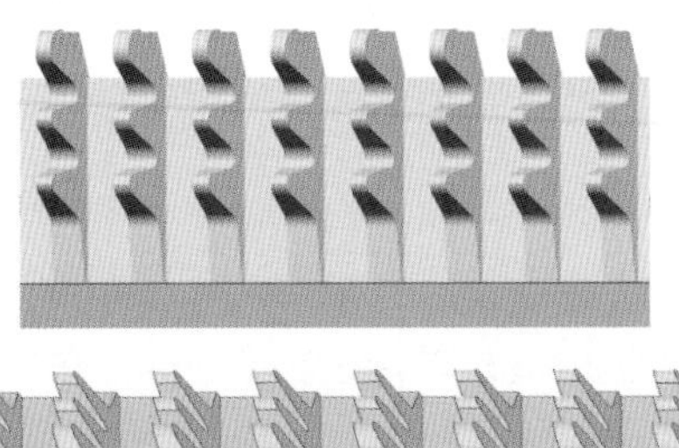

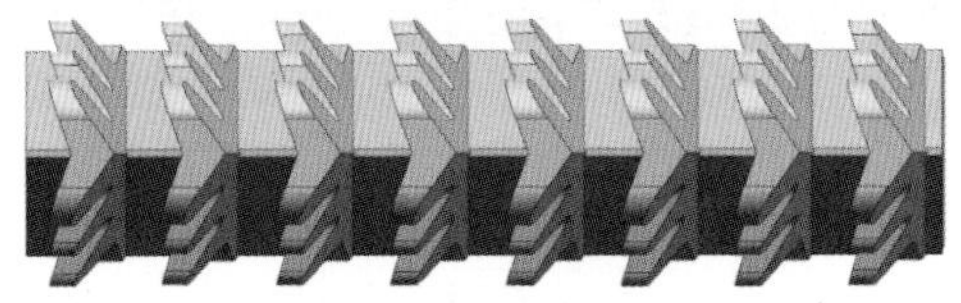

图 7-33 槽廓精拉刀

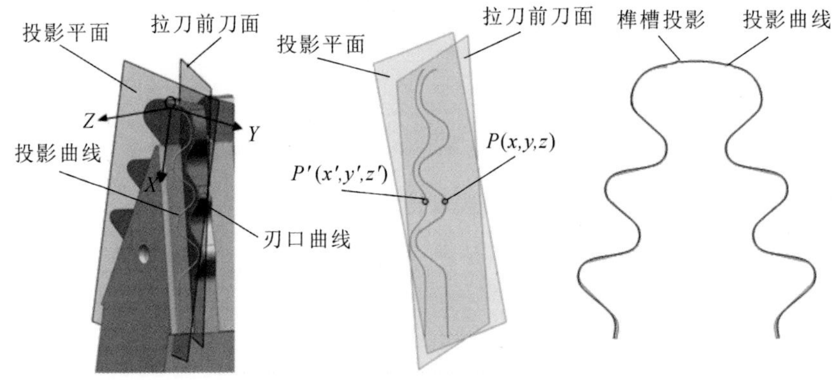

图 7-34 拉削刃口的曲线映射示意图

因此，可通过图形变换的方法或者坐标变换的方法建立两者之间的联系。拉刀的精准化设计也包括刀具刃口轮廓曲线的精确设计。通常情况下，被加工的榫槽轮廓是在重型燃气轮机轮盘设计阶段即确定完成的，重型燃气轮机中应用于涡轮盘第三级和第四级的枞树型榫槽曲线的周长尺寸、深度尺寸均为最大尺寸值。

假设拉刀轮廓刃口曲线上任一点的坐标为 $P(x,y,z)$，可投影变换到枞树型榫槽所在的平面内，对应在榫槽轮廓线上的坐标为 $P'(x,y,z)$。变换方程为 $\boldsymbol{P}'=\boldsymbol{P}\cdot\boldsymbol{T}_{\mathrm{H}}$，其中投影矩阵为 $\boldsymbol{T}_{\mathrm{H}}=\begin{bmatrix}1&0&0&0\\0&1&0&0\\0&0&0&0\\0&0&0&1\end{bmatrix}$。由于上述投影矩阵无逆矩阵，在已知榫槽轮廓曲线点的情况下，不易反向求解出刃口曲线点坐标。图形变换和坐标变换可以相互转化。为此，本小节提出坐标变换的方式，将枞树型榫槽曲线上点的坐标转化为在刀具前刀面坐标系内表达，这样就可以间接得到刃口曲线上所需的点坐标。通过离散点拟合曲线可以得到刃口曲线的解析方程。

假设要加工成形的枞树型外轮廓上的任一点，在枞树型榫槽所在平面内表达的坐标为 $Q(x,y,z)$。通过坐标系转换到刀具前刀面坐标系内表达，反推得到刀具轮廓刃口曲线上对应的点坐标 $Q'(x,y,z)$。通过坐标旋转变换，将枞树型轮廓线的坐标系转换到拉刀前刀面内(其中刀具前角为 γ)，其坐标旋转矩阵为

$$\boldsymbol{T}_1 = \begin{bmatrix} 1 & 0 & 0 & 0 \\ 0 & \cos\gamma & -\sin\gamma & 0 \\ 0 & \sin\gamma & \cos\gamma & 0 \\ 0 & 0 & 0 & 1 \end{bmatrix}$$

于是 $\boldsymbol{Q}'=\boldsymbol{Q}\cdot\boldsymbol{T}_1$，可得切削刀具刃口轮廓曲线上对应的点坐标 $Q'(x,y,z)$。

在得到离散化的曲线上的坐标点之后，可以进一步拟合出刃口曲线。为了能更一般化地表达切削刀具的轮廓曲线，对曲线进行参数化建模是较好的解决方法。切削刃外轮廓可以通过式(7-23)表示为

$$\begin{cases} x = S_x(u) \\ y = S_y(u) \\ z = S_z(u) \end{cases} \tag{7-23}$$

其中，(x,y,z)是切削刀具刃口轮廓曲线上的点的坐标。枞树型齿廓曲线是高阶曲线，一般采用B样条曲线对其拟合处理。为了确定切削刀具刃口轮廓曲线的解析函数，后续内容将采用B样条函数拟合刀具刃口曲线。枞树型齿廓曲线拟合成样条曲线需要一组曲线上的离散数据点、形状控制点和插值点。假设$(n+1)$个控制点$(P_0,P_1,\cdots,P_n)$可以插入$(n+1)$个数据点$(D_0,D_1,\cdots,D_n)$，拟合为B样条曲线。拟合后的切削刀具刃口轮廓曲线的形状控制点$(P_0,P_1,\cdots,P_n)$通过数据点$(D_0,D_1,\cdots,D_n)$控制B样条曲线的几何形状。根据B样条函数理论，系列控制插补点(P)可表示拉刀刃口轮廓曲线为[137,138]

$$S(u)=\sum_{i=0}^{n}N_{i,p}(u)P_i \rightarrow \begin{cases} S_x(u)=\sum_{i=0}^{n}N_{i,p}(u)P_{xi} \\ S_y(u)=\sum_{i=0}^{n}N_{i,p}(u)P_{yi} \\ S_z(u)=\sum_{i=0}^{n}N_{i,p}(u)P_{zi} \end{cases} \tag{7-24}$$

式中:$S(u)$是B样条曲线函数;P_i 是控制点;$N_{i,p}(u)$是B样条基函数。

图7-35给出了枞树型齿廓曲线拟合的一组样本曲线的数据点、控制点和插值B样条曲线。

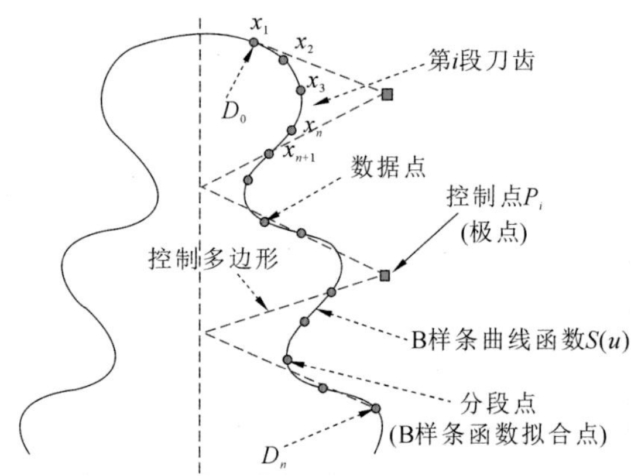

图 7-35　枞树型齿廓数据点及B样条曲线控制点

表7-10给出了精拉刀刃口轮廓曲线上对应的数据点集,其中 n 表示点序号,x_n 和 y_n 表示点坐标。下面以重型燃气轮机涡轮盘枞树型榫槽为例进行分析,如图7-36所示,某型号透平涡轮盘第三级枞树型榫槽,其槽型具有轴对称特点。假设精拉刀前刀面$\gamma=20°$,将图7-36所示的榫槽型线经转换得精拉刀刃口曲线。

表 7-10　枞树型精拉刀轮廓线离散点集

n	0	1	2	3	4	5	6	7	8
x_n	0	0.1347	0.5331	1.1849	1.5765	2.9116	5.0305	7.6035	10.8607
y_n	0	3.2802	6.5088	9.6639	13.8414	16.7289	18.9939	20.3696	20.8672
n	9	10	11	12	13	14	15	16	17
x_n	13.0143	14.8067	17.9984	21.1901	23.1316	25.1229	28.0877	29.8914	30.7448
y_n	20.2272	18.6513	14.9653	11.2783	9.8089	9.3885	10.4258	13.5977	18.5810
n	18	19	20	21	22	23	24	25	26
x_n	31.5992	33.2268	36.3125	38.5397	40.2580	43.2524	46.2465	48.1053	50.1799
y_n	23.5408	27.8889	29.1318	28.4972	26.9331	23.4752	20.0208	18.5814	18.1176

续表

n	27	28	29	30	31	32	33	34	35
x_n	53.1982	54.9468	55.8027	56.6581	58.1801	61.3701	63.5498	65.3424	68.4837
y_n	19.2117	22.3638	27.2898	32.2277	36.7501	37.8390	36.8217	34.9726	31.6319
n	36	37	38	39	40	41	42	43	44
x_n	71.6270	73.9354	76.6542	85.9189	96.4036	106.773	116.445	119.020	120.357
y_n	28.2425	25.9881	25.1735	27.1464	29.5211	26.5829	26.5829	26.5829	26.5829

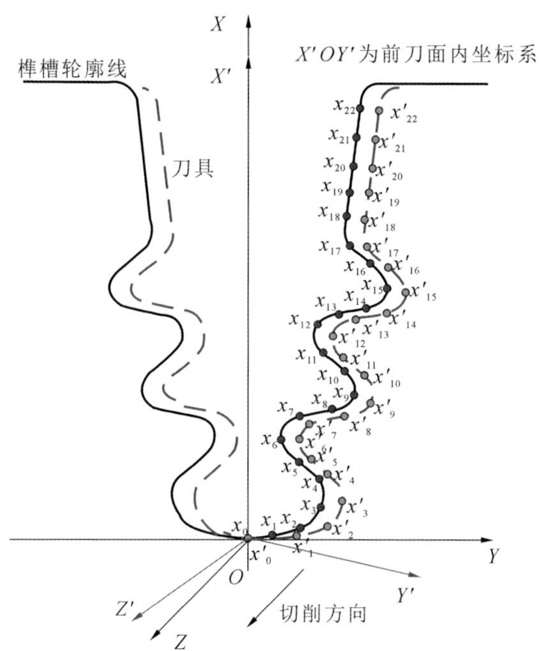

图 7-36　某型号透平轮盘的枞树型榫槽型线与拉刀齿廓型线点对应图

7.4.3　枞树型榫槽精拉刀切削几何参数表达

在得到切削刃口曲线后，可进一步计算出切削层面积和切削刃接触弧长，为切削力的分析提供基础数据。切削力可表达为切削力系数与切削层面积或切削长度的乘积。因此，根据切削刃曲线表达出切削层面积（$\int dA_i$）和切削刃弧长（$\int dl_i$），可为后续切削力分析提供依据。在切削过程中，切削层面积指的是前后两个齿依次工作时所去掉的材料层面积，可由相邻两齿之间的齿升量确定。如图 7-37 所示，精拉刀对应的切削层面积和切削刃弧长，由刀具相邻齿的齿升量分配（拉削余量分配）方法决定，通常有两种方式：

一种是同廓式分层齿升量分配方式,对应的切削刃为阵列的相似曲线。只需将一条刃口曲线投影到另一条刃口曲线所在的平面内,即可通过对同一平面内的两条曲线函数进行积分处理,求得两条曲线之间的面积,即得切削层面积。切削层面积可沿曲线整段解出,也可分段求出。

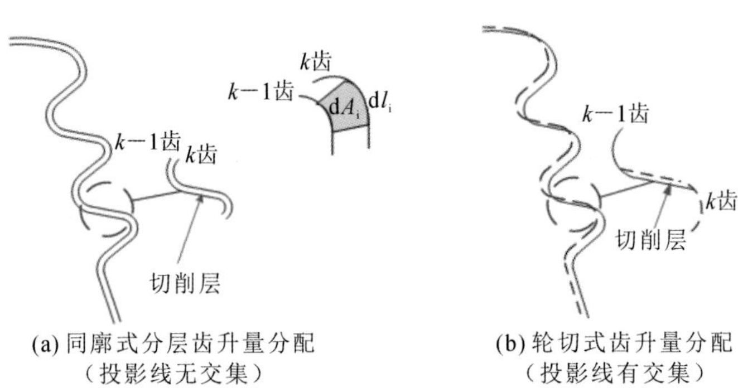

(a) 同廓式分层齿升量分配
(投影线无交集)

(b) 轮切式齿升量分配
(投影线有交集)

图 7-37 相邻齿所夹切削层面积

另一种是轮切式齿升量分配方式,将相邻齿切削刃曲线投影到同一个平面内存在偏置交叉,因此不能通过对整条曲线范围内的整体积分求切削层面积,而需要通过区分交叉点,对切削层进行分段,划分多个上限和下限的积分方式求切削层面积。在确定积分点过程中需要将两条曲线投影到一个平面内,投影曲线的交叉点就是分段积分点,投影曲线所夹的面积就是切削层面积。

(1) 第一种同廓式分层齿升量分配方式的情况相对简单,可以直接对整段函数积分求切削层面积。两个连续切削刃曲线可以通过B样条函数表达为

$$S_1(u)=\begin{cases}x=S_{x1}(u)\\ y=S_{y1}(u)\\ z=S_{z1}(u)\end{cases}\quad u\in[0,1] \tag{7-25}$$

$$S_2(u)=\begin{cases}x=S_{x2}(u)\\ y=S_{y2}(u)\\ z=S_{z2}(u)\end{cases}\quad u\in[0,1] \tag{7-26}$$

为了分析刀具刃口每一点的切削力,便于沿着拉刀刃口轮廓曲线进行切削力空间分布重构,下面对其离散化。将第 k 个刀齿曲线刃口划分为 N 段微元,每段微元产生的切削层几何参数为切削层面积 A_n^k 与切削微元段刃口长度 l_n^k($n=1,2,\cdots,N$)。通过对前面介绍的样条解析函数进行分析,可以求出相邻两齿

的拟合样条曲线所叠加的每个微元面积，同时也可以通过微元弧长计算，得出每段微元刃口的刃长。

第 k 段切削刃弧长：

$$l_n^k = \int_l S_n^k(u)\mathrm{d}l \tag{7-27}$$

切削刃总弧长：

$$L = \sum_{n=0}^{N-1} l_n^k \tag{7-28}$$

相邻刀齿所夹的切削层面积：

$$A = \int_A S_1(u)\mathrm{d}A - \int_A S_2(u)\mathrm{d}A \tag{7-29}$$

第 n 段微元面积：

$$A_n^k = \int_A S_n^k(u)\mathrm{d}A \tag{7-30}$$

相邻刀齿所夹区域的总切削面积：

$$A = \sum_{n=0}^{N-1} A_n^k \tag{7-31}$$

(2) 第二种轮切式齿升量分配方式的情况较为复杂，由于切削刃曲线交叉，存在分段切削层的现象，切削刃曲线位于两个平行的平面内。通过投影到同一个平面上得到两条投影曲线，就可以获得两曲线相交处所夹的切削层。求面积的方式是分段积分，因此关键是找两条曲线的交点，确定分段积分的边界。要计算两个切削刃曲线的交点，可将其细分为多段 Bezier 曲线。在将 B 样条曲线细分为 Bezier 曲线之后，检查每两对 Bezier 曲线的相交条件，找到相交点的坐标(x,y)，将曲线交点的问题简化为求解代数方程组问题[138]：

$$\begin{cases} S_{x1}(u) - S_{x2}(u) = 0 & u \in [0,1] \\ S_{y1}(u) - S_{y2}(u) = 0 & u \in [0,1] \\ S_{z1}(u) - S_{z2}(u) = 0 & u \in [0,1] \end{cases} \tag{7-32}$$

但是，这些 Bezier 曲线的相交点坐标是参数化的，不能直接用作积分的上限和下限。因此必须在每条曲线上分别确定相应的交点参数。通过代入 B 样条函数得到交点坐标 u，即对应点数值 x 和 y，从而作为积分的上限和下限。

当前切削刃 k 的曲线：

$$S^k(u)=\begin{cases}S_x^k(u)\\S_y^k(u)\end{cases}\quad u\in[0,1] \tag{7-33}$$

前一切削刃 $k-1$ 的曲线：

$$S^{k-1}(u)=\begin{cases}S_x^{k-1}(u)\\S_y^{k-1}(u)\end{cases}\quad u\in[0,1] \tag{7-34}$$

切削层面积：

$$A=\int S_y^k(u)\frac{\mathrm{d}S_x^k(u)}{\mathrm{d}u}\mathrm{d}u-\int S_y^{k-1}(u)\frac{\mathrm{d}S_x^{k-1}(u)}{\mathrm{d}u}\mathrm{d}u \tag{7-35}$$

切削刃长度：

$$L=\int\sqrt{\left[\frac{\mathrm{d}S_x^k(u)}{\mathrm{d}u}\right]^2\mathrm{d}u+\left[\frac{\mathrm{d}S_y^k(u)}{\mathrm{d}u}\right]^2\mathrm{d}u} \tag{7-36}$$

式中积分的上下限根据切削刃曲线交点确定。后续可对曲线刃口拉刀进行离散微元化处理，分割成若干微元刀具，然后对微元刀具按上述切削层参数分析，可得到整条曲线的切削力空间分布规律，再合成总切削力。

7.5 拉削力空间分布规律与时序特征

7.5.1 单齿曲线刃拉刀拉削载荷分布重构

为获得榫槽单齿整个刃口拉削载荷沿刃口的廓形空间分布情况，需要将离散单元载荷重构在整个刃口曲线轮廓上。将切削刃离散为多个单刃微元刀具，借助前述的切削力系数进行微元刀具切削力求解。下面对枞树型精拉刀段进行分析，微元齿段可以看作斜角切削，其中拉削速度方向沿着图 7-38 中的 X 方向。将曲线刃口刀齿离散为微元齿段后，单刃微元刀具模型可以转化为若干微元刀具切削力模型进行处理。以枞树型榫槽成形精拉刀为例进行分析。如图 7-39 所示，假设第 $k-1,k,k+1,k+2$ 齿用于最终曲线成形段同廓齿形，将每个刀齿曲线刃口均离散划分为 N 段微元。定义其中某 $n(n=1,2,\cdots,N)$ 段离散微元为单元刀具，其切削形式为斜角切削，对应刀齿的法向截面齿形如图 7-40 所示。

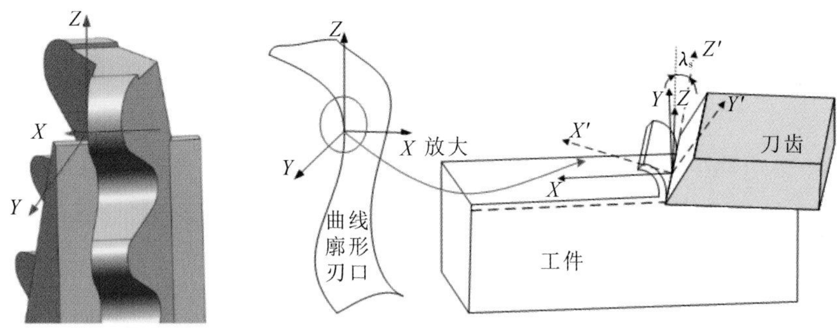

图 7-38　曲线刃口拉刀离散为若干段微元刀具拉削模型

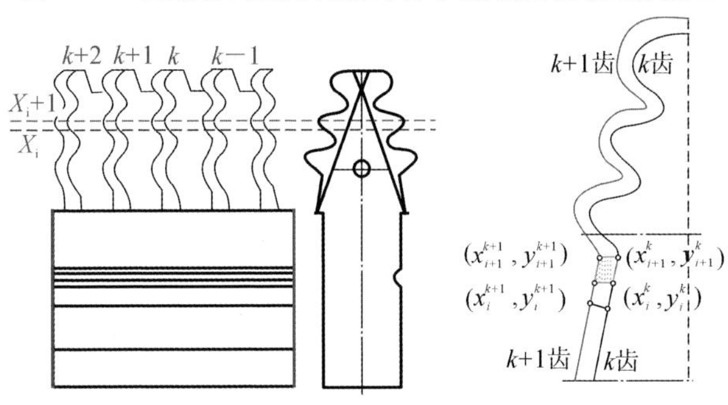

图 7-39　相邻刀齿分布

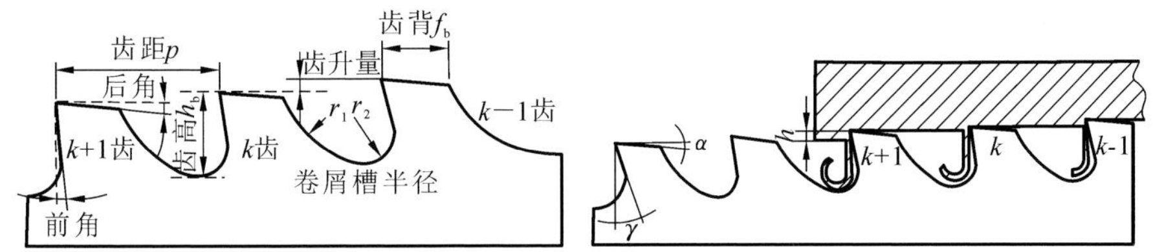

图 7-40　相邻刀齿截面齿形示意(垂直于前刀面的法向截面内)

首先,采用微元法时,在切削刃长度极小的时候,这一段微切削刃可看作是直线刃,即首先等效成直线刃口单元切削。然后,按照斜角切削得到微元刃口切削力载荷。最后,按照刃口曲线进行排布重构,合成曲线刃口的精拉刀的拉削力空间分布模型。

假设组合拉刀由 N_1 组拉刀组成,每组拉刀有 N_2 个刀段,每个刀段共有 N_3 个刀齿,假设刀齿编号为 $k(k=1,2,\cdots,N_3)$。如图 7-41 所示,第 k 个刀齿离散化为微元,每个微元编号为 $n(n=1,2,\cdots,N)$。拟合样条曲线节点为 $N+1$ 个,相当于将 k 个刀齿曲线刃口划分为 N 段微元。每个关键节点用 $n(n=1,2,\cdots,N)$ 表示,则第 $n(n=1,2,\cdots,N)$ 段微元斜率通过该段局部曲线求导数,可以得到该段微元刃口的倾角 λ_n^k。

$$\lambda_n^k = \arctan\left[S_n^k(x)\right]' \tag{7-37}$$

由图 7-42 所示，曲线刃口刀具微元化每段刀齿的主偏角为齿升方向与刃口的夹角。若微元个数足够多，可将微元段刀齿近似看成直线，其与切深方向的主偏角近似为 90°。对曲线刃口离散化，第 $n(n=1,2,\cdots,N)$ 段微元刀具曲线斜率可以通过对方向求导数，获得每段微元刃口的刃倾角 λ_n^k。得到上述主偏角和刃倾角之后，可以求解每个微元段上的切削模型，下一步可以利用上述拟合曲线获得切削层参数，并得到离散单元刀具切削载荷沿刃口的载荷分布。借助斜角切削模型得到微元刀具的切削力，再合并排布得到整条刃口上的切削力载荷分布。

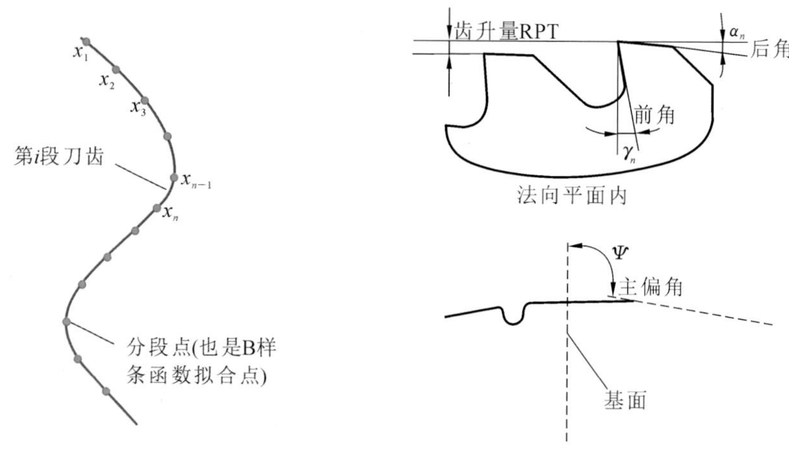

图 7-41　拉刀第 k 个刀齿曲线离散微元　　　图 7-42　曲线刃口拉刀部分结构要素

在拉削速度 10 m/min，前角 0°，齿升量 0.04 mm 的工况下，可得到枞树型线精拉刀对应的切削力分布。针对枞树型型线尺寸，可以构建如图 7-43 所示的单齿整刃口载荷分布图。重构时微元切削载荷排布位置的坐标是根据刃口样条曲线的分段节点坐标而定的。根据拟合的回归方程得到拉刀外轮廓各点的径向力和合力，通过矢量箭头表示，图中选取某些点表达具体的切削力数值。

本节所述方法提供了一种载荷空间重构的方法，但是，上述方法有一定的局限性，受限于切削力系数的适用范围，只满足实验条件范围内的刀具参数，如果超出实验参数范围，则需要重新回归分析出切削力系数。

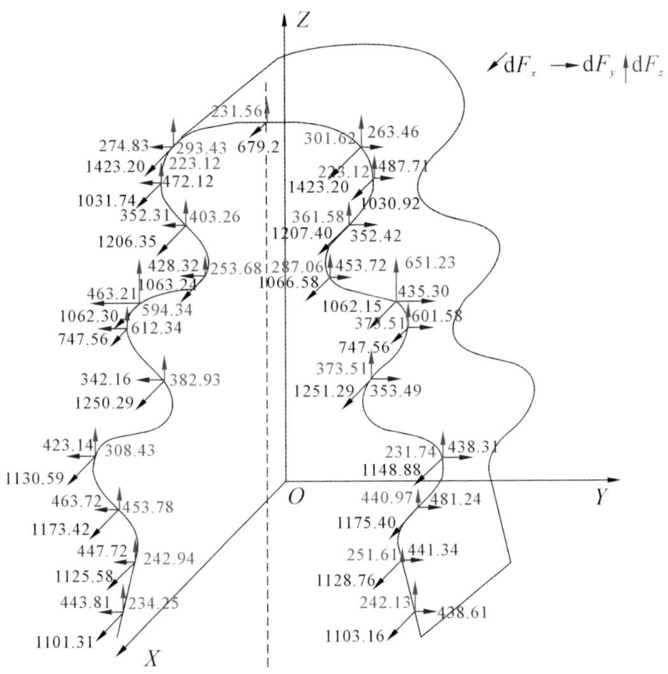

图 7-43　榫槽单齿整刃口切削力载荷沿刃口廓形空间分布

将每个微元刀具的切削力转换到全局坐标下，则全局坐标下对应的每个单元刀具切削力 f_X、f_Y、f_Z 三个方向的分力表示如下：

$$\begin{bmatrix} f_X \\ f_Y \\ f_Z \end{bmatrix} = \boldsymbol{T} \cdot \begin{bmatrix} f_t \\ f_f \\ f_r \end{bmatrix} \tag{7-38}$$

式中：$\boldsymbol{T}$ 为坐标转换矩阵。

$$\boldsymbol{T}_0 = \begin{bmatrix} 1 & 0 & 0 \\ 0 & \cos\gamma_n & -\sin\gamma_n \\ 0 & \sin\gamma_n & \cos\gamma_n \end{bmatrix} \begin{bmatrix} \cos\lambda_s & \sin\lambda_s & 0 \\ -\sin\lambda_s & \cos\lambda_s & 0 \\ 0 & 0 & 1 \end{bmatrix} \tag{7-39}$$

$$\boldsymbol{T} = \boldsymbol{T}_0^{-1} \tag{7-40}$$

式中：$\boldsymbol{T}_0$ 为转换矩阵的逆矩阵。

在拉削速度 10 m/min、前角 20°、切削宽度 6 mm 和齿升量 0.04 mm 的工况下，获得实验回归出的各个力，再代入式(7-41)中可以求得转化坐标系后的各个点的力。

$$\begin{bmatrix} f_{X_1} & f_{X_2} & \cdots & f_{X_n} \\ f_{Y_1} & f_{Y_2} & \cdots & f_{Y_n} \\ f_{Z_1} & f_{Z_2} & \cdots & f_{Z_n} \end{bmatrix} = \left[\begin{bmatrix} 1 & 0 & 0 \\ 0 & \cos 20° & -\sin 20° \\ 0 & \sin 20° & \cos 20° \end{bmatrix}\begin{bmatrix} \cos\lambda_s & \sin\lambda_s & 0 \\ -\sin\lambda_s & \cos\lambda_s & 0 \\ 0 & 0 & 1 \end{bmatrix}\right]^{-1} \begin{bmatrix} f_{t_1} & f_{t_2} & \cdots & f_{t_n} \\ f_{f_1} & f_{f_2} & \cdots & f_{f_n} \\ f_{r_1} & f_{r_2} & \cdots & f_{r_n} \end{bmatrix} \tag{7-41}$$

根据式(7-41),可以得出不同工况下的单齿切削力,为进一步多齿拉削力的计算提供依据。拉削过程通常是多齿相继切削,假设有多个刀齿逐渐切入,逐渐切出,最终求得多齿按序工作时的拉削力。其中总径向力变化和总切削合力变化如图 7-44 所示。

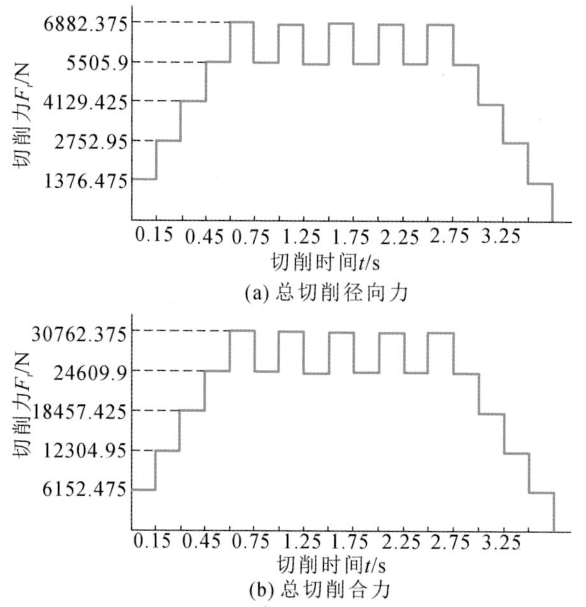

图 7-44 切削力变化曲线

图 7-44 中的力曲线出现台阶是由于多刀齿切入切出导致的,其中最多的工作齿数为五个齿。此外,没有考虑拉削速度的影响。后续将详细分析刀齿齿数、齿距及切削速度对拉削力的影响。

7.5.2 多齿拉刀拉削载荷时序特征分析与预测

从粗拉削到精拉削，每组拉刀构成一个工序，所有拉刀梯次进入工作过程。构成每个工步的刀块采用的拉刀刀齿也是序列化的。由于工序以不同的去除材料部位进行区分，因此采用的刀齿刃口廓形会有改变。而工步是由在同一去除材料部位进行工作的刀齿完成的，因此采用统一的刃口廓形，刀齿之间的不同点是齿升量依次递进。下面对单一刀块的多个刀齿依次切入切出时的动态切削力载荷模型进行分析。

为了便于分析拉刀齿以一定齿升量逐次切削试样过程中的切削载荷的时序特征，如图 7-45 所示，以单一刀块的拉刀截面进行分析。假设相似廓形的拉刀块上面的刀齿数为 n_w，刀块上的刀齿排序为 n_g（$n_g=0,1,\cdots,n_w$）。切削速度为 v_c（m/min），齿距为 p（mm），齿升量为 h_{fi}（mm），工件需要拉削的长度为 L_w（mm）。由于拉削长度与齿距比值不一定正好是整数，同时工作的齿数为$\dfrac{L_w}{p}$，其数值取整数 $z_w=\left[\dfrac{L_w}{p}\right]$。

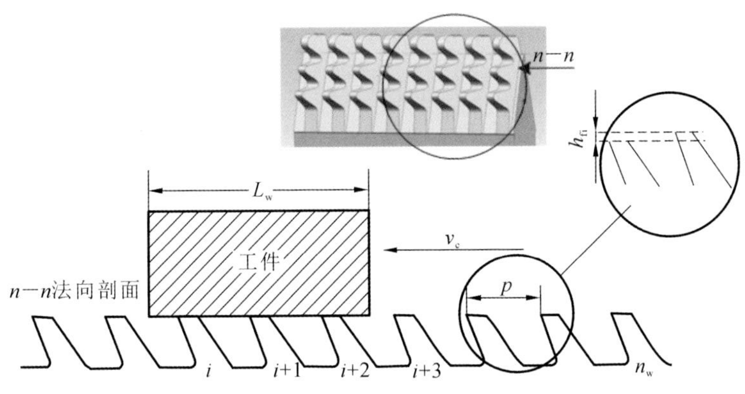

图 7-45　拉刀截面分析

图 7-46 所示为刀齿切入切出带来的冲击使得整个拉削齿数随时间变化的波形，$F(t)$根据时间的不同可以分为两个部分，第一部分是工作齿数逐渐增加到 n_w 的过程，其是一个矩形波形的动态载荷，后半部分是工作齿数达到最大值后一直保持 n_w 不变。

当工件的高度小于齿距时，即 $H<p$，拉削的工作齿数会上下浮动，可以

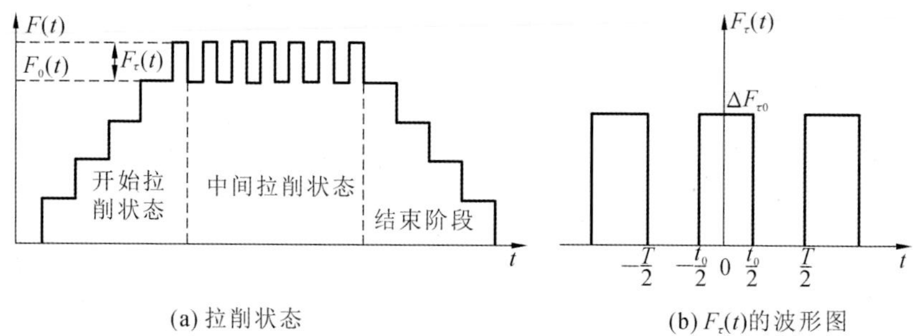

(a) 拉削状态　　(b) $F_\tau(t)$的波形图

图 7-46　刀齿切入切出过程中总拉削力变化

得到：

$$F(t)=F_0(t)+F_\tau(t) \tag{7-42}$$

式中：$F_0(t)$为稳定切削载荷；$F_\tau(t)$为切入和切出阶段的瞬态载荷，其表达式为

$$F_\tau(t)=\begin{cases} 0 & \left(-\dfrac{T}{2}<t<-\dfrac{t_0}{2}\right) \\ \Delta F_{\tau 0} & \left(-\dfrac{t_0}{2}<t<\dfrac{t_0}{2}\right) \\ 0 & \left(\dfrac{t_0}{2}<t<\dfrac{T}{2}\right) \end{cases} \tag{7-43}$$

$$F_0(t)=\begin{cases} \sum\limits_{i=1}^{Z_w}\lambda_i F_{0i}\times b_{01} & 0<\left(t+\sum\limits_{i=1}^{Z_w-1}T\right)<Z_w T \\ \lambda_i F_{0i}\times b_{01} & Z_w T\leqslant(t+Z_w T)<\dfrac{H}{h_{fi}}T \end{cases} \tag{7-44}$$

式中：b_{01}为齿宽；λ_i 为系数；F_{0i}为单位宽度上每个刀齿上的切削载荷；$F_\tau(t)$是引起拉削过程振动的影响因素，在$\left[-\dfrac{T}{2},\dfrac{T}{2}\right]$周期内，其脉冲时间为 $t_0=\dfrac{60(L_w-Z_w p)}{1000v}$，波形如图 7-47 所示。其中：$H$(mm)为工件需要切掉的高度；$T$ 就是两个相邻齿距接触时间的间隔，$T=\dfrac{60p}{1000v}$。

对 $F_\tau(t)$矩形波形进行傅里叶变换，展开成频域内的三角函数波形，从而建立动态拉削力模型：

$$F_\tau(t)=\frac{\Delta F_{\tau 0}t_0}{T}+\frac{2\Delta F_{\tau 0}}{\pi}\left(\sin\frac{\pi}{T}t_0\cos\frac{2\pi}{T}t+\frac{1}{2}\sin\frac{2\pi}{T}t_0\cos\frac{4\pi}{T}t+\cdots\right.$$

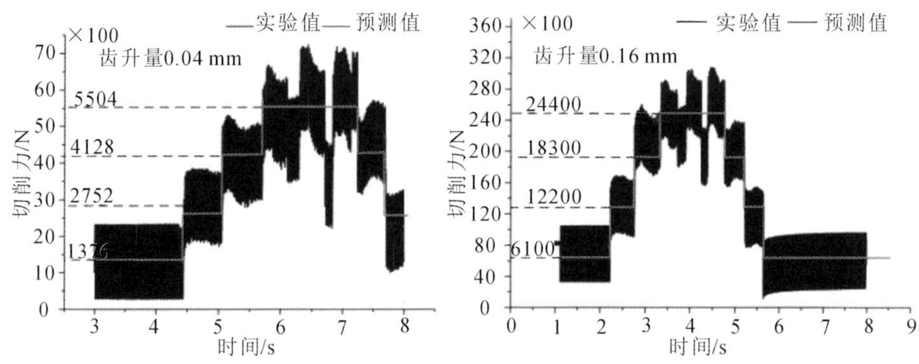

图 7-47　时域范围内的拉削力信号

$$+\frac{1}{n}\sin\frac{n\pi}{T}t_0\cos\frac{2n\pi}{T}t+\cdots\Big) \tag{7-45}$$

$$F(t)=F_0(t)+F_\tau(t)=F_0(t)+\frac{\Delta F_{\tau 0}t_0}{T}+\frac{2\Delta F_{\tau 0}}{\pi}\Big(\sin\frac{\pi}{T}t_0\cos\frac{2\pi}{T}t$$

$$+\frac{1}{2}\sin\frac{2\pi}{T}t_0\cos\frac{4\pi}{T}t+\cdots+\frac{1}{n}\sin\frac{n\pi}{T}t_0\cos\frac{2n\pi}{T}t+\cdots\Big) \tag{7-46}$$

根据以上预测模型，用测力仪测量多齿刀具切削力与预测值进行对比，如图 7-47 所示。切削力预测值的基本趋势与实验情况类似，数值也在测量平均值的附近，各段综合误差约为 9.1%。表明本节的时间序列预测方法可以用于拉削力预测。

需要说明的是，$F_0(t)$表示切削力基准项，属于稳定值。若分析切削力的动态特性，只需考虑瞬时项 $F_\tau(t)$的影响即可。同时，分析动态拉削力，可为研究拉削表面波纹、表面粗糙度影响规律提供依据，另外，可为拉削工艺稳定性区域辨识和拉刀设计提供参考。

7.6　榫槽拉削系统动态稳定性分析与实验验证

为了进一步分析动态拉削力对拉削系统的影响，本节在动态拉削力分析的基础上，建立拉削系统稳定性模型，探讨拉削力波动性与速度、齿距的关系。

7.6.1　榫槽拉削系统的动态稳定性分析

拉削属于强断续切削过程，切削深度变化导致的自激振动相较于强迫振动对系统的稳定性影响较弱，本小节对自激振动进行了简化处理，仅仅考虑由于断续切削导致的强迫振动。

在拉削过程中，拉削合力分为稳态和瞬态两个部分，瞬态部分是引起系统振动的主要影响因素。拉削工艺系统可以看成一个动态二阶振动系统，建立如下的系统方程：

$$m\ddot{x}(t)+c\dot{x}(t)+kx(t)=F_\tau(t) \tag{7-47}$$

经傅里叶变换，上式可展开得

$$\begin{aligned} & m\ddot{x}(t)+c\dot{x}(t)+kx(t) \\ &= \frac{\Delta F_{\tau 0}t_0}{T}+\frac{2\Delta F_{\tau 0}}{\pi}\left(\sin\frac{\pi}{T}t_0\cos\frac{2\pi}{T}t+\frac{1}{2}\sin\frac{2\pi}{T}t_0\cos\frac{4\pi}{T}t+\cdots\right. \\ &\quad \left.+\frac{1}{n}\sin\frac{n\pi}{T}t_0\cos\frac{2n\pi}{T}t+\cdots\right) \end{aligned} \tag{7-48}$$

式中：常数项$\frac{\Delta F_{\tau 0}t_0}{T}$为平衡位置，只要坐标原点取在平衡位置上，此常数项就不会出现在方程中。因此经坐标变换后，便得到可供分析的拉削振动微分方程。

此外，由于前面分析的总拉削力中，瞬态组成部分为偶函数，略去影响较小的高阶量，可化简得

$$m\ddot{x}(t)+c\dot{x}(t)+kx(t)=F_\tau(t)=\frac{\Delta F_{\tau 0}}{\pi}\sin\frac{t_0\pi}{T}\cos\omega t \tag{7-49}$$

根据拉氏变换得

$$(ms^2+cs+k)x(s)=\frac{\Delta F_{\tau 0}}{\pi}\sin\frac{t_0\pi}{T}\frac{s}{s^2+\omega^2} \tag{7-50}$$

为了求解各系数，采用待定系数法，假设 $x(s)$ 为

$$x(s)=\frac{A_{01}s+A_{02}}{s^2+\omega^2}+\frac{A_{03}s+A_{04}}{ms^2+cs+k} \tag{7-51}$$

将系数对应可得到系数方程组：

$$\begin{cases} mA_{01}+A_{03}=0 \\ A_{01}c+A_{02}m+A_{04}=0 \\ kA_{01}+A_{02}c+A_{03}\omega^2=\frac{\Delta F_{\tau 0}}{\pi}\sin\frac{t_0\pi}{T} \\ A_{02}k+A_{04}\omega^2=0 \end{cases} \tag{7-52}$$

求得各系数的表达式为

$$\begin{cases} A_{01} = \dfrac{\Delta F_{\tau 0}(k - m\omega^2)}{\pi(k^2 - 2km\omega^2 + c\omega^2 + m^2\omega^4)}\sin\dfrac{t_0\pi}{T} \\ A_{02} = \dfrac{\Delta F_{\tau 0}c\omega^2}{\pi(k^2 - 2km\omega^2 + c\omega^2 + m^2\omega^4)}\sin\dfrac{t_0\pi}{T} \\ A_{03} = \dfrac{\Delta F_{\tau 0}(m^2\omega^2 - mk)}{\pi(k^2 - 2km\omega^2 + c\omega^2 + m^2\omega^4)}\sin\dfrac{t_0\pi}{T} \\ A_{04} = \dfrac{-\Delta F_{\tau 0}ck}{\pi(k^2 - 2km\omega^2 + c\omega^2 + m^2\omega^4)}\sin\dfrac{t_0\pi}{T} \end{cases} \tag{7-53}$$

于是可得刀具振动的位置方程为

$$x(t) = \lambda^{-1}(x(s)) = \lambda^{-1}\left(\frac{A_{01}s + A_{02}}{s^2 + \omega^2} + \frac{A_{03}s + A_{04}}{ms^2 + cs + k}\right) \tag{7-54}$$

引入自定义参数 $\alpha = \dfrac{c}{2m}$，$\omega_n = \sqrt{\dfrac{4km - c^2}{4m}}$，将各系数代入上式，可求得拉刀振动位移表达式：

$$\begin{aligned} x(t) = {} & \frac{\dfrac{\Delta F_{\tau 0}}{\pi}\sin\dfrac{t_0\pi}{T}}{(k - m\omega^2)^2 + c\omega^2}\Big[(k - m\omega^2)\cos\omega t + c\omega\sin\omega t \\ & + (m\omega^2 - k)\mathrm{e}^{-\alpha t}\cos\omega_n t - \frac{ck + (m^2\omega^2 + mk)\alpha}{\omega_n m}\mathrm{e}^{-\alpha t}\sin\omega_n t\Big] \end{aligned} \tag{7-55}$$

由前面建立的刀具振动位移方程可知，拉削振动主要取决于瞬时激振力的变化、刀具的模态刚度、系统阻尼系数 c 等。对于特定工件，在拉削去除材料体积和拉削长度确定的情况下，随着同时工作的拉刀齿数增加，瞬态激振力 $\Delta F_{\tau 0}$ 减小，拉削振动也相应减少。在同时工作的拉刀齿数相同时，拉削振动随着切入切出时瞬时拉削力的增大而增大。

影响拉削振动的参数包括各组成单齿的角度、刀具刃口半径等刀具结构参数，以及工件材料的均匀性。除了上述参数外，还需考虑拉削速度、拉刀齿距和拉削长度的影响。这里重点分析拉削速度和拉刀齿距之间的匹配性。为了避免共振，需要进一步分析拉刀齿距与拉削速度匹配时与系统稳定性的约束关系。

7.6.2 拉削速度与齿距匹配范围分析与实验验证

为了确定拉削速度和拉刀齿距的限定范围，需要进一步分析拉削系统的稳

定性。可以建立拉削系统的传递函数为

$$G(s)=\frac{x(s)}{F_{\tau}(s)}=\frac{1}{ms^{2}+cs+k}=\frac{1/k}{T^{2}s^{2}+2\zeta Ts+1} \tag{7-56}$$

其中，$T=\sqrt{\frac{m}{k}}$，$\zeta=\frac{c}{2\sqrt{mk}}$。

于是，可以建立拉削系统动柔度传递框图，如图 7-48 所示。

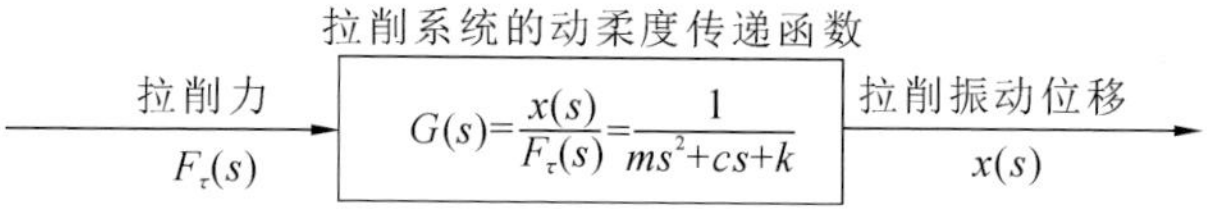

拉削系统的动柔度传递函数

拉削力 $F_{\tau}(s)$ → $G(s)=\frac{x(s)}{F_{\tau}(s)}=\frac{1}{ms^{2}+cs+k}$ → 拉削振动位移 $x(s)$

图 7-48　拉削系统动柔度传递框图

由图 7-48 可以看出，拉削速度对上述稳定性模型的影响较为直接，因此在实际拉削工艺中，拉削速度的选择除了要考虑拉削力、拉削温度、拉削表面质量等以外，还需考虑拉削振动。由拉削力波动产生的拉削工艺系统的动态不稳定性，会影响拉削质量，而这种影响拉削质量的因素通常是由垂直于拉削方向的振动引起的。此外，沿着拉削方向的振动还影响拉刀的寿命。在拉削加工中由于刀齿的切入切出，拉削过程是一个断续切削过程，反复产生振动激励，拉削振动属于力强迫型振动。并且，相邻齿之间均有齿升量（相当于切削深度），载荷具有随时间变化明显的特征。拉削振动主要体现为断续的力强迫型振动，需要避免共振，以延长刀具寿命和提高拉削的表面质量。通过对拉削速度和齿距的合理限定可以改变激振频率，避开共振频率区域。此外，拉刀的齿距设计还需要考虑拉削效率、卷屑半径和刀具材料承载能力等约束因素。本小节将提供选择齿距和拉削速度匹配范围的方法。

如图 7-49 所示，为了分析榫槽拉削载荷的动态特征，开展了 F 级轮盘榫槽试样的拉削实验，试样采用与涡轮盘同样的高铬合金钢，拉刀采用粉末冶金高速钢。通过 Kistler 9232A 应变传感器在线测量拉削载荷后，将载荷信号通过 Kistler 5873 信号放大器和八通道信号采集卡采集并接入计算机实时记录。实验过程中通过加速度传感器测量系统的振动，采用力锤配合测量模态特性。

模态实验结果如图 7-50 和表 7-11 所示。进一步采用奈奎斯特(Nyquist)图和伯德(Bode)图分析其稳定性域，得出图 7-51 和图 7-52 所示的 Nyquist 稳定性域图和 Bode 图，可知在不同频率比对应的波峰值附近，对应的相位趋势是不同的，故频率比

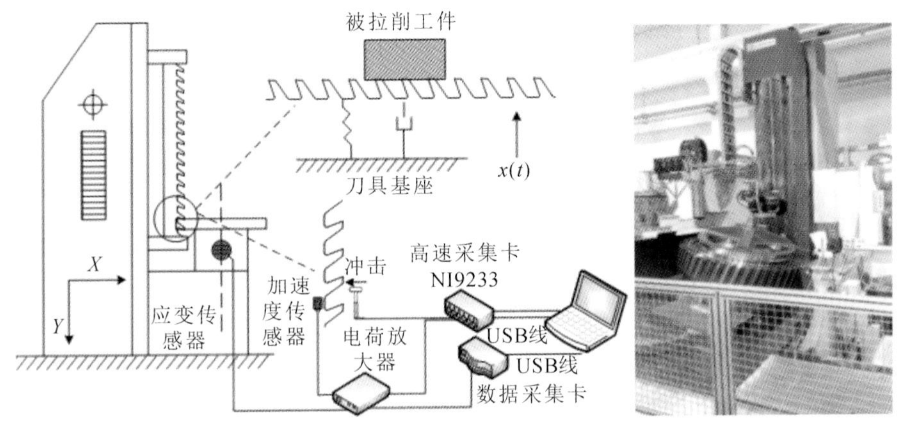

图 7-49 拉削实验原理

处于不同状态时，拉削振动系统对应不同的稳定性区域，需要进一步分析稳定性域。

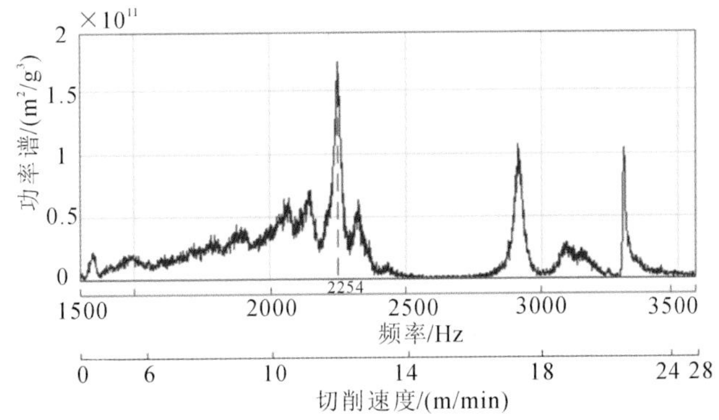

图 7-50 拉削系统的频率实验结果

表 7-11 轮盘拉削模态实验参数

模态	频率/Hz	阻尼比/(%)	模态刚度/(N/m)	模态质量/kg
1	2254.7519	0.707	3.4404E+10	171.4162
2	2911.4369	0.609	3.4123E+10	101.9700
3	3300.9641	0.165	1.3478E+11	313.3266

拉削周期为 $T=0.06\,\dfrac{p}{v}$，拉削长度受工件影响，基本属于固定值。激振频率主要由拉削速度和拉刀齿距决定，即

$$f_{\mathrm{b}}=\frac{1}{T}=\frac{v}{0.06p} \tag{7-57}$$

对于给定的拉削系统，当拉刀齿距固定之后，存在一个临界拉削速度。拉削速度达到临界速度时，便会产生共振现象。为防止产生共振现象，一般拉削

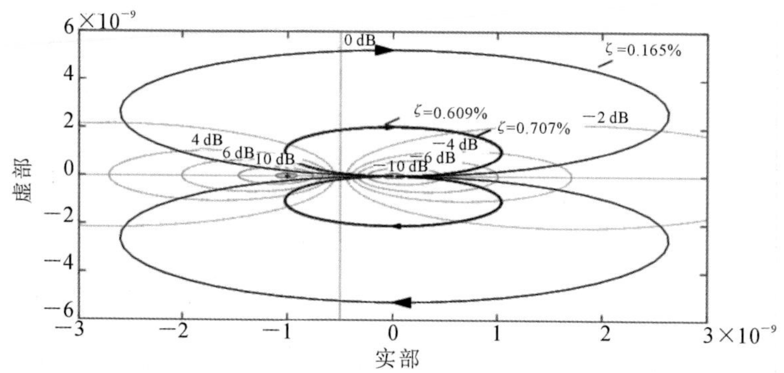

图 7-51　Nyquist **稳定性域**

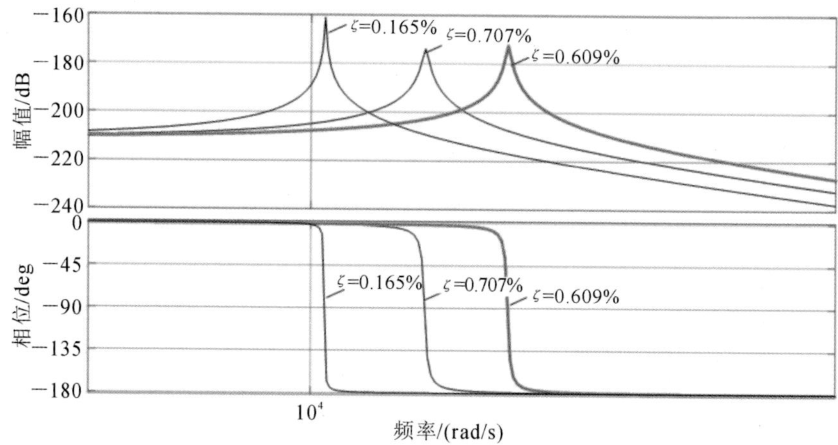

图 7-52　Bode **分析图**

速度应满足式(7-58)：

$$f_b < 0.6 f_c \quad 或 \quad f_b > 1.8 f_c \tag{7-58}$$

式中：f_c 为拉削系统的固有频率。

由图 7-53 可知，拉削速度与拉刀齿距互为耦合约束，共同确定了激振频率和周期。通过将周期代换为速度和齿距，再结合前面计算的振动方程，得出拉削振动的幅值也是随时间变化的函数。

在图 7-53 给定的拉削速度和拉刀齿距参数匹配的约束曲面基础上，结合拉削工序进一步检查拉刀齿距设计的合理性。如果拉削长度与齿距比值 L_w/p 恰好为整数，在同时工作的拉刀齿数不变的情况下，拉削力瞬态值最小，拉削振动最小。图 7-54 给出了 L_w/p 不同取值时的振动加速度测量值对比，$L_w/p=0.5$ 时，振动明显较大，且振动幅值最大值增加约 9 倍。

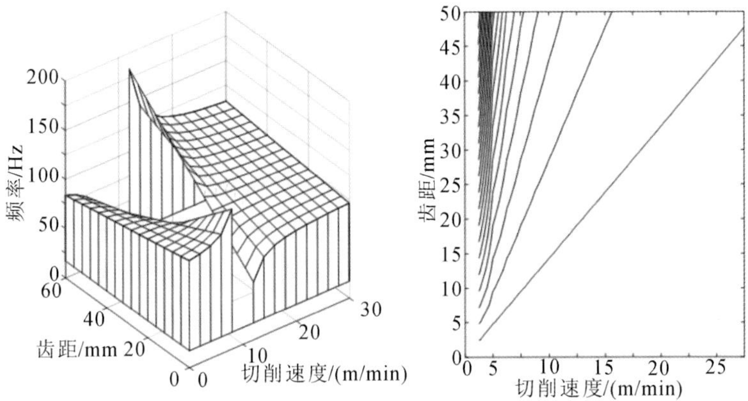

图 7-53 拉削速度和拉刀齿距参数匹配的约束曲面

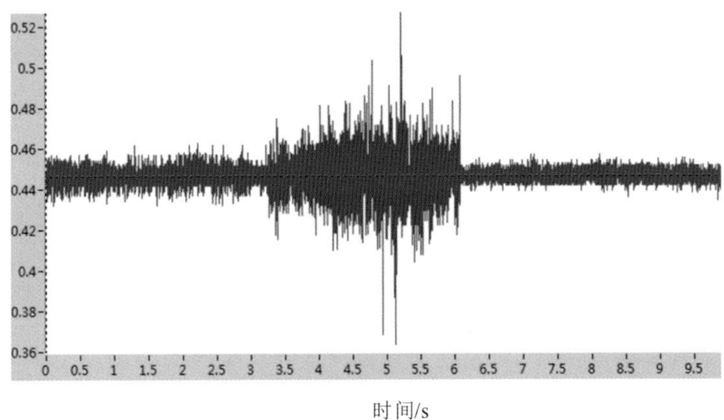

(a) $L_w/p=1$

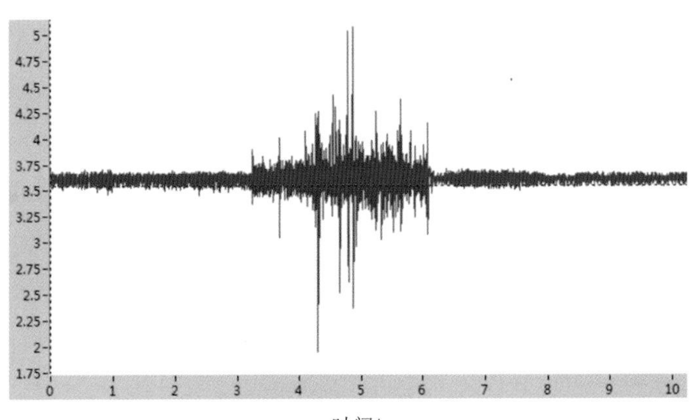

(b) $L_w/p=0.5$

图 7-54 拉削振动测试对比

7.7 拉刀磨损历程动态特性分析

7.7.1 摩擦信号的混沌特性与磨损历程演变规律分析

在标准摩擦磨损试验台上开展刀具材料-工件材料的摩擦磨损性能实验。通过实验研究磨损历程，分析磨损过程中从初始不稳定磨损、磨合磨损、稳定磨损、急剧磨损等阶段的过渡规律与转变特征，辨识特征信号，为刀具磨损监控提供依据。

实验的原理图与实物如图 7-55 所示，实验仪器为销盘式 MMUD-5 摩擦磨损试验台，摩擦副为刀具材料-轮盘材料，其中刀具材料是粉末冶金高速钢(CPM REX T15)，涡轮盘材料是高铬耐热合金钢(X12CrMoWVNbN-10-1-1)。销试样尺寸为 $\phi4\times15$ mm，盘试样尺寸为 $\phi43\times3$ mm。实验工况：加载载荷为 100～300 N，单位面积的载荷与拉削刃口情况类似。销转动速度为 58 r/min、73 r/min，分别对应的拉削速度为 8 m/min、10 m/min。实验过程中，改变试件的运动速度和负载，实时记录摩擦力、摩擦系数的时间序列信号。实验过程中用电子天平测量试件质量，以及用显微镜离线分析试样的磨损形貌。

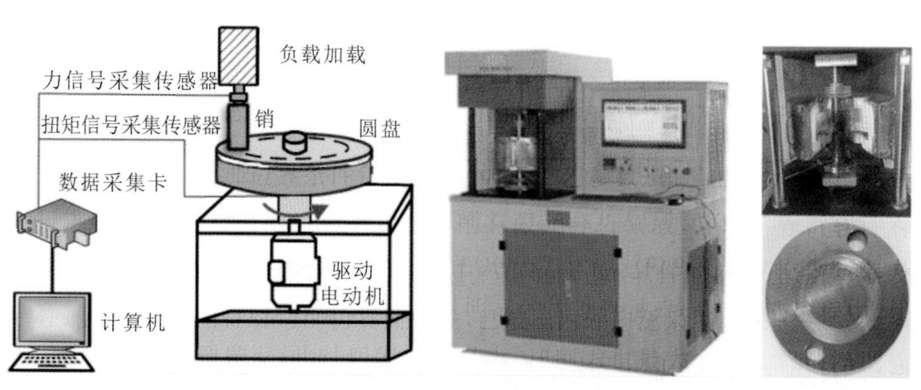

图 7-55 实验原理图与实物

图 7-56 和图 7-57 给出了负载 200 N、转动速度分别为 73 r/min 和 58 r/min条件下，销和盘的磨损历程。采用电子天平测量同时磨损的两个销及盘的质量。通过磨损量变化历程可以看出，刀具和工件材料组成的摩擦副均随着时间具有非线性特征。对比分析可知，随着转速增加，被磨件盘明显易磨损。

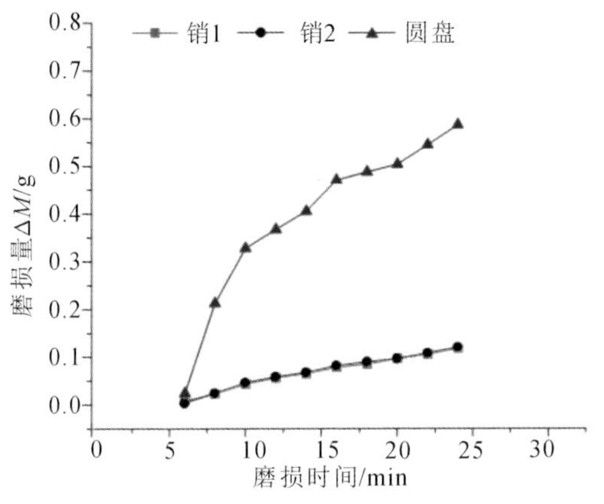

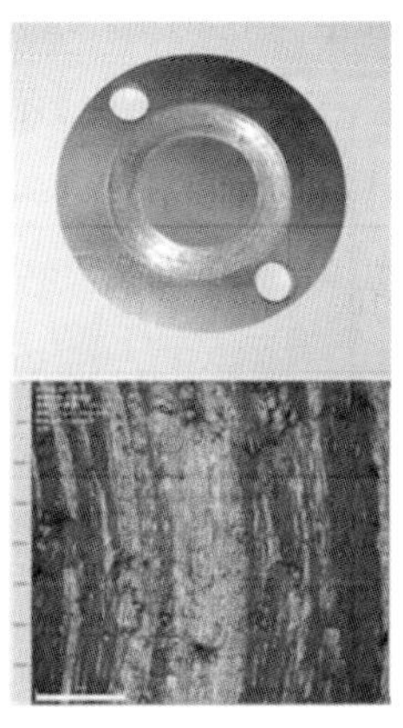

图7-56 销和盘磨损量的变化和最终磨损照片(转动速度73 r/min,负载200 N)

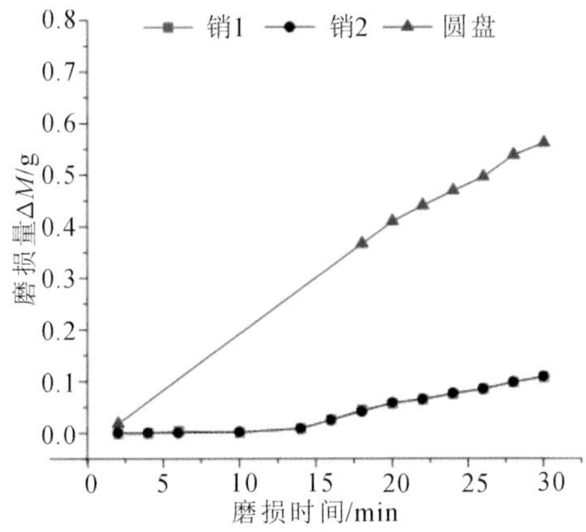

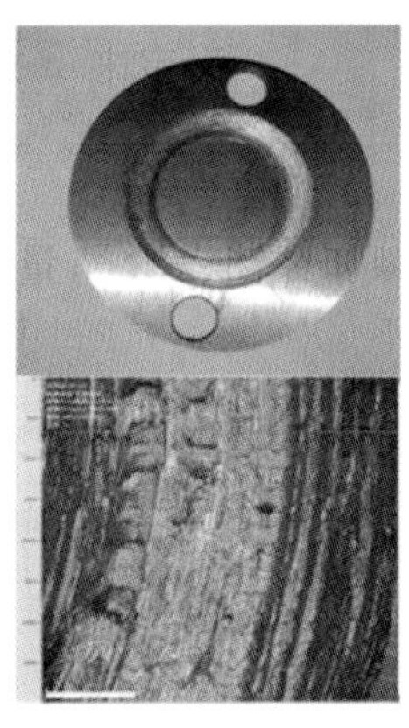

图7-57 销和盘磨损量的变化和最终磨损照片(转动速度58 r/min,负载200 N)

摩擦磨损领域的研究热点是分析摩擦的非线性行为,用混沌处理方法分析摩擦磨损的演化特征。本小节采用摩擦非线性混沌处理方法,研究拉刀磨损历程演变规律。由于摩擦磨损过程是一个非线性和强耦合过程,为了进一步找到准确表征摩擦行为的方法,需对实验摩擦信号进行再处理。传统的摩擦磨损时序信号处理有时域和频域两种方法。利用非线性系统的相空间重构方法,通过分析摩擦信号的吸引子,可以分析磨损演变过程。

为了对比分析刀具副-工件副的摩擦历程,本小节综合运用了摩擦信号的相空间重构,在此基础上分析相空间吸引子形成规律及递归图演变规律,探寻刀具副-工件副的磨损演化历程和磨损特征识别规律,为后续的实际应用分析提供依据。首先，将材料副摩擦磨损实验过程记录的摩擦时域信号进行滤波处理，过滤掉白噪声和环境干扰信号，重构出非线性相空间。从而将摩擦系数时间序列信号 $\boldsymbol{X}(x_1,x_2,x_3,\cdots,x_n)$ 转换重构到 $n\times m$ 矩阵空间中，其中 m 为维数，n 为矢量个数，$n=1,2,\cdots,n+(m-1)\tau$，τ 为延时。并进一步计算矩阵 $\boldsymbol{Y}=\boldsymbol{X}^{\mathrm{T}}\boldsymbol{X}$ 的特征向量 $\boldsymbol{V}_{\mathrm{m}}$，将矩阵 $\boldsymbol{V}_{\mathrm{m}}$ 显示在二维的图中就是摩擦演化过程的递归图。

$$\boldsymbol{X}=\begin{bmatrix}\boldsymbol{X}_1\\\boldsymbol{X}_2\\\vdots\\\boldsymbol{X}_n\end{bmatrix}=\begin{bmatrix}x_1 & x_{1+\tau} & x_{1+2\tau} & \cdots & x_{1+(m-1)\tau}\\x_2 & x_{2+\tau} & x_{2+2\tau} & \cdots & x_{2+(m-1)\tau}\\\vdots & \vdots & \vdots & \vdots & \vdots\\x_n & x_{n+\tau} & x_{n+2\tau} & \cdots & x_{n+(m-1)\tau}\end{bmatrix}\tag{7-59}$$

图 7-58 给出了摩擦磨损试验中测量得到的摩擦时域信号处理后得到的相空间吸引子和递归图。针对原始数据、吸引子和递归图给出了两个对应时间标记点，红色点代表按时间序列第 200 与第 400 数据的位置。可以看出，摩擦信号混沌系统存在混沌状态时吸引子的轨迹演化与扩展呈现散乱现象，递归图出现大片色块突变的问题。系统状态稳定时，吸引子成团非常明显，递归图色块分布均匀，分散在图形四周。

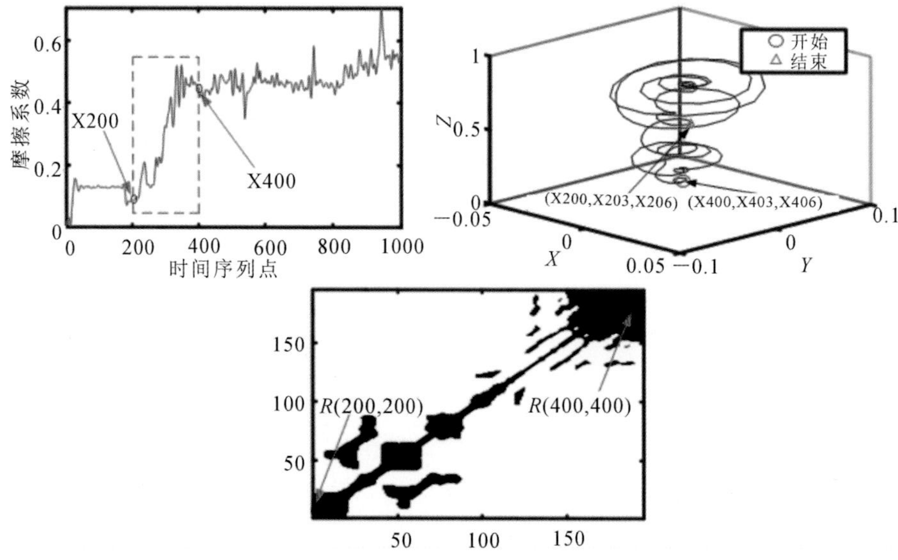

图 7-58　相空间吸引子和递归图

如图 7-59 所示，对试验(负载 200 N、转速 58 r/min)的摩擦信号数据进行过滤后，重构相空间三维图和递归图。其中递归分析中的参数为：延时 τ 通过自相关法获得，$\tau=3$；维数 m 通过假近邻法获得，$m=3$；阈值 θ 取经验值 0.25。取材料摩擦信号前 900 s 数据，每 100 s 构建一个混沌吸引子和相应的递归图，共展示九个历程的吸引子与递归图。吸引子与递归图能反映摩擦系统的非线性特点，通过对摩擦时域信号进行非线性特征分析，可以得到摩擦过程及磨损的演化过程。

(1) 磨损时间从 0～200 s 阶段，摩擦信号混沌吸引子轨迹从原点向外四散，远离原点四处跳动，扩展的区域较大，递归图中可明显观察到大块的矩形黑白斑，表明该系统此时的状态不稳定，处于突变模式。此时，材料摩擦副处于初始磨损的阶段，实验中的销-盘试样刚开始接触。由于工件的表面光滑，其表面粗糙度很容易被刀具改变，使摩擦信号发生突变。

(2) 磨损时间从 200～300 s 阶段，可观察到摩擦信号混沌吸引子不再杂乱无章，吸引子围绕着某个地方运动，右侧递归图中的矩形黑白斑现象明显减少，同时有少许如水滴融水的扩散现象，此时材料副摩擦系统处于过渡状态，从突变的模式渐渐往稳定的状态转变。

(3) 磨损时间从 300～500 s 阶段，摩擦信号混沌吸引子围绕某个区域运动的趋势越来越显著，轨迹与轨迹互相交叉缠绕，固定在某个有限的地方膨胀压缩，右侧递归图中大块矩形黑白斑逐渐消失，慢慢出现较均匀存在的黑白点，磨损系统处于混沌不可预知的稳定状态。

(4) 磨损时间从 500～700 s 阶段，摩擦信号混沌吸引子轨迹与 300～500 s 阶段的类似，在同样的地方收缩，然而每个递归图中可以观察到九个规则呈现的小矩阵轮廓，此时的磨损系统具有一定的周期性，处于稳定的平衡的磨损阶段，而且此阶段也是持续时间最长的阶段。

(5) 磨损时间从 700～900 s 阶段，摩擦信号混沌吸引子仍然在某个区域不断地往复运动着，递归图中重复的图案开始渐渐消失，再一次开始出现突变的迹象，系统从稳定的模式渐渐转向突变的模式。磨损导致表面粗糙度突变，从而过渡至剧烈磨损时期。

可见，通过分析摩擦信号混沌吸引子与递归图的变换过程，可得到磨损的演变规律。磨损初期，摩擦信号混沌吸引子呈现近乎无规律远离原点的运动状

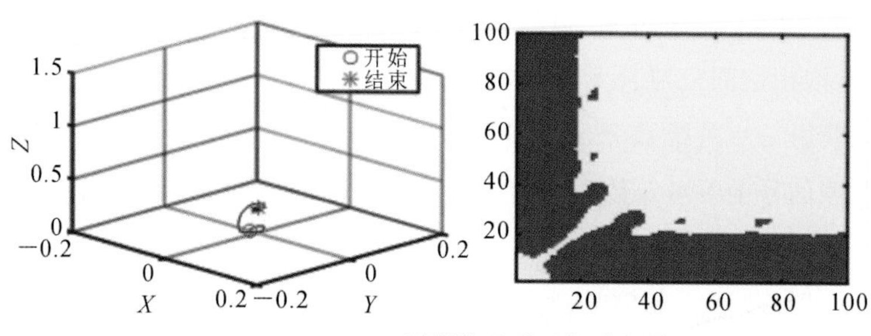

(a) 0~100 s历程的吸引子与递归图

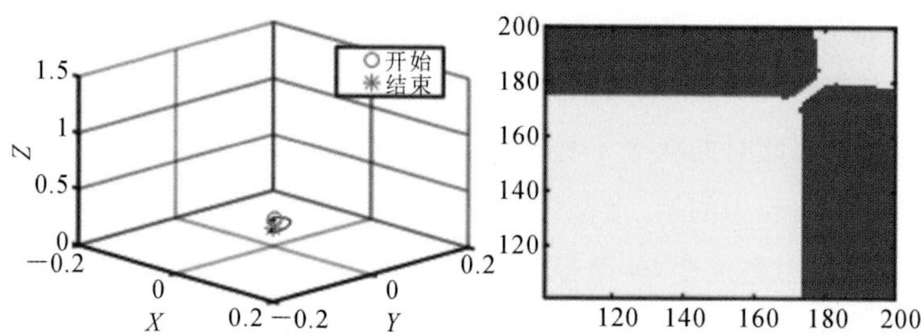

(b) 101~200 s历程的吸引子与递归图

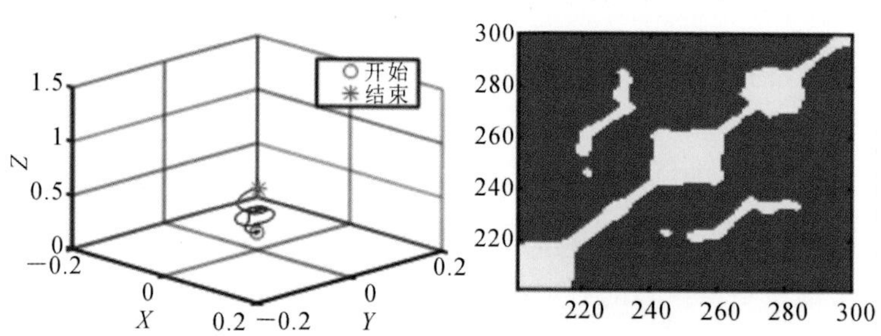

(c) 201~300 s历程的吸引子与递归图

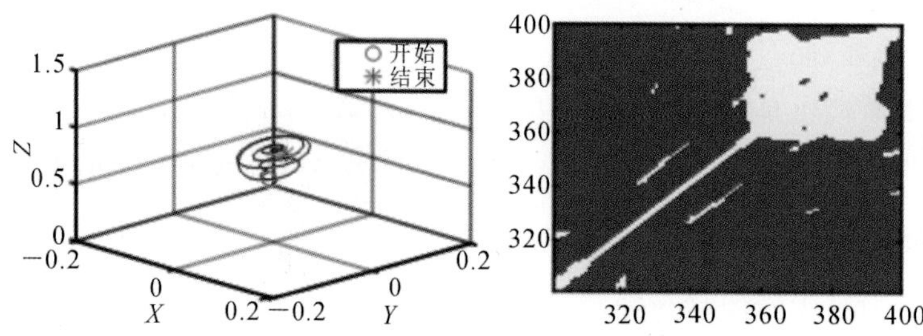

(d) 301~400 s历程的吸引子与递归图

图 7-59　摩擦信号的吸引子及递归图演变历程

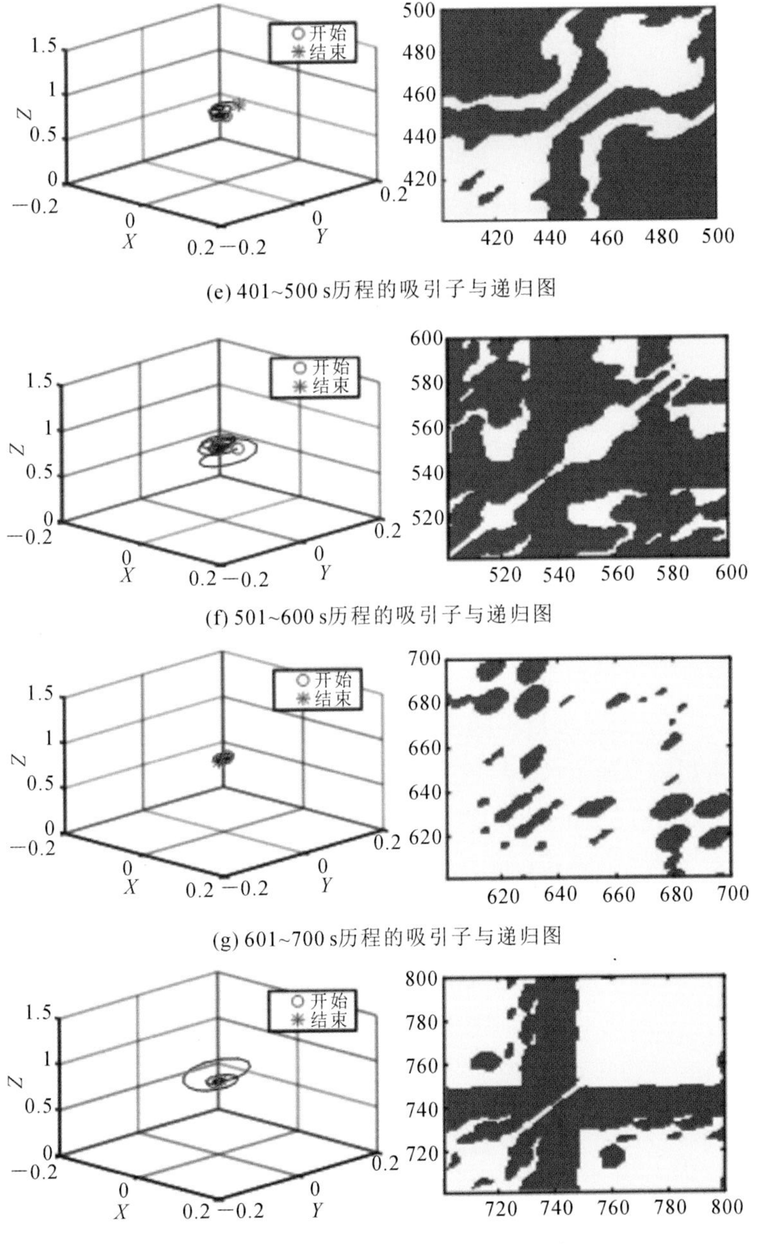

(e) 401~500 s历程的吸引子与递归图

(f) 501~600 s历程的吸引子与递归图

(g) 601~700 s历程的吸引子与递归图

(h) 701~800 s历程的吸引子与递归图

续图 7-59

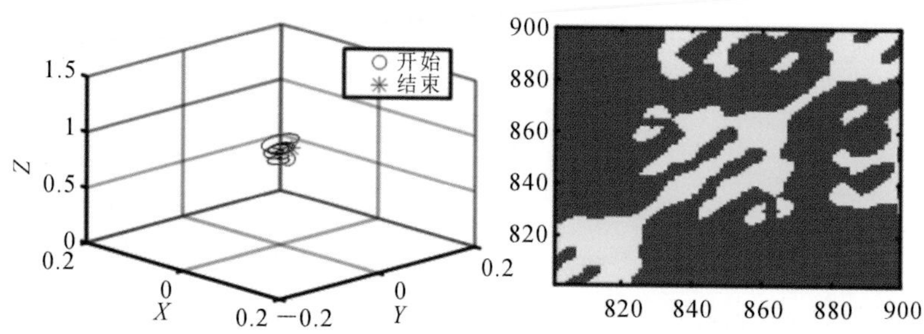

(i) 801~900 s历程的吸引子与递归图

续图 7-59

态,然后逐步过渡到磨损稳定期围绕某个区域不断收缩的状态。相应的递归图也呈现出从磨损初期的突变图案,演变到磨损稳定期的类似均匀的图案。从磨损稳定期过渡到剧烈磨损期,中间过渡阶段会出现类周期图案,当发生剧烈磨损时,又慢慢转向突变图形。磨损信号递归图中出现类周期图案的时候,通常发生剧烈磨损。

7.7.2 磨损历程演化的递归参数定量分析

虽然混沌吸引子和递归图方法可以直观显示摩擦过程和磨合磨损的演变历程,但是不利于定量分析不同工况下的摩擦磨损特性。在本小节的研究中,引入两种常用的混沌定量分析的参数,来定量表达混沌特性。

(1) 递归图对角线平均长度(average diagonal line length,ADL),表示在递归图中对角线结构的平均长度,代表摩擦信号的周期性。

$$\mathrm{ADL}=\frac{\sum_{\nu=\nu_{\min}}^{N}\nu P(\nu)}{\sum_{\nu=\nu_{\min}}^{N}P(\nu)} \tag{7-60}$$

式中:$P(\nu)$代表递归图中长度为 ν 的水平直线的分布数量;$\nu_{\min}=2$。

(2) 关联维数是一种分形维数,能够灵敏反映摩擦系统的混沌特性。本小节采用 Grassberger 和 Procaccia 提出的关联维数算法,选取 e,得到关联维数$D(e)$。

$$D(e)=\lim_{e\to 0}\frac{\ln N(e)}{\ln e} \tag{7-61}$$

计算转速为 58 r/min,变负载工况下的递归图,并进行递归定量分析,参数

$\tau=3, m=3, \theta=0.25$。图 7-60 中给出了关联维数与对角线平均长度 ADL 的计算数值。其中对角线平均长度 ADL 反映了混沌系统的周期性，刚开始磨损急剧增大，由于表面粗糙度迅速变化，周期性表现差，ADL 数值小。随着刀具与工件逐步进入磨损，此时 ADL 表现最大。这是因为此时材料还是光滑的，并没有呈现明显破损的情况，于是摩擦信号表现出极大的周期性。随后，ADL 的数值减小，材料破损，表面粗糙度快速恶化，周期性显著下降。当材料摩擦副的磨损状态从一个恶化状态逐步稳定，进入一个新平衡时，ADL 开始增大。但是，如果新的平衡被打破，则对角线平均长度 ADL 数值又开始下降。比如 300 N 的工况下，材料急剧破损时，周期性下降，同时 ADL 数值下降。在图 7-60 中，关联维数近似由小变大，然后再减小，其曲线是倒浴盆曲线。关联维数表示磨损环境的自相似性，初期磨损阶段时环境突变频繁，自相似性小，关联维数较小。进入磨合稳定磨损阶段后，自相似性最好，关联维数则相对大，但是到了破损阶段，环境发生改变，关联维数急剧下降。

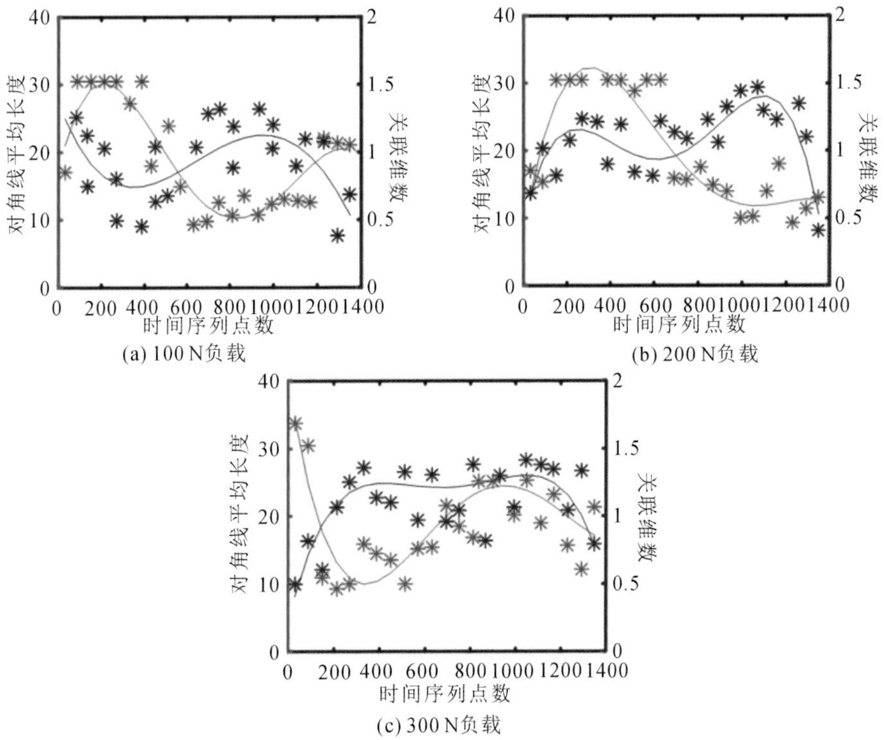

(a) 100 N负载　(b) 200 N负载　(c) 300 N负载

图 7-60　递归图对角线平均长度 ADL 及关联维数

7.8 拉刀耐用度预测

7.8.1 涂层拉刀耐磨性实验

在燃气轮机涡轮盘榫槽拉削过程中，平面粗拉刀的前刀面允许有一定量的修磨。通常粗拉刀切削刃较宽，齿升量较大，磨损不均匀易导致局部崩刃、拉削系统过载、刀具成本增加等情况发生。然而，允许修磨量是由刀具尺寸公差限定的，一旦超过公差范围则导致刀具报废，因此提高刀具耐磨性，减少刀具磨损是降低刀具成本的重要方式。

本小节针对涂层前后粗拉刀的抗磨损性能开展对比实验研究。实验工件材料为高铬合金耐高温材料 X12CrMoWVNbN-10-1-1，对比分析无涂层平面拉刀与 AlCrN 涂层平面粗拉刀的耐磨损性能。实验是在卧式拉床上进行的，拉削速度为 10 m/min，刀具分别选用涂层(AlCrN)刀具、非涂层粉末冶金高速钢(T15) 刀具，涂层刀具在涂层前进行玻璃喷丸强化处理，提高刃口的光整性和刀具表面的残余压应力。两种刀具采用相同的尺寸参数，前角为 20°，后角为 3°，刀宽为 50 mm，刀齿相邻齿升量为 0.058 mm。实验过程中通过显微镜测量其磨损量。两种刀具的前后刀面光整形貌和钝圆半径对比如图 7-61 所示。涂层后的厚度如图 7-62 所示，涂层厚度约 5.0 μm。

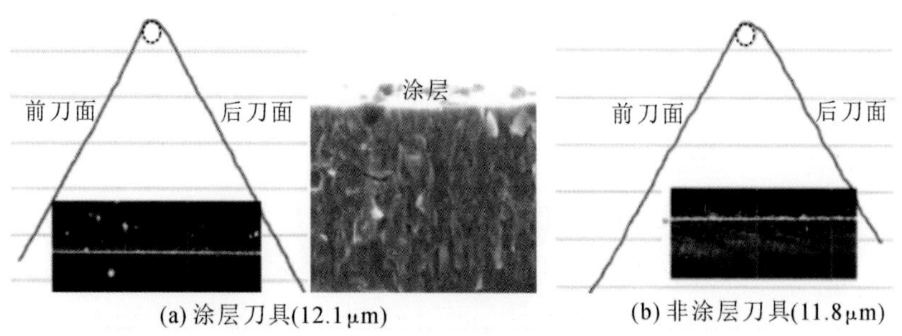

图 7-61　刀具刃口钝圆半径和光整形貌

非涂层刀具前刀面发生较为严重的月牙洼磨损，并且粘屑较为严重，而涂层刀具的磨损较轻。对比在磨损量为 0.13 mm 时的拉削总长度(见图 7-63)，可知 AlCrN 涂层可显著减缓刀具磨损，涂层刀具拉削长度约是非涂层刀具拉

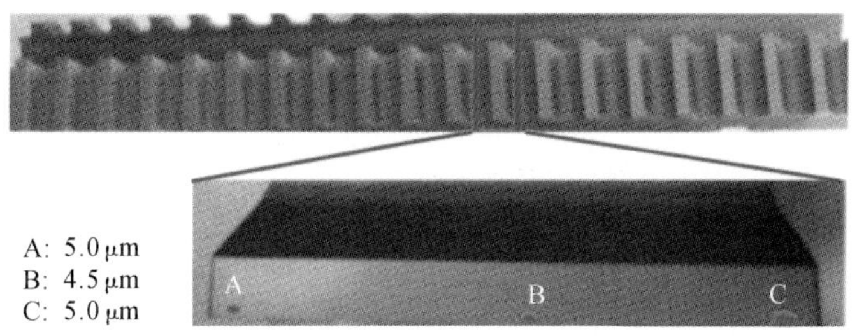

图 7-62 XRF/AP/HSS 程序测量涂层厚度

削长度的 1.2 倍。

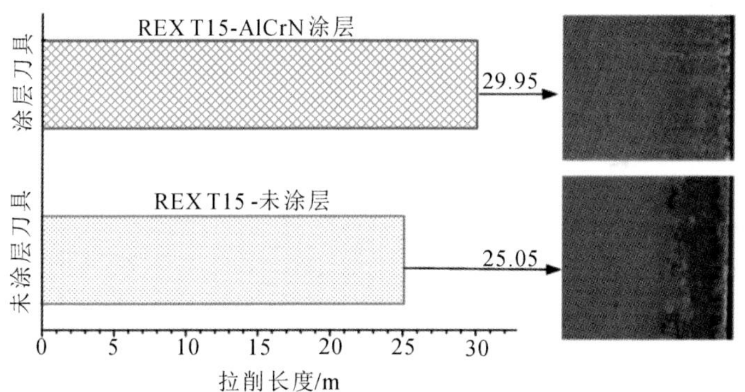

图 7-63 涂层和非涂层刀具在后刀面磨损量为 0.13 mm 时的拉削长度

7.8.2 拉刀磨损失效概率分布实验

通常情况下,在拉削重型燃气轮机涡轮盘榫槽时均需要定时测量粗拉刀的磨损程度,以便及时修磨,防止磨损导致机床负载增大、拉刀损坏等问题出现。由于精拉刀受榫槽成形精度限制,一般不修磨。本小节将粗拉刀两次修磨间的工作时间即修磨间隔期限定义为拉刀的耐用度。拉刀耐久实验可用于确定在一定可靠度水平下的拉刀磨损失效概率分布,经统计分析可确定拉刀的耐用度分布。通过刀具耐久实验统计分析可找到其规律,有利于为制定拉刀修磨周期提供依据。通常情况下,机械产品失效分布类型与分析对象的类型无关,而与应力类型、失效机理和失效形式有关。常用的失效分布有指数分布、正态分布、对数正态分布、威布尔分布、二项分布、泊松分布、极值分布和伽马分布等。正态分布通常用于分析机械的磨损、老化、腐蚀等场合，可用于对性能进行分析及质量控制。刀具失效多采用正态分布、威布尔分布，而磨损类型通常选用正态分布。山东大学研究了陶瓷刀具、硬质合金刀具的断裂及磨损概率分布函数，研究发现刀具磨损寿命很好地服从了正态分布。拉刀磨损虽然是重载切削下的磨损，但是其仍然符合通常的磨损演化规律。本小节将刀具磨损对应的统计数据进行正态分布参数误差校验，评价正态分布是否适用于拉刀磨损。

为确定刀具修磨周期，这里提出耐用度预测方法，确定耐用度分布密度函数 $F(L)$（L 为拉削长度的样本值），得到拉刀的磨损失效分布规律。首先，针对普通非涂层平面拉刀、涂层（AlCrN）平面拉刀，进行刀具耐久性实验。实验过程中，测量拉刀磨损量，当磨损量达到 0.1 mm 时开始对刀具修磨，修磨后继续进行拉削实验，对每次修磨次数和对应的拉削长度范围进行统计分析，如表 7-12 所示。

表 7-12　刀具磨损修磨后拉削长度统计

序号	拉削长度 L/m	修磨频次		频次占比/(%)		累计频次占比/(%)	
		普通	涂层	普通	涂层	普通	涂层
1	24.0～24.9	3	0	3.3	0.00	3.3	0.00
2	25.0～25.9	3	0	3.3	0.00	6.6	0.00
3	26.0～26.9	5	2	5.49	2.20	12.09	2.20
4	27.0～27.9	7	7	7.69	7.69	19.78	9.89
5	28.0～28.9	10	9	10.99	9.89	30.77	19.78
6	29.0～29.9	12	11	13.19	12.09	43.96	31.87
7	30.0～30.9	15	12	16.48	13.19	60.44	45.05
8	31.0～31.9	11	12	12.09	13.19	72.53	58.24
9	32.0～32.9	9	11	9.89	12.09	82.42	70.33
10	33.0～33.9	7	11	7.69	12.09	90.11	82.42
11	34.0～34.9	6	9	6.59	9.89	96.7	92.31
12	35.0～35.9	3	7	3.3	7.69	100	100.00

对表 7-12 的刀具耐用度数据分析，绘制正态分布图，如图 7-64 和图 7-65 所示。从图中可以看出，拉刀磨损失效分布呈正态分布，可采用正态分布进行分析，且磨损失效分布密度可用连续型分布函数描述。其中，非涂层刀具正态分布校验的参数为均值 30.29、标准差2.679、检验值 $P=0.931$，涂层刀具的校验参数为均值 31.41、标准差 2.439、检验值 $P=0.159$。拉刀耐用度预测首先需要分析拉刀磨损失效的概率密度分布函数，进而通过概率统计分析计算对应可靠度的拉刀耐用度。

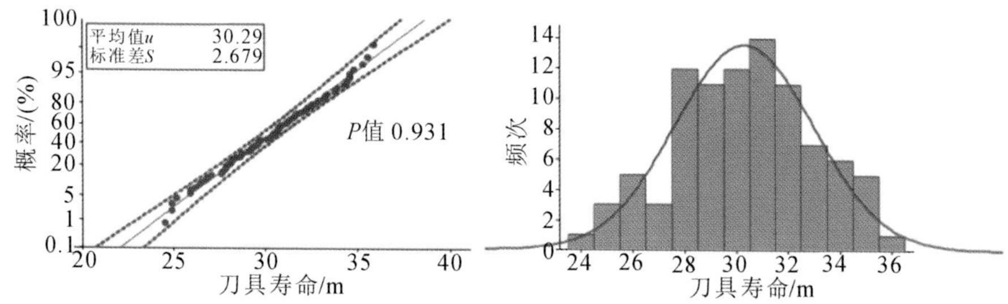

图 7-64 非涂层刀具耐用度概率分布

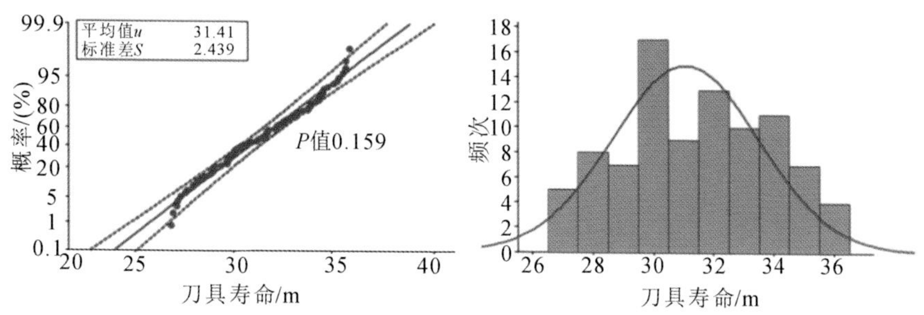

图 7-65 涂层刀具耐用度概率分布

根据正态分布概率计算方法，建立磨损失效的概率密度正态分布函数及预测耐用度方法（计算数值以非涂层拉刀数据为例）如下：

$$u=\frac{1}{n}\sum_{j=1}^{n}X_j=\frac{1}{91}\sum_{j=1}^{91}X_j=30.29 \tag{7-62}$$

$$\sigma^2=\frac{1}{n-1}\sum_{j=1}^{n}(X_j-\bar{X})^2=\frac{1}{91}\sum_{j=1}^{91}(X_j-\bar{X})^2=7.176 \tag{7-63}$$

$$S=\sqrt{\sigma^2}=2.679 \tag{7-64}$$

式中：u 为均值，σ^2 为方差，S 为标准差。由表 7-12 记录的拉刀磨损耐用度实验统计数据，可计算出耐用度分布密度函数 $F(L)$，以及相应的可靠度 $R(L)$ 及耐用度 $L(R)$。

$$F(L)=\frac{1}{\sqrt{2\pi}S}e^{\left[-\frac{(L-u)^2}{2\times\sigma^2}\right]}=\frac{1}{2.679\times\sqrt{2\pi}}e^{\left(-\frac{(L-30.29)^2}{14.354}\right)}=\phi\left(\frac{L-30.29}{2.679}\right) \tag{7-65}$$

$$R(L)=1-F(L)=1-\phi\left(\frac{L-30.29}{2.679}\right) \tag{7-66}$$

$$L(R)=R^{-1}(L)=30.29+2.679\times\phi^{-1}(1-R) \tag{7-67}$$

当可靠度 $R=90\%$ 时，无涂层拉刀耐用度为 $L(R)=26.861$ m。类似的，涂层拉刀的耐用度为 $L(R)=27.140$ m。涂层刀具比非涂层刀具耐用度约增加 7%。可见，根据实际生产需要，在可靠度要求确定后可得到相应的耐用度寿命，从而可辅助制定刀具的修磨时间。

7.9 基于多约束优化的榫槽拉削余量分配

7.9.1 枞树型榫槽拉削成形的创成方式

如图 7-66 所示，F 级重型燃气轮机透平端涡轮盘的枞树型榫槽是圆周分布在轮盘侧面的，并在轮盘厚度方向呈现斜直槽。于是，可以选择拉床拉削槽形。枞树型榫槽成形过程就是拉刀工作顺序的分配过程，也是拉削余量的分配过程。榫槽拉削余量的分配，可以分为非型线粗加工阶段和型线精加工阶段。

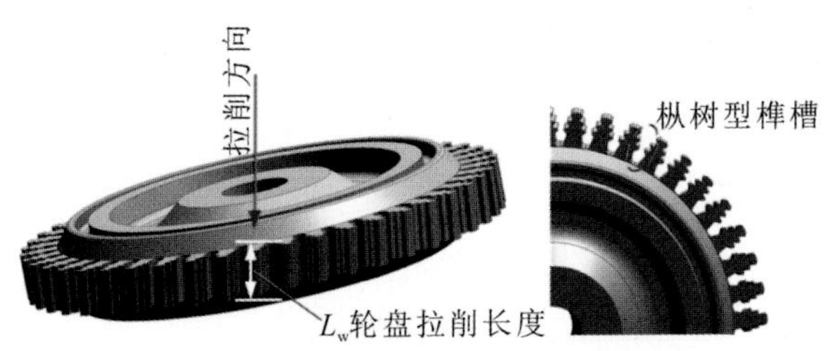

图 7-66 重型燃气轮机涡轮盘的榫槽示意图

重型燃气轮机涡轮盘榫槽为大尺寸的枞树型榫槽，榫槽成形工序等同于制定拉削工艺顺序，即确定拉刀刀齿的工作顺序过程。目前，对枞树型榫槽拉削方式的研究较少，多采用经验法确定拉削顺序和分配拉削余量。轮盘枞树型榫槽的加工顺序通常为：先粗拉削中间梯形部分，再去除枞树型槽齿两侧余量，接着去除槽底部余量，最后使用精拉刀同时去除底面和两侧弧边的精拉削余量。如图 7-67 所示，余量分配约分为 7 块去除区域：1～3 部位区域采用粗拉削，4～7 部位区域采用成形精拉削。其中，切除左右两侧余量的 2 部位区域有两种方式：当 $l>H$ 时，用横刃拉刀分层切削；当 $l<H$ 时，用竖刃拉刀分层切削。

如图 7-68 所示，榫槽粗拉削阶段采用的拉削余量分配方式主要分为两种。

(1) 分层式拉削　切削加工时一层层顺次地切下工件材料。根据工件表面

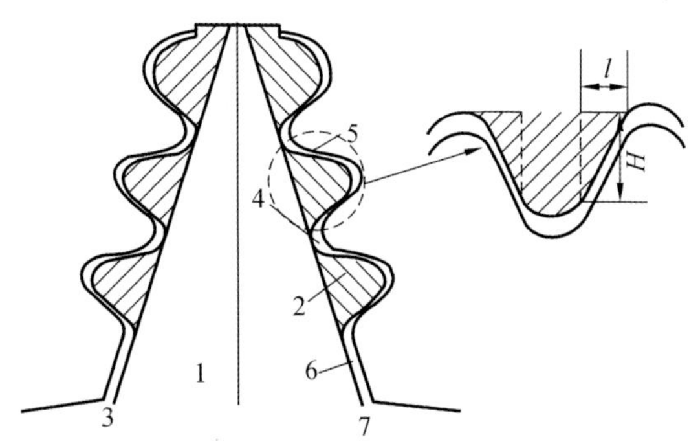

图 7-67 枞树型榫槽的拉削余量分配

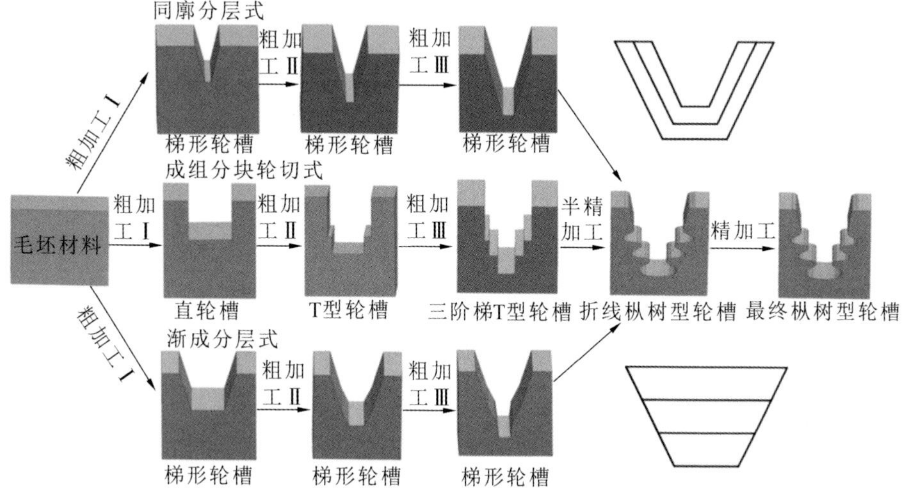

图 7-68 枞树型榫槽拉削余量分配方式

加工要求的不同,又分为:

① 同廓分层式 拉刀每个切削齿的廓形都要与工件所要求的廓形相似。加工时由里向外切除相似的梯形轮槽。

② 渐成分层式 刀齿廓形与被加工表面廓形不相似,只是简单的直线形或梯形,再去掉多余部分。不同层的槽型都是面积最大的梯形,层层向上切除。

(2) 分块式拉削 分块式拉削即将拉削余量分成几层,每层又分为几块,每个刀齿只切下一层中的几块。分块式拉削常用的形式为成组轮切式,拉刀使用一组刀齿切削一层金属。每组的刀齿形状相同,组和组之间有齿升量。

7.9.2 基于多约束优化的榫槽粗拉削余量分配方法

1. 纵树型榫槽粗拉削余量分配的约束条件

榫槽粗拉削阶段的目标是在满足机床功率约束和刀具强度约束的情况下，尽可能地提高加工效率，使拉削材料的去除率达到最大值，评判标准通常用最大去除量(MRR)来表示。

$$\mathrm{MRR} = z_{\mathrm{w}} \cdot \sum_{i=1}^{n} (h_{\mathrm{fi}} L_i) v_{\mathrm{c}} \tag{7-68}$$

式中：z_{w} 为拉刀的最大工作齿数；h_{fi} 为拉刀的齿升量；L_i 为每段刀具切削刃的长度；v_{c} 为拉削速度。在拉刀参数一定的条件下，随着 L_i 的增大，拉削的效率逐渐提高。

(1) 拉刀所有工作齿数的总工作负载必须满足机床功率限制的约束要求，于是得到拉削工作负载约束为

$$z_{\mathrm{w}} F_{\mathrm{c}} L_i v < P_1 \tag{7-69}$$

$$F_{\mathrm{c}} = \sqrt{F_{\mathrm{t}}{}^2 + F_{\mathrm{f}}{}^2} \tag{7-70}$$

$$F_x = \sum_{i=1}^{m} L_i (K_{\mathrm{te}} \cdot h_{\mathrm{fi}}{}^{K_{\mathrm{tc}}}) \tag{7-71}$$

$$F_y = \sum_{i=1}^{m} L_i (K_{\mathrm{fe}} \cdot h_{\mathrm{fi}}{}^{K_{\mathrm{fc}}}) \tag{7-72}$$

式中：z_{w} 为拉刀的最大工作齿数；F_{c} 为刀具的每个齿的切削力；P_1 为拉床的最大功率；切削力 F_{c} 可通过切削力系数求得(这里选用无刃倾角的直齿粗拉刀)；F_x 为进给方向的切削力；F_y 为法向的切削力；K_{tc}和 K_{te}为进给方向的切削力系数；K_{fc}和 K_{fe}为法向的切削力系数。其中，机床功率是重要的约束条件，在本节的设计中，针对 F 级重型燃气轮机轮盘拉削拉床，其最大负载为 250 kN，总功率为 250 kW。

根据前面的分析，可看出切削力与齿升量、齿距、同时工作齿数密切相关。比如，当刀具齿升量 $h_{\mathrm{fi}}=0.59$ mm，切削刃有效工作宽度 $L_i=50$ mm，齿距 p 分别为 20 mm、25 mm、30 mm 时，可得到切削力随齿距变化，如图 7-69 所示。

(2) 拉刀拉削时强度应小于拉刀材料的许用应力

$$C_{\mathrm{f}} \sigma_{\mathrm{s}} \leqslant [\sigma]_{\max} \tag{7-73}$$

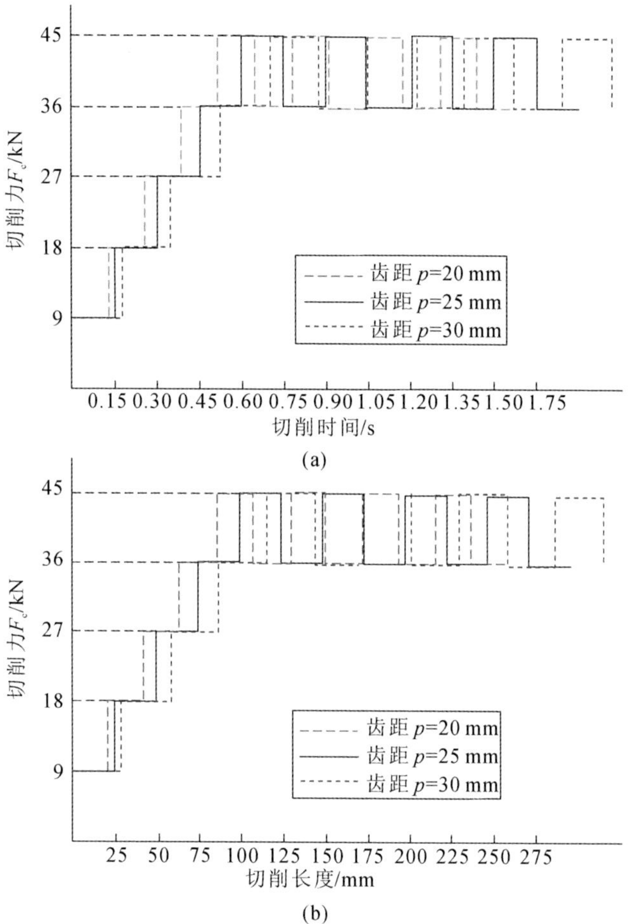

图 7-69　切削力随齿距变化

式中:可靠性系数 C_f 取 1.2～1.4;σ_s 为刀具每个齿的切削应力。对于大尺寸拉刀,通常采用的刀具为粉末冶金高速钢刀具,则拉刀强度 σ_s 可采用有限元分析与回归法得到其表达式(7-74)。刀刃应力为拉刀单齿的最大应力600 MPa,切削应力随齿距变化,如图 7-70 所示。

$$\sigma_s = 845.28 \cdot {h_{fi}}^{0.4945} \cdot p^{0.1568} \tag{7-74}$$

由于粗加工时拉刀的前角 γ 为 20°,后角 α 为 3°,切削速度为 10 m/min,取同时工作的齿数 z_w 为 5,根据上述公式,得到相应的去除量和切削负载功率等值线图,如图 7-71(a)所示。切削应力的响应曲面空间如图 7-71(b)所示,由于刀具材料的最大屈服应力值为 600 MPa,因此刀具的齿升量最大不要超过0.16 mm。刀具切深太小会导致不能正常剪切,发生挤压,最小的齿升量一般不小于 0.01 mm。

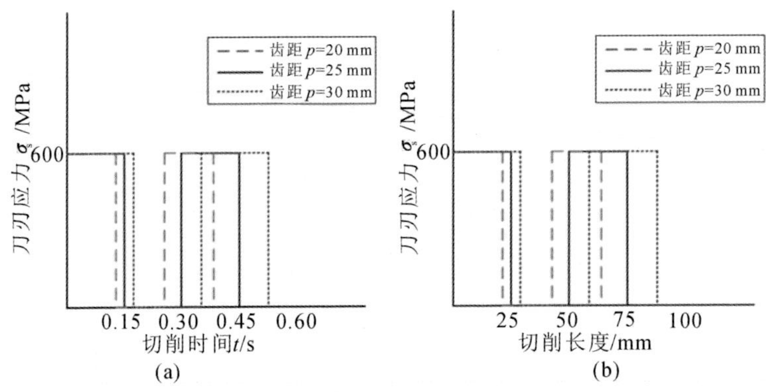

图 7-70　切削应力随齿距变化

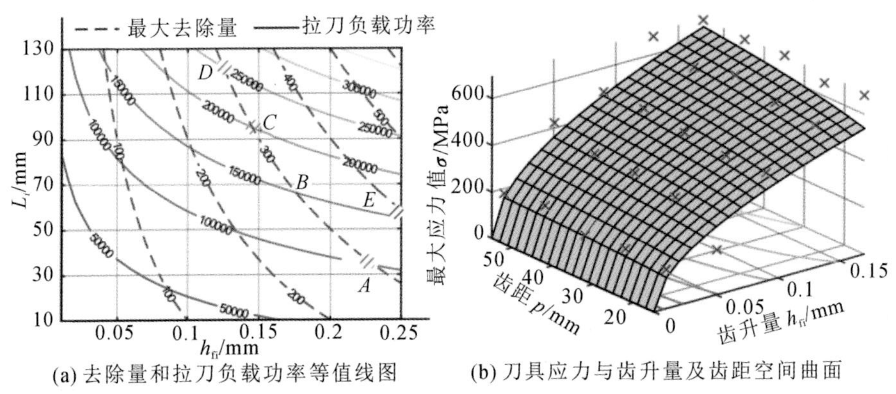

(a) 去除量和拉刀负载功率等值线图　　(b) 刀具应力与齿升量及齿距空间曲面

图 7-71　齿距与齿升量的约束设计区域

图 7-71(a)中的虚线表示最大去除量 MRR，实线表示拉刀负载功率 P_1。从图中 P_1 和 MRR 的等值线可以看出，当拉刀负载功率 $P_1=150$ kW 时，拉削负载功率曲线分别与 MRR = 300 cm³/min 相交于 B 点，与 MRR = 400 cm³/min相交于 E 点，这表明在拉刀负载功率不变的情况下，材料去除量可以提高 33.3%，由此易见，E 处的加工参数优于 B 处。同样，在最大去除量相同的条件下，可以选择合理的刀具参数获得最低的拉刀负载。当最大去除量 MRR 等于 300 cm³/min 时，材料去除量 MRR 曲线分别与拉刀负载功率等值线 $P_1=100$ kW 相交于 A 点，与等值线 $P_1=150$ kW 相交于 B 点，与等值线 $P_1=200$ kW 相交于 C 点，与等值线 $P_1=500$ kW 相交于 D 点。可见 A 点处的拉刀负载功率更小，该工况更为理想。通过以上分析可以得知，在等值线图内，采用右下角区域的加工参数能同时获得较低的拉刀负载功率和较大的最大去除量。

可见，在允许的拉刀负载功率的前提下，可获得满足最大去除量的最优齿距和齿升量取值参数组合。根据图 7-71(a)等值线图所示的拉刀负载功率和最大去除量关系图，可选定枞树型轮槽非型线拉削方式。

对比图 7-72 的两种拉削方式，(a)为渐成分层式拉削方式，(b)为同廓分层式拉削方式。渐成分层式可看成主切削刃工作，切宽为 L_i，同廓分层式拉削方式的主切削刃和副切削刃同时工作，切宽 $L_i = b_{i1} + b_{i2} + b_{i3}$。对比这两种粗拉削参数的等值线图，其齿升量 h_{fi} 都为 0.05 mm，渐成分层式拉削方式的齿宽 L_i 为 35～40 mm，此时同廓分层式拉削方式的齿宽为 45～50 mm，对应到等值线图 7-73，分别为绿色和红色的色块。从图 7-73 中可以看出，两种切削方式的切宽不同，最大切削量 MRR 约等于 100 cm^3/min，然而拉刀负载功率相差 50%左右。故大尺寸枞树型榫槽的非型线粗拉削加工，一般不采用同廓分层式。

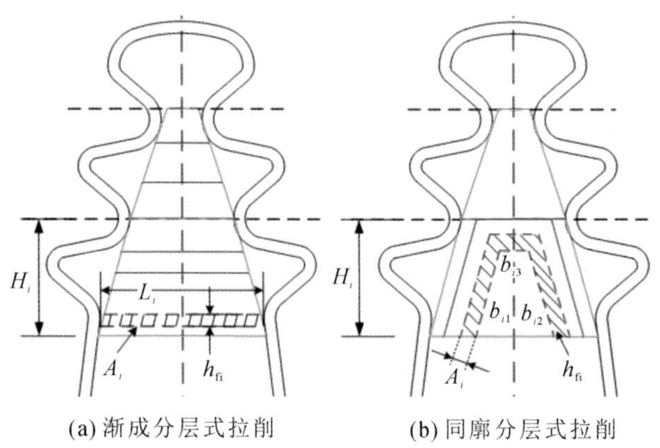

图 7-72　粗拉削方式示意图

从前面的分析可知，同廓分层式不适合型线尺寸比较大的榫槽粗拉削加工。燃气轮机的透平轮盘的榫槽还有一种成组分块轮切式拉削方式。比较渐成分层式与成组分块轮切式拉削方式，假设两者的切宽相同，都为 40 mm。可得齿升量范围分别为 0.03～0.06 mm 和 0.08～0.12 mm。如等值线图 7-74(b)可知，MRR 的变化率较拉刀负载功率的变化率要高，符合等值线图右下角的趋势。故透平轮盘榫槽的拉削选择成组分块轮切式。

根据式(7-69)至式(7-72)可得

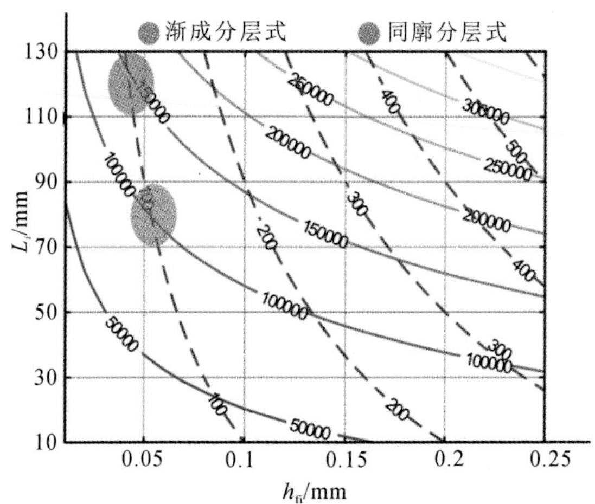

图 7-73　渐成分层式-同廓分层式等值线图

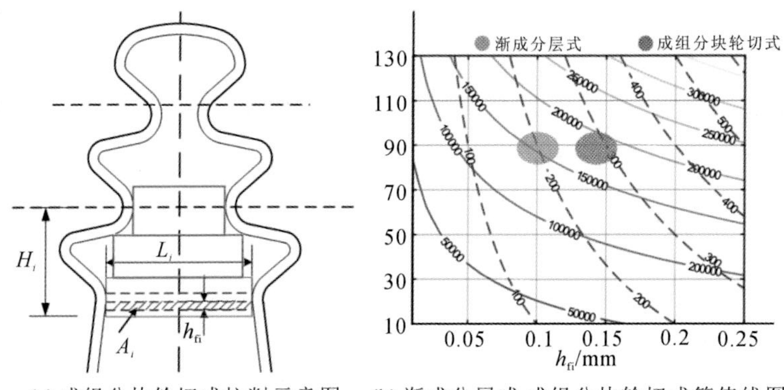

(a) 成组分块轮切式拉削示意图　(b) 渐成分层式-成组分块轮切式等值线图

图 7-74　渐成分层式与成组分块轮切式等值线图对比

$$z_{w} \cdot \sqrt{\left[\sum_{i=1}^{m} L_i \left(K_{te} \cdot h_{fi}{}^{K_{tc}}\right)_{t}\right]^2 + \left[\sum_{i=1}^{m} L_i \left(K_{fe} \cdot h_{fi}{}^{K_{fc}}\right)\right]^2} L_i v_c < P_1$$

其中：$z_w = \dfrac{L_c}{p}$，机床的最大功率 P_1 为 250 kW；齿宽 L_i 的范围为 15～55 mm；同时工作齿数 z_w 为 5。据此可解得图 7-75 所示的最优设计区域。由解可知：成组分块轮切式最佳刀具参数为齿升量 0.059 mm，齿距 24.9 mm，对应的最大去除量 MRR 为 147.5 cm^3/min；渐成分层式最佳刀具参数为齿升量0.045 mm，齿距 39 mm，对应的最大去除量 MRR 为 270 cm^3/min。

2. 枞树型榫槽粗拉削余量分配依据

下面以某型线的透平涡轮盘榫槽的非型线拉刀设计为例，由图 7-75 可得

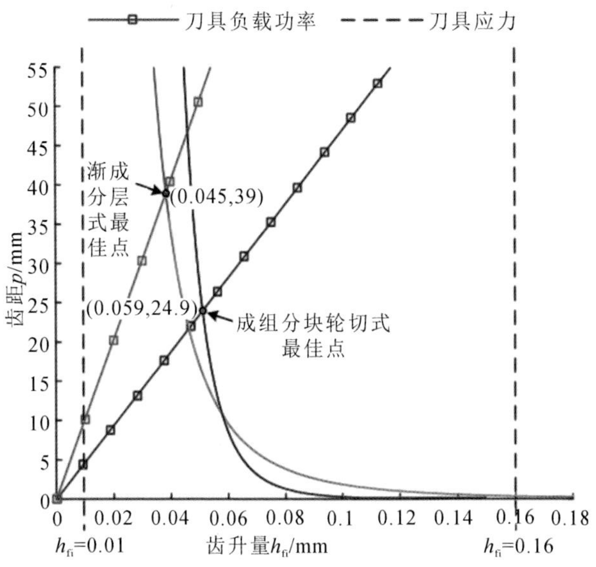

图 7-75 拉削最优参数设计

到粗拉削成组分块轮切式的最优点数值，固定齿距为 24.9 mm，并据此得到刀具负载功率的投影图，其表达为粗拉刀齿宽与齿升量的关系，如图 7-76 所示。

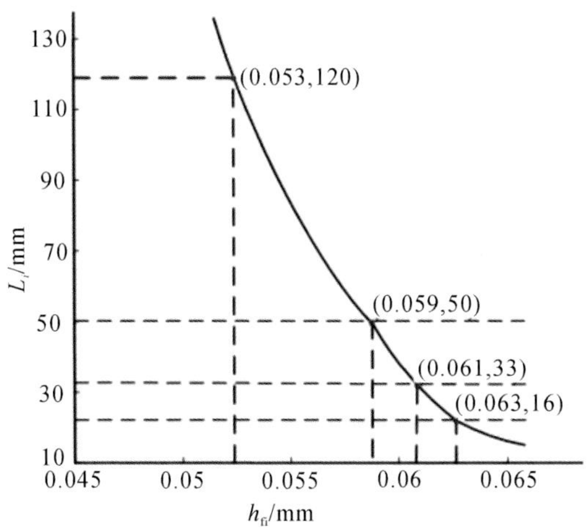

图 7-76 枞树型型线粗拉刀齿宽与齿升量的关系

根据图 7-76 可以确定不同刃宽刀具所对应的齿升量，可将某型线的透平轮盘榫槽的粗拉刀根据切削不同区域尺寸所需的宽度来确定齿升量，汇总如表 7-13所示，可用于某型线拉刀设计余量分配的参考依据。

表 7-13　枞树型型线刀具宽度对应的齿升量

刀具刃宽/mm	50	33	16	120	14	33	50
齿升量/mm	0.059	0.061	0.063	0.053	0.084	0.009/0.061	0.059

7.10　多耦合约束下精拉刀刀齿参数设计方法及实验验证

7.10.1　多拉削响应耦合约束下精拉刀刀齿参数设计

1. 拉刀刀齿结构设计要素

F 级重型燃气轮机榫槽精拉削对加工表面粗糙度提出了严格的加工要求($Ra<0.8\ \mu$m),因此,拉削的表面粗糙度是精拉刀段刀具设计时需首要考虑的问题。拉刀的几何结构参数如图 7-77 所示,包括前角、后角、齿升量、切削刃钝圆半径等。设计变量在抉择时需要按照主次顺序逐步确定,可采用逐步降维的设计方法,将拉刀刀齿参数前角、后角、齿升量首先分离出来,待这三个设计参数选定后再设计其他参数(比如齿数、容屑槽深度、容屑槽半径、钝圆半径和刃背宽度等),图 7-78 所示为拉刀几何参数优选点集合的示意图。

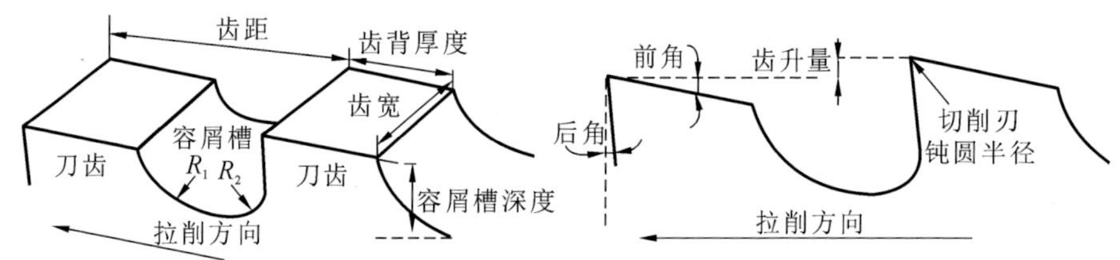

图 7-77　拉刀几何结构参数

如图 7-77 所示,可看出几何结构参数包括前角、后角、齿升量、刃口钝圆半径、齿距、齿数、齿高、齿槽尺寸、齿背厚度等。这些参数可分为两种类型:一类是切削刃口参数(前角、后角、齿升量、刃口钝圆半径等),另一类是刀齿参数(齿距、齿数、齿高、齿宽、齿背厚度等)。在确定切削刃口参数以后,再进行刀齿参数的选取。本节主要对刀具刃口主要参数(前角、后角和齿升量)进行分析,并进行实验验证,然后再进行齿距和拉削余量匹配。拉刀刃口结构要素可用一个参数集合表示($X_1,X_2,X_3,\cdots,X_n$),其受多个响应约束($W_1,W_2,W_3,\cdots,W_n$)的限制。这些约束包括切削去除量、加工表面完整性、切削力负载（机床功率约束）、拉削温度、拉刀结构强度、加工效率、拉刀寿命、拉削振动、表面粗糙度等，这些约束会相互影响和耦合。本节涉及的绝大多数约束条件已经在前面研究过，比如切削温度约束，由于本章研究的榫槽拉削速度低且润滑冷却良好，切削温度低于 200 ℃，故本节没有将其作为约束条件。切削振动也是影响表面粗糙度的重要因素，但切削振动受限于拉削速度、拉床、夹具等多种因素，且已经在前面分析过，也未将其作为约束条件。刀具磨损也在前面单独分析过。故本节选取的三个约束为切削力负载（机床功率约束）、表面粗糙度、刃口结构强度。

为了定量建立约束与设计参数间的关系，构建约束与设计变量 $X_{\text{Set}}(X_1, X_2, X_3, \cdots, X_n)$ 的函数关系如下：

$$W = k_0 + \sum_{i=1}^{m_1} k_{ai} X_i + \sum_{i=1}^{m_2} k_{bi} X_i^2 + \sum_{i=1}^{m_3} \sum_{j=1}^{m_4} k_{ij} X_i Y_{\text{j}} \tag{7-75}$$

式中：k_{ai}、k_{bi} 和 k_{ij} 为相关系数，本节选取的由切削力负载、表面粗糙度、切削刃口结构强度构成的响应曲面耦合约束可用下式说明。

$$\{W_1 \cap W_2 \cap W_3\} = \{[F' < F_0'] \cap [Ra < Ra_0]_2 \cap [S < S_0]\} \tag{7-76}$$

其中：W_1、W_2 和 W_3 是可用响应曲面表示的约束条件，则拉刀几何设计参数 $X = (X_1, X_2, X_3)$ 可在三个响应曲面的耦合交集 X_{set} 内选取，如图 7-78 所示。

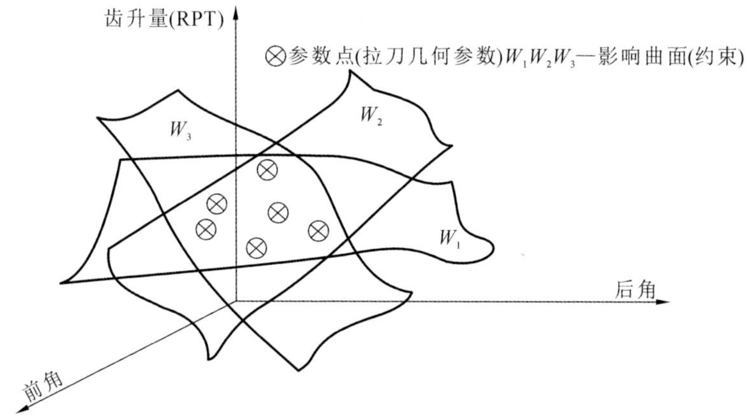

图 7-78　拉刀几何参数优选点集合的示意图

拉刀几何参数$(X_1, X_2, X_3, \cdots, X_n)$可从约束耦合交集$(W_1 \cap W_2 \cap W_3 \cap \cdots \cap W_n)$中获得。

$$X_{set} = \{W_1 \cap W_2 \cap W_3 \cap \cdots \cap W_n\} \tag{7-77}$$

$$X = (X_1, X_2, X_3) \subset X_{set} = \{W_1 \cap W_2 \cap W_3\} \tag{7-78}$$

2. 试验设计与规划

工件材料选用耐热钢 X12CrMoWVNbN-10-1-1，拉刀采用粉末冶金高速钢 REX T15。为了分析刃口参数的影响，切削以直角切削方式进行，以免其他参数交互影响。图 7-79 给出了实验设计示意图。采集软件系统由 Kistler 9272 测力仪和 Kistler 5070 四通道电荷放大器、高速数据采集卡组成。采用日本三丰便携式表面粗糙度仪 SJ-201 对加工表面粗糙度进行测量。拉刀刃口强度是利用 ANSYS 软件进行有限元分析获得的。

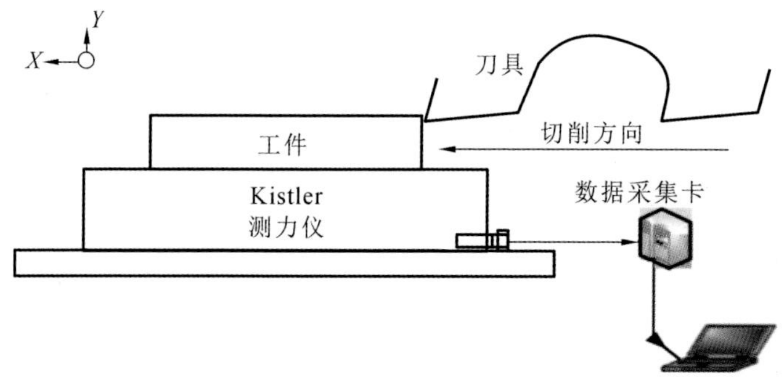

图 7-79 实验设计示意图

基于回归实验设计方法、中心组合实验设计和多响应曲面法，对实验参数选择和水平值进行设定。表 7-14 给出了三个设计要素：前角（X_1，(°)）、后角（X_2，(°)）和齿升量（X_3，mm）。前角（X_1）从 15°到 22°，后角（X_2）从 3°到 6°，齿升量（X_3）在 0.04 到 0.12 mm 选取。如表 7-15所示，实验设计方案是采用中心组合实验设计方法中的面心组合设计 CCF（见图 7-80），其实验设计矩阵为 $\boldsymbol{C}_{15}$。实验回归法和有限元分析法用于预测切削力、表面粗糙度和刀具刃口强度。在此基础上可以通过多约束耦合响应曲面优化设计方法获得拉削耐热钢 X12CrMoWVNbN-10-1-1 的拉刀刃口参数。

表 7-14 刀具刃口参数实验设计水平值

因素		水平		
		−1	0	1
前角 γ	$X_1/(°)$	15	18	22
后角 α	$X_2/(°)$	3	4	6
齿升量 h_{fi}	X_3/mm	0.04	0.08	0.12

表 7-15　中心组合实验设计 CCF($\boldsymbol{C}_{15}$)

序号	组合	前角 γ $X_1/(^\circ)$	后角 α $X_2/(^\circ)$	齿升量 h_{fi} X_3/mm
1	$(A_{-1}B_{-1}C_{-1})$	15	3	0.04
2	$(A_{-1}B_1C_{-1})$	15	6	0.04
3	$(A_{-1}B_{-1}C_1)$	15	3	0.12
4	$(A_{-1}B_1C_1)$	15	6	0.12
5	$(A_1B_{-1}C_{-1})$	22	3	0.04
6	$(A_1B_1C_{-1})$	22	6	0.04
7	$(A_1B_{-1}C_1)$	22	3	0.12
8	$(A_1B_1C_1)$	22	6	0.12
9	$(A_0B_{-1}C_0)$	18	3	0.08
10	$(A_0B_0C_{-1})$	18	4	0.04
11	$(A_0B_1C_0)$	18	6	0.08
12	$(A_0B_0C_1)$	18	4	0.12
13	$(A_{-1}B_0C_0)$	15	4	0.08
14	$(A_1B_0C_0)$	22	4	0.08
15	$(A_0B_0C_0)$	18	4	0.08

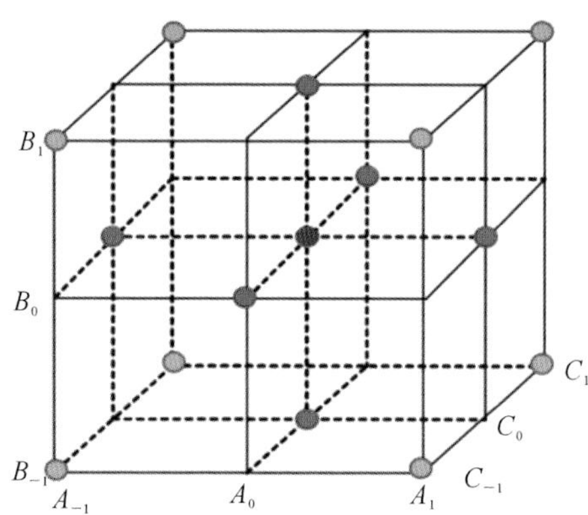

图 7-80　中心组合设计实验方案点选择

3. 拉削负载约束

由于采用分离变量法研究刃口的几何参数(齿升量 h_{fi}、前角 γ 和后角 α),则切削速度、拉刀刀齿参数(齿高、齿数)以及刃口钝圆半径保持不变。每个切削刃的拉削力可表示为

$$F=f(h_{fi},\gamma,\alpha) \tag{7-79}$$

因此，每个切削刃的刃口单位长度上的拉削力可以表达为

$$F' = F/w \tag{7-80}$$

其中 w 是切削刃口宽度。每个切削刃刃口单位长度的拉削力为

$$\begin{aligned} F' = & -0.29\gamma^2 - 30.7\alpha^2 + 83812{h_{fi}}^2 - 5.96\gamma\alpha - 53.3\gamma h_{fi} - 376\alpha h_{fi} \\ & + 46.5\gamma + 422\alpha - 7233h_{fi} - 981 \end{aligned} \tag{7-81}$$

拉削力需要满足机床允许的负载要求，根据同时工作的齿数及预留一定的安全系数，可定为 $F' \leqslant F'_0$。则刀具设计变量$[X_1, X_2, X_3]$满足该约束条件的负载，可以看作拉削力响应曲面上的点。例如，若约束为 $F' \leqslant 500$ N/mm，参数$[X_1 \quad X_2 \quad X_3]$可从等值面序列中找到(见图 7-81)。为了满足特定的约束条件 $F' \leqslant F'_0$，拉刀刃口设计参数 $\boldsymbol{X} = [X_1 \quad X_2 \quad X_3]$可以从响应曲面集中选择。

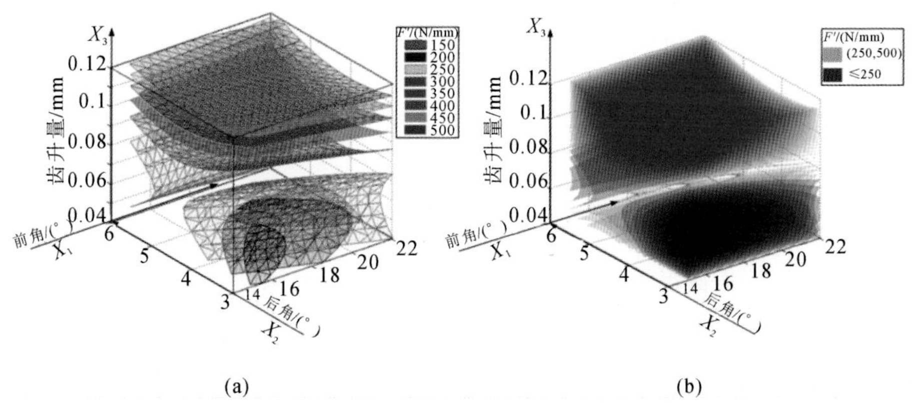

图 7-81 单位长度切削力对应等值响应曲面簇

分析可知，拉削力与前角和齿升量正相关，而且切削力与拉刀前角的关系是非线性的。进一步分析可以看到，相比前角和后角，齿升量对拉削力的影响更大；同时，后角对拉削力的影响小于前角；此外，前角在 18°～20°时，拉削力有明显的下降，此时较大的前角成为了减小拉削力的关键因素。前角增加，将降低拉刀刃口的强度，则冲击和振动将逐渐增加。增大后角虽然有利于减小摩擦力，但是后角对拉削力的影响是不显著的。

4. 拉削表面粗糙度约束

类似的，通过回归方法可获得拉削表面粗糙度 Ra 相应的数学模型为

$$Ra = 0.00293\gamma^2 + 0.0086\alpha^2 + 140h_{fi}^2 - 0.00172\gamma\alpha - 0.0582\gamma h_{fi}$$

$$-0.692\alpha h_{\mathrm{fi}}-0.120\gamma-0.028\alpha-79.48h_{\mathrm{fi}}-2.118316 \quad (7\text{-}82)$$

可以得到满足约束条件 $Ra\leqslant Ra_0$ 的响应曲面。如图 7-82 所示，加工表面粗糙度约束在限定范围($Ra\leqslant Ra_0$)内，这个约束范围可以表示为系列的响应曲面簇。

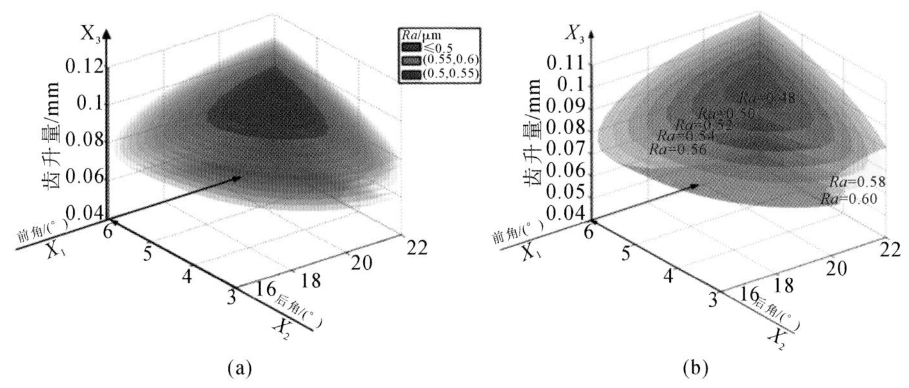

图 7-82　表面粗糙度响应曲面簇

在齿升量为 0.025 mm 时，表面粗糙度最小为 0.62 μm，榫槽拉削表面形貌如图 7-83(a)所示。当齿升量较大($h_{\mathrm{fi}}=0.12$ mm)时，刀具振动较大，表面质量也会相应地受到影响，如图 7-83(b)所示，榫槽表面形成近似等距的横向波纹。在条纹区域内，表面粗糙度较差。原因是齿升量增加，拉削过程中切削力变化较大，拉刀工作不平稳，使刀齿在垂直于进给方向的切削不均匀所致。从前面的动态拉削力分析可知，拉削力通过傅里叶变换可变换为多频率分量，从而体现了拉削力波动、拉削振动和波纹等变化规律。提高拉削过程的平稳性，可减弱拉削中的振动，消除横向波纹。具体可通过适当地提高工作齿数、增大前角、减小齿升量或采用不等距齿距的拉刀来改善。

5. 拉刀刃口强度约束

拉刀刃口强度对提高刀具寿命非常重要。因此，刃口强度是另一重要约束，其间接约束了刀具前角、后角和齿升量。刀具刃口强度可以通过有限元分析方法获得。如图 7-84 所示，刃口负载(F_x，F_y)施加在有限元模型的节点上，施加范围由齿升量决定。局部分析切削刃口强度时，忽略相邻齿的影响，将相邻齿连接处的自由度(DOF)设置为 0。刀具刃口结构强度 S 同样可由回归法获得。

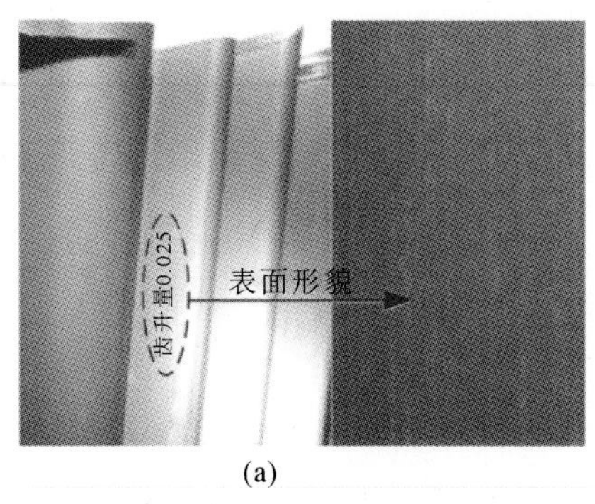

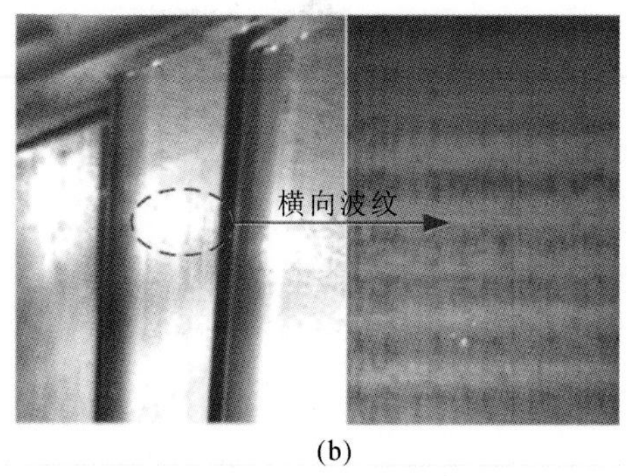

(a) (b)

图 7-83 榫槽拉削表面形貌

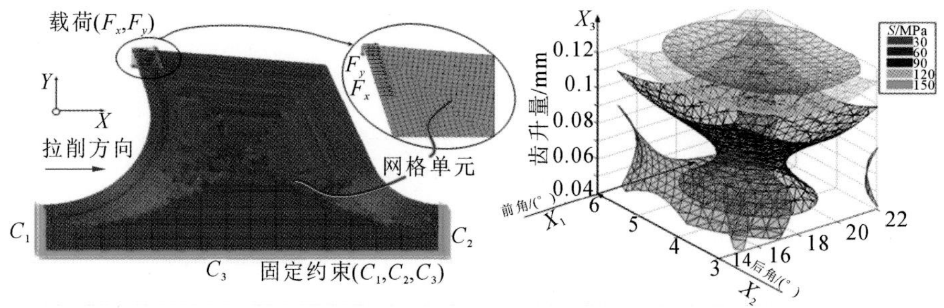

图 7-84 切削刃口有限元模型及刃口强度离散响应曲面

$$S = -2.36\gamma^2 - 9.54\alpha^2 + 22358h_{\text{fi}}^2 - 1.56\gamma\alpha - 11.0\gamma h_{\text{fi}} - 85.4\alpha h_{\text{fi}} + 97.4\gamma + 123\alpha - 2078h_{\text{fi}} - 1053 \tag{7-83}$$

可得到满足约束条件 $S \leqslant S_0$($S \leqslant 700$ MPa)的响应曲面，如图 7-85 所示。

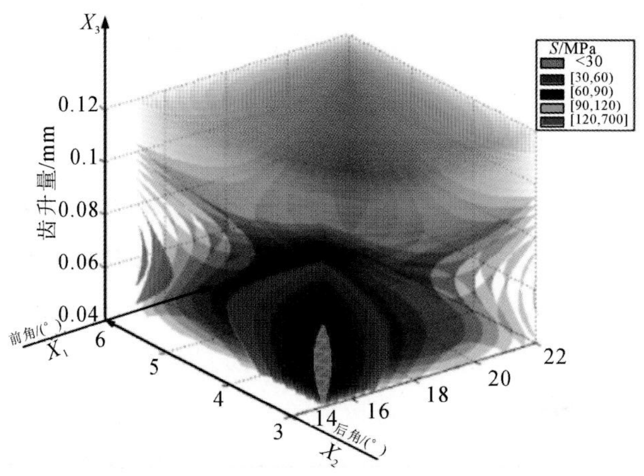

图 7-85 刃口强度范围对应的系列响应曲面

6. 多响应耦合约束下精拉刀刀齿结构要素优选

由前面的分析可知，在燃气轮机榫槽拉刀参数设计中，榫槽拉刀需要满足机床功率负载的许用要求、加工表面粗糙度要求、刀具材料承载能力要求，刀齿设计参数可在由许用约束构成的响应曲面（$F'\leqslant F'_0$，$Ra\leqslant Ra_0$，$S\leqslant S_0$）的耦合交集中选取得到，此点可以认为是满足三个设计约束的解。如果某点满足三个定值的设计约束，那么此点就表现为三个响应曲面的交点。由于约束限定的是三个系列取值范围（$F'\leqslant F'_0$，$Ra\leqslant Ra_0$，$S\leqslant S_0$），那么交点就相应地构成了点集。这也说明工程上的设计往往不是唯一解。具体应用时这些设计解需根据所用机床、刀具材料、工件材料、生产工艺节拍、润滑环境、成本等综合考虑确定。

约束（$F'\leqslant F'_0$，$Ra\leqslant Ra_0$，$S\leqslant S_0$）可以表示为三维设计空间中的响应曲面簇。图 7-86 所示为由三个设计约束（$Ra\leqslant 0.8$ μm，$F'\leqslant 500$ N/mm 和 $S\leqslant 700$ MPa）表示的系列响应曲面簇，其交集 X_{set} 是点的集合，也就是所有可行设计解的集合，其确定了设计参数［X_1，X_2，X_3］的可选范围。如图 7-86 所示，切削刃口参数 $X=[X_1, X_2, X_3]$ 可从多拉削响应耦合约束曲面簇交集中选择。

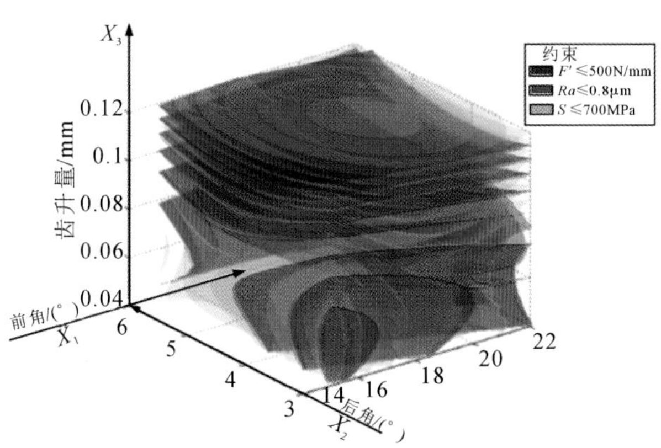

图 7-86　在限定许用范围内对应的三维拉削响应耦合约束曲面簇

图 7-87(a)中给出了多拉削响应耦合约束曲面簇交集 X_{set}。拉刀设计参数［X_1，X_2，X_3］可从这些设计解集合 X_{set} 中选择。为了验证方法的可行性，下面选择六组刀具刃口参数进行试验验证，图 7-87(b)选择了六个点作为进一步试验对比点。图 7-88 所示给出了隶属于设计交集 X_{set} 的六组刃口参数(从 1 点到 6 点)对应的实验测量值和误差。从中可看出，所有误差均在 10.5%以下。多拉削响应耦合约束曲面法用于拉刀参数优化设计时，其预测值和实验值偏差较

小，说明多拉削响应耦合约束曲面法适用于拉削榫槽刀具设计。

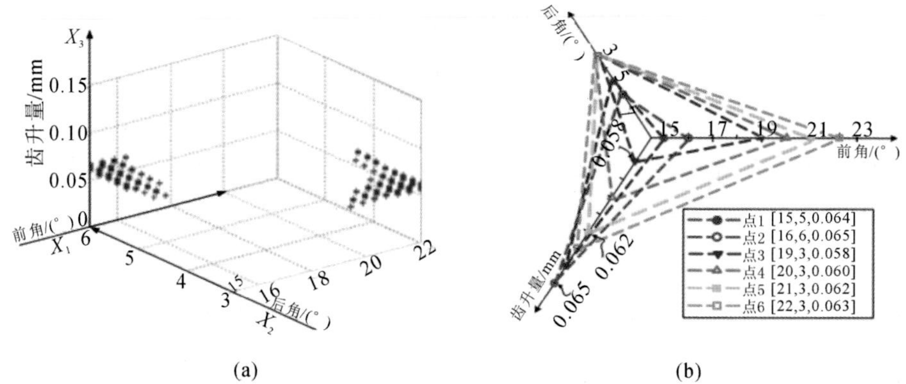

(a)　　(b)

图 7-87　多响应耦合约束曲面簇交集 X_{set} 及选取的六个验证点

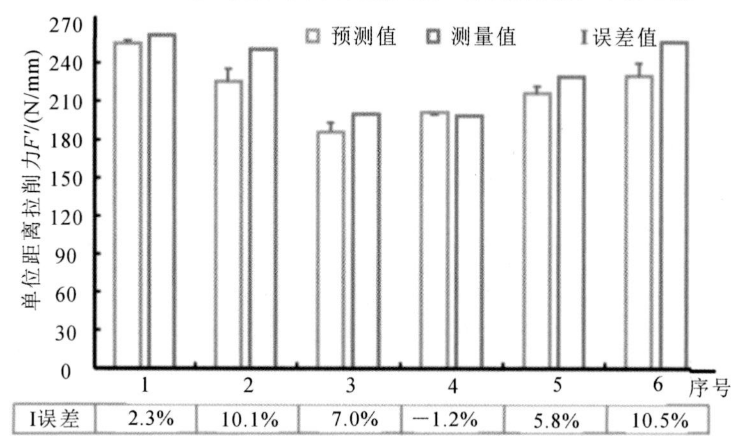

I误差	2.3%	10.1%	7.0%	−1.2%	5.8%	10.5%

(a) 选定的六个点的实际单位长度切削力测量值与预测值的误差值

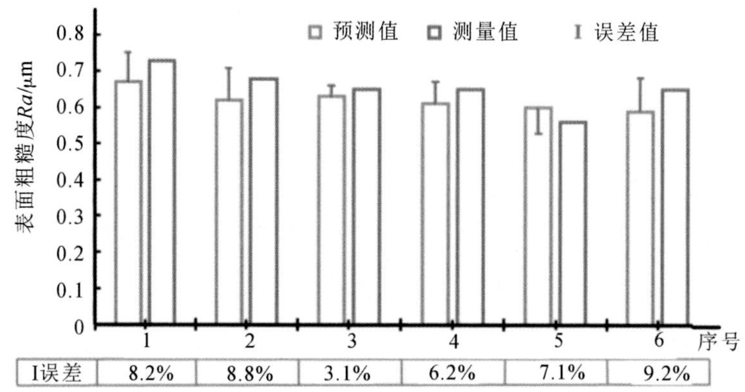

I误差	8.2%	8.8%	3.1%	6.2%	7.1%	9.2%

(b) 表面粗糙度试验测量值与预测值的误差值

图 7-88　设计许用集合 X_{set} 中选定的六个点的预测值和实际测量值对比结果

7. 枞树型榫槽精拉削余量分配方法

1）精拉削齿升量设计范围分析

枞树型型线精拉刀通常也采用高速钢材质，精拉削拉刀与粗拉刀类似，最大许用应力也为700 MPa，专用的拉床最大负载功率为250 kW。故刀具强度和机床负载功率形成对齿升量 h_{fi}的双重约束，需要说明的是，精拉刀为型线拉刀，其刃周长较长。针对枞树型型线精拉刀的加工范围，根据多约束条件，可得 h_{fi}的最大限定值为0.067 mm。在变量取值界限方面，一是考虑加工表面完整性，二是考虑重型燃气轮机对表面粗糙度数值的约束。当齿升量较小时，拉削过程不能正常切削，表面挤压严重易形成鳞刺，故 h_{fi}的最小限定值为0.01 mm。在刀具强度约束、拉削功率约束、表面加工质量确定的变量范围等多约束情况下，获得齿升量与表面粗糙度的对应关系，如图7-89所示。

2）精拉削齿升量最优值的确定方法

应用前面回归的表面粗糙度方程式，对刀具的前角、后角进行分离处理，并单独分析齿升量。根据前面的实验研究可知，在前角 γ 为 20°，后角 α 为 3°的参数下，可获得较好的拉削表面粗糙度，因此表面粗糙度方程式可简化为

$$Ra = 140\delta^2 - 6.72\delta + 0.780876 \tag{7-84}$$

式中：δ 为拉削齿升量 h_{fi}。

由图7-89可知，对应最优表面粗糙度的齿升量取值为0.025 mm。精拉削通常也要兼顾切削效率，所以采用轮切式分块拉削型线部分，最后安排齿升量为0的校准刀块。校准刀具对前面刀具的切削区光刀，可去除可能存在的接刀痕，并提高表面粗糙度。对于某型线，在槽型开口处的过渡圆弧的精加工是分开切削的，由于其加工刃长度明显小很多，可将其齿升量适当增加。由此可见，精拉削不一定需要每一齿切出的表面均达到最优粗糙度，故可以在满足最低加工要求的情况下适当提高切削效率。F级重型燃气轮机对某榫槽的加工要求是 $Ra<0.8\ \mu m$，则齿升量取值为0.063 mm。而对于影响工作面传力性能的配合面处的表面粗糙度要尽量取最优值，即对应的齿升量值为0.025 mm。

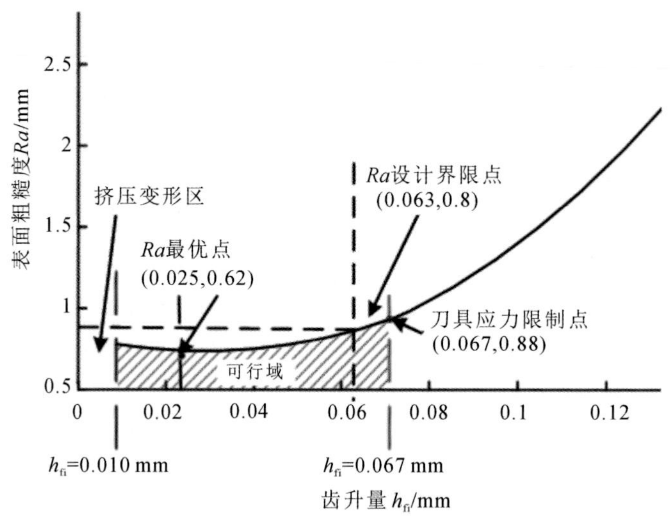

图 7-89　精拉削刀具的最优范围

7.10.2　涡轮盘型线榫槽拉刀的设计特征参数

根据拉削余量优化参数，完成枞树型榫槽型线从粗到精的组合拉刀切削余量分配，如图 7-90 所示。枞树型榫槽型线拉刀采用组合拉刀设计方式，共设计 43 个拉刀块。根据机床高度限制，分组装在 7 组固定的刀盒内，每个刀盒装有一组拉刀，刀块编号为 1.×～7.×(如刀盒 1 内的拉刀编号 1.1～1.6)。其中，中间矩形槽由刀盒编号 1～3 内的直齿拉刀完成非型线拉削，榫槽齿侧的大余量粗拉削由刀盒 4～6 内的直齿拉刀完成，枞树型榫槽型线精拉削由刀盒 7 内的拉刀(7.1～7.8)完成。

如图 7-90 所示，精拉刀段(刀齿编号为 7.1～7.8) 是榫槽齿廓成形的关键。其中，精拉刀段(7.1～7.3) 用于局部弧线完成齿廓开口处的精加工，精拉刀段(7.5～7.8) 共四块刀齿，均为枞树型齿形，作用是完成最终齿廓型线精加工。为避免机床过载，精拉刀段前三块(7.5～7.7) 采用轮切式切削方式去除材料。每块刀块上采用八个刀齿，两两刀齿组合加工一个完整的枞树型线。第一、三、五、七齿对应同样的加工部位，并对应递增齿升量，第二、四、六、八齿也类似处理。精拉刀段第四块(7.8) 没有齿升量，用于最后光刀。轮切式有利于提高卷屑性能，减小切削力，降低表面粗糙度。

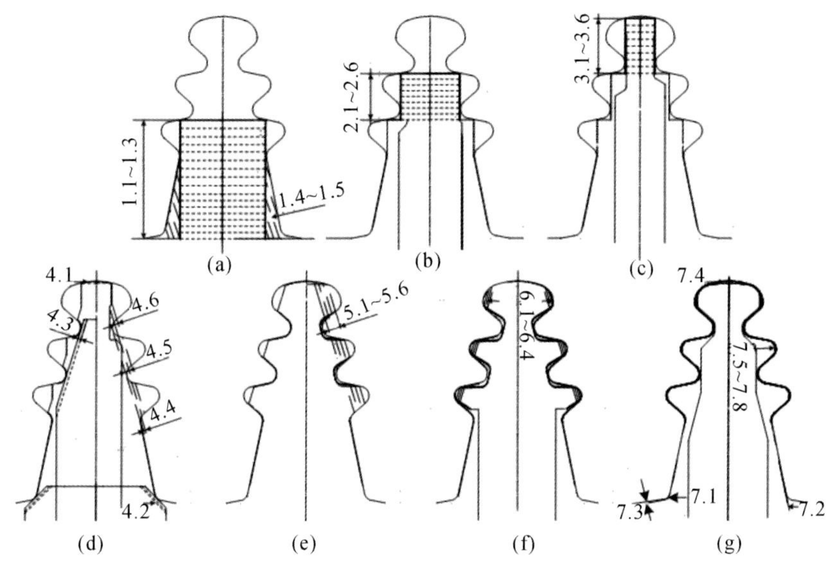

图 7-90　拉刀齿升量分配

设计后的精拉刀段(编号为 7.1～7.8) 齿升量和齿距如表 7-16 所示。由于精拉刀最后四块(7.5～7.8) 对最终榫槽的成形精度和成形表面质量起决定作用,本节对其重点分析并详述试制过程。某精拉刀齿廓型线关键尺寸如图 7-91 与图 7-92 所示,表 7-17 对精拉刀枞树型轮廓的关键尺寸进行分解说明。关键尺寸包括节距尺寸、开口尺寸、角度尺寸、深度尺寸,以及平行度和对称度等要求。根据某榫槽型线尺寸,可确定拉刀的齿廓型线尺寸,并制定相应的公差要求。首先,需要严格控制精拉刀枞树型齿形轮廓度误差,其由成形砂轮磨削齿廓保证。同时,需要严格控制每个刀齿的齿形工作面齿距误差,这由铲磨加工齿距和前刀面保证。控制轮切齿形位置、铲磨齿形前后角,并控制刀齿刃带的一致性等。参考袁哲俊主编的《金属切削刀具设计手册》[139],将齿形轮廓度误差定为小于0.01 mm,齿形工作面齿距误差定为小于 0.005 mm,刃带的一致性偏差定为小于 0.1 mm。此外,榫槽拉刀绝大多数都是左右两刃对称刀具,因此要严格控制基准、垂直度、平行度、对称度等几何公差。根据前面的表面完整性实验和刀齿参数优化结果,将刀齿的前角和后角分别设计为 20°和 3°。

表 7-16　精拉刀段(7.5～7.8) 齿升量和齿距

编号	7.1	7.2	7.3	7.4	7.5	7.6	7.7	7.8
齿距/mm	24.95	24.95	24.95	24.95	24.95	24.95	24.95	24.95
齿升量/mm	0.063	0.063	0.063	0.063	0.025	0.025	0.025	0

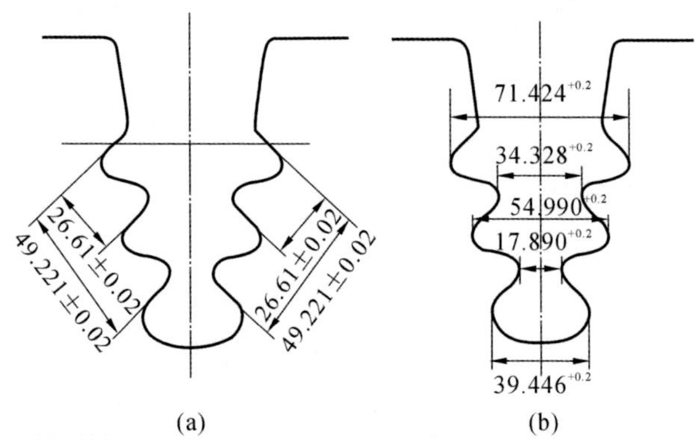

图 7-91　节距尺寸和开口尺寸

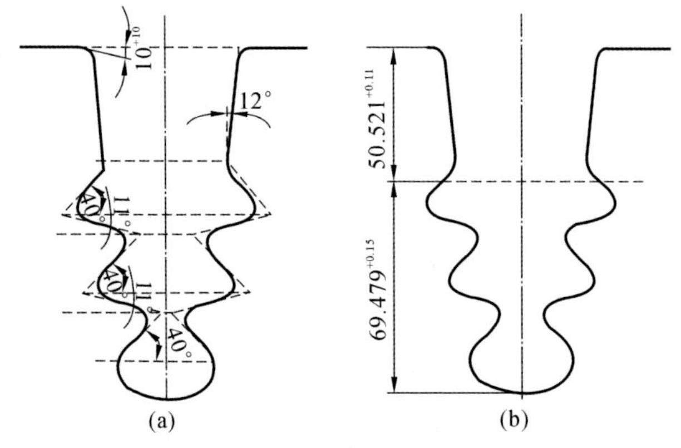

图 7-92　角度尺寸和高度尺寸

表 7-17　某型线尺寸要求分解表

尺寸名称	对应数值	尺寸要求
节距尺寸/mm	24.611±0.02 49.221±0.02	该尺寸影响叶片榫齿与轮盘榫槽工作面之间的配合精度，会影响传力性能
开口尺寸/mm	39.446 + 0.2 17.894 + 0.2 54.990 + 0.2 34.328 + 0.2 71.424 + 0.2	该尺寸的公差值决定了拉刀的允许修磨量，决定了拉刀的寿命。精拉刀每次修磨均会减小开口尺寸，因此尽量使该尺寸为上公差，可实现拉刀寿命最大化
角度尺寸/mm	10°±10′ 40°±5′ 11°16′13″±5″	该尺寸影响叶片榫齿与轮盘榫槽工作面之间的配合精度，影响传力性能
高度尺寸/mm	50.521±0.11 69.479+0.15	该尺寸决定了榫槽深度

7.10.3 涡轮盘榫槽精拉刀试制

精拉刀最后四块刀(7.5～7.8)对最终榫槽的成形精度和成形表面质量起决定作用,下面主要说明此四块精拉刀的试制过程。

1. 拉刀材料

综合考虑成本和性能,当前国内外大尺寸拉刀普遍采用的材料为钨基粉末冶金高速钢。本次试制刀具材料为 AISI CPM REX T15(国内牌号为 GB W12Cr4V5Co5)的粉末冶金高速钢,化学成分和力学性能分别如表 7-18 和表 7-19所示,金相组织如图 7-93 所示。粉末冶金高速钢 T15 具有基体强度高、韧性强、高硬度、耐磨性强、性价比高的特点。含钴成分使其具备良好的红硬性,热处理淬火后硬度可达到 HRC 65～67,强度和耐磨性高于传统高速钢,适用于重载切削、高速切削等难加工场合,广泛作为滚齿刀及拉刀的刀具材料。

表 7-18 拉刀材料组成成分质量分数(CPM REX T15)

C	Co	Cr	Si	V	Mn	S	W	Fe
1.60	5.00	4.00	0.30	4.90	0.30	0.06	12.25	其余

表 7-19 拉刀材料的力学性能(CPM REX T15)

硬度/HRC	抗拉强度/MPa	导热系数/(W/m·K)	热膨胀系数 40～540/℃	密度/(kg/m^3)	弹性模型/GPa
67	2000	24.2	11.95×10^{-6}	8.193	218

2. 毛坯热处理与加工工序

图 7-94 所示,刀具毛坯在热处理前,首先加工刀体、齿形、齿槽等,并进行探伤检查。在刀具制造过程中,粉末冶金高速钢刀具的热处理是关键工艺之一,直接影响刀具的强度和韧性,经热处理后硬度达到了 HRC 64～68。

3. 磨削加工说明

如图 7-95 所示,经热处理后,再进行半精磨加工齿形、齿槽、刀体、时效处理和精磨加工齿形、齿槽、刀体后,对拉刀探伤。精拉刀齿廓型线磨削采用数控成形缓进给磨床,砂轮为绿碳化硅(粒度为 80)。前刀面与后刀面采用五轴数控磨床加工,砂轮为金刚石砂轮,并用乳化液冷却。磨削参数如表 7-20 所示,精拉刀段成品如图 7-96 和图 7-97 所示。

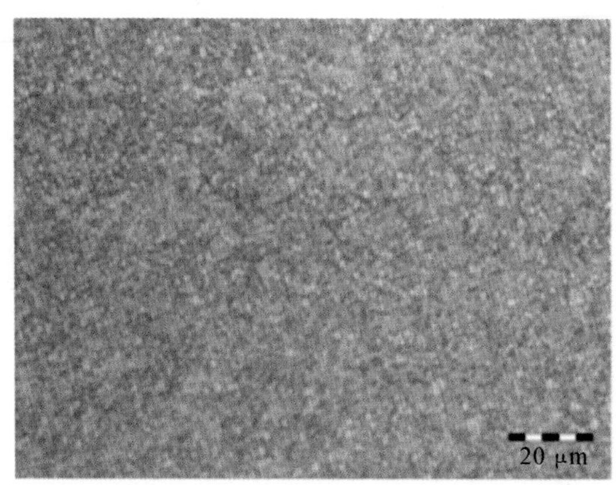

图 7-93　T15 组织金相(4%硝酸酒精腐蚀)

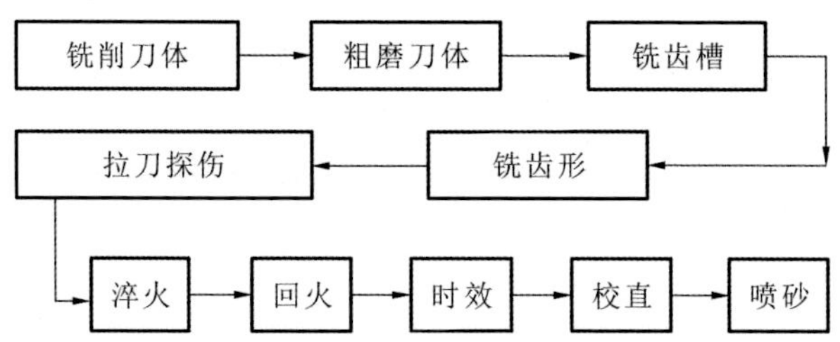

图 7-94　热处理前阶段组成工序

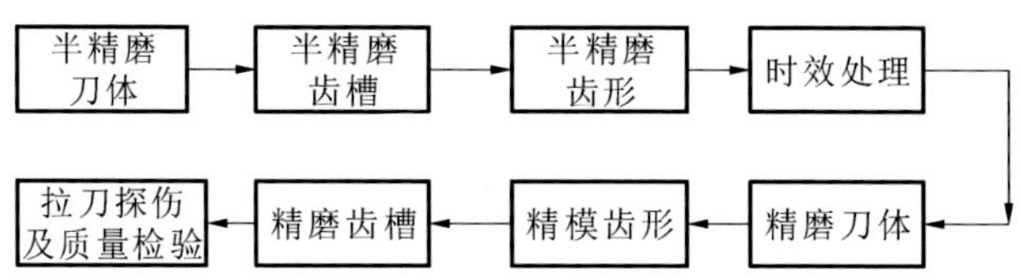

图 7-95　热处理后磨削加工阶段组成工序

表 7-20　磨削参数

磨削种类	砂轮转速/(r/min)	砂轮进给速度/(m/min)	每次磨削深度/mm
粗磨	6000	5	0.005
半精磨	3000	2.5	0.002
精磨	3000	2.5	0.001
光磨	3000	2.5	0

图7-96 精拉刀段精度检测

图7-97 精拉刀段成品

4. 表面喷丸强化

采用喷丸等表面强化技术可以明显改善机械零件表面的残余应力，提高抗疲劳性能、耐磨性能。表面喷丸是广泛应用的技术，但喷丸对刀具耐磨性的影响尚缺乏系统研究，本节后续将对喷丸对耐磨性的影响进行对比研究，着重分析通过喷丸改变表面残余应力，提高其抗疲劳性能。在拉刀磨削完成后测量表面残余应力，然后通过表面玻璃砂喷丸(7 bar压力，1 bar=100 kPa)强化处理(见图7-98)，再次检测表面残余应力。

实验结果如表7-21所示，采用Proto-iXRD型X射线残余应力分析仪检测拉刀喷丸前后的残余应力。检测执行GB 7704—2008标准，其中管电压为20 kV，管电流为4 mA，Cr靶Kα辐射，V滤波片，准直管直径为2 mm。Fe(211)衍射晶面，对应2θ范围(20°)，$\psi\pm45°$内设置13站，同倾衍射几何方式。X射线弹性常数取$S_2/2=5.92\times10^{-6}\ MPa^{-1}$及$S_1=-1.28\times10^{-6}\ MPa^{-1}$。可见表面喷丸处理后表面的残余应力为压应力，并且齿宽方向的应力(−392 MPa)比垂直于齿宽方向的数值小(−696.8 MPa)。喷丸强化后应力的数值比之前的明显增加，且均为残余压应力，有利于延长刀具的疲劳寿命。

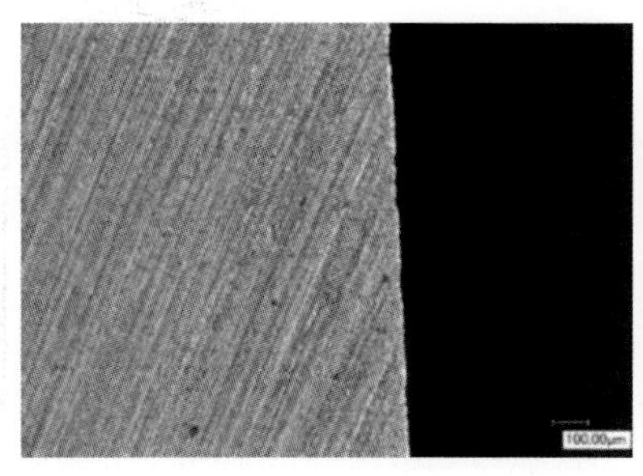

(a) 喷丸前表面

(b) 喷丸后表面

图 7-98　精拉刀喷丸前后表面

表 7-21　表面强化前后残余应力对比

试件	层深/μm	沿齿宽方向		垂直于齿宽方向	
		应力/MPa	半高宽/deg	应力/MPa	半高宽/deg
磨削完成	0	−324.0 ± 21.9	6.44 ± 0.13	−416.2 ± 28.0	6.64 ± 0.17
	50	−54.2 ± 41.2	4.83 ± 0.09	−71.2 ± 80.6	4.79 ± 0.16
喷丸处理后	0	−392.9 ± 23.2	4.52 ± 0.09	−696.8 ± 33.3	4.48 ± 0.11
	50	−69.9 ± 76.2	4.96 ± 0.19	−86.0 ± 77.9	4.92 ± 0.17

7.11　国产精拉刀应用与工艺优化

7.11.1　国产精拉刀应用对比

1. 标准试块榫槽成形精度误差对比

拉削完标准试块后，检测拉削榫槽的成形精度是燃气轮机轮盘拉削的重要工序。图 7-99 所示为拉削的标准试块，表 7-22 所示为标准试块的检测结果，图 7-100 给出了采用三坐标测量仪检测榫槽的尺寸精度的示意图及实物图。由此可以看出，试制拉刀最后成形精度满足设计要求，但是开口尺寸大多满足下公差，非上公差，易导致减少修磨次数，对拉刀的使用寿命造成一定影响。进口拉刀在公差控制方面，比试制拉刀好。总体而言，试制的精拉刀满足了某轮槽的尺寸精度和几何公差要求，但后续需要进一步改进刀具制备技术，使尺寸偏差尽可能靠近上公差，以增加刀具的修磨次数，延长刀具的使用寿命。

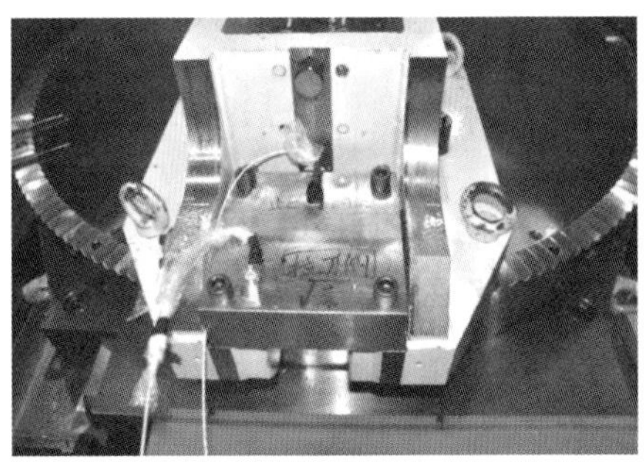

图 7-99　被拉削标准试块

表 7-22　金属试块检测结果(mm)

编号	理论值	上公差	下公差	实际值		偏差	
				试制拉刀	国外产品	试制拉刀	国外产品
L1	24.611	0.020	−0.020	24.605	24.608	−0.006	−0.003
L2	49.221	0.020	−0.020	49.206	49.232	−0.015	+0.011
L3	24.611	0.020	−0.020	24.601	24.619	−0.010	+0.008
L4	49.221	0.020	−0.020	49.203	49.231	−0.018	+0.01
L5	39.446	0.200	0.000	39.538	39.516	+0.092	+0.07
L6	17.894	0.200	0.000	17.982	17.955	+0.090	+0.061
L7	54.990	0.200	0.000	55.048	55.039	+0.058	+0.049
L8	34.328	0.200	0.000	34.398	34.376	+0.170	+0.048
L9	71.424	0.200	0.000	71.464	71.457	+0.140	+0.033
L10	49.012	0.200	0.000	49.062	49.013	+0.050	+0.001
L11	50.521	0.110	−0.110	50.469	50.575	+0.052	+0.054
L12	50.521	0.110	−0.110	50.470	50.568	+0.101	+0.047
L13	12.000	0.167	−0.167	11.979	11.979	−0.021	−0.021
L14	12.000	0.167	−0.167	12.003	12.002	+0.003	+0.002
L15	10.000	0.167	−0.167	10.020	10.016	+0.020	+0016
L16	10.000	0.167	−0.167	9.993	10.001	−0.007	+0.001
L17	40.000	0.083	−0.083	39.986	40.081	−0.014	+0.081
L18	40.000	0.083	−0.083	39.978	40.015	−0.022	+0.015
L19	40.000	0.083	−0.083	39.982	39.978	−0.018	−0.022
L20	40.000	0.083	−0.083	40.019	40.017	+0.019	+0.017
L21	11.270	0.083	−0.083	11.278	11.278	+0.008	+0.008
L22	11.270	0.083	−0.083	11.255	11.284	−0.016	+0.014
L23	11.270	0.083	−0.083	11.267	11.275	−0.003	+0.005
L24	11.270	0.083	−0.083	11.260	11.260	−0.010	−0.010

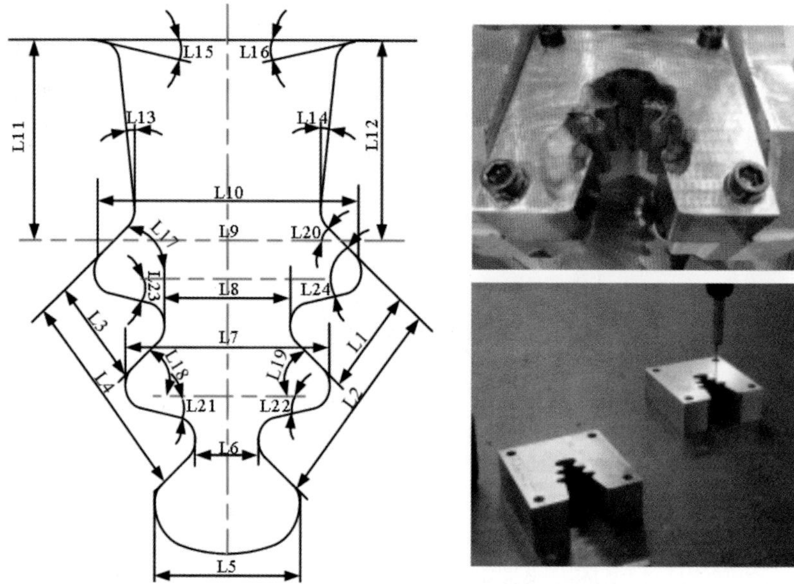

图 7-100　标准金属试块轮廓精度检验

2. 拉削标准试块榫槽表面粗糙度对比

按照涡轮盘榫槽的设计要求，榫槽的表面粗糙度是重要的检验指标，拉削完标准试块后，需要检测其成形槽面的表面粗糙度，表面粗糙度 Ra 设计要求为 0.8 μm以内。为了对比试制拉刀与国外产品的区别，对拉削标准试块后的榫槽表面粗糙度进行对比检测，检测采用三丰 SJ-210 粗糙度仪，各检测点位置如图 7-101 所示，图 7-102 给出了与国外产品的对比检测结果。

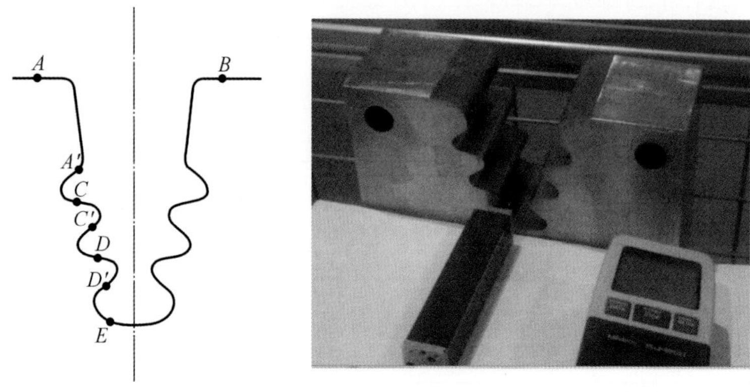

图 7-101　金属试块表面粗糙度检测位置

由此可以看出，试制拉刀满足榫槽成形表面粗糙度要求，并且与国外同类产品性能相当，有的测点表面粗糙度略小。当然，正如前面章节分析，表面粗糙度除了和刀具有关外，还和拉削速度、刀具磨损有直接关系，这里仅仅比较了刀具的性能。

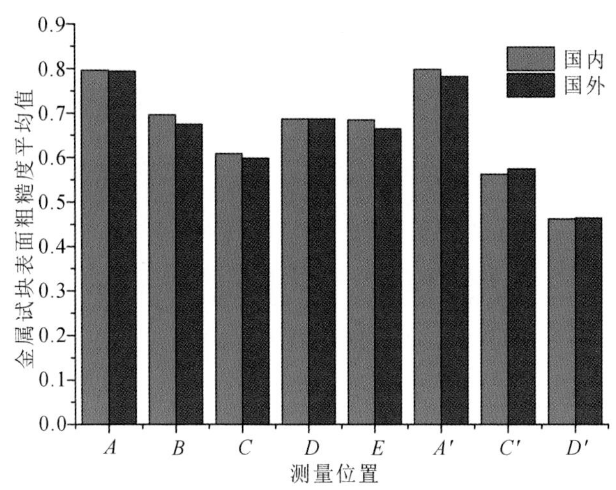

图 7-102　金属试块表面粗糙度平均值对比

7.11.2　拉削工艺改进

1. 切削油选用

1）拉削初期的表面粗糙度大、划痕问题

初始选用的切削油为嘉实多 Ilobroach 11C，其为由溶剂精制矿物油调制的重负荷、极压切削油，含大量酯润滑剂及氯化极压添加剂，适合于奥氏体钢的高速拉削及镗孔加工。

拉削初期的表面粗糙度大、划痕问题严重，如图 7-103(a)所示。更换的切削油为德国 Houghton 制造的 cutmax up8-27，其为不溶于水的冷却润滑剂，含有石油和部分特殊的含氟物质，并含有 20%～30%黏稠的碳氢化合物成分，更换切削油后的效果如图 7-103(b)所示。

2）腐蚀分析

更换切削油后，已加工表面质量显著改善。但是带来一个问题即刀具腐蚀严重，如图 7-104 所示。

(a) 换切削油前拉削表面呈鱼鳞状

(b) 换切削油后拉削表面质量良好

图 7-103　更换切削油前后拉削表面对比分析

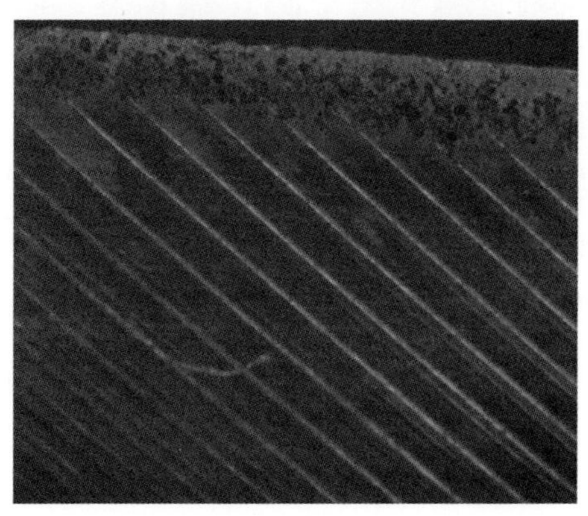

图 7-104　刀具刃口附近不均匀分布的凹坑

对更换的切削油进行成分分析，表明 S、Cl 与切削油中的水分结合后腐蚀性增强。切削油在使用过程中混入的水分高。当混入过高的水分后，在加工过程中的高温作用下，极压剂中的氯与水分结合生成腐蚀性酸，导致加工件和加工刀具的腐蚀磨损。仿真分析获得的切削区温度在 120～130 ℃。切削加工中的摩擦现象严重，易产生高温，热量会使非活性氯系化合物活化并引起侵蚀现象。

被加工轮盘材料属于高合金耐热钢系列，刀具材料为粉末冶金高速钢，会发生粒界腐蚀和基体的腐蚀，发热量越大腐蚀越为严重。刀具在高温状态下会发生高温氧化现象，会变黑。采用的喷射方式是五个喷口从上方离切削区 200～300 mm的地方淋浴式低压注射(见图 7-105)；在该种情况下切削液不易进入后刀面接触区，后刀面难以润滑。因此有必要调整切削油的注入方式，让切削油润滑充分，并减少切削油中的水分。

图 7-105　切削油注入方位图(刀具自上往下拉削)

2. 拉削过程中刀具磨损检测与修磨

拉刀使用一段时间后,刀刃会产生磨损,这时就需要修磨拉刀。修磨既可以去除刀刃上的崩刃和磨损,又可以使工件获得良好的表面拉削质量。拉刀的使用寿命与修磨密切相关,合适的修磨可以有效地延长其寿命,并能及时发现拉刀使用中的问题和隐患。拉刀合理修磨的第一步是检验拉刀,分析拉刀磨损状态,标定拉刀修磨量。为了能精确地标定拉刀修磨量,采用专业检测仪,配备专业的显微镜及检测软件。通过该检测设备,可以在显微镜下标定出拉刀磨损量,并分析造成磨损的原因。

当拉刀出现崩刃或过度磨损的现象时,拉刀就应该进行修磨,修磨参数如表 7-23 所示,拉刀磨床和清洁装置如图 7-106 所示,按照每把刀中各齿的最大磨损量进行修磨。拉刀修磨前需在清洗机中清洁,去除拉刀表面残余的油污、铁屑等。修磨主要集中在拉刀的前角上,在拉刀修磨过程中,要注意检查刀刃的翻边情况,同时观察机床的功率,防止出现烧刀现象。前刀面修磨需要根据拉刀齿的尺寸选择正确的砂轮,以砂轮的锥面与刀齿前面相切为宜,要注意砂轮的直径不能过大也不宜过小,否则有可能发生干涉。

表 7-23　拉刀修磨参数

磨削种类	主轴转速/(r/min)	走刀速度/(mm/min)	每次进刀量/mm
粗磨	6000	5000	0.005
精磨	3000	2500	0.002
光磨	3000	0	0

(a) 拉刀磨床

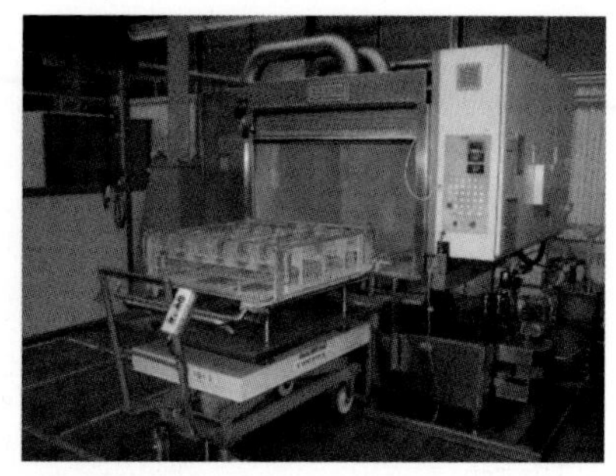
(b) 清洁装置

图 7-106　拉刀磨床和清洁装置

观察、记录透平三级盘拉刀修磨情况如图 7-107 所示。

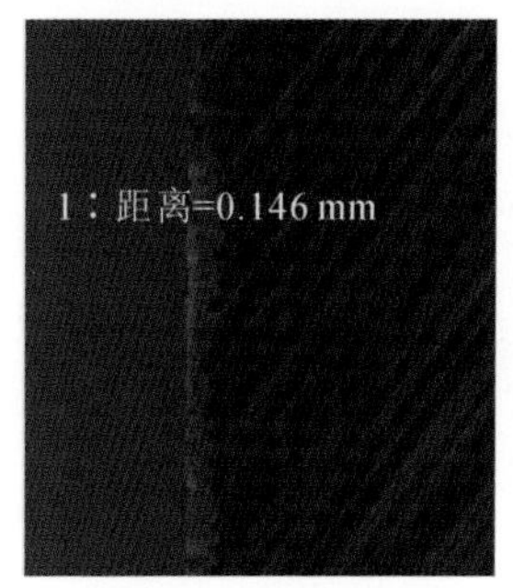

(a) 粗拉刀磨损量

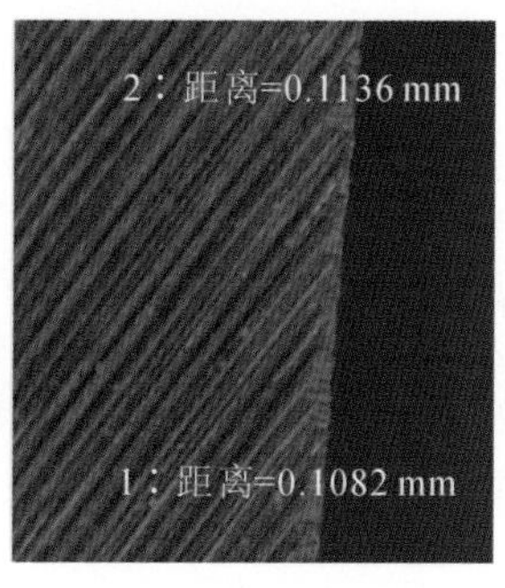

(b) 半精拉刀磨损量

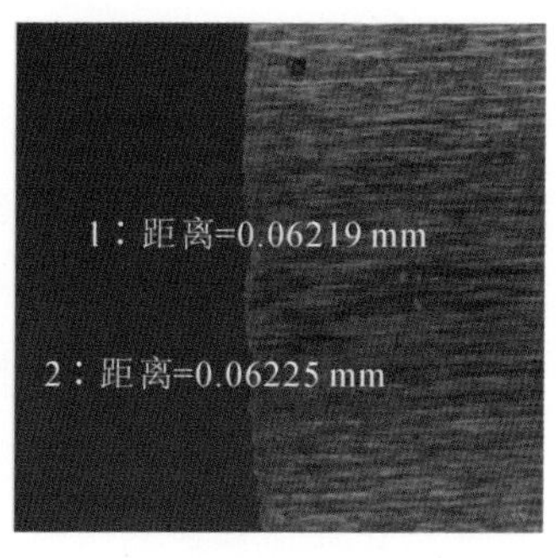

(c) 精拉刀磨损量

图 7-107　拉刀磨损量

去毛刺是拉刀修磨中一个很重要的环节，如果残留在刀刃上的翻边没有清理干净，有可能会影响工件的尺寸和表面质量，同时也可能使拉刀在拉削过程中遭到损坏。生产线上利用竹片清理毛刺，易清理小碎屑又保证了拉刀刃口的锋利，修磨数据如表 7-24 所示。

表 7-24　透平三级盘拉刀修磨数据

拉刀类型	单齿齿升量/mm	总齿升量/mm	修磨量/mm	拉削长度/m
粗拉刀	0.058	1.102	0.3	12
半精拉刀	0.061	1.696	0.2	36
精拉刀	0.05	0.45	0.1	12

拉刀修磨结束后，需对拉刀进行测量（见图 7-108），测量的主要内容包括首齿及末齿的齿高、齿宽。详细记录这些数据，作为拉床使用时的参考。

图 7-108　修磨后去毛刺和测量

3. 拉刀刃尖局部崩刃智能修磨工艺

针对传统拉刀修磨技术的不足，采用粗拉刀齿尖崩刃的高效修磨方法，通过工作台偏转一定的角度磨去拉刀崩刃刀齿尖端三角形区域，如图 7-109 所示，后续刀齿按此刀齿的形状进行修磨但修磨余量递减，保留拉刀最后三个刀齿以保证拉刀型线，通过改变拉刀刀齿的局部包络线来实现刀齿崩刃的高效修磨。本方法不改变拉刀原有的整体包络线型，增加了刀具刃磨次数，延长了刀具使用寿命，大幅降低了生产成本，修磨余量小且刃磨均匀，能够有效地减少各个刀齿修磨后受到的冲击与振动。渐进修磨参数如表 7-25 所示。

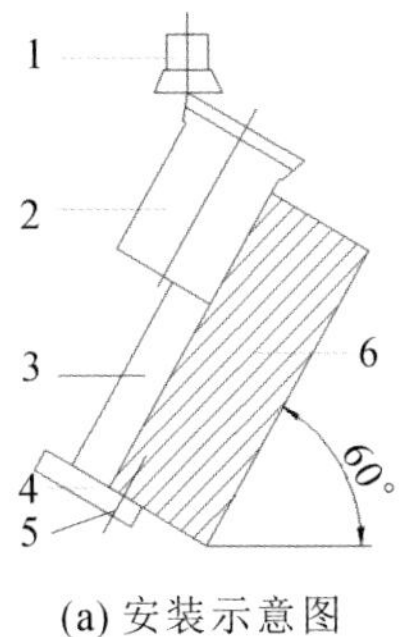

(a) 安装示意图

(b) 修磨现场图

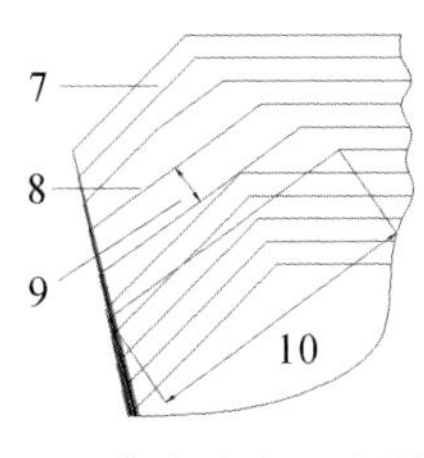

(c) 修磨次序示意图

图 7-109　拉刀装夹与修磨示意图

1—修整砂轮；2—拉刀；3—垫块；4—挡块；5—螺栓；6—磁力工作台；
7—拉刀原始轮廓包络线；8—修磨后拉刀轮廓包络线；9—相邻两修磨齿高度差；10—崩刃齿修磨长度

粗拉刀齿尖崩刃的渐进修磨方法如下：

(1) 修磨机床采用可转动的磁力工作台。把拉刀卧放在水平工作台上，崩刃区域朝上，拉刀侧面紧靠水平工作台，拉刀底部通过垫块和用螺栓固定在机床工作台上的挡块共同来实现定位，用千分表沿拉刀刃口宽度方向进行测量，保证跳动量小于 2 丝，然后打开工作台的磁力开关，依靠磁力夹紧刀具。

表 7-25　渐进修磨参数

磨削参数	砂轮转速/(r/min)	砂轮进给速度/(m/min)	每次单齿磨削深度/mm
粗磨	6000	5	0.004
精磨	3000	2.5	0.002
光磨	3000	2.5	0

(2) 工作台翻转 60°，修整砂轮偏转一个拉刀刀齿后角，使修磨过程不改变拉刀刀齿的后角；测量拉刀齿尖崩刃区域沿刀齿宽度方向的长度 L(2.6 mm)，最大深度 D(1.2 mm)；修整砂轮移动至崩刃刀齿外侧顶点处，开启砂轮先径向进给 D，再轴向进给 L，完成崩刃刀齿的修磨，修整砂轮回坐标原点并停车；每次相邻修磨齿高度差以 0.2 mm 递减。

(3) 修整砂轮移动至相邻下一个刀齿外侧顶点处，开启修整砂轮，径向进给 $0.9D$，再轴向进给 $0.9L$，完成该齿的修磨，修整砂轮回坐标原点并停车；修整砂轮移动至崩刃齿后面第二个齿外侧顶点处，开启修整砂轮，径向进给 $0.8D$，再轴向进给 $0.8L$，完成该齿的修磨，修整砂轮回坐标原点并停车；依此类推，直至修磨结束。

(4) 若崩刃齿后续齿数大于 10 个，则刃磨崩刃齿后续 10 个齿，若不足 10 个，则保留最后的 3 个齿不修磨，保证拉刀整体型线不改变。修磨效果如图 7-110 所示。

图 7-110　渐进修磨后的效果

7.12 本章小结

本章以案例的形式,针对重型燃气轮机转子的压气级和透平级轮盘中关键的连接榫槽,采用拉床进行拉削加工的基础研究,通过分析轮盘榫槽型线的特征及控制方法,开展多耦合约束下的精拉刀参数化设计、制备与应用,检测拉刀磨损历程,提出一种基于形性一体化控制的智能切削工艺,主要结论如下:

(1) 转子榫槽材料动态力学性能表明,透平涡轮盘耐高温材料具有一定的应变硬化效应,在切削加工中会导致刀具剧烈磨损。在不同应变率条件下,该材料最大压缩应变明显增大,表明其塑性变形严重。随着温度的逐渐升高,材料的流变应力开始变小,应变硬化效应减弱,表现出热软化效应,据此建立了材料的 Power-Law 本构模型。

(2) 研究了榫槽拉削表面鳞刺、残余应力的产生机理,详细分析了拉削速度、表面硬化程度、刀具磨损及刀具齿升量等因素对鳞刺、残余应力、表面粗糙度的影响规律。研究结果表明:鳞刺与硬化程度、刀具刃口磨钝、齿升量、拉削速度的关联性最为密切。特别是刀具切削深度(由拉刀齿升量决定)与刀具钝圆半径,两者共同作用影响了拉削表面的完整性。根据表面粗糙度、鳞刺、残余应力的变化规律,可以限定刀具参数的取值范围,并用于拉刀设计,为制定合适的拉刀结构参数提供理论支撑。

(3) 提出了精拉刀齿廓曲线与榫槽廓形的解析映射方法,构造了枞树型榫槽拉刀刃口轮廓曲线的解析 B 样条曲线方程。建立了直线刃拉刀斜角拉削力模型,提出了对应于单齿枞树型齿廓精拉刀的拉削力载荷空间重构方法;并以此为基础揭示了涡轮盘榫槽拉刀对应的切削力载荷时间序列特性与动态历程递变规律,建立了动态切削力预测模型。实验结果对比表明,刀具载荷空间分布和时间序列重构方法可用于预测枞树型齿廓精拉刀切削力载荷,并以此为基础确定拉削稳定性区域、拉削速度与拉刀齿距的匹配范围,进而为组合拉刀设计提供理论依据。

(4) 针对拉削磨损的历程和耐磨性开展了理论与实验研究,对摩擦时间序列非线性特征信号进行了相空间重构。研究表明,混沌吸引子演变规律和递归图量化参数(对角线长度和关联维数)随磨损历程演化特征明显,可较为准确地辨识出磨损演化过程中的非线性过渡特征。理论分析并构建了刀-屑界面的动态非线性摩擦模型，采用相似准则法完成了动态模型的求解，确定了稳定性区域与非稳定性区域的范围。通过表面粗糙度的非线性特征及表面磨损后的形貌递归图特性，发现了表面粗糙度测量值的递归图分析可直观地反映不同工况下的磨损特点，且湿切削、刀具涂层的递归图呈现周期性特征，磨损较均匀。开展了刀具耐磨性实验研究与榫槽粗拉刀耐用度预测理论研究。实验结果表明：涂层刀具比非涂层刀具约增加 7％的拉削长度；耐用度预测模型可用于预估耐用度或拉削长度，为粗拉刀修磨周期的制定提供依据。

(5) 着重研究了榫槽成形创成原理，分析了同廓分层式拉削、渐成分层式拉削、分块成组式拉削的拉刀齿距、齿升量的允值范围与匹配关系。以粗拉削材料去除量和精拉削表面粗糙度为优化目标，明确了多约束条件下分块成组式拉削方式下的拉削余量分配方法，提出了一种多拉削响应耦合约束曲面方法用于精拉刀参数的优化设计中。结果表明在考虑切削负载约束(机床承载力负载)、加工表面粗糙度约束、刀具刃口强度约束的条件下，优化出拉刀参数设计参数集，误差在 10.5％以内，是较为可靠的刀具参数设计优化方法。

(6) 在刀具优化设计的基础上，针对某型号重型燃气轮机涡轮盘枞树型榫槽开展了刀具试制及试验研究，试验验证了采用喷丸强化技术提高刀具表面残余压应力及耐磨性能的可行性。为了与国外同类产品进行对比，对加工精度、刀具磨损、加工表面粗糙度等关键性能指标做试验分析，检测结果表明试制拉刀可满足现场的生产要求。尽管轮槽成形精度比国外拉刀的成形精度略低，但是仍然在公差范围内，为拉刀国产化提供了参考依据。

参考文献

[1] 制造强国战略研究项目组. 制造强国战略研究. 综合卷[M]. 北京:电子工业出版社,2015.

[2] SHATLA M, KERK C, ALTAN T. Process modeling in machining. Part I: determination of flow stress data[J]. International Journal of Machine Tools & Manufacture, 2001, 41(10): 1511-1534.

[3] CERETTI E, LAZZARONI C, MENEGARDO L, et al. Turning sim-ulations using a three-dimensional FEM code[J]. Journal of Materials Processing Technology, 2000, 98(1): 99-103.

[4] LUTTERVELT C A V, CHILDS T H C, JAWAHIR I S. Present situation and future trends in modelling of machining operations progress report of the CIRP working group 'Modelling of Machining Operations'[J]. CIRP Annals -Manufacturing Technology, 1998, 47(2): 587-626.

[5] OXLEY P L B, SHAW M C. Mechanics of machining: an analytical approach to assessing machinability[M]. Chichester: Ellis Horwood, 1989.

[6] JOHNSON G R, COOK W H. Fracture characteristics of three metals subjected to various strains, strain rates, temperatures and pressures[J]. Engineering Fracture Mechanics, 1985, 21(1): 31-48.

[7] ARSECULARATNE J A, MATHEW P. The Oxley modeling approach, its applications and future directions[J]. Machining Science & Technology, 2000, 4(3): 363-397.

[8] 郭伟国. BCC金属的塑性流动行为及其本构关系研究[D]. 西安:西北工业大学,2007.

[9] WANG X Y,HUANG C Z,ZOU B,et al. Dynamic behavior and a modified Johnson-Cook constitutive model of Inconel 718 at high strain rate and elevated temperature[J]. Materials Science and Engineering, 2013, 580(37):385-390.

[10] 张红,索涛,李玉龙. 不锈钢材料高温、高应变率下动态力学性能的试验研究[J]. 航空材料学报,2012,32(1):78-83.

[11] 武海军,姚伟,黄风雷,等. 超高强度钢30CrMnSiNi2A动态力学性能实验研究[J]. 北京理工大学学报,2010,30(3):258-262.

[12] MATHEW P,OXLEY P L B. Predicting the effects of very high cutting speeds on cutting forces,etc[J]. CIRP Annals -Manufacturing Technology,1982,31(1):49-52.

[13] ARMAREGO E J A,WANG J,DESHPANDE N P. Computer-aided predictive cutting model for forces in face milling allowing for tooth run-out[J]. CIRP Annals -Manufacturing Technology,1995,44(1):43-48.

[14] YUN W S,CHO D W. Accurate 3D cutting force prediction using cutting condition independent coefficients in end milling[J]. International Journal of Machine Tools & Manufacture,2001,41(4):463-478.

[15] FUH K H,WANG R M. A predicted milling force model for high-speed end milling operation[J]. International Journal of Machine Tools & Manufacture,1997,37(7):969-979.

[16] LI H,ZHANG W,LI X. A predictive model for helical end milling forces [J]. American Society of Mechanical Engineers Manufacturing Engineering Division,2000,11:231-236.

[17] SABBERWAL A J P. Chip section and cutting force during the milling operation[J]. CIRP Annals -Manufacturing Technology, 1961, 10(3):197-203.

[18] LEE S W, KASTEN A, NESTLER A. Analytic mechanistic cutting force model for thread milling operations [J]. Procedia CIRP,2013,8(8):546-551.

[19] ALTINTAS Y,YELLOWLEY I. The identification of radial width and axial depth of cut in peripheral milling[J]. International Journal of Machine Tools & Manufacture,1987,27(3):367-381.

[20] KIM G M,CHO P J,CHU C N. Cutting force prediction of sculptured surface ball-end milling using Z-map[J]. International Journal of Machine Tools & Manufacture,2000,40(2):277-291.

[21] SHAW M C,COOKSON J O. Metal cutting principles[J]. Tribology International,1985,18(1):55.

[22] ELWARDANY T I,MOHAMMED E,ELBESTAWI M A. Cutting temperature of ceramic tools in high speed machining of difficult-to-cut materials[J]. International Journal of Machine Tools & Manufacture,1996,36(5):611-634.

[23] LIN J,LEE S L,WENG C I. Estimation of cutting temperature in high speed machining[J]. Journal of Engineering Materials & Technology,1992,114(3):289-296.

[24] 陈明,袁人炜,凡孝勇. 三维有限元分析在高速铣削温度研究中应用[J]. 机械工程学报,2002,38(7):76-79.

[25] POTDAR Y K. Measurements and simulations of temperature and deformation fields in transient orthogonal metal cutting[J]. Transactions of ASME Journal of Manufacturing Science & Engineering,2003,125(4):88-94.

[26] IWATA K,OSAKADA K,TERASAKA Y. Process modeling of orthogonal cutting by the rigid-plastic finite element method[J]. Journal of Engineering Materials & Technology,1984,106(2):132.

[27] STRENKOWSKI J S,CARROLL J T. A finite element model of orthogonal metal cutting[J]. Journal of Engineering for Industry,1985,107(4):349-354.

[28] 方刚,曾攀. 切削加工过程数值模拟的研究进展[J]. 力学进展,2001,31(3):394-404.

[29] 宋国华,肖忠春,陶德华. 切削油添加剂对金属切削过程中残余应力的影响[J]. 合成润滑材料,1995(2):4-5.

[30] 胡华南,周泽华,陈澄洲. 切削加工表面残余应力的理论预测[J]. 中国机械工程,1995(1):48-51.

[31] 胡华南,周泽华,陈澄洲.预应力加工表面残余应力的理论分析[J].华南理工大学学报(自然科学版),1994(2):1-10.

[32] EL-AXIR M H. A method of modeling residual stress distribution in turning for different materials[J]. International Journal of Machine Tools & Manufacture,2002,42(9):1055-1063.

[33] ZHANG J Y, LIANG S, ZHANG G W. Modeling of residual stress profile in finish hard turning[J]. Advanced Manufacturing Processes, 2006,21(1):39-45.

[34] SASAHARA H,OBIKAWA T,SHIRAKASHI T. Prediction model of surface residual stress within a machined surface by combining two orthogonal plane models[J]. International Journal of Machine Tools & Manufacture,2004,44(7):815-822.

[35] EE K C,JR O W D,JAWAHIR I S. Finite element modeling of residual stresses in machining induced by cutting using a tool with finite edge radius[J]. International Journal of Mechanical Sciences,2005,47(10):1611-1628.

[36] MUKHERJEE I,RAY P K. A review of optimization techniques in metal cutting processes[J]. Computers & Industrial Engineering,2006,50(1-2):15-34.

[37] RAO R V,KALYANKAR V D. Optimization of modern machining processes using advanced optimization techniques:a review[J]. The International Journal of Advanced Manufacturing Technology,2014,73(5-8):1159-1188.

[38] YUSUP N, ZAIN A M, HASHIM S Z M. Evolutionary techniques in optimizing machining parameters: review and recent applications (2007-2011)[J]. Expert Systems with Applications,2012,39(10):9909-9927.

[39] 毛新华,黄婷婷.智能化的切削参数优化系统设计[J].制造技术与机床,2010(4):48-50.

[40] 李聪波,崔龙国,刘飞.面向高效低碳的数控加工参数多目标优化模型[J].机械工程学报,2013,49(9):87-96.

[41] 李聪波,朱岩涛,李丽.面向能量效率的数控铣削加工参数多目标优化模型[J].机械工程学报,2016,52(21):120-129.

[42] 张正旺,李爱平,鲍进. 基于主轴系统动态行为的高速铣削工艺参数优化[J]. 同济大学学报(自然科学版),2015,43(01):113-120.

[43] 石浩哲. 恒切削力 2D 轮廓铣削刀路优化研究[D]. 西安:西安石油大学,2017.

[44] 邓兴国,李丽,何其林. 面向加工效率的曲面刀具路径优化方法[J]. 组合机床与自动化加工技术,2017(7):101-106.

[45] 张大远. 基于驱动约束的五轴数控加工刀轴优化方法[D]. 大连:大连理工大学,2017.

[46] 刘献礼,刘强,岳彩旭. 切削过程中的智能技术[J]. 机械工程学报,2018(16):45-61.

[47] ROBINSON G M,JACKSON M J,WHITFIELD M D. A review of machining theory and tool wear with a view to developing micro and nano machining processes[J]. Journal of Materials Science,2007,42(6):2002-2015.

[48] SANDVIK. 山特维克可乐满技术指南. https://www. sandvik. coromant. com

[49] LINDSTRÖM B. Cutting data field analysis and predictions — part Ⅰ: straight Taylor slopes[J]. CIRP Annals-Manufacturing Technology,1989,38(1):103-106.

[50] JAWAHIR I S,GHOSH R,FANG X D. An investigation of the effects of chip flow on tool-wear in machining with complex grooved tools[J]. Wear,1995,184(2):145-154.

[51] ATTANASIO A,CERETTI E,FIORENTINO A. Investigation and FEM-based simulation of tool wear in turning operations with uncoated carbide tools[J]. Wear,2010,269(5-6):344-350.

[52] HADDAG B,NOUARI M,BARLIER C. Experimental and numerical analyses of the tool wear in rough turning of large dimensions components of nuclear power plants[J]. Wear,2014,312(1-2):40-50.

[53] HADDAG B,NOUARI M. Tool wear and heat transfer analyses in dry machining based on multi-steps numerical modelling and experimental validation[J]. Wear,2013,302(1-2):1158-1170.

[54] 杨树宝. 置氢钛合金高效切削仿真及刀具磨损预测研究[D]. 南京:南京航

空航天大学,2012.

[55] ARCHARD J. Contact and rubbing of flat surfaces[J]. Journal of Applied Physics,1953,24(8):981-988.

[56] USUI E, SHIRAKASHI T, KITAGAWA T. Analytical prediction of three dimensional cutting process—part 3:cutting temperature and crater wear of carbide tool[J]. Journal of Engineering for Industry,1978,100(2):236-243.

[57] USUI E, SHIRAKASHI T, KITAGAWA T. Analytical prediction of cutting tool wear[J]. Wear,1984,100(1):129-151.

[58] COOK N H, NAYAK P N. The thermal mechanics of tool wear[J]. Journal of Manufacturing Science & Engineering,1966,88(1):93-100.

[59] KOREN Y. Flank wear model of cutting tools using control theory[J]. Journal of Manufacturing Science & Engineering,1978,100(1):103-109.

[60] TAKEYAMA H, MURATA R. Basic investigation of tool wear[J]. Journal of Manufacturing Science & Engineering,1963,85(1):33-37.

[61] CHILDS T. Metal machining: theory and applications[M]. Oxford City: Butterworth-Heinemann,2000.

[62] SCHMIDT C, FRANK P, WEULE H. Tool wear prediction and verification in orthogonal cutting[C]//Proceedings of the 6th CIRP Workshop on Modeling of Machining, Ontario, Canada,2003:93-100.

[63] LUO X, CHENG K, HOLT R. Modeling flank wear of carbide tool insert in metal cutting[J]. Wear,2005,259(7):1235-1240.

[64] ASTAKHOV V P. Tribology of metal cutting[M]. Amsterdam: Elsevier,2006.

[65] ASTAKHOV V P. Effects of the cutting feed, depth of cut, and workpiece(bore) diameter on the tool wear rate[J]. The International Journal of Advanced Manufacturing Technology,2007,34(7-8):631-640.

[66] ATTANASIO A, CERETTI E, RIZZUTI S. 3D finite element analysis of tool wear in machining[J]. CIRP Annals-Manufacturing Technology,2008,57(1):61-64.

[67] PÁLMAI Z. Proposal for a new theoretical model of the cutting tool's flank wear[J]. Wear,2013,303(1-2):437-445.

[68] HALILA F,CZARNOTA C,NOUARI M. A new abrasive wear law for the sticking and sliding contacts when machining metallic alloys[J]. Wear,2014,315(1-2):125-135.

[69] 王晓琴. 钛合金 Ti6Al4V 高效切削刀具摩擦磨损特性及刀具寿命研究[D]. 济南:山东大学,2009.

[70] 邵芳. 难加工材料切削刀具磨损的热力学特性研究[D]. 济南:山东大学,2010.

[71] 肖茂华. 镍基高温合金高速切削刀具磨损机理研究[D]. 南京:南京航空航天大学,2010.

[72] 常艳丽. 镍基高温合金 GH4169 的切削力与刀具磨损试验研究[D]. 哈尔滨:哈尔滨工业大学,2011.

[73] 郝兆朋. 切削 GH4169 的相关机理及高效切削技术的基础研究[D]. 哈尔滨:哈尔滨工业大学,2013.

[74] 宋新玉. 镍基合金 Inconel 718 高速切削刀具磨损机理研究[D]. 济南:山东大学,2010.

[75] 孙玉晶. 钛合金铣削加工过程参量建模及刀具磨损状态预测[D]. 济南:山东大学,2014.

[76] 熊昕. 数控刀具全生命周期智能管理系统研究[D]. 重庆:重庆大学,2017.

[77] 付柄智. 基于 FANUC 系统的刀具寿命管理应用[J]. 信息记录材料,2018,19(5):59-61.

[78] 李隆昌. 数字化车间刀具管理系统研究与开发[D]. 重庆:重庆大学,2015.

[79] JOHNSON G R,COOK W H. A constitutive model and data for metals subjected to large strains,high strain rates and high temperatures[J]. Engineering Fracture Mechanics,1983:541-548.

[80] 成群林. 航空整体结构件切削加工过程的数值模拟与实验研究[D]. 杭州:浙江大学,2006.

[81] 马成,刘方军. 蜂窝材料加工工艺研究进展[J]. 航空制造技术,2016(3):48-54.

[82] 王玉瑛,吴荣煌.蜂窝材料及孔格结构技术的发展[J].航空材料学报,2000,20(3):172-177.

[83] 李学康.串联通道水冷散热器的建模与优化[D].成都:电子科技大学,2013.

[84] https://www.nuclear-power.net/nuclear-engineering/heat-transfer/convection-convective-heat-transfer/dittus-boelter-equation/

[85] LI R,SHIH A J. Tool temperature in titanium drilling[J]. Journal of Manufacturing Science and Engineering,2007,129(4):740-749.

[86] SHAW M C. Metal cutting principles[M]. New York:Oxford university press,2005.

[87] TOH C. Vibration analysis in high speed rough and finish milling hardened steel[J]. Journal of Sound and Vibration,2004,278(1):101-115.

[88] ORHAN S ,ER A O,CAMUSCU N. Tool wear evaluation by vibration analysis during end milling of AISI D3 cold work tool steel with 35 HRC hardness[J]. NDT & E International,2007,40(2):121-126.

[89] WAN M,WANG Y T,ZHANG W H. Prediction of chatter stability for multiple-delay milling system under different cutting force models[J]. International Journal of Machine Tools & Manufacture,2011,51(4):281-295.

[90] MORADI H,VOSSOUGHI G,MOVAHHEDY M R. Experimental dynamic modelling of peripheral milling with process damping,structural and cutting force nonlinearities[J]. Journal of Sound and Vibration,2013,332(19):4709-4731.

[91] LIAO Y S,LIN H M ,CHEN Y C. Feasibility study of the minimum quantity lubrication in high-speed end milling of NAK80 hardened steel by coated carbide tool[J]. International Journal of Machine Tools & Manufacture,2007,47(11):1667-1676.

[92] UCUN I,ASLANTAS K,BEDIR F. An experimental investigation of the effect of coating material on tool wear in micro milling of Inconel 718 super alloy[J]. Wear,2013,300(1-2):8-19.

[93] CANTERO J,DIAZ-ALVAREZ J,MIGUELEZ M. Analysis of tool wear

patterns in finishing turning of Inconel 718[J]. Wear,2013,297(1-2):885-894.

[94] 汤为. 基于声发射法的铣刀磨损状态识别研究[D]. 上海:上海交通大学,2009.

[95] PAWADE R,JOSHI S. Analysis of acoustic emission signals and surface integrity in the high-speed turning of Inconel 718[J]. Proceedings of the Institution of Mechanical Engineers, Part B: Journal of Engineering Manufacture,2012,226(1):3-27.

[96] PAI P S,RAO P R. Acoustic emission analysis for tool wear monitoring in face milling[J]. International Journal of Production Research, 2002, 40(5): 1081-1093.

[97] CUI Y,WANG G,PENG D. Study on accurate tool wear monitoring based on acoustic emission signal[J]. Proceedings of SPIE-The International Society for Optical Engineering,2010,7997(2):261-274.

[98] STEPANOVA L,RAMAZANOV I,KANIFANDIN K. Detecting hazardous sources of acoustic-emission signals using the estimated energy of clusters[J]. Russian Journal of Nondestructive Testing,2010,46(9):676-683.

[99] ZHOU J H,PANG C K,ZHONG Z W. Tool wear monitoring using acoustic emissions by dominant-feature identification[J]. IEEE Transactions on Instrumentation and Measurement,2011,60(2):547-559.

[100] PARK C W,KWON K S,KIM W B. Energy consumption reduction technology in manufacturing—A selective review of policies, standards, and research[J]. International Journal of Precision Engineering and Manufacturing,2009,10(5):151-173.

[101] BOOTHROYD G. Fundamentals of metal machining and machine tools[M]. Boca Raton:CRC Press,1988.

[102] ALTINTAS Y. Manufacturing automation:metal cutting mechanics,machine tool vibrations,and CNC design[M]. Cambridge:Cambridge University Press,2012.

[103] ACCHAR W,GOMES U,KAYSSER W. Strength degradation of a tungsten carbide-cobalt composite at elevated temperatures[J]. Materials Characterization,1999,43(1):27-32.

[104] HAO Z P,GAO D,FAN Y. New observations on tool wear mechanism in dry machining Inconel 718 [J]. International Journal of Machine Tools & Manufacture,2011,51(12):973-979.

[105] OXLEY P. Eine theoretische Närungsmethode zur bewertung der maschinellen Bearbeitbarkeit[J]. V. Teil. Fertigung,1974,5159-5167.

[106] HUA J,SHIVPURI R. A cobalt diffusion based model for predicting crater wear of carbide tools in machining titanium alloys[J]. Journal of engineering materials and technology,2005,127(1):136-144.

[107] KOMANDURI R. Some clarifications on the mechanics of chip formation when machining titanium alloys[J]. Wear,1982,76(1):15-34.

[108] 王斌. 涡轮盘枞树型叶根榫槽切削刀具结构优化及强度预测[D]. 哈尔滨:哈尔滨工业大学,2010.

[109] 魏大盛,王延荣. 榫连结构接触面几何构形对接触区应力分布的影响[J]. 航空动力学报,2010(2):407-411.

[110] 邹上元. 高中、低压汽轮机转子枞树型轮槽加工方法及刀具研究[J]. 现代制造技术与装备,2012(4):20-21.

[111] 徐艳,张伟,张昌成. 枞树型轮槽铣刀的设计与应用[J]. 汽轮机技术,2001(6):379-381.

[112] 付刚,柳政. 燃气轮机轮盘榫槽拉削方法[J]. 金属加工(冷加工),2015(18):54-55.

[113] 吴勇. 复杂型面电火花加工 CAM 技术研究[D]. 上海:上海交通大学,2011.

[114] KLOCKE F,HOLSTEN M,WELLING D. Influence of threshold based process control on sinking EDM of a high aspect ratio geometry in a gamma titanium aluminide[J]. Procedia CIRP,2015:73-78.

[115] WELLING D. Results of surface integrity and fatigue study of wire-EDM compared to broaching and grinding for demanding jet engine components made of Inconel 718[J]. Procedia CIRP,2014:339-344.

[116] KLOCKE F,WELLING D,KLINK A. Evaluation of advanced Wire-EDM capabilities for the manufacture of fir tree slots in Inconel 718[J].

Procedia CIRP,2014:430-435.

[117] UHLMANN E,DOMINGOS D C. Investigations on vibration-assisted EDM-machining of seal slots in high-temperature resistant materials for turbine components[J]. Procedia CIRP,2013:71-76.

[118] AAS K L. Performance of two graphite electrode qualities in EDM of seal slots in a jet engine turbine vane[J]. Journal of Materials Processing Technology,2004,149(1-3):152-156.

[119] 唐华军,葛春新,陈明. F级重型燃气轮机轮盘拉削刀具设计与性能分析[J]. 工具技术,2014(12):44-47.

[120] 何枫. 燃气轮机轮盘轮槽拉刀的设计、使用及修磨[J]. 金属加工(冷加工),2012(23):17-19.

[121] 葛仁超,张龙. 船用燃气轮机涡轮轮盘拉削工艺研究[J]. 船海工程,2008(5):42-44.

[122] VOGTEL P,KLOCKE F,LUNG D. High performance machining of profiled slots in nickel-based-superalloys[J]. Procedia CIRP,2014:54-59.

[123] ROSENBAUM A,CHAMANFAR A,JAHAZI M. Microstructure analysis of broached Inconel 718 gas turbine disc fir-trees[C]. Proceedings of the ASME Turbo Expo,2014.

[124] VOGTEL P,KLOCKE F,PULS H. Modelling of process forces in broaching Inconel 718[J]. Procedia CIRP,2013:409-414.

[125] KLOCKE F,VOGTEL P,GIERLINGS S. Broaching of Inconel 718 with cemented carbide[J]. Production Engineering,2013,7(6):593-600.

[126] 高翔,周来水,赵西松. 航空发动机榫槽拉刀快速设计系统研究与开发[J]. 机械制造与自动化,2017(4):36-39.

[127] 高翔. 航空发动机涡轮盘榫槽拉刀快速设计系统研究与开发[D]. 南京:南京航空航天大学,2016.

[128] 邢义. 飞机发动机涡轮盘叶根榫槽精拉刀制造技术[J]. 金属加工(冷加工),2012(6):51-52.

[129] 牛梦华,彭会文,刘曦. 涡轮盘枞树形榫槽机夹拉刀设计[J]. 航空制造技

术,2012(14):70-72.

[130] 徐岩,张川.特型榫槽拉刀设计的研究[J].航空制造技术,2011(14):74-78.

[131] 李茹,杨钢,杨沐鑫.进口 X12CrMoWVNbN10-1-1 转子的显微组织和力学性能分析[J].特钢技术,2013(1):6-10,15.

[132] 葛春新,李明超,唐华军.重型燃气轮机轮盘材料 X12CrMoW VNbN10-1-1 切削试验研究[J].工具技术,2013(9):39-42.

[133] TAO X,LI C,HAN L. Microstructure evolution and mechanical properties of X12CrMoWVNbN10-1-1 steel during quenching and tempering process[J]. Journal of Materials Research & Technology,2016,5(1):45-57.

[134] TAO X, GU J, HAN L. Characterization of precipitates in X12Cr MoWVNbN10-1-1 steel during heat treatment[J]. Journal of Nuclear Materials,2014,452(1-3):557-564.

[135] 艾建光,姜峰,言兰. TC4-DT 钛合金材料动态力学性能及其本构模型[J].中国机械工程,2017,28(5):607-616.

[136] 孔金星,陈辉,何宁.纯铁材料动态力学性能测试及本构模型[J].航空学报,2014,35(7):2063-2071.

[137] HOSSEINI A, KISHAWY H A. Prediction of cutting forces in broaching operation[J]. Journal of Advanced Manufacturing Systems,2013,12(1):1-14.

[138] HOSSEINI A, KISHAWY H A. B-spline based general force model for broaching [C]. Ontario, Canada, 38th North American Manufacturing Research Conference,2010:9-15.

[139] 袁哲俊.金属切削刀具设计手册[M].北京:机械工业出版社,2018.